解決車縫手作的疑難雜症

縫紉技術升級書

太田順子◎著

目錄

釦眼製作方法

鈕釦縫製方法

拉鍊縫製方法

開式拉鍊縫製方法

其他

貼邊車縫方法

部分縫

副料縫製方法

縫紉基礎介紹

開始縫製前……

「想要開始做衣服，卻不知道從何開始下手？」「什麼是燙開縫分？」「什麼是回針縫？」對於有這些疑問的讀者們，這個單元介紹了基本車縫方法、熨斗的使用方法、或是一般人搞不懂的裁縫道具或基本知識等。特別詳細介紹「不好意思詢問他人的基礎縫製」，開始縫製前請務必閱讀。

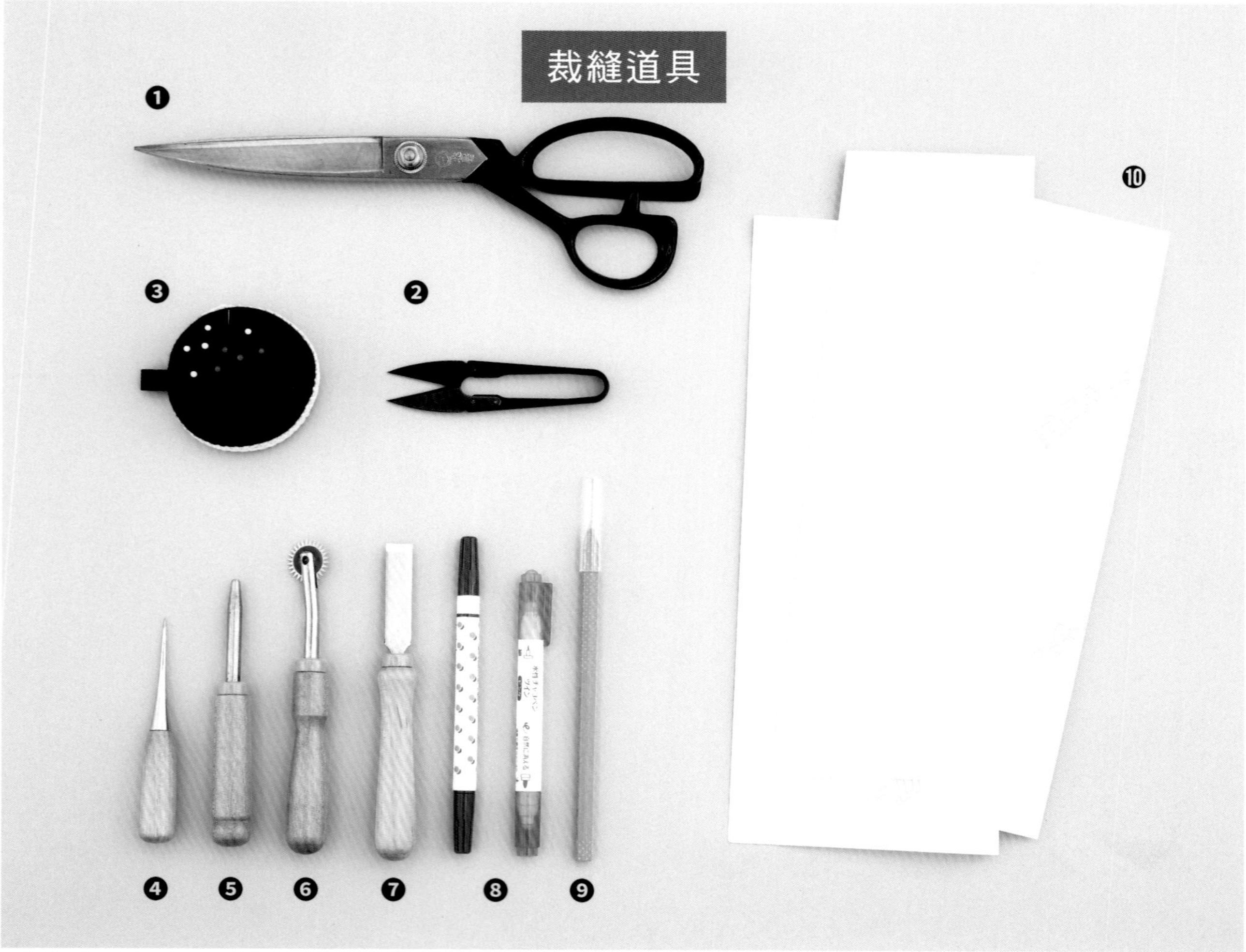

❶ 裁布剪刀
❷ 紗剪
❸ 針插
❹ 錐子
❺ 打孔器
❻ 點線器
❼ 鑿刀
❽ 消失筆
❾ 粉土筆
❿ 複寫紙

縫針的種類

縫針的種類很多。請依據用途選擇正確的縫針。

手縫針

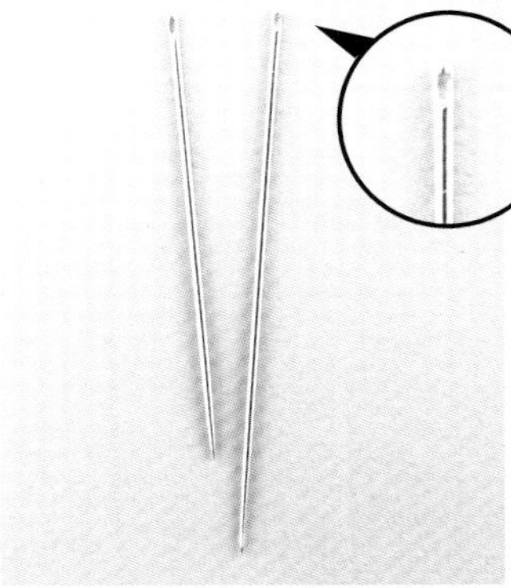

穿上縫線用來接縫布料使用。有長針和短針。數字越大針越細。

刺繡針

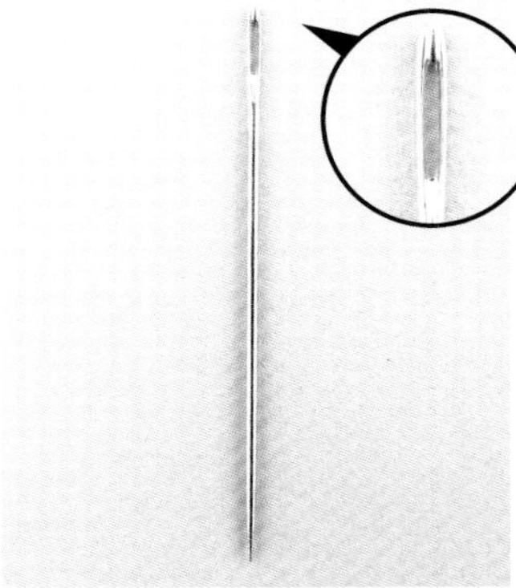

主要為刺繡使用。比起一般的手縫針，洞孔比較大，適合刺繡。本書用在把繩環翻至正面時使用。不適用於接縫布料。

珠針

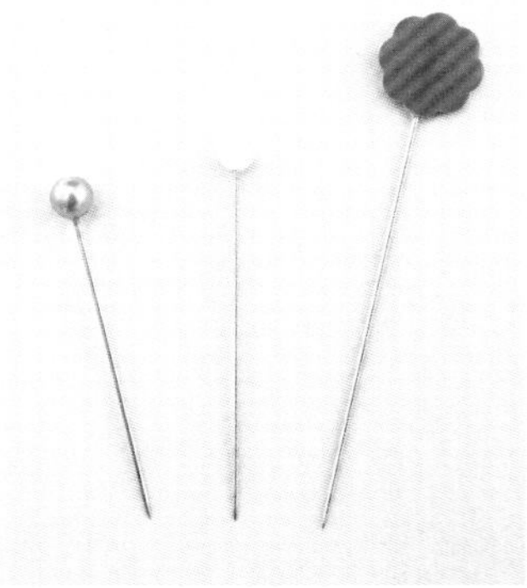

針頭附有裝飾的針，主要使用於固定布料。

車縫針

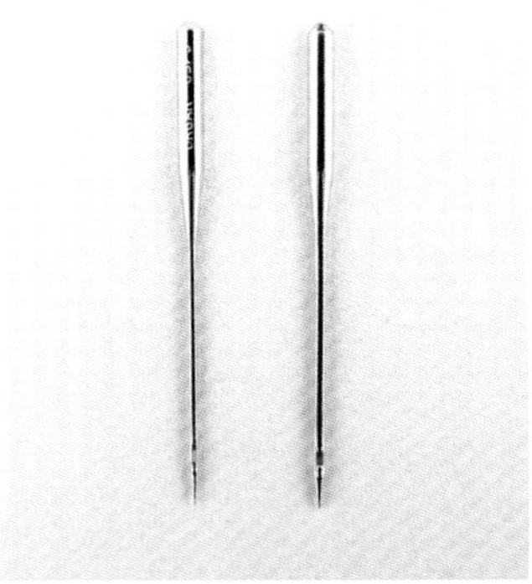

縫紉機使用的縫針，數字越大針越粗。請搭配布料選擇適合的縫針。

縫線的種類

手縫線和縫紉機用的車縫線種類不同。車縫線是根據縫紉機構造而研發，手縫線則是配合我們的雙手所製作出來的；基本上手縫時會使用手縫線，車縫時則使用車縫線。

手縫線

接縫布料的線。配合使用的布料來選擇適合的種類和素材，如下襬藏針縫用的縫線、固定釦子用的粗手縫線、釦眼用的縫線等，依據不同目的選擇恰當的縫線。

疏縫線

暫時固定疏縫，或是作記號、固定縫份時使用。不可以當接縫線使用。

車縫線

縫紉機用車縫線。請配合布料的厚薄度來選擇車縫線。

車縫

首先針對布料選擇適合的車縫針和車縫線，裝設在縫紉機上。正式車縫之前請先拿零碼布試縫，調節一下上下線的張力。

車縫針和車縫線選擇方法

薄布料
（歐根紗、平紋布、雪紡紗等）

車縫針：7至9號
車縫線：90號

普通布料
（密紋平織布、沙典布・格紋平織布等）

車縫針：11號
車縫線：60至50號

厚布料
（丹寧布、帆布、粗呢布等）

車縫針：14至16號
車縫線：60至30號

1. 縫製前準備

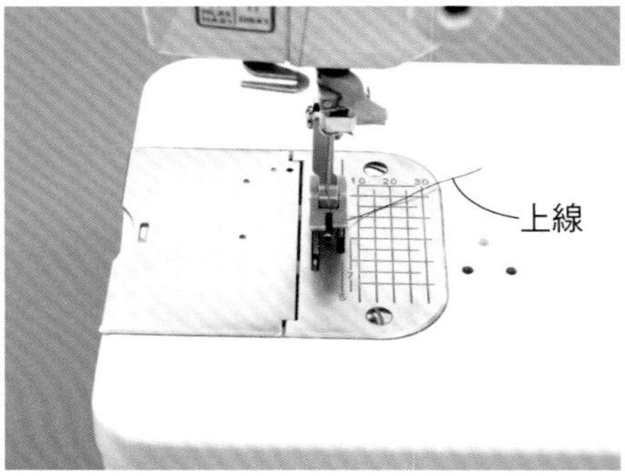

1 抬起壓布腳，掛上上線，縫線穿過針孔。

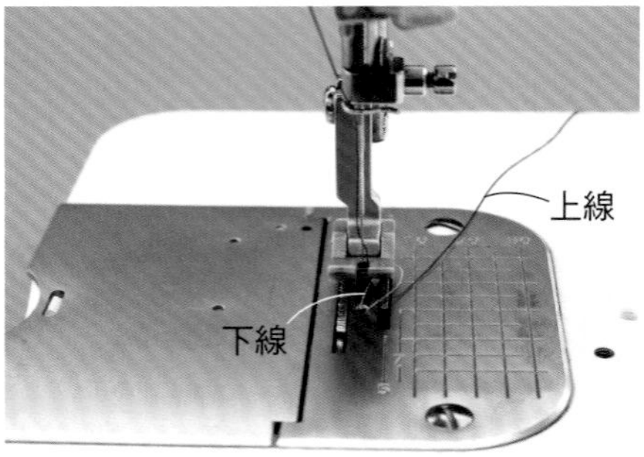

2 輕輕拉出上線，旋轉手輪，拉出下線。

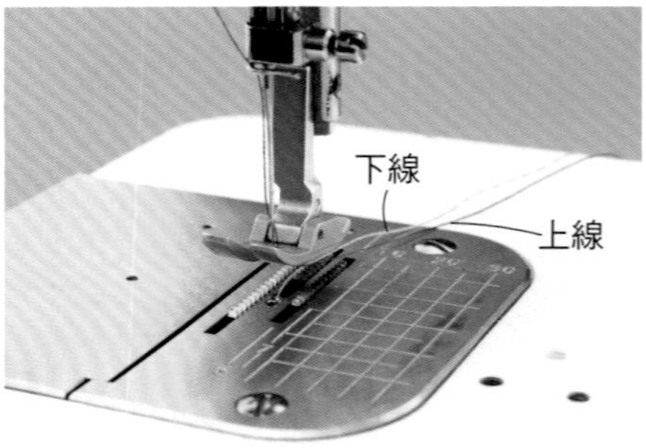

3 避免纏線，需將上下線置於後側。

2. 試縫

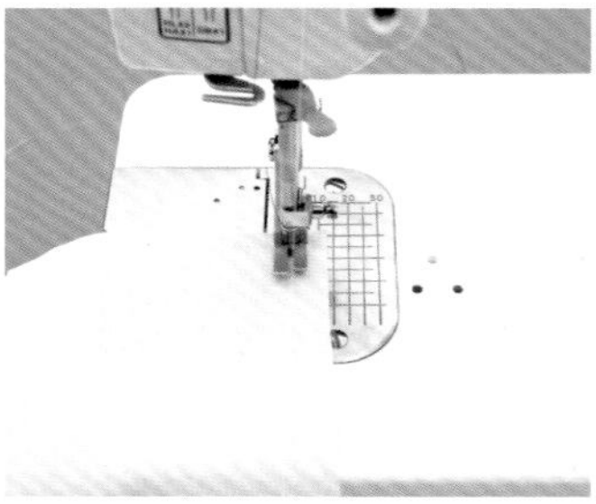

1 放上兩片布料，放下縫針和壓布腳。

2 右手拉住兩片布料避免位移，左手配合縫紉機的移動慢慢前進。

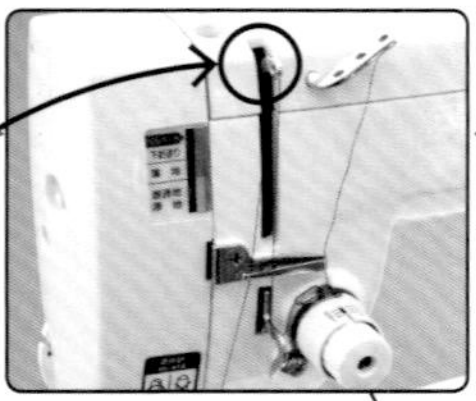

確認回到這個位置

3 要確認縫針是否回到最上面位置，才能抬起壓布腳。

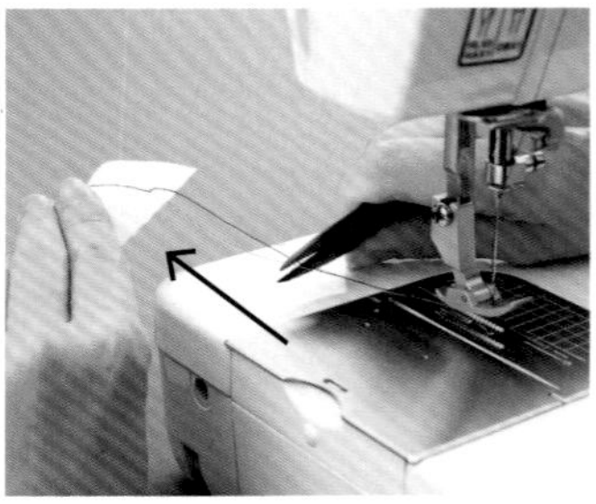

4 布料往後拉，預留一段長的縫線後剪掉。

3. 檢查縫線張力

試縫之後調節縫線的張力。觀察車縫線的表面（上線）和背面（下線），調節上線的張力讓縫線保持在正確的鬆緊度。

○ 正確縫線張力

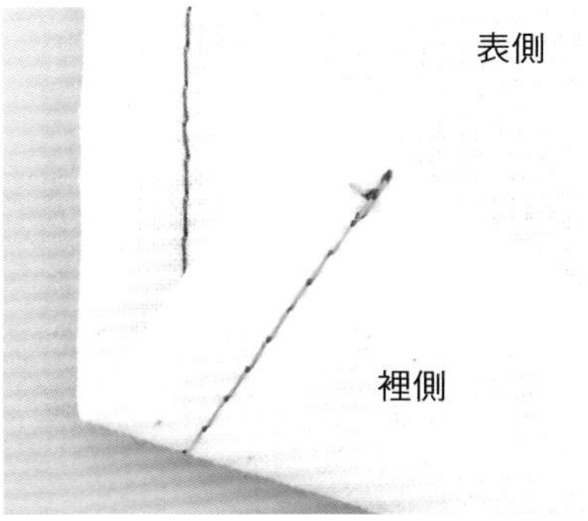
表側
裡側

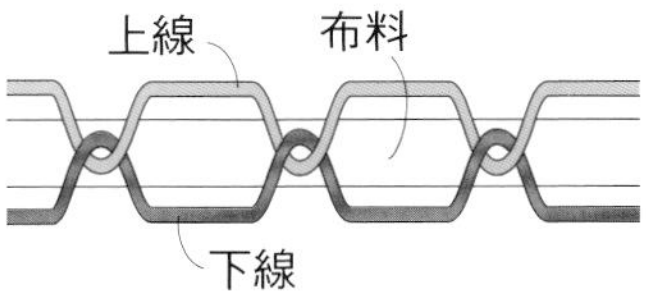
上線
布料
下線

上下線交疊於布料中端，縫線的張力恰到好處。

✕ 上線張力強

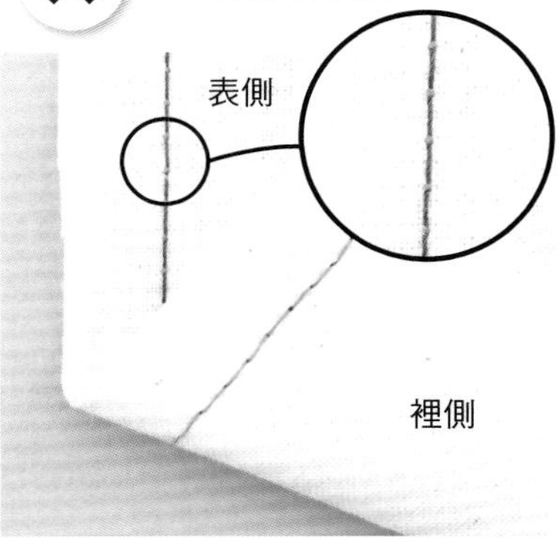
表側
裡側

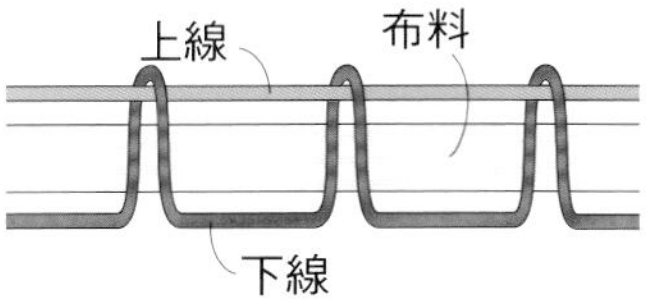
上線
布料
下線

上線張力強，下線被上線拉至表面造成凸起表面。請先調整梭子的鬆緊，再放鬆上線的張力。

✕ 下線張力強

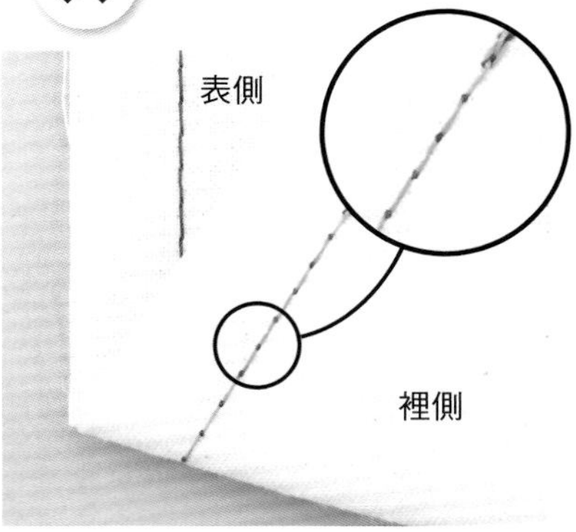
表側
裡側

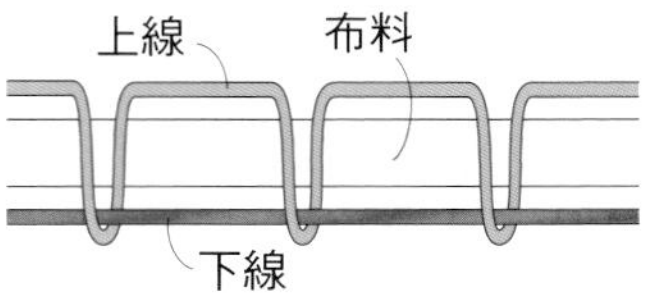
上線
布料
下線

上線張力太弱，上線被下線拉至背面造成內側凸起。請先調整梭子的鬆緊，再調緊上線的張力。

※使用梭子進行縫紉時

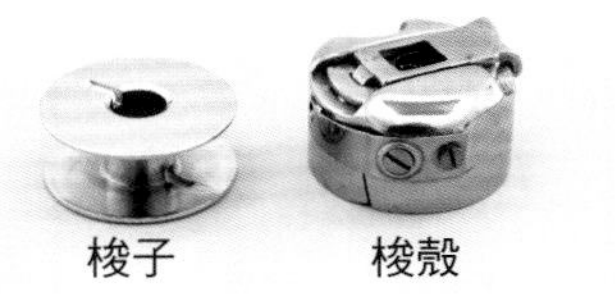
梭子
梭殼

將梭殼螺絲部分調緊或是放鬆可以調節縫線的張力。吊起裝有縫線的梭子，縫線會卡住慢慢墜下就代表鬆緊度恰到好處。如果拉起縫線時，梭子馬上掉到地上，或是卡的很緊不掉落都是不恰當的狀態。請一邊調整螺絲一邊確認縫線狀態。

下線捲的不均勻的狀態

4. 始縫（回針縫）

始縫和止縫處都需要回針縫，避免縫線脫線。

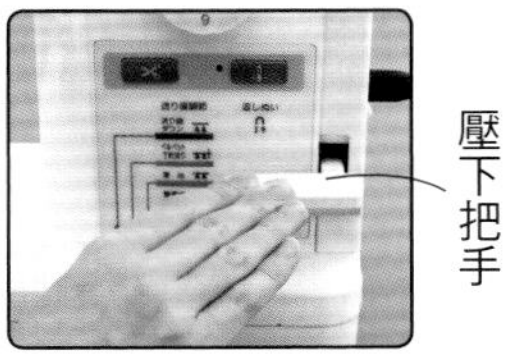
壓下把手

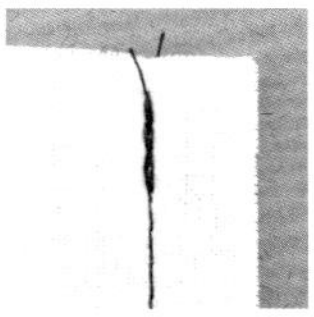

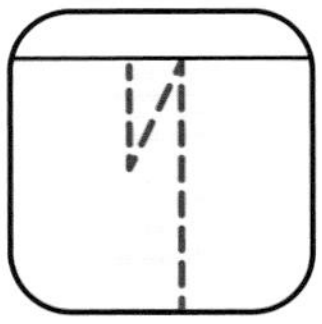

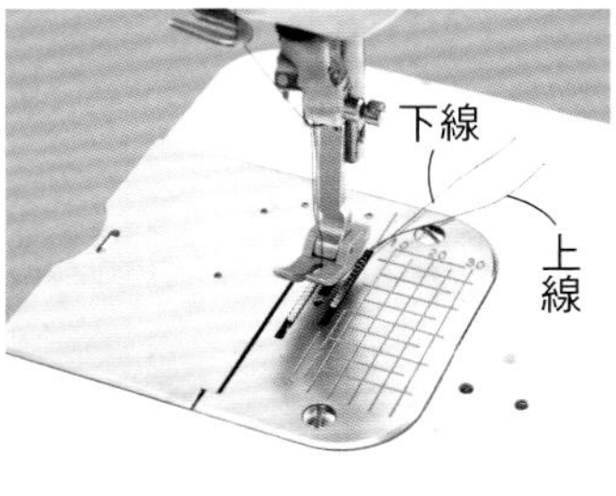
下線
上線

1 準備開始車縫。（1縫製前準備）

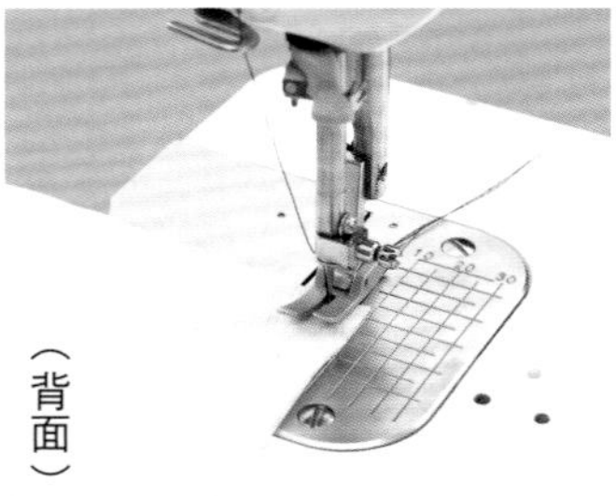
（背面）

2 於始縫點放下縫針，並放下壓布腳。

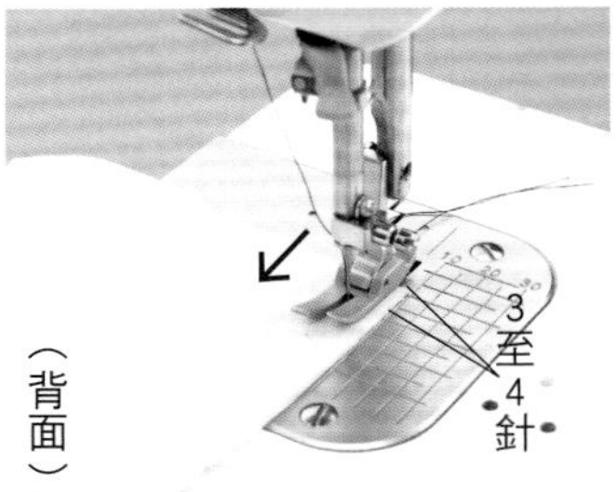
（背面）
3至4針

3 縫3至4針後停止。

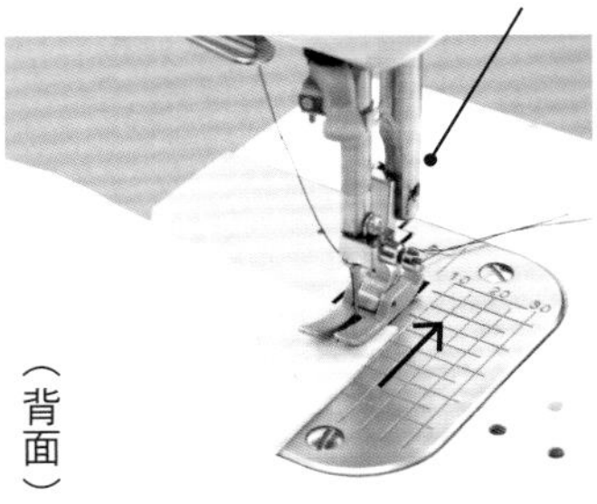
（背面）

4 壓下回針縫把手，慢慢返回到始縫點（回針縫）。

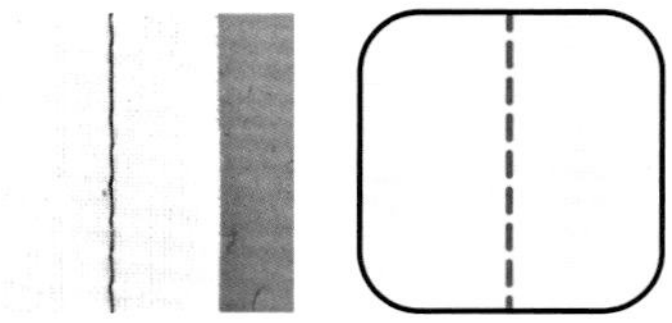

5. 縫製

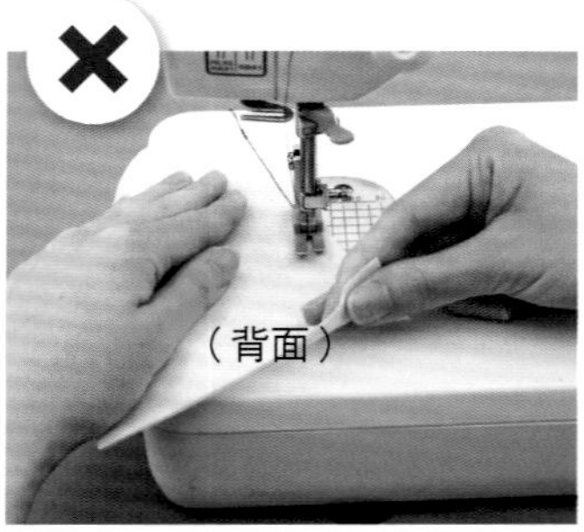

如果右手斜向拉布，容易造成縫線歪斜，記得車縫時要保持筆直。

避免布料移位的重點！

一邊確認布料的位置，車縫時下側的布料稍稍拉緊一點。

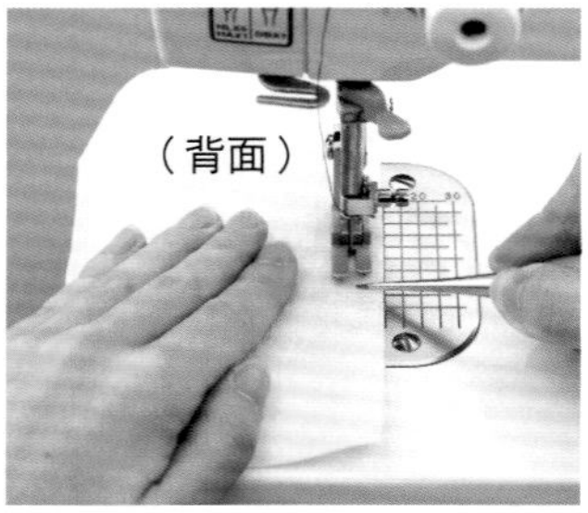

以錐子一邊壓著布料一邊車縫。

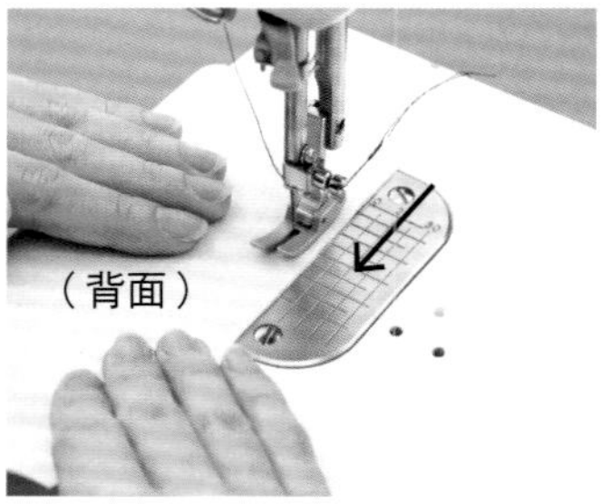

右手扶著2片布料避免移位，左手隨著車縫慢慢推著布料前進。

※使用砂紙車縫的方法（參考P.17）

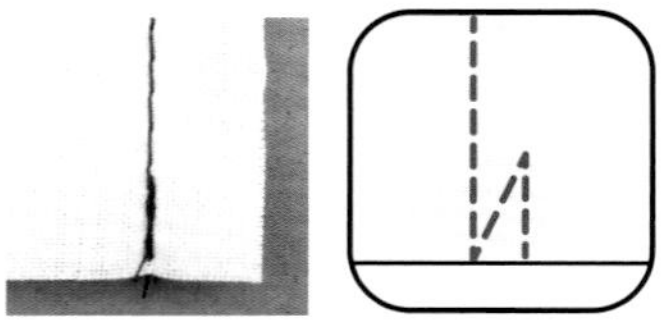

6. 止縫（回針縫）

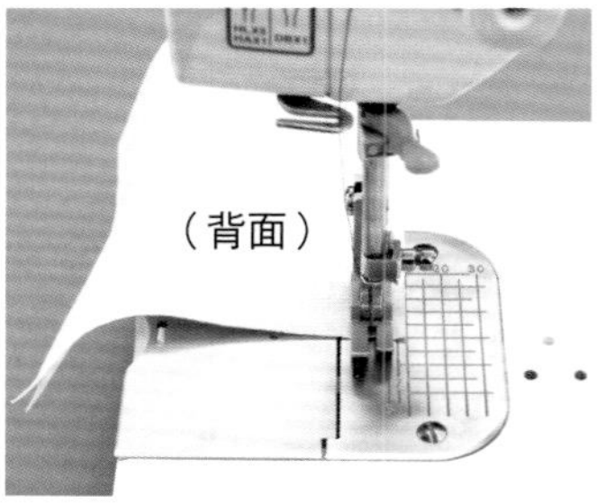

1 車縫至止縫點後停止。

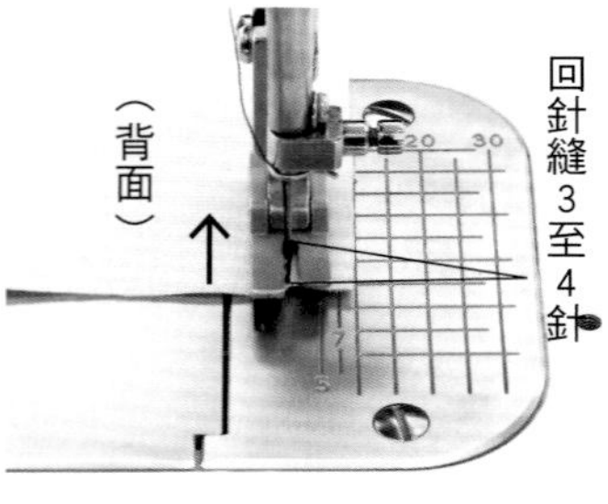

2 壓住回針縫把手，回針縫3至4針。

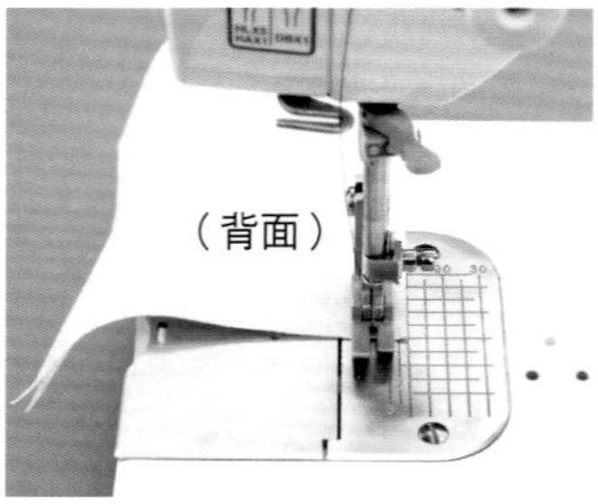

3 再次車縫至止縫點。

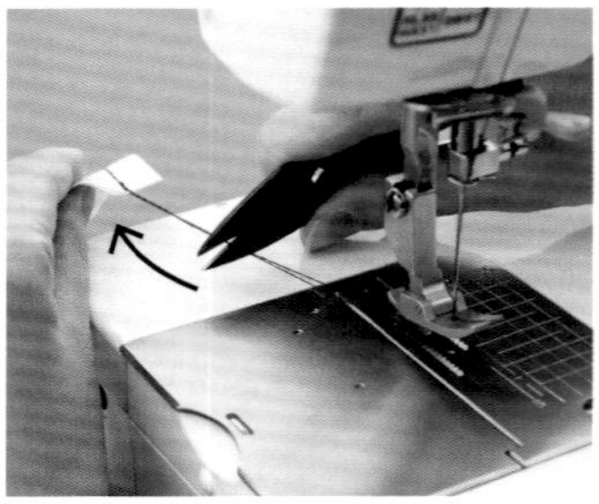

4 確認縫針已經升到最高點後，抬起壓布腳，剪掉縫線。

處理縫份基本方法

燙開縫份

燙開縫份的圖示。縫分左右分開燙平，這樣縫分比較輕薄，不會影響表面。

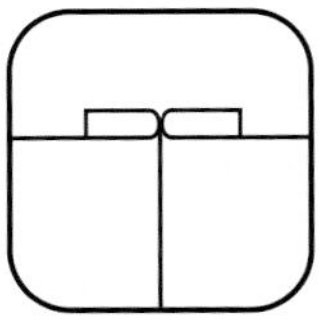

1 接縫布料後先熨燙使縫線整齊。

2 縫分左右分開燙平，以熨斗尖端固定縫分。

完成

倒向單側

「縫分倒向單側」、「倒向○○側」的操作方法。縫份倒向布料一側，有一邊的縫份會因此比較厚重。

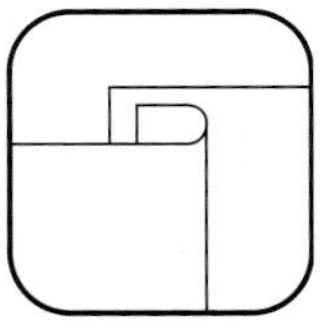

1 重疊對齊布邊，縫份處進行熨燙使其平整。

2 縫份倒向左右任一邊，熨斗尖端按壓縫份側進行整燙。

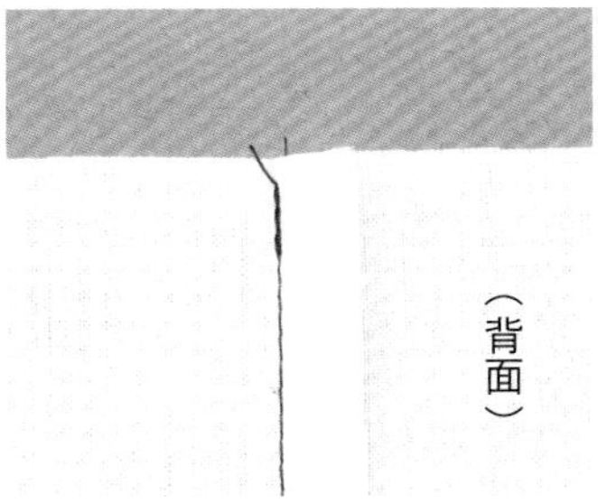

完成

袋縫縫份

從表面和裡面完全看不到縫份的狀態。縫線（布料接縫側）變為布邊。正反兩面看起來都一樣的作法。

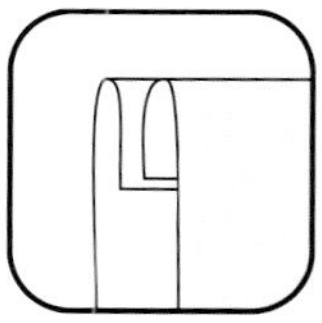

（背面）

1 重疊對齊布邊車縫，縫份處進行熨燙使其平整。

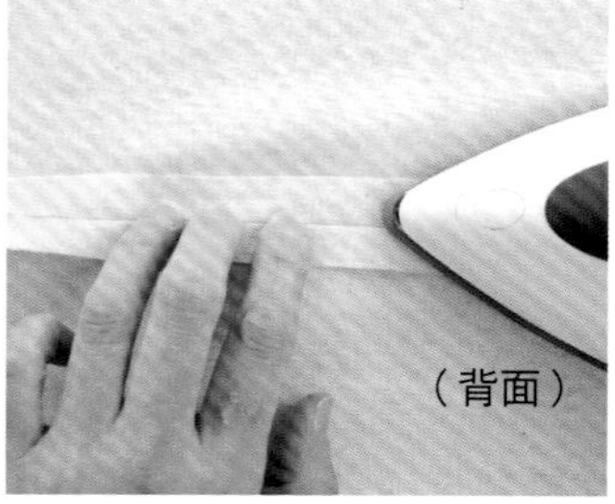
（背面）

2 注意輕壓燙開縫份避免變形，如果是弧度或是不易分開，請統一倒向一邊即可。

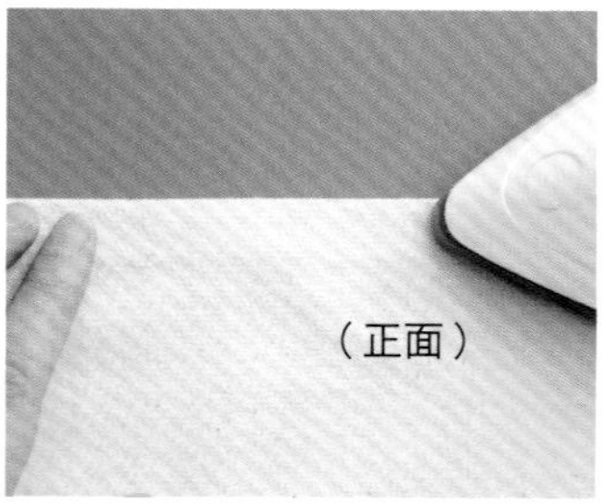
（正面）

3 翻至正面，縫線筆直對齊摺疊，熨燙平整。

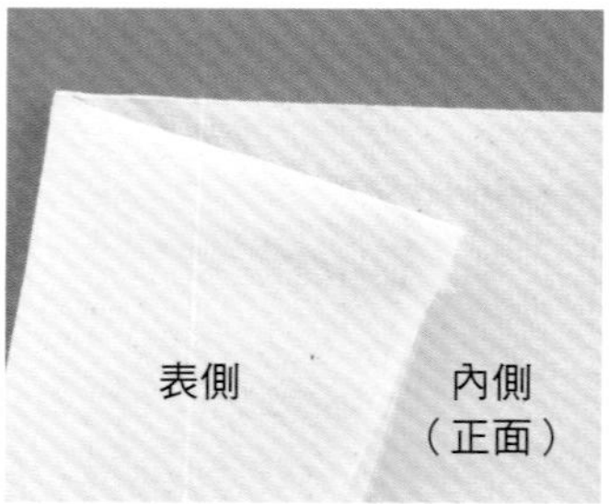
表側
內側
（正面）

完成

包縫縫份

「○○側多出一點分量」是依設計決定縫份倒向的分量。內側（分量較多側）來看，可以看到縫線，而表側則因為內縮而看不到接縫側的一種作法。

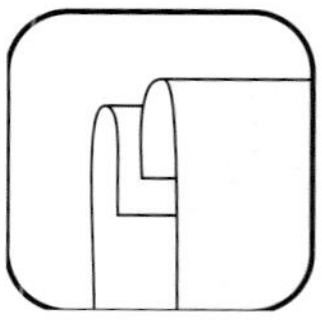

（背面）

1 重疊對齊布邊車縫，縫份處進行熨燙使其平整。

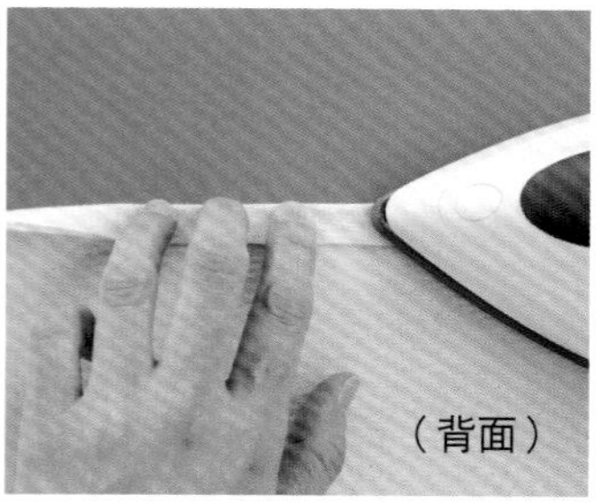
（背面）

2 兩片沿縫線一起摺疊。注意摺疊一定要一致，這樣翻至表面才會整齊。

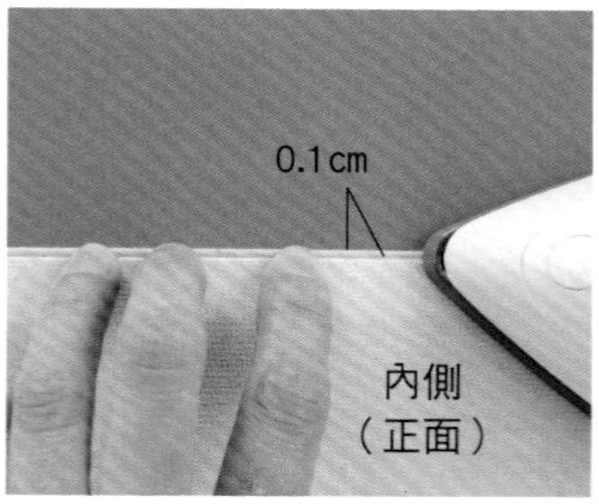
0.1cm
內側
（正面）

3 翻至正面，表面看不到縫線，往內側錯開0.1cm（壓住熨燙）。

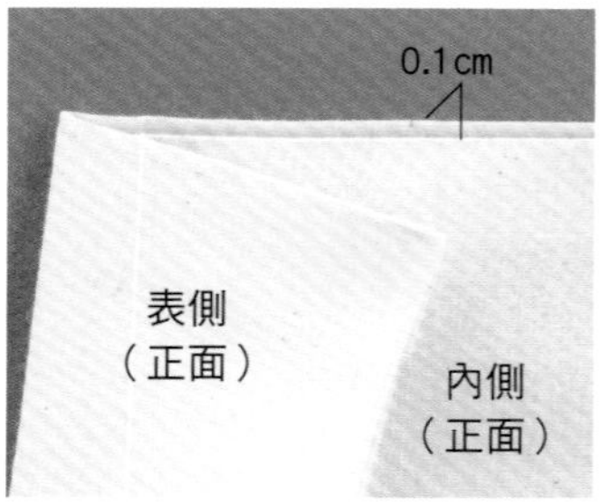
0.1cm
表側
（正面）
內側
（正面）

完成

熨燙工具

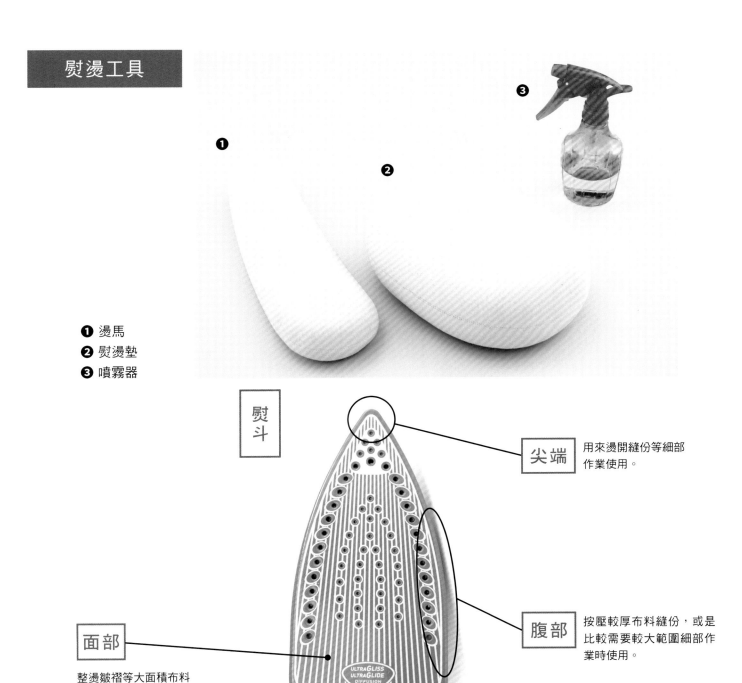

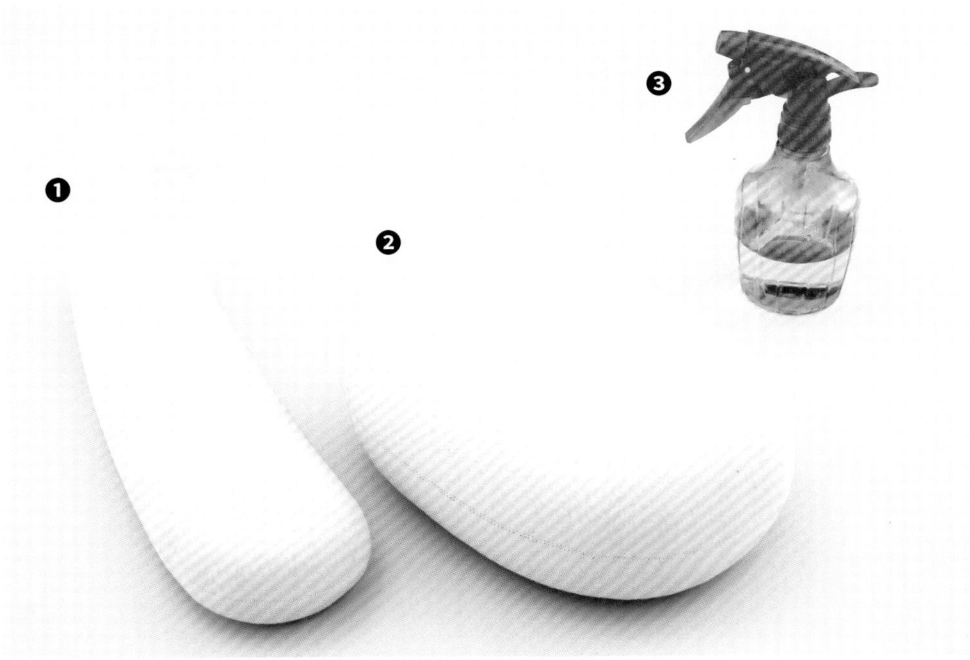

❶ 燙馬
❷ 熨燙墊
❸ 噴霧器

熨斗

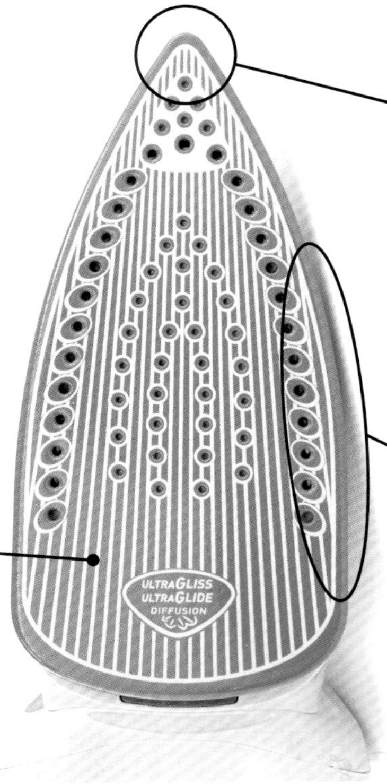

尖端 用來燙開縫份等細部作業使用。

腹部 按壓較厚布料縫份，或是比較需要較大範圍細部作業時使用。

面部 整燙皺褶等大面積布料使用。

關於熨斗的溫度

配合布料的種類，調節熨斗的熨燙溫度。如果溫度太低，可能無法將布料熨燙平整；相反地若溫度過高，有可能導致布料燒焦、熔化等損壞，請特別加以注意。

高溫（180至200℃）麻、棉等
中溫（140至160℃）毛、絲、化學纖維、尼龍等
低溫（80至120℃）壓克力、彈性絲等

※熨燙溫度為參考數字。請務必先試燙，確定不會損傷布料再使用。

使用熨斗時，請務必配合熨燙台、底下鋪上熨燙墊一起使用。請從布料背面熨燙布料，如果要從表面熨燙，請鋪上一層墊布保護布料。

熨燙方法

由上往下按壓熨燙

燙開縫份、縫份倒向單側、壓燙縫份等步驟，或是熨燙黏著襯時請由上往下按壓固定。

滑行按壓熨燙

輕微的皺褶、整理平鋪的布料、熨燙整理時，請直接滑行慢慢整燙即可。

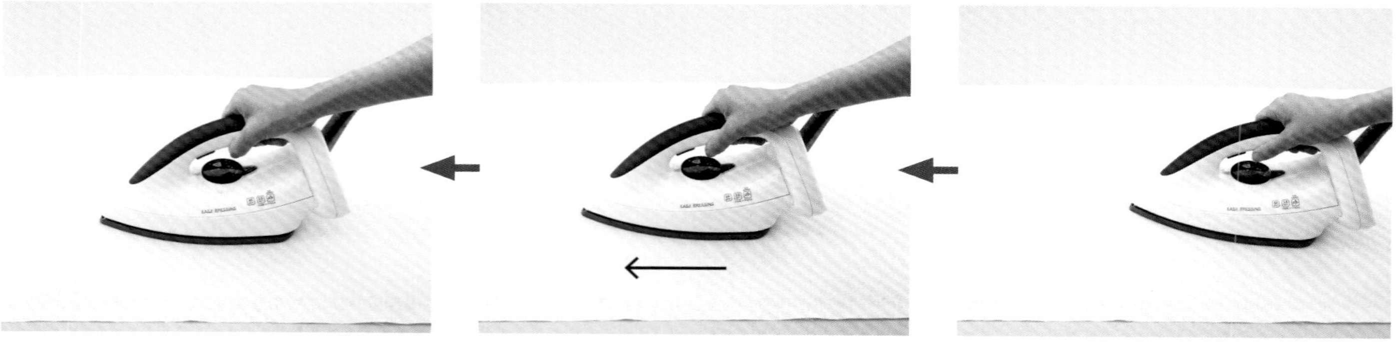

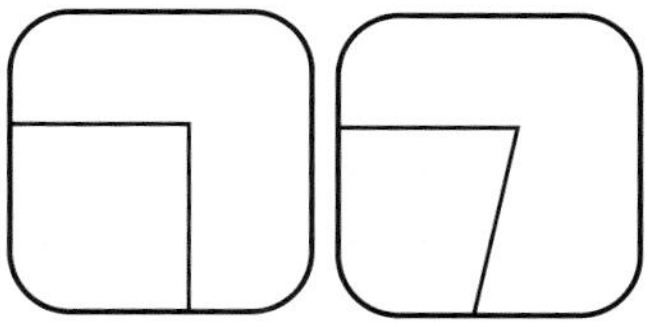

外凸角的車縫方法

在製作服裝時，外凸角的車縫是常常會遇到的課題之一。其實平常製作時不會覺得困難，但很多初學者會疑惑，要如何作出美麗整齊的邊角呢？只要稍加注意，就可以製作出達人級的外凸角。

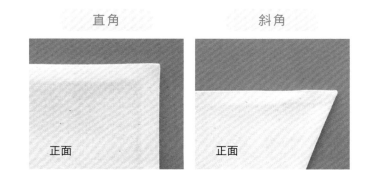

直角

斜角

車縫直角

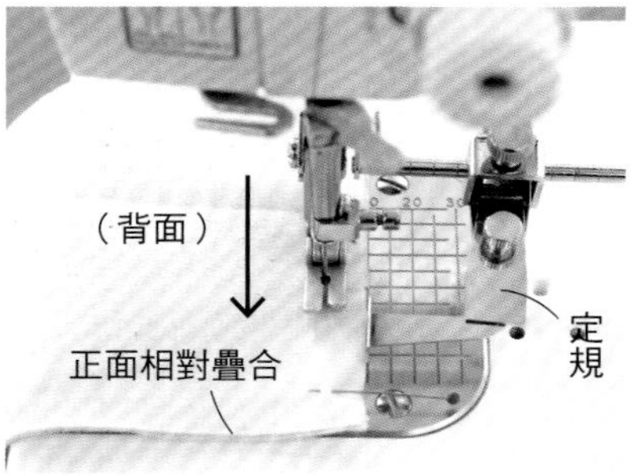

1 車縫至邊角。

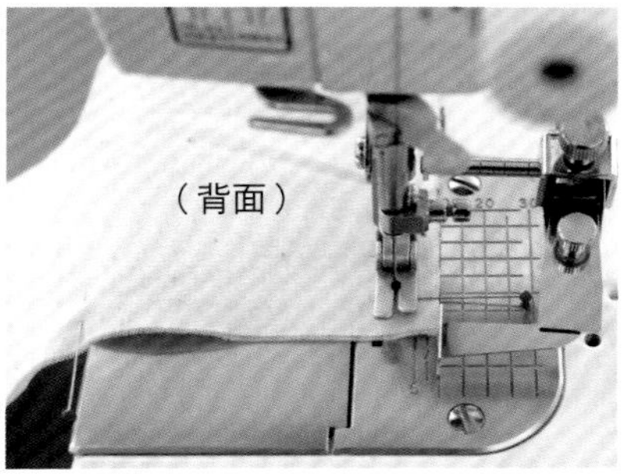

2 車縫針插至邊角後暫時停止。

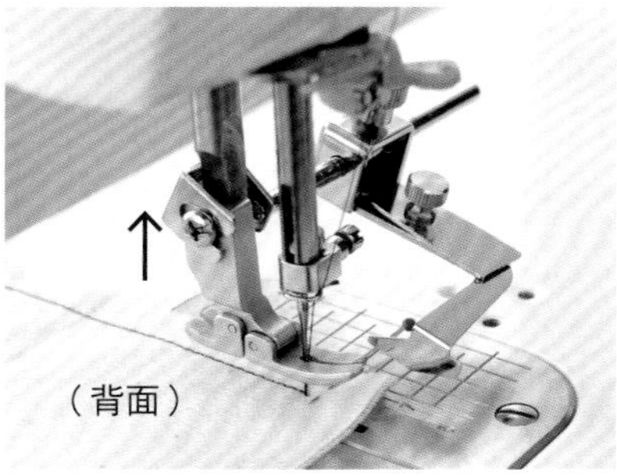

3 車縫針插著不要動，將壓布腳抬起。

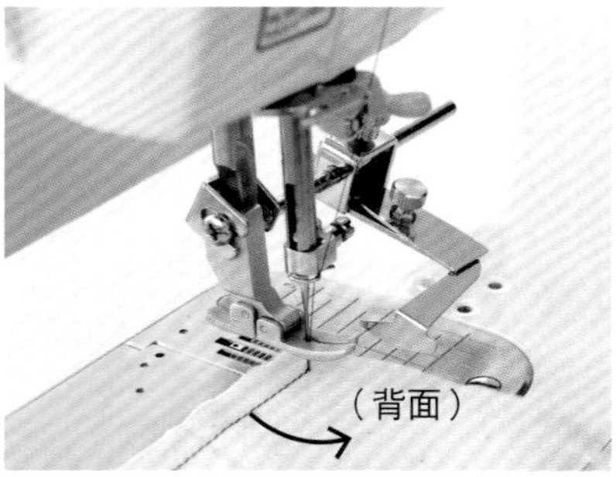

4 轉一下布料方向。

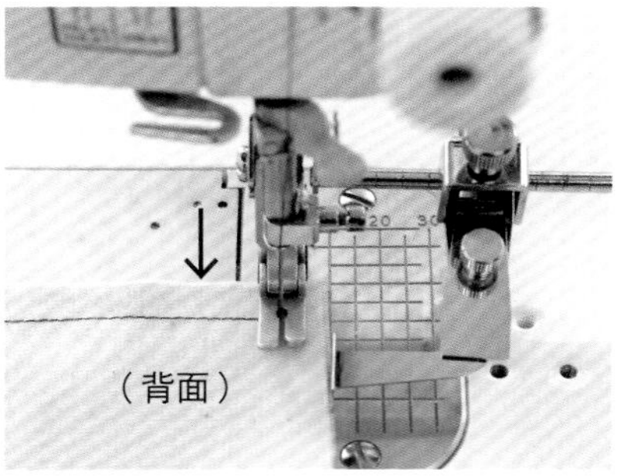

5 放下壓布腳。

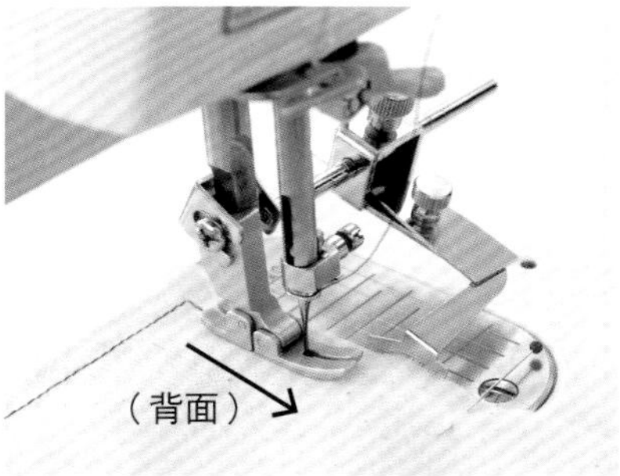

6 繼續車縫。

7 熨斗熨燙縫線使其平整穩定。

請手指不要靠近蒸汽口附近，避免燙傷。

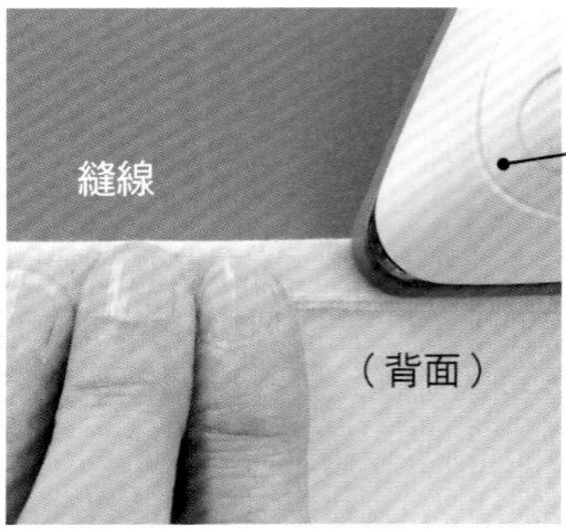

8 縫線位置處摺疊2片縫份。

※注意邊角摺疊處要整齊一致。

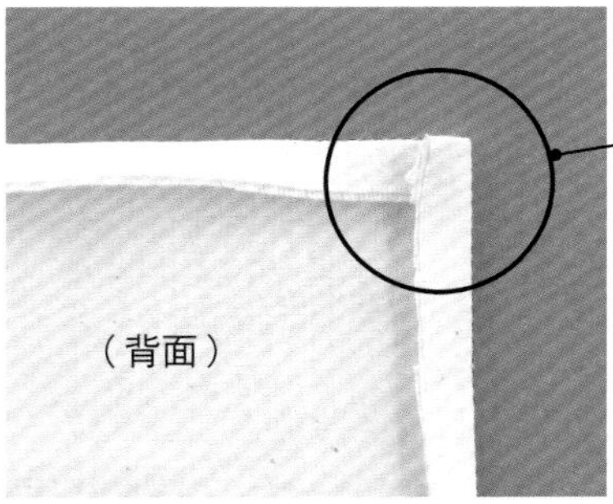

9 另一邊也依相同方法摺疊邊角。

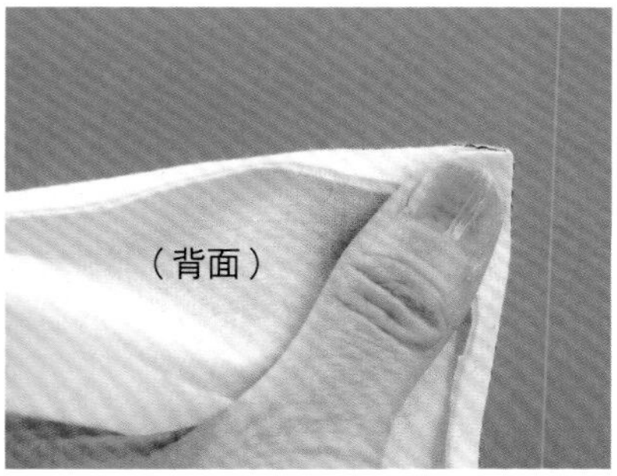
（背面）

10 手指伸進中間邊角位置，以食指和大拇指夾住按緊。

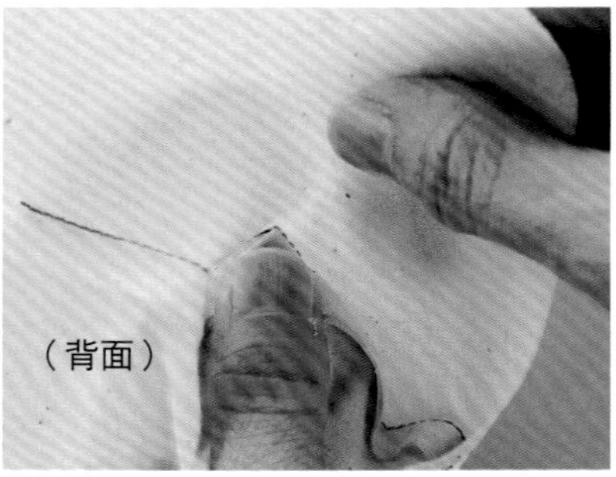
（背面）

11 壓住縫份，將布料翻至正面。

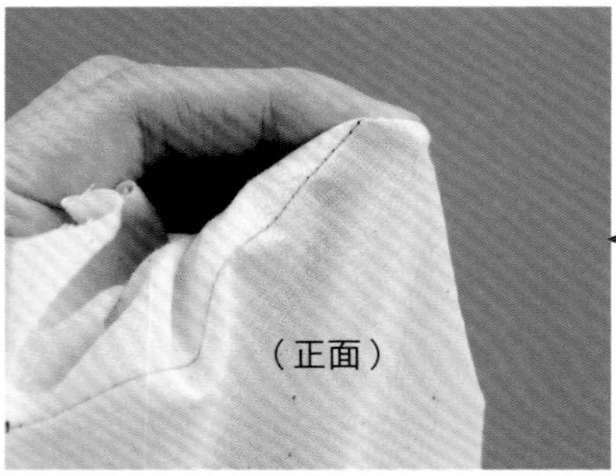
（正面）

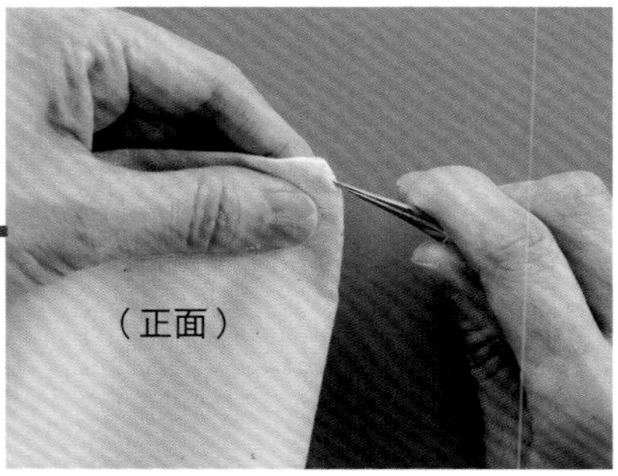
（正面）

12 使用錐子，輕挑邊角整理形狀。

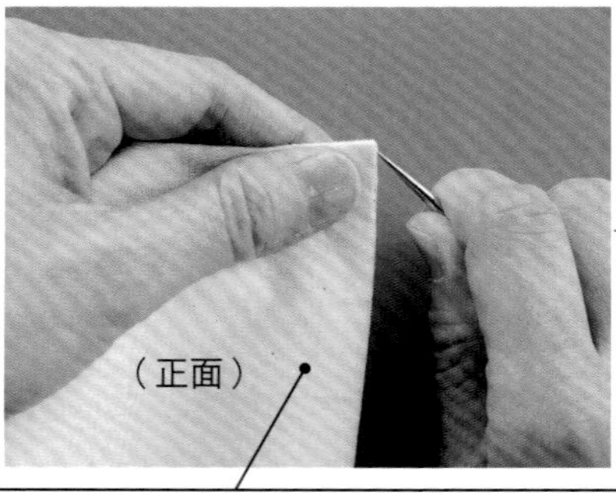
（正面）

請注意使用錐子挑時，不要太用力，避免傷及布料纖維，輕輕的作出整齊的邊角形狀。

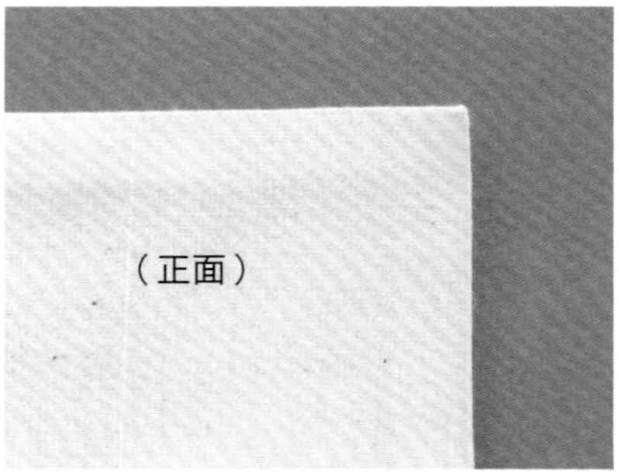
（正面）

13 完成。

製作出更加完整作品的祕訣！

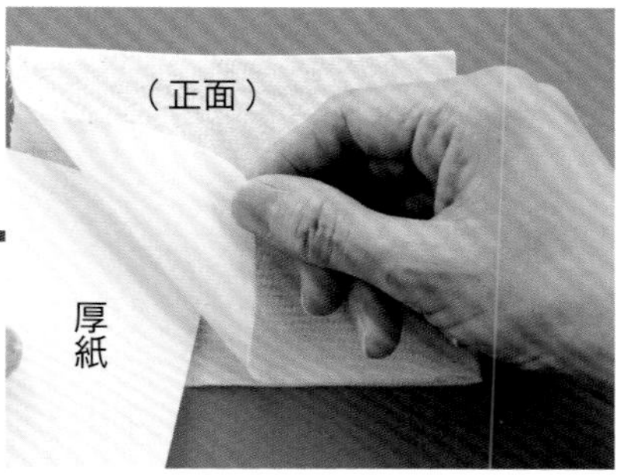
（正面）
厚紙

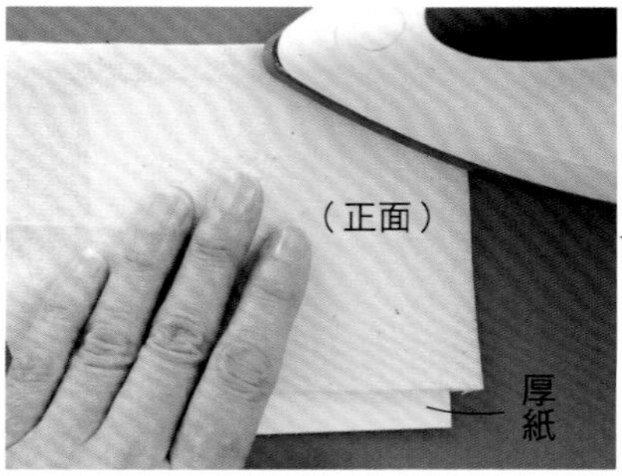
（正面）
厚紙

（正面）

將明信片般厚度的紙張，放進翻至正面的邊角內熨燙，可以作出美麗的角度。

縫份太厚的情況

因為重疊車縫造成縫份太厚的情況時，請裁剪邊角縫份以減輕厚度。

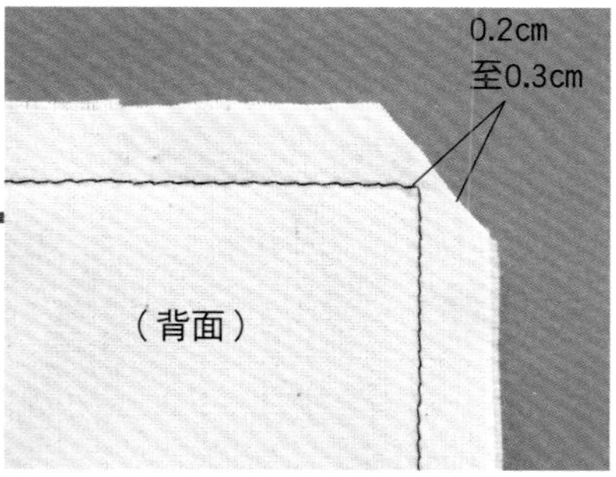
0.2cm
至0.3cm
（背面）

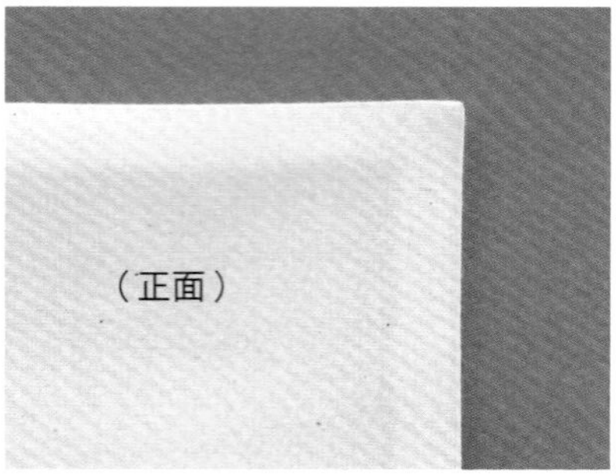
（正面）

留縫份0.2至0.3cm後剪掉多餘縫份。

※若剪的太靠近縫份處，會造成綻線，請特別注意！！

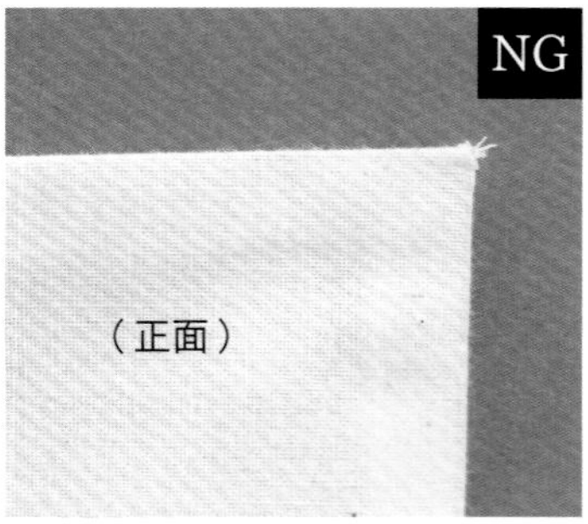
NG
（正面）

車縫斜角

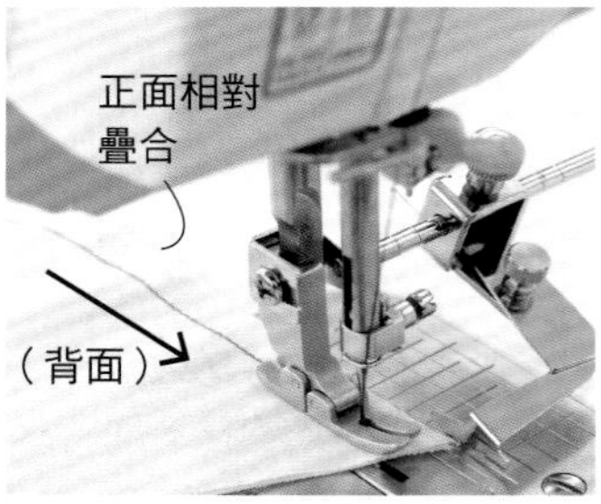

1 車縫至邊角。

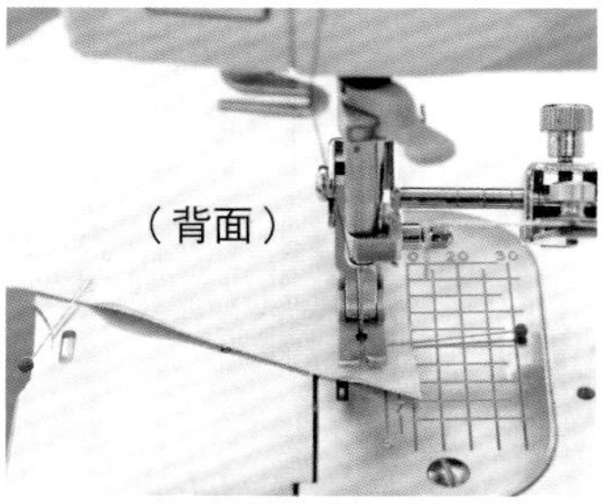

2 車縫針車至邊角後暫時停止。

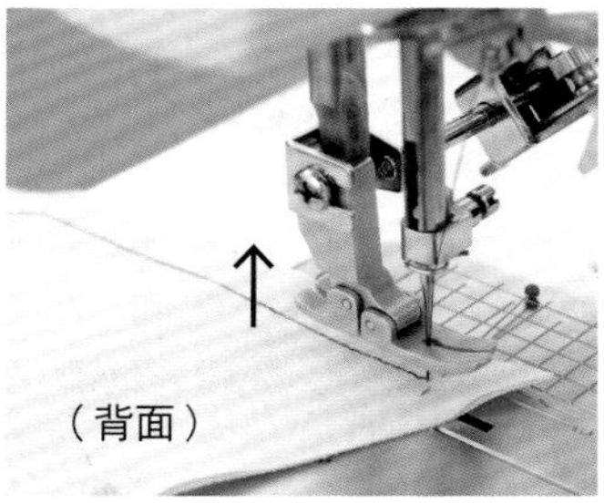

3 車縫針插著不要動，將壓布腳抬起。

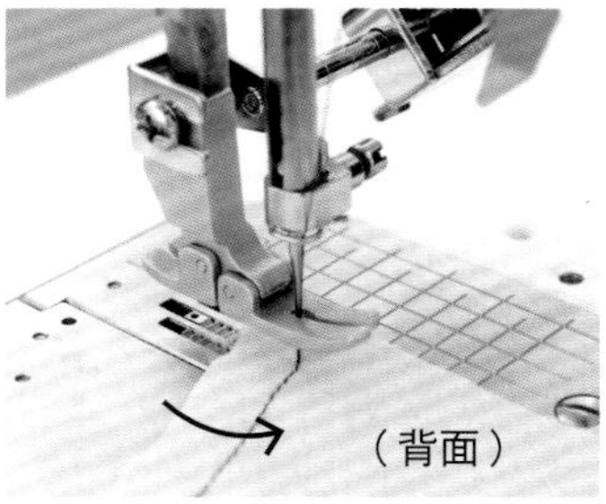

4 轉動布料方向。

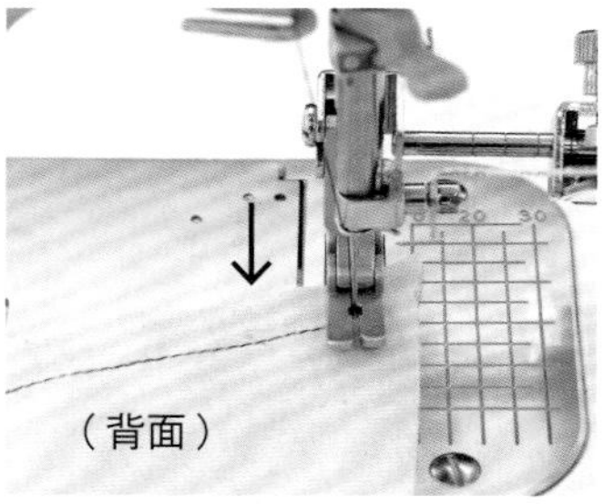

5 放下壓布腳。

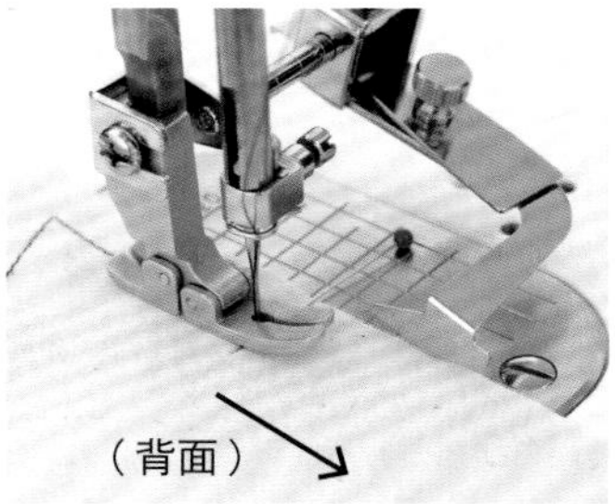

6 繼續車縫。

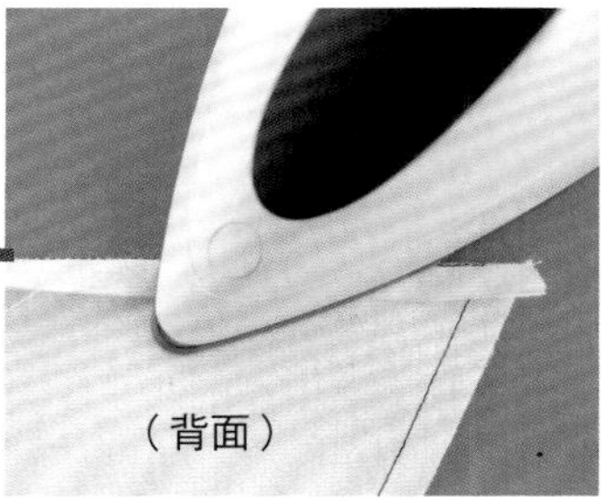

7 熨斗熨燙縫線使其平整穩定後，縫線位置處摺疊2片縫份。

8 展開摺疊的縫份，裁剪重疊的部分。

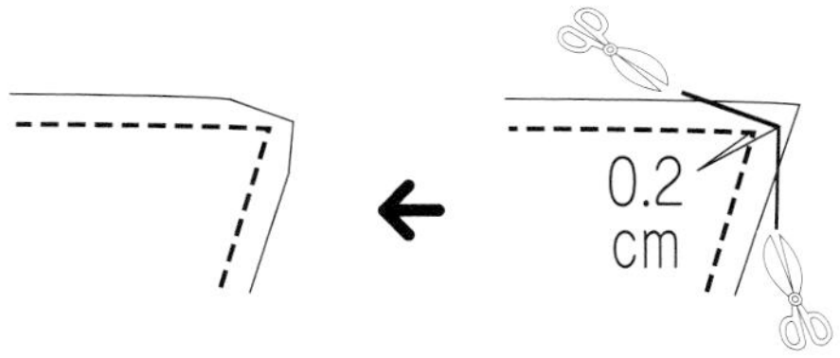

裁剪時不是直接剪縫份，而是裁剪靠近縫份處的縫份分量。可以減輕厚度。

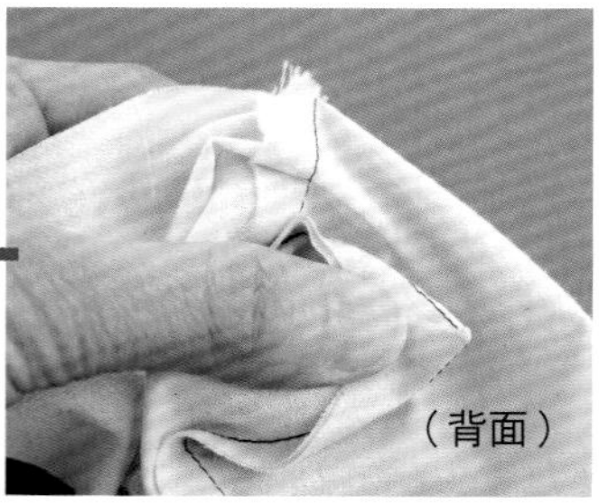

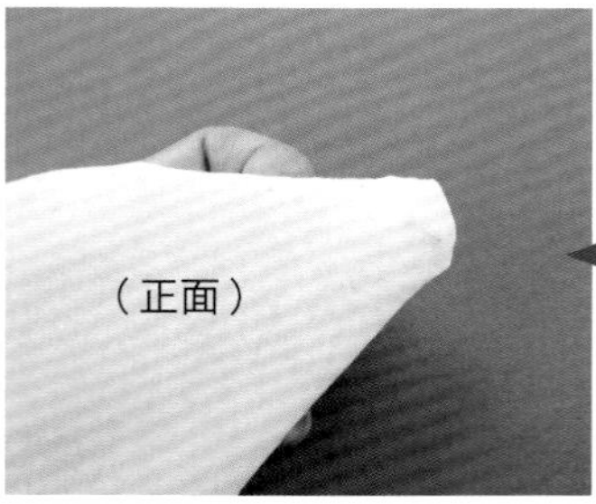

9 手指伸進中間邊角位置，以食指和大拇指夾住按緊。翻至正面。

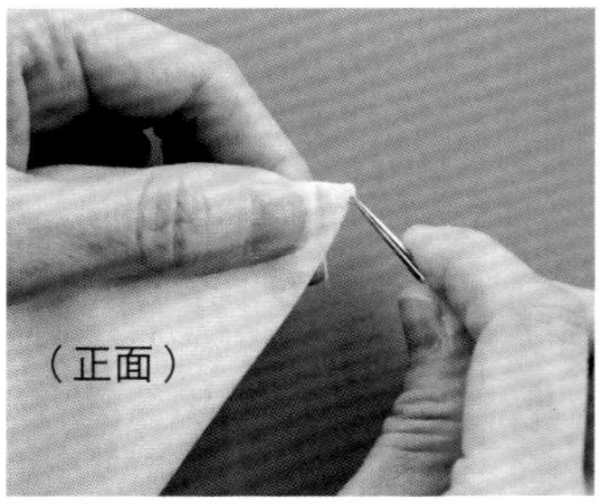

10 使用錐子，輕挑邊角整理形狀。

※請注意使用錐子挑時，不要太用力避免傷及布料纖維，輕輕的作出整齊的邊角形狀。

完成

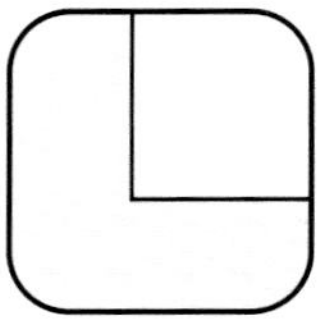

漂亮處理內凹角

剪接線設計時會遇到的內凹角，常常出現於各種服裝款式裡。只要掌握訣竅就可以車出美麗的作品。

車縫之前

接縫之前在剪牙口的邊角背面貼上力布或黏著襯條，可補強布料的牢固度。請配合布料，選擇適合的補強方法後進行車縫。

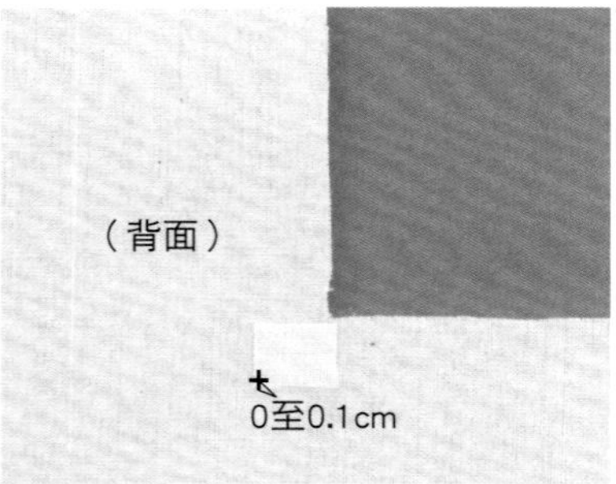

使用輕薄、或是透明布料時，請沿完成線貼在稍外側的地方。

邊角部分貼上力布（黏著襯）。

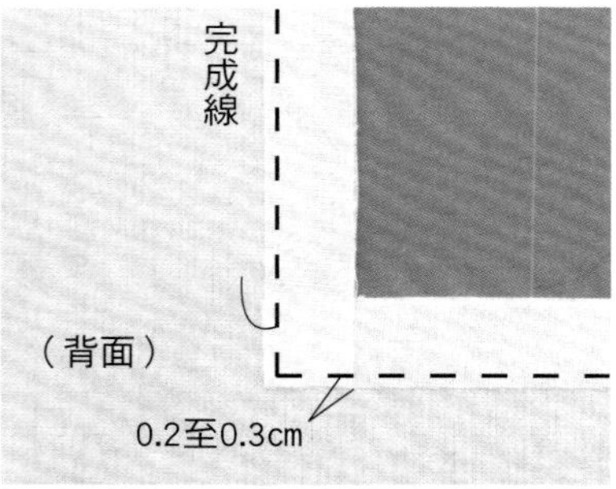

超出完成線0.2至0.3cm位置貼上黏著襯條。

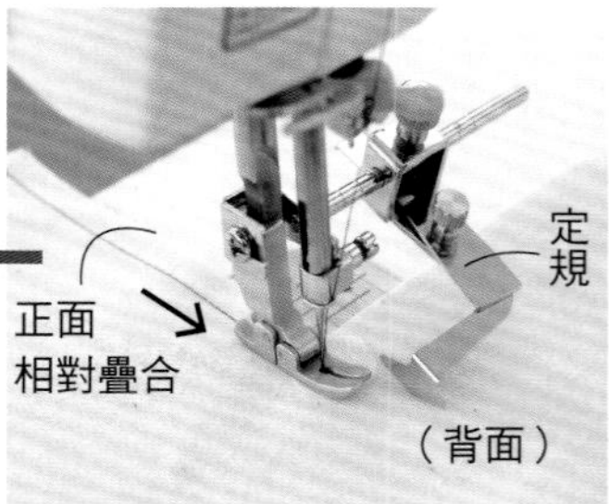

1 車縫至邊角，針插至邊角後暫時停止。

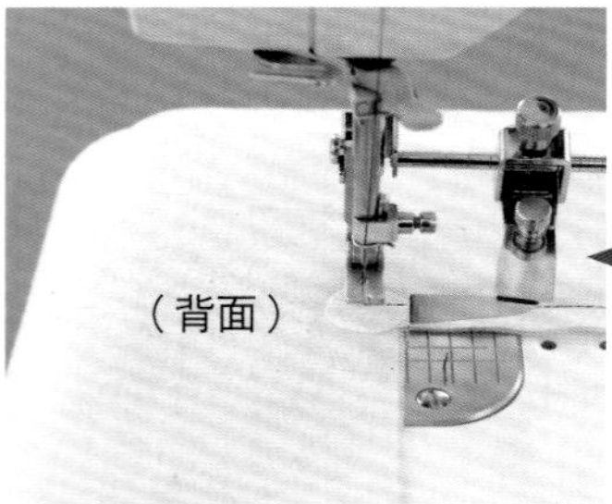

2 車縫針插著不要動，將壓布腳抬起，轉動布料方向。

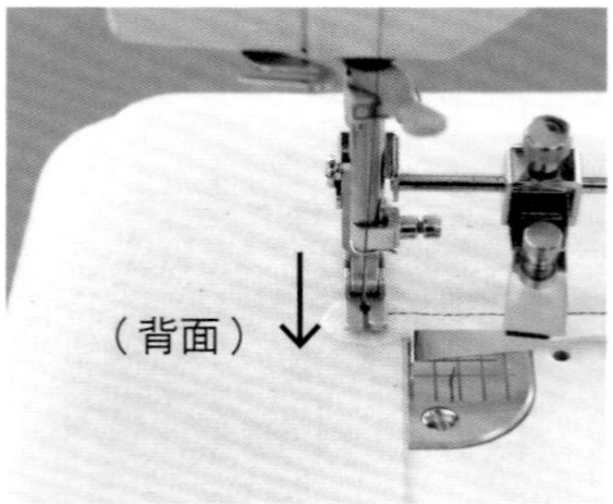

3 放下壓布腳，繼續車縫。

4 熨斗熨燙縫線使其平整穩定。

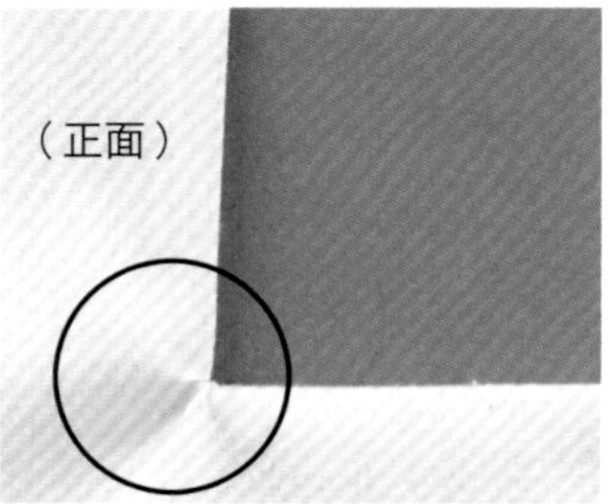

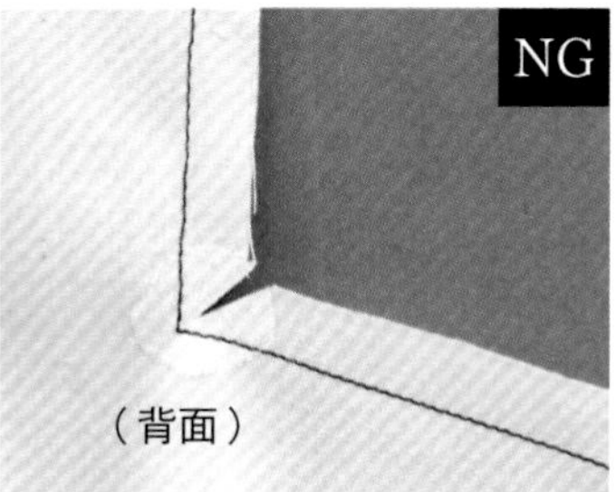

※如果邊角牙口剪太少，使縫份被牽扯，翻至正面時會產生凹型皺褶，請多加注意！

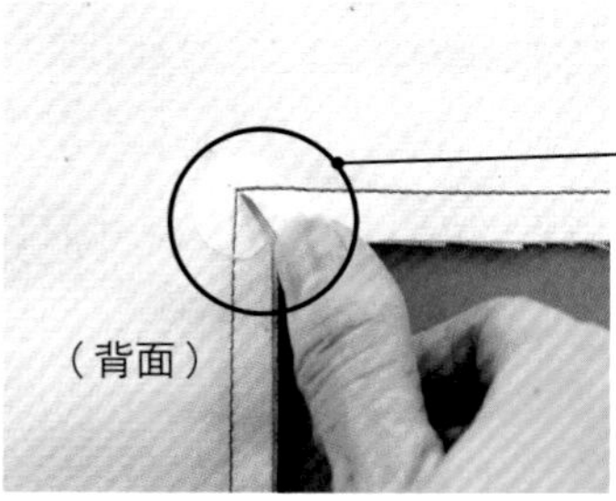

※縫線邊端剪牙口，注意不要剪到縫線。

5 邊角縫份剪牙口。

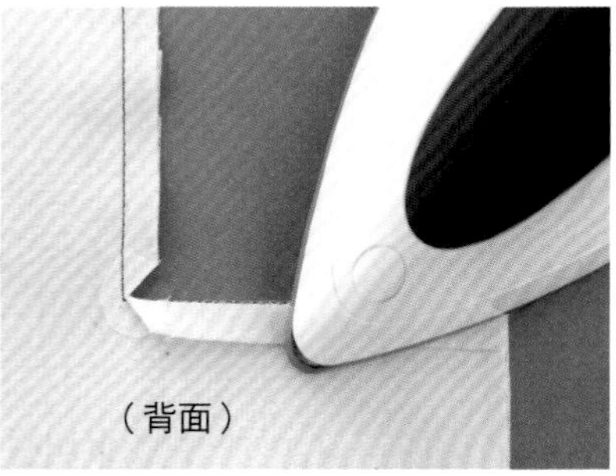

6 沿縫線位置，摺疊2片縫份。

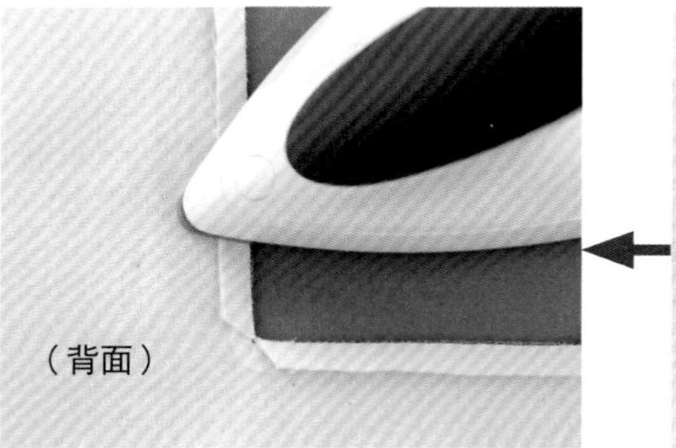

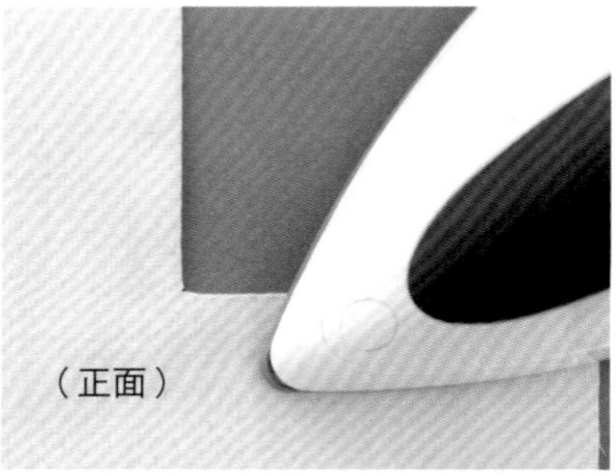

7 翻至正面熨燙整理。（若從正面熨燙，請記得要鋪上墊布）

完成

車縫的小幫手

配合壓線寬度放上砂紙車縫，可以代替尺規縫製出美麗的壓線。

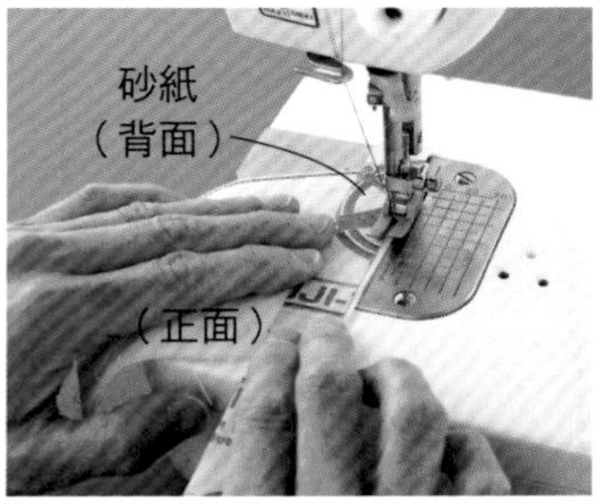

砂紙剪成適當的大小（約2cm寬）。砂紙放置在不會被車縫針車縫到的位置後，放下壓布腳開始進行車縫。

以砂紙粗糙面與布料正面相對疊合，包夾在壓布腳和布料之間。

接縫布料或壓線時，如果使用砂紙輔助，可以預防布料移位，也適用於容易變形的布料。

※但如果砂紙目太粗，可能會損害布料，請選擇細砂紙製作。

有角度的剪接線車縫方法

對初學者來說，有角度的剪接線是比較困難的技巧之一。一定要對齊合印記號才能縫製出整齊的形狀，請試著運用以下的方法挑戰看看。

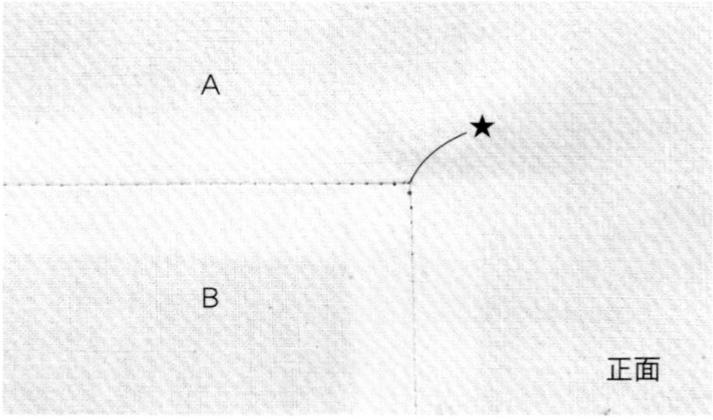
A
★
B
正面

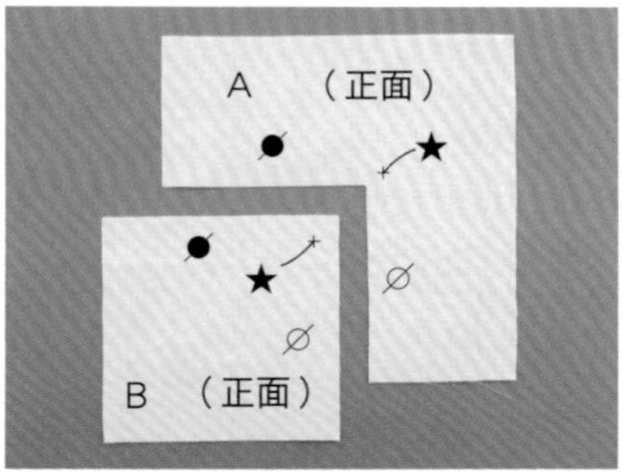
A　（正面）
★
B　（正面）

1 邊角作上合印記號。

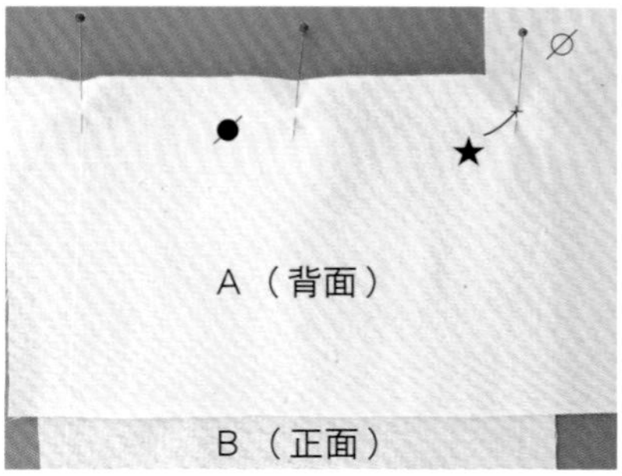
★
A（背面）
B（正面）

2 A布放置上方，正面相對疊合，對齊★記號，以珠針固定。

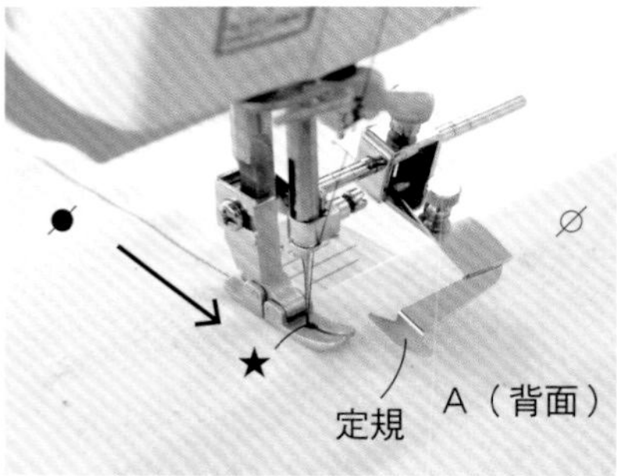
★
定規
A（背面）

3 車縫至★記號為止。

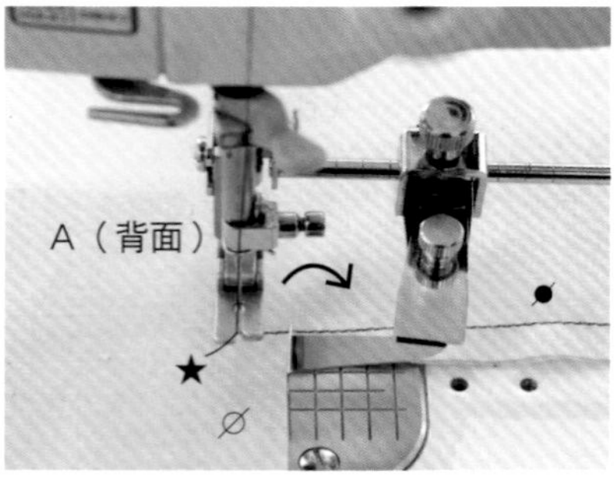
A（背面）
★

4 縫針不要拔起，抬起壓布腳轉動布的車縫方向。

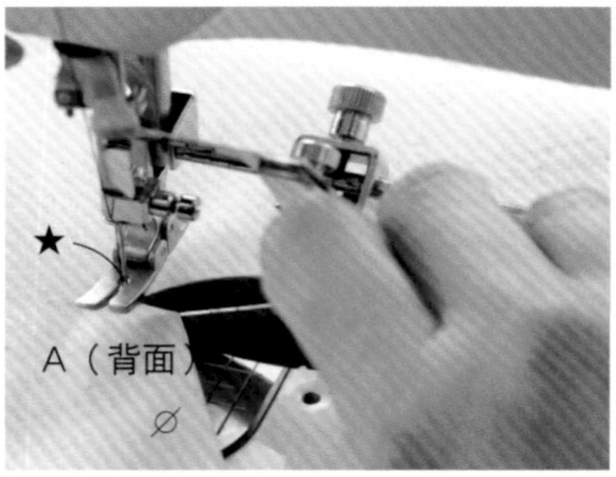
★
A（背面）

5 只有A布★記號的邊緣為止剪入牙口。

燙開縫份

燙開縫份是很普遍的方法之一，比起縫份倒向任一邊，可以讓剪接線更顯簡潔、整齊。

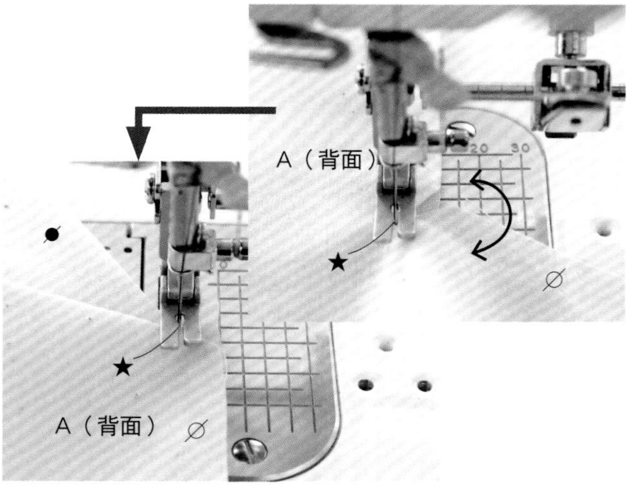
A（背面）
★
A（背面）
⌀

6 車縫針不要拔起，剪入牙口，●的部分往後旋轉，B布的⌀和A布的⌀疊到圖案。

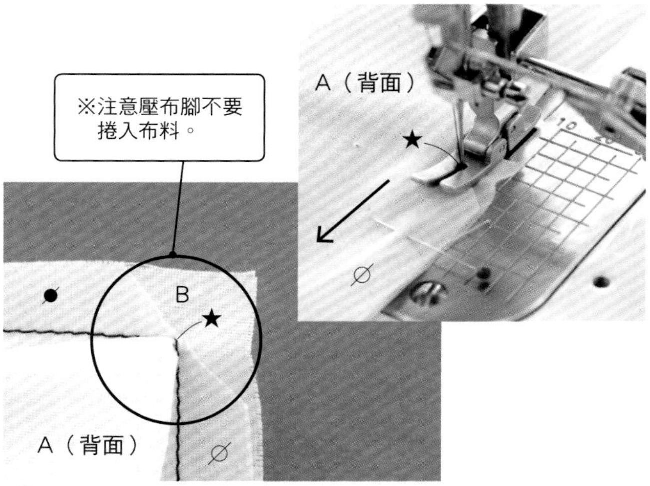
※注意壓布腳不要
捲入布料。
A（背面）
★
⌀
●
B
★
A（背面）
⌀

7 以珠針固定避免移位，放下壓布腳進行車縫。

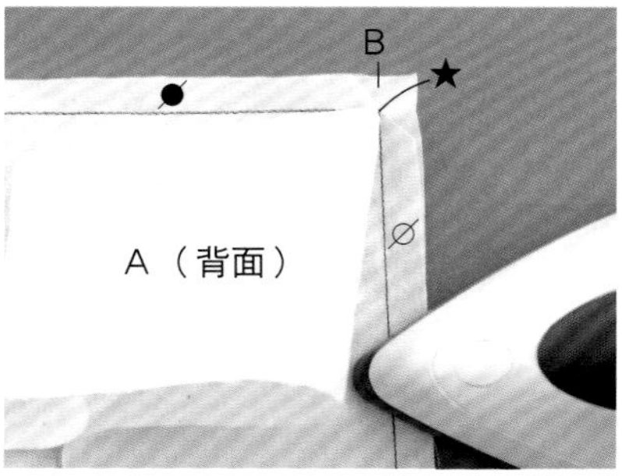
B
●
★
A（背面）
⌀

8 以熨斗熨燙縫線使其平整穩定。

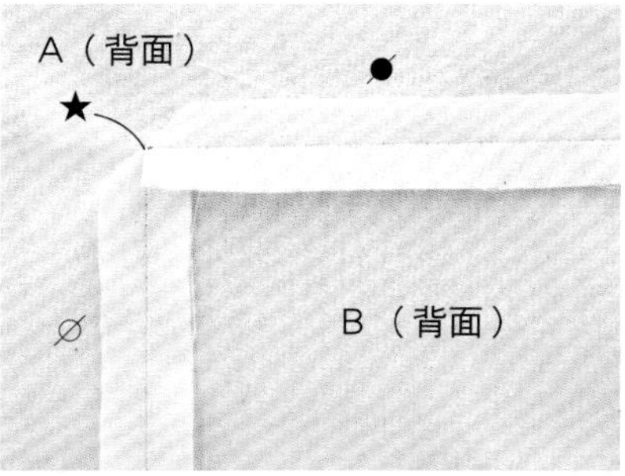
A（背面）
●
★
⌀
B（背面）

9 燙開縫份。

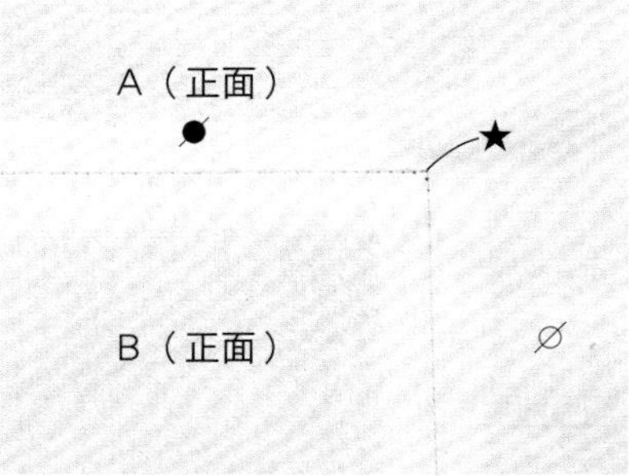
A（正面）
●
★
B（正面）
⌀

完成

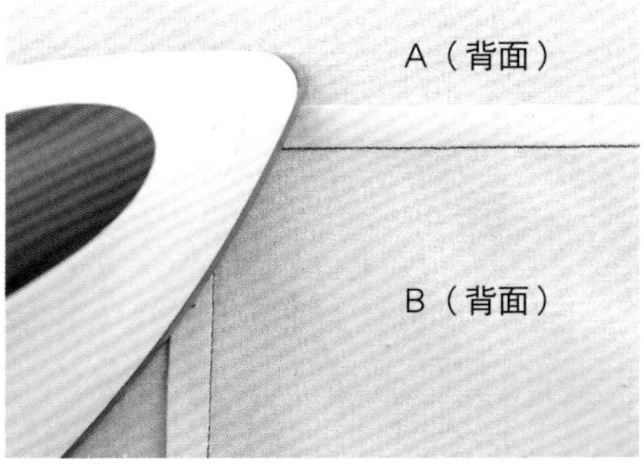
A（背面）
B（背面）

縫份倒向一側

縫份倒向一側的話，倒向的那一側的剪接線，會因此更加強調其設計線。

（倒向B布側）

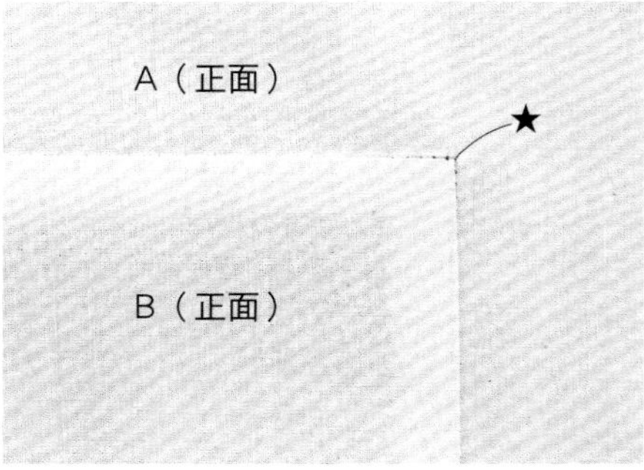
A（正面）
★
B（正面）

（倒向A布側）

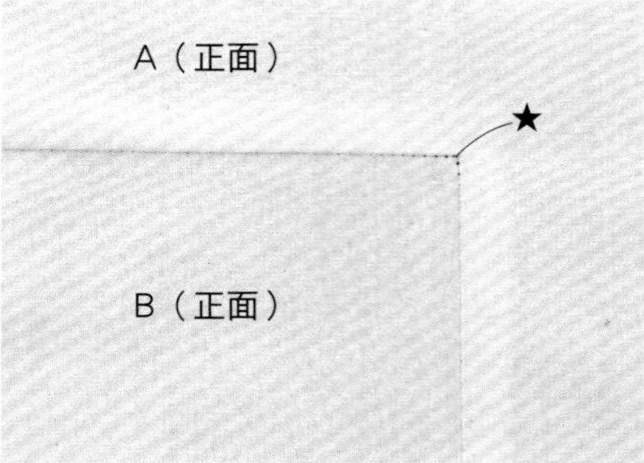
A（正面）
★
B（正面）

※容易綻線的布料，在剪牙口之前請先貼上力布（黏著襯）補強。

（背面）

角度和直線接縫方法

角度和直線接縫的手法，常常會出現在包包等縫製過程。
以下介紹可以製作出美麗的形狀的方法。

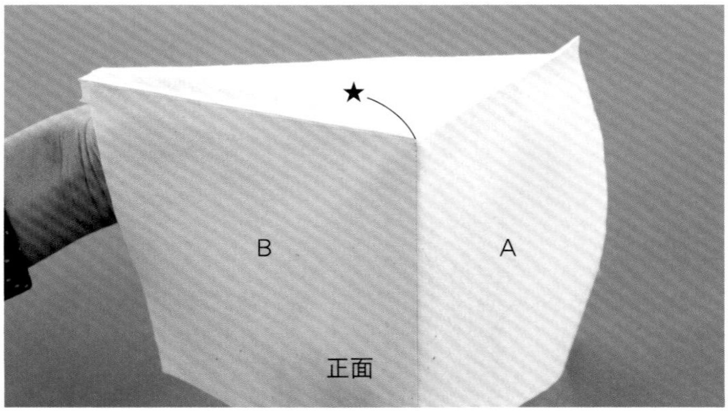
★
B
A
正面

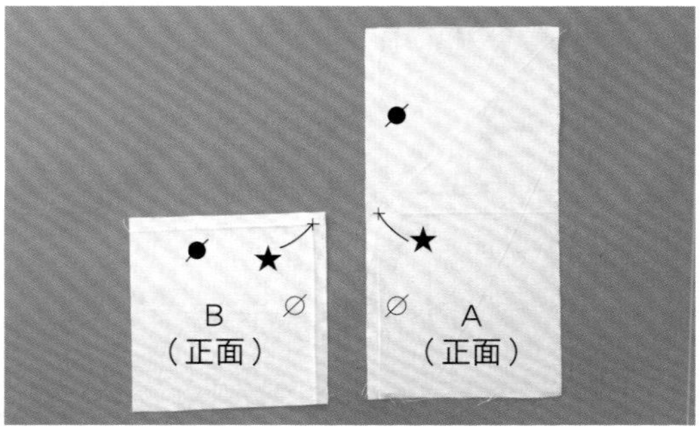
B
（正面）
A
（正面）

1 對齊邊角合印記號。

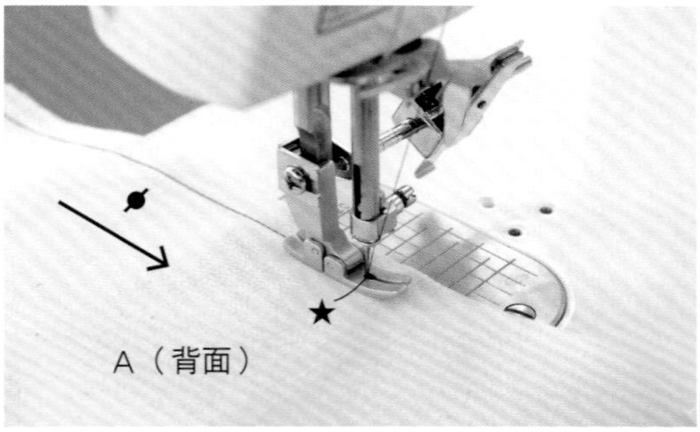
A（背面）

2 A布放置上方，A布和B布正面相對疊合，對齊●記號車縫，縫至★記號處。

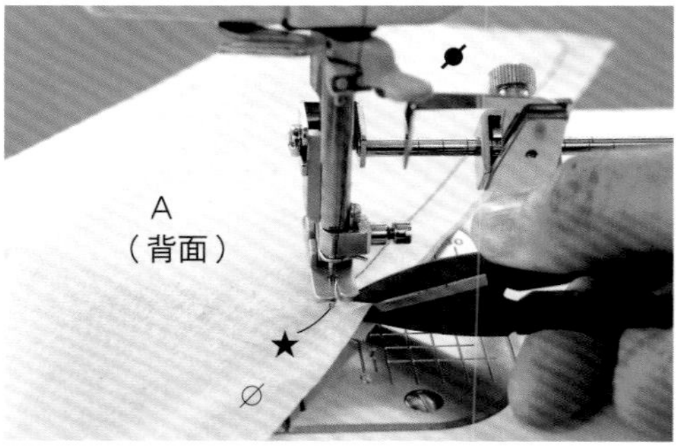
A
（背面）

3 車縫針不要拔起，抬起壓布腳，只有A布★記號的邊緣為止剪入牙口。

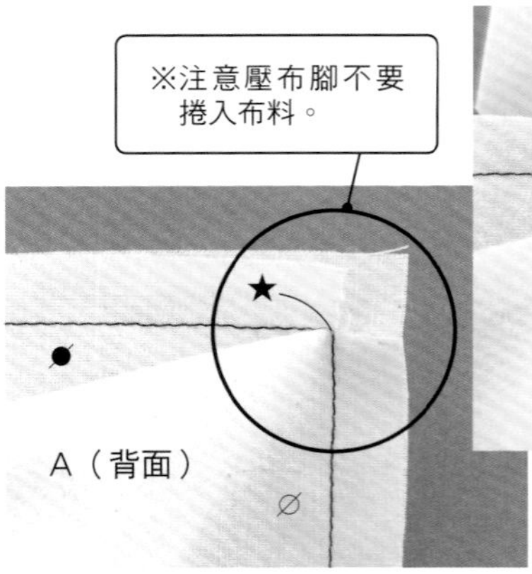
※注意壓布腳不要
捲入布料。
A（背面）

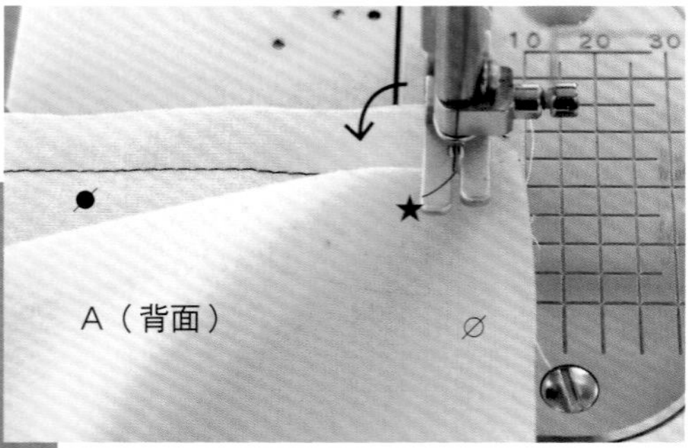
A（背面）

4 改變●的方向，重疊∅記號，放下壓布腳進行車縫。

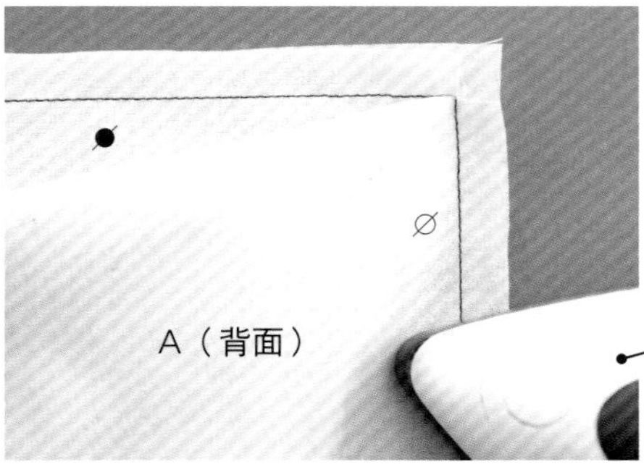

※為了有整齊的縫線，請熨燙縫線使其安定。但如果想要製作出更美麗的作品，請切記車縫後一定要熨燙縫線。

5 以熨斗熨燙縫線使其平整穩定。

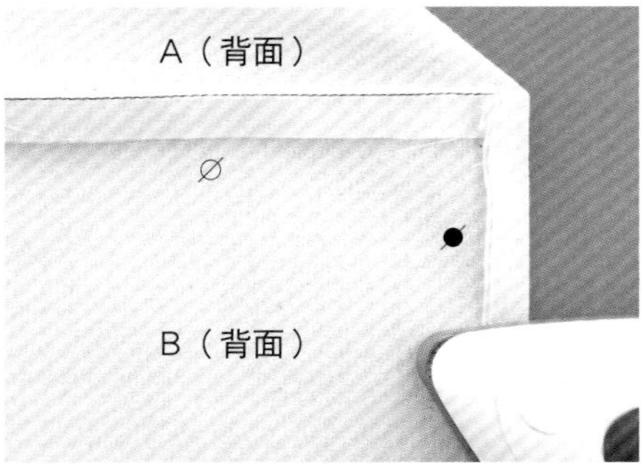

6 B布的●和∅縫份各自倒下。

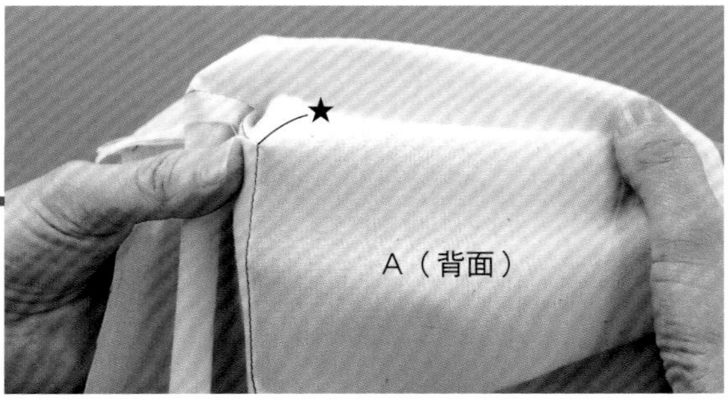

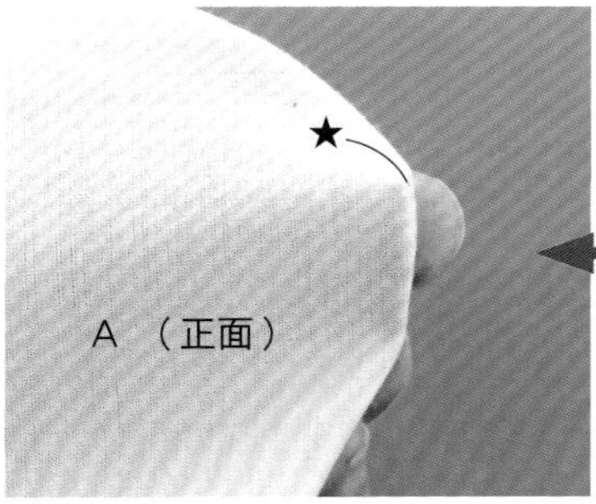

7 手指伸進中間邊角位置，以食指和大拇指夾住按緊縫份，將布料翻至正面。

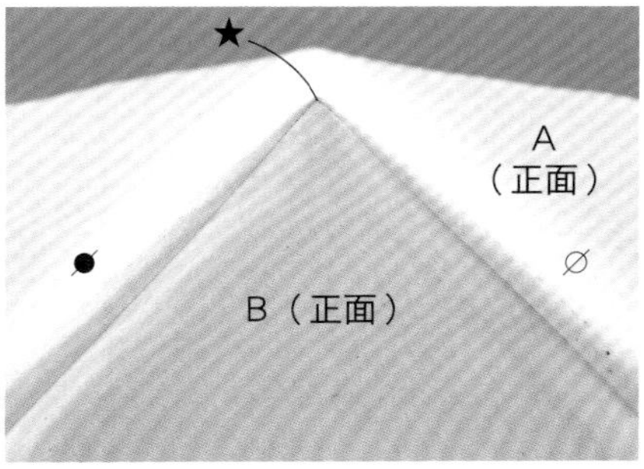

翻至正面。

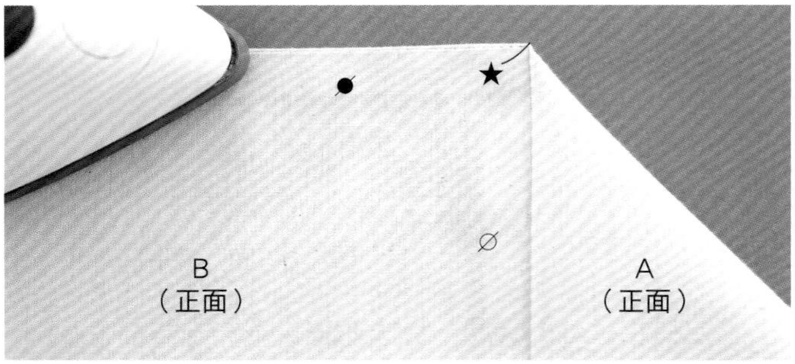

8 A布和B布接縫位置，向內摺疊對齊熨燙整理。

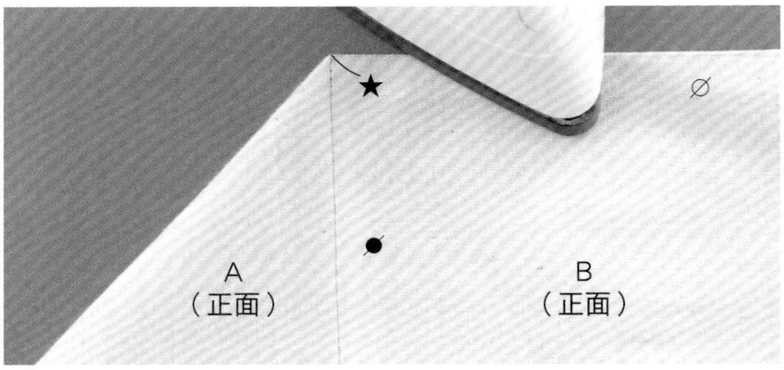

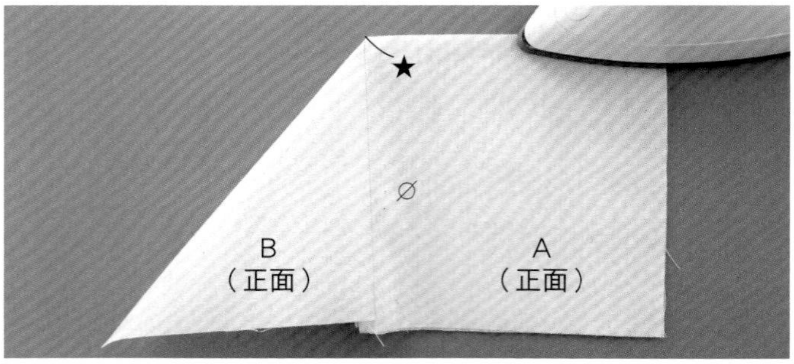

9 對齊●和∅縫線，A布褶線處熨燙整理。

※整齊熨燙的褶線，讓頂點線條更加洗練。

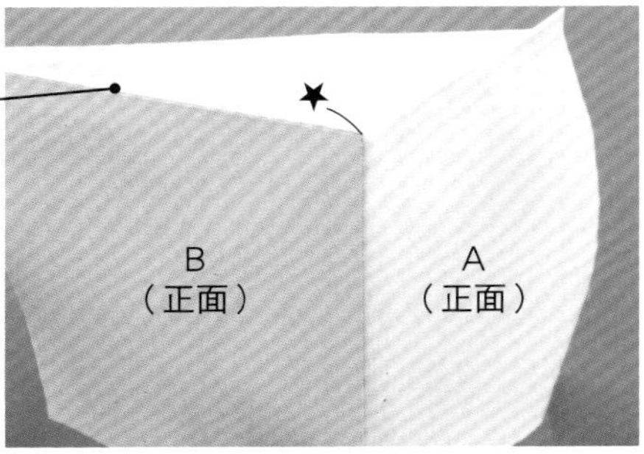

完成

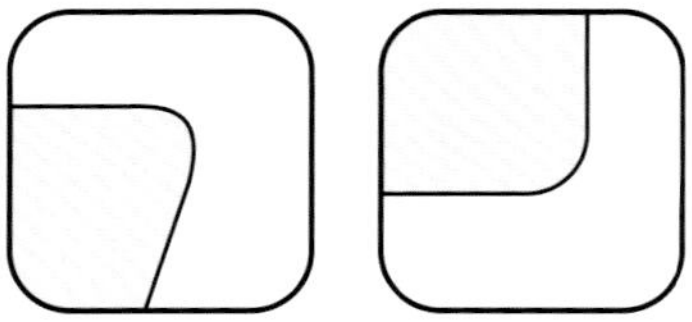

外凸曲線車縫方法

附裡布的口袋或是領端等處的車縫方法，以下介紹可以製作出美觀弧度的方法。

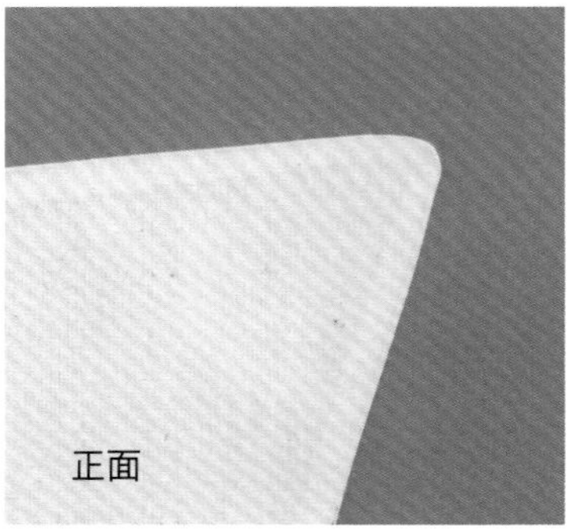

彎度較大的曲線車縫方法

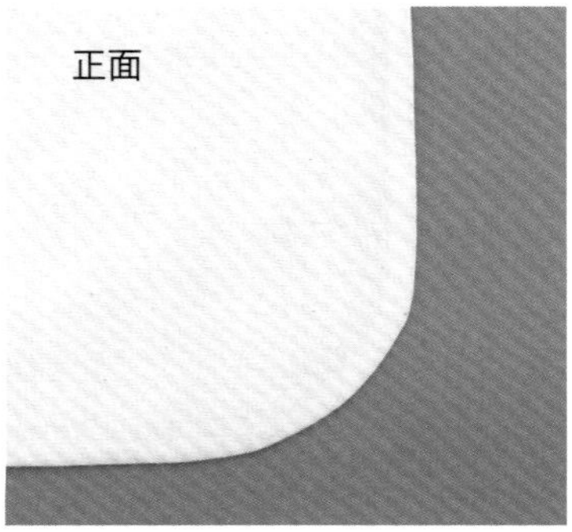

和緩曲線的車縫方法

和緩曲線時

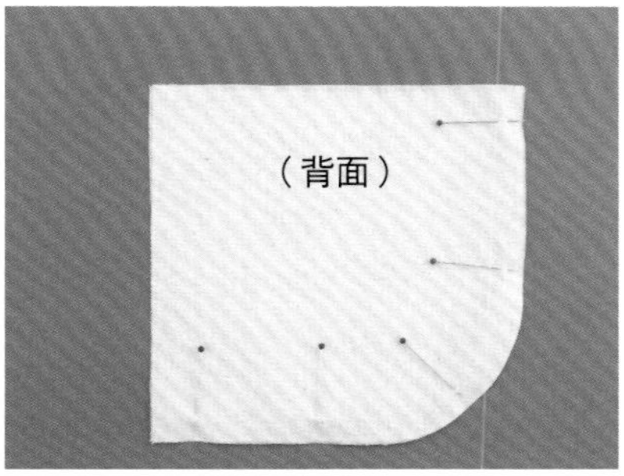

1 將2片布料正面相對疊合，以珠針固定。

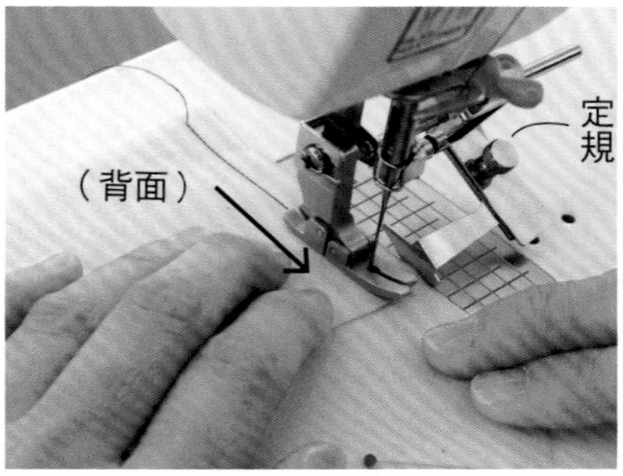

2 車縫直線部分。

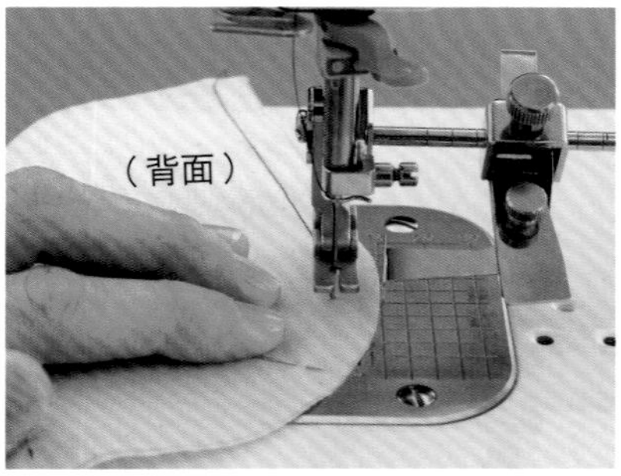

3 車縫曲線部分時，車縫針不要拔起，抬起壓布腳，依照曲線弧度來調整布料的方向。放下壓布腳進行車縫。

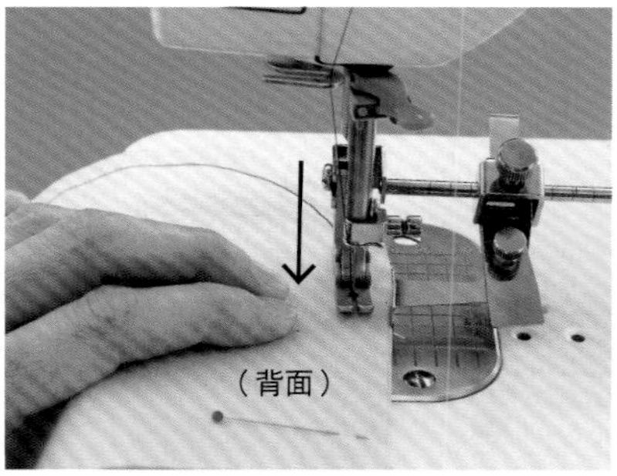

4 車縫直線部分。

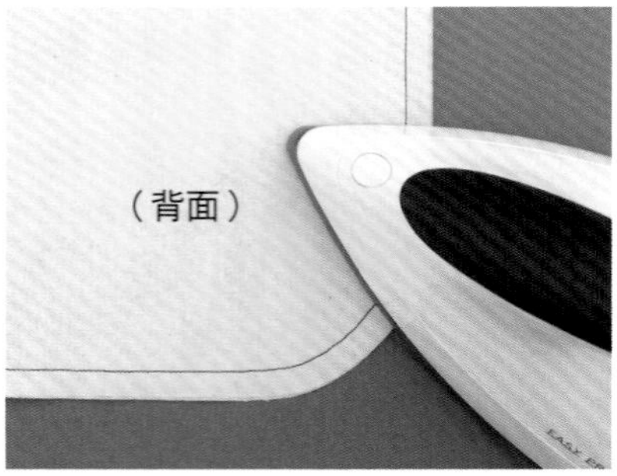

5 熨燙縫線。

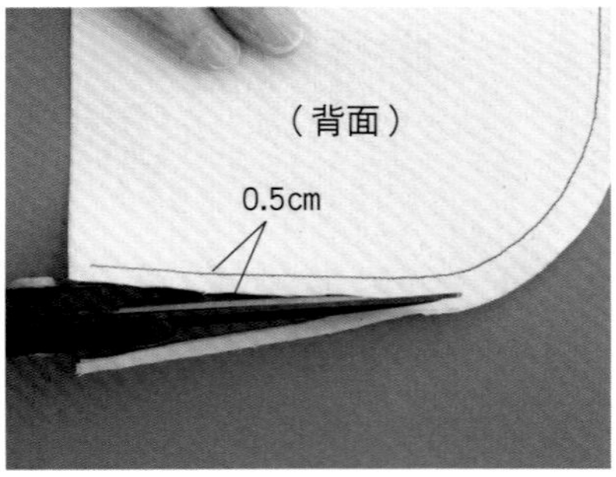

6 縫份修剪為0.5cm。

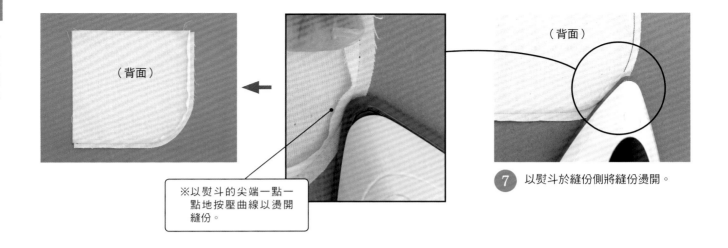

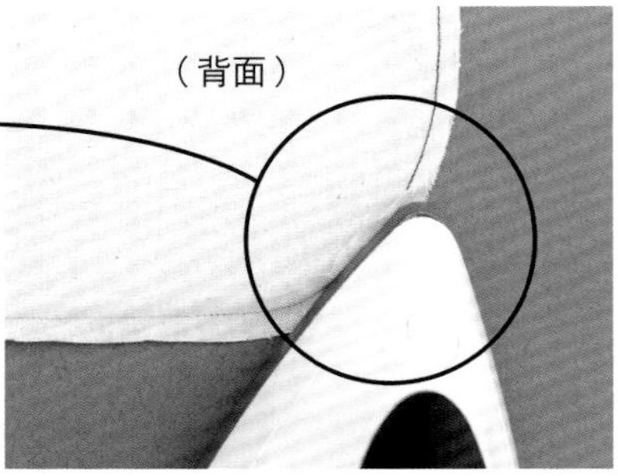

7 以熨斗於縫份側將縫份燙開。

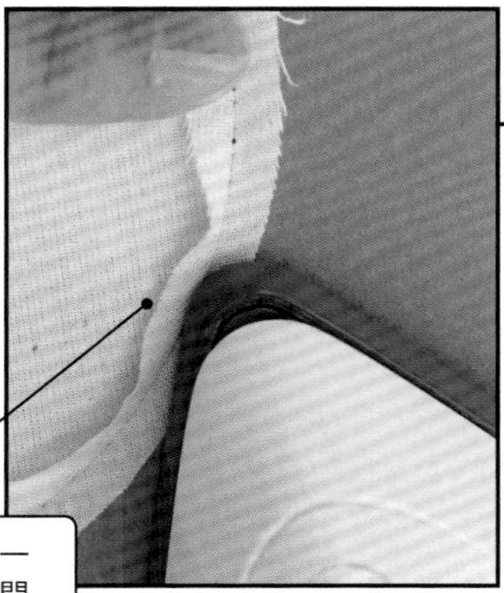

※以熨斗的尖端一點一點地按壓曲線以燙開縫份。

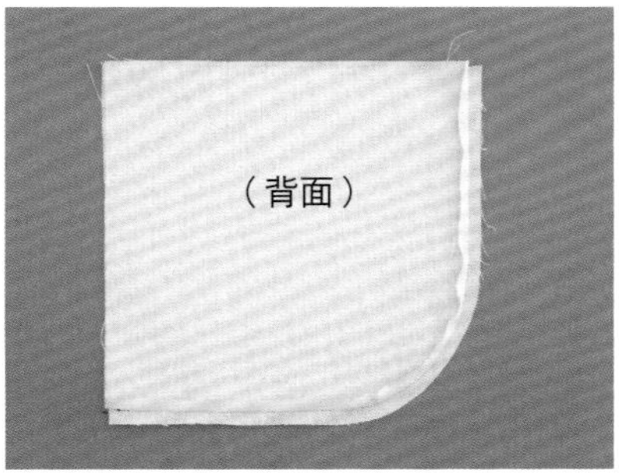

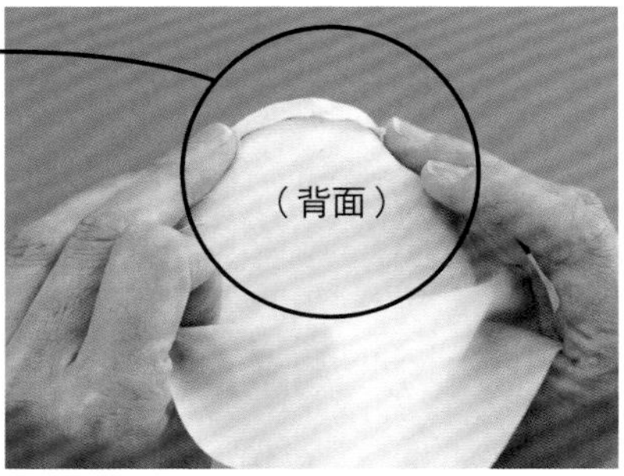

8 將拇指伸入曲線內側位置，以拇指和中指夾住按緊縫份，將布料翻至正面。

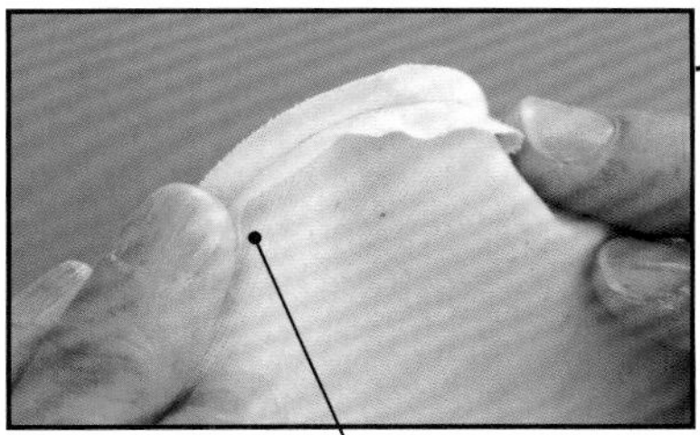

※以熨斗用力壓燙縫份，使其翻回正面時更為美觀。

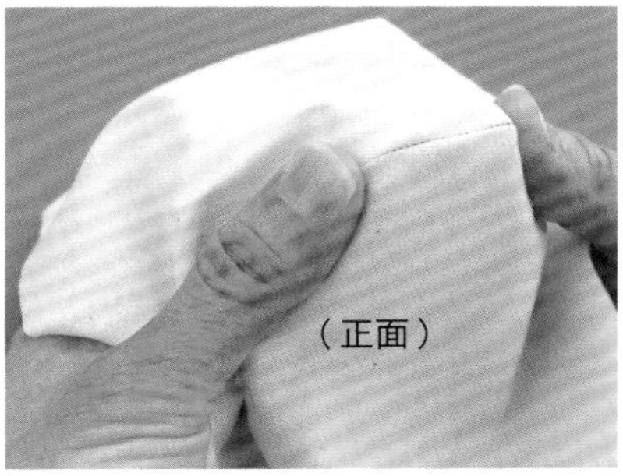

9 翻回正面以手指整平曲線縫份，使其均勻平整。

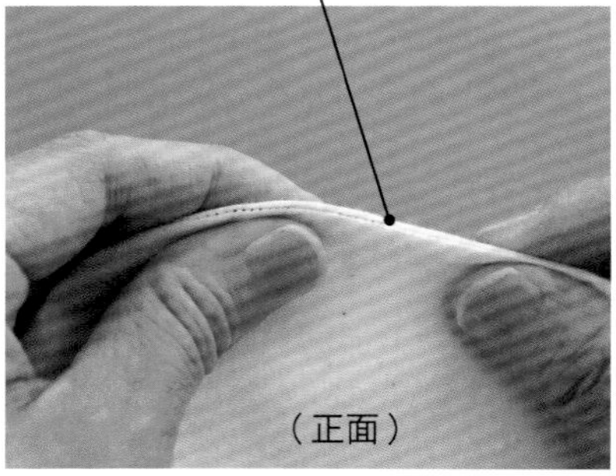

※整理內側時，使其邊緣多出0.1cm（參照P.10）。

10 從正面開始整理縫線處的疊合。

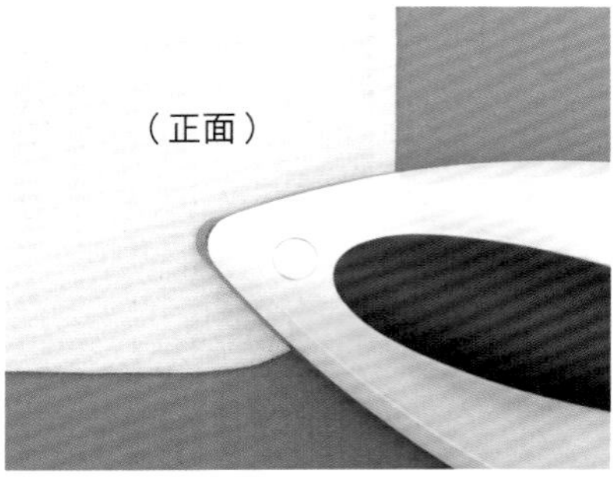

11 進行整燙（若從正面熨燙，請記得要鋪上墊布）。

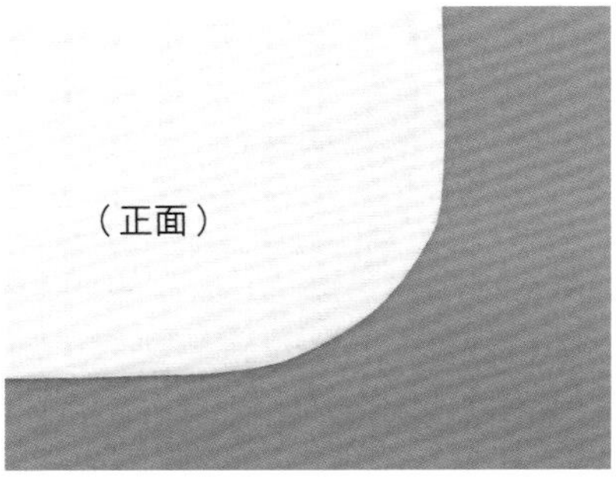

完成

彎度較大的曲線車縫方法

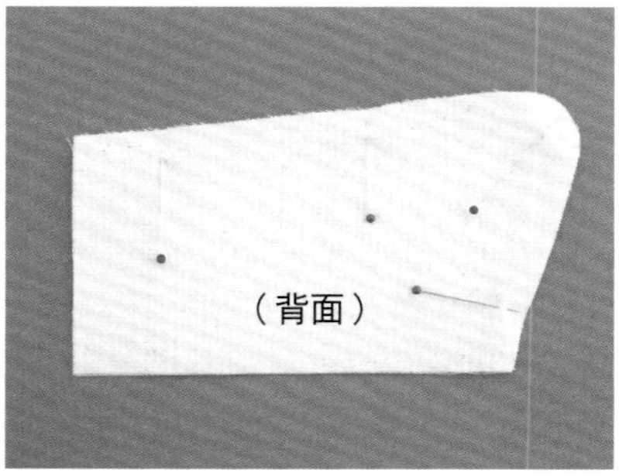
（背面）

1 將2片布料正面相對疊合，以珠針固定。

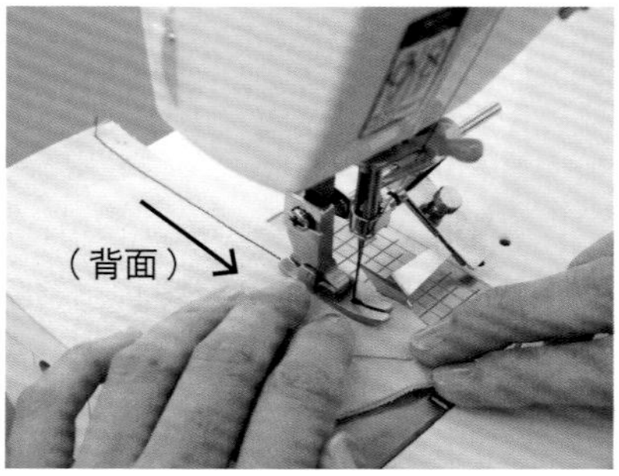
（背面）

2 車縫直線部分。

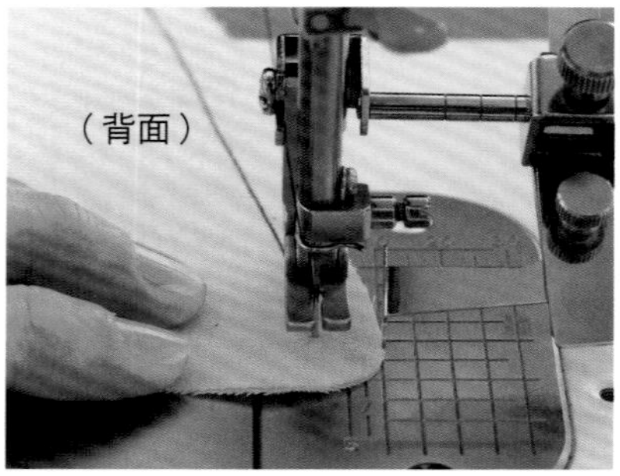
（背面）

3 車縫曲線時，請勿抬起車縫針，直接抬起壓布腳，配合曲線車縫時慢慢改變布料方向。

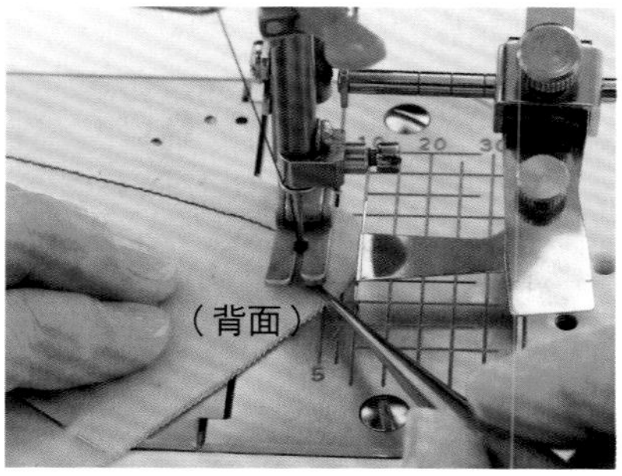
（背面）

4 放下壓布腳，沿著曲線車縫。彎度較大的曲線時候請一針一針配合曲線改變布料方向慢慢車縫。

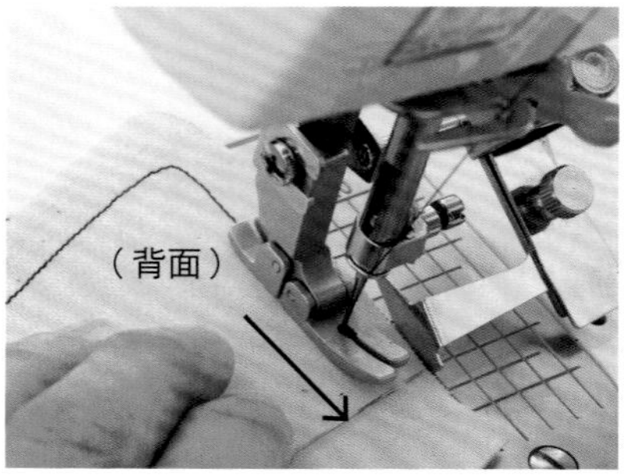
（背面）

5 車縫直線部分。

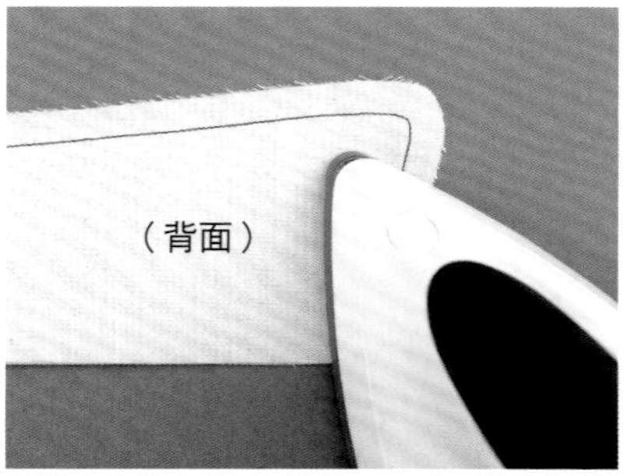
（背面）

6 熨斗熨燙縫線使其平整穩定。

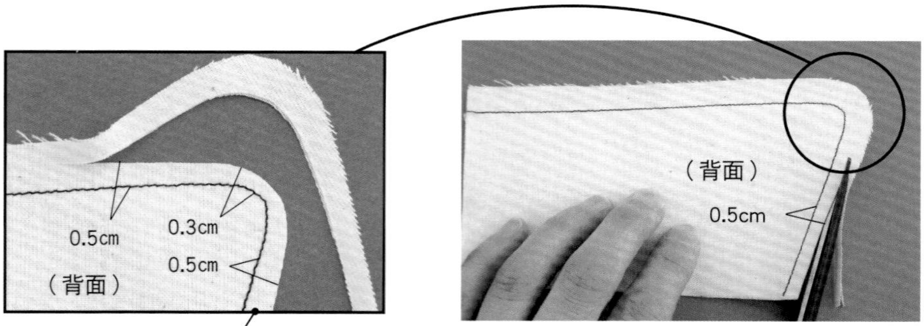
0.5cm
0.3cm
0.5cm
（背面）
（背面）
0.5cm

※曲線縫份留下0.3cm，
直線部分0.5cm。

7 裁剪縫份。

※使用熨斗尖端按壓縫份，燙開縫份。

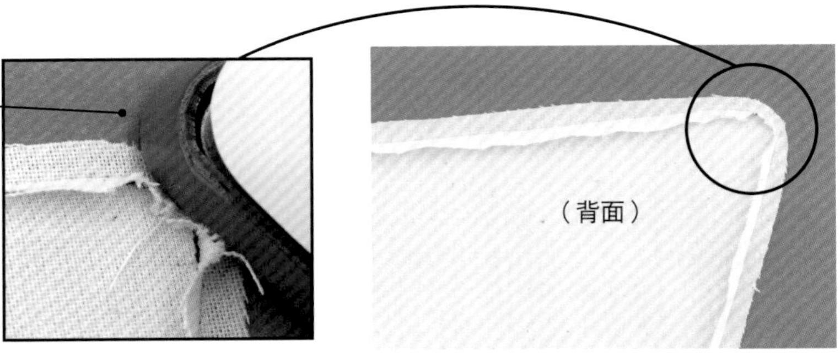

8 單側縫份，熨燙燙開縫份。

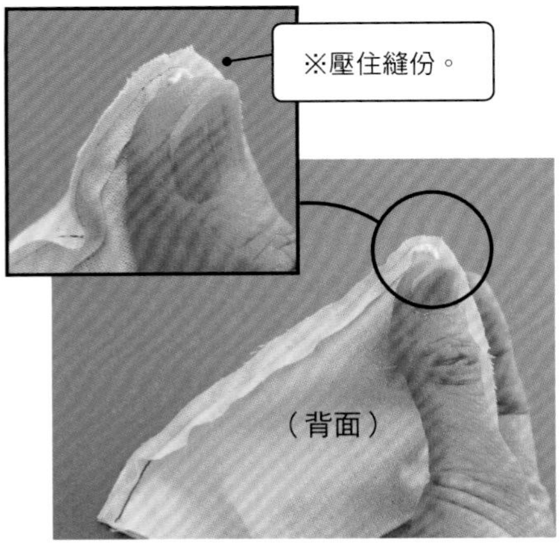

9 中指伸進中間邊角位置，以中指和大拇指夾住按緊縫份，將布料翻至正面。

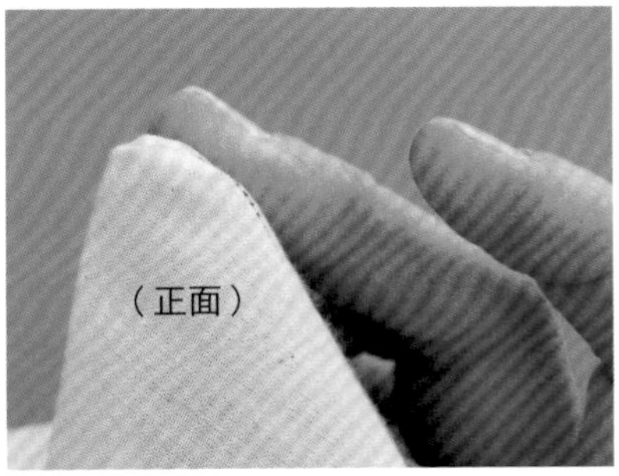

10 注意縫份要均勻，翻至正面。

※注意不要拉扯到縫線或是布料。

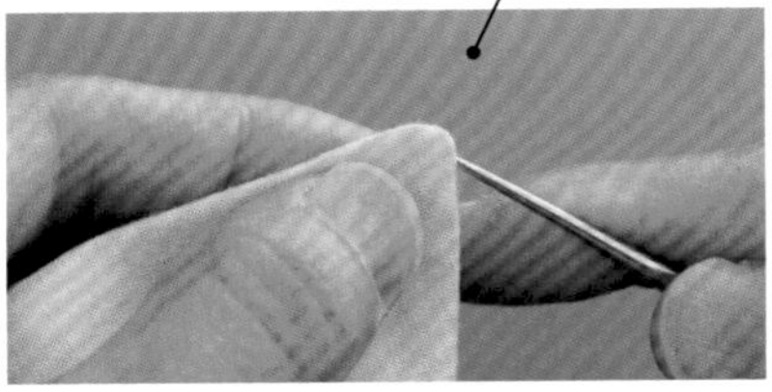

11 以錐子整理形狀。

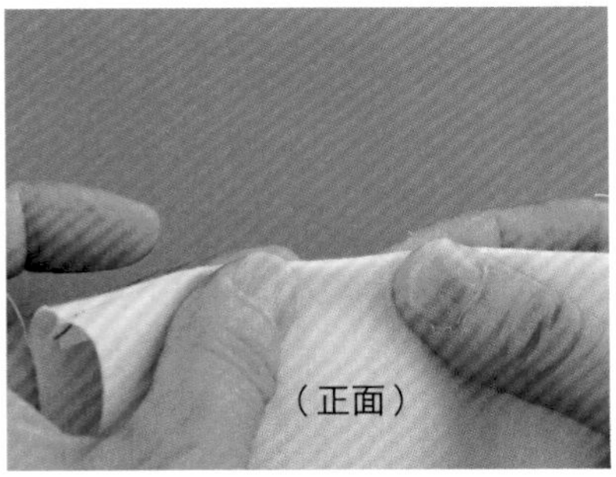

12 翻至正面重疊對齊。

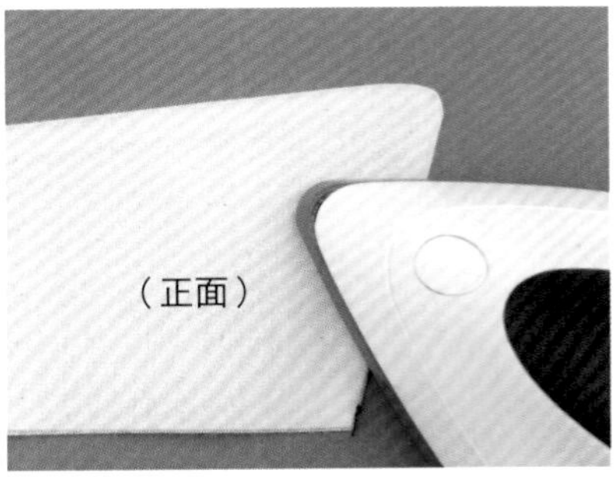

13 熨燙縫線（從表側熨燙時記得要鋪上墊布）。

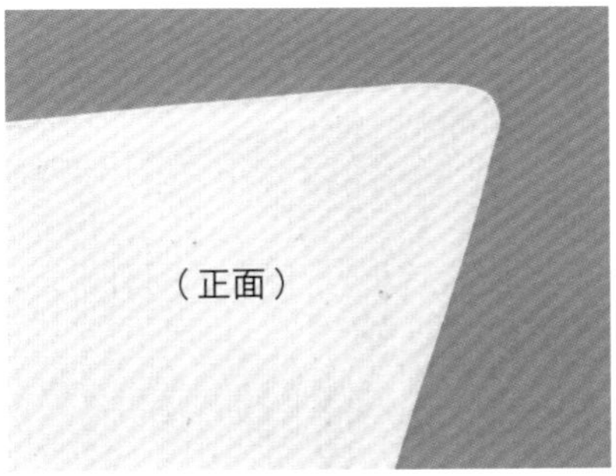

完成

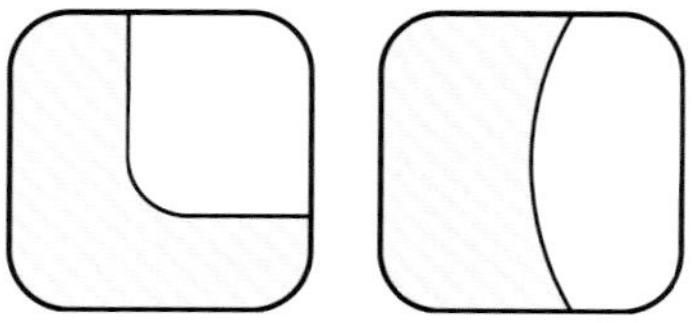

內弧度包邊的接縫方法

口袋口等接縫時，縫份布較會移位的預防方法。
怎麼樣處理縫份是主要成敗關鍵。

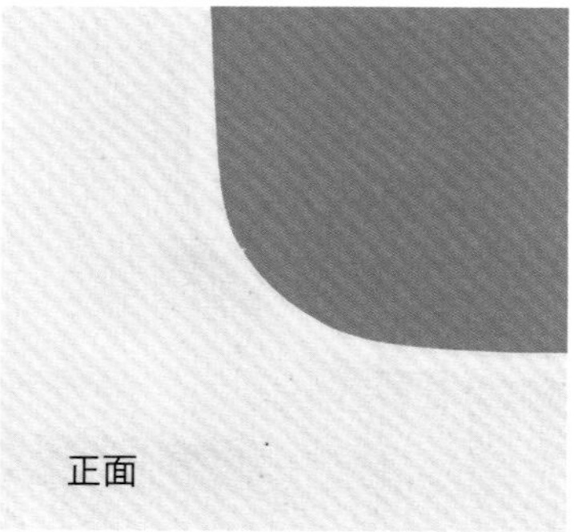

彎度較大的曲線車縫方法

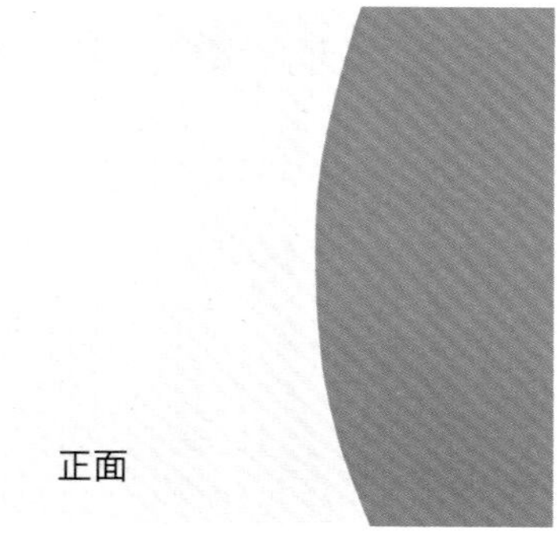

和緩曲線的車縫方法

和緩曲線時

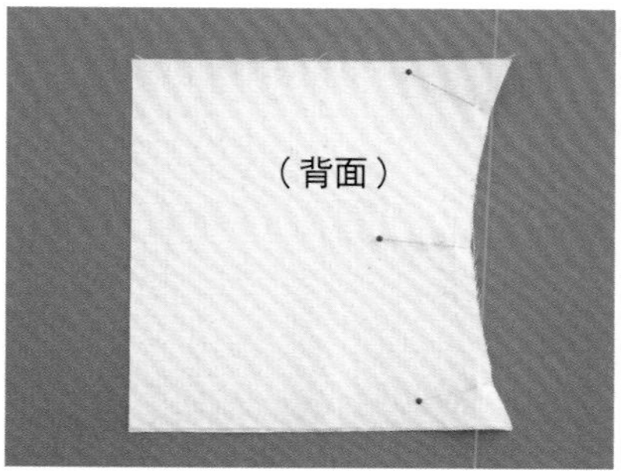

1 將2片布料正面相對疊合，以珠針固定。

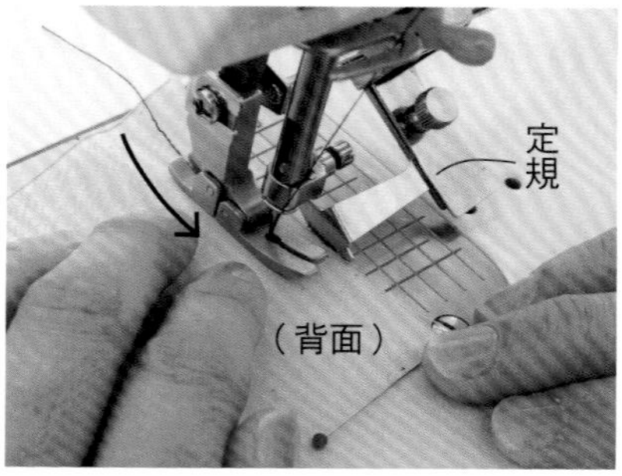

2 開始車縫較和緩的曲線。

3 因為壓布腳導致布料產生歪斜時，請於插著車縫針狀態下抬起壓布腳，整理布料。

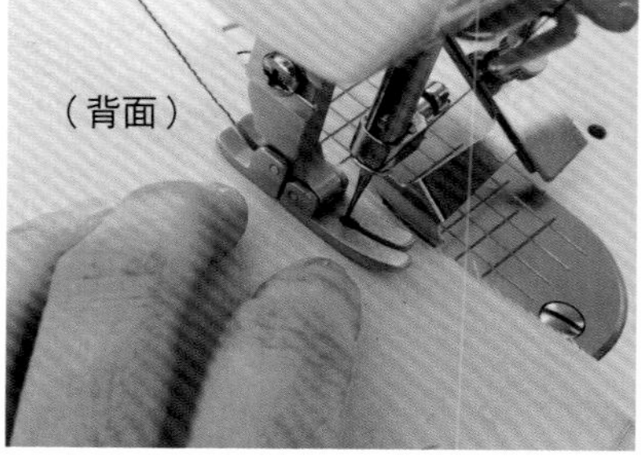

4 放下壓布腳車縫。

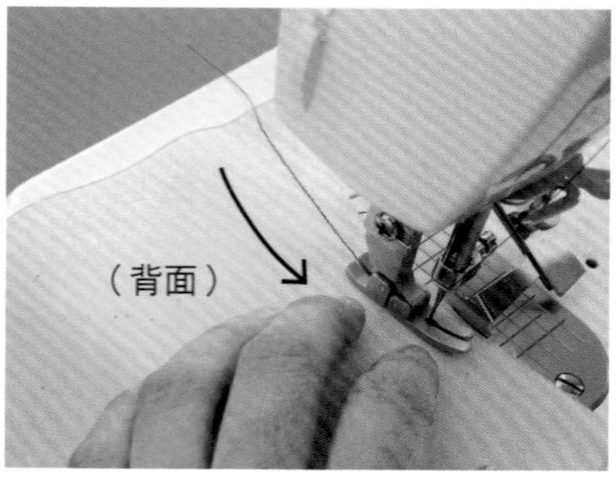

5 沿著布料曲線慢慢縫合。

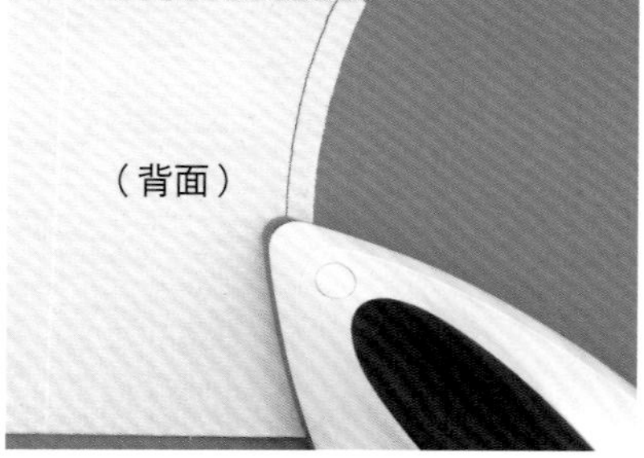

6 熨斗熨燙縫線使其平整穩定。

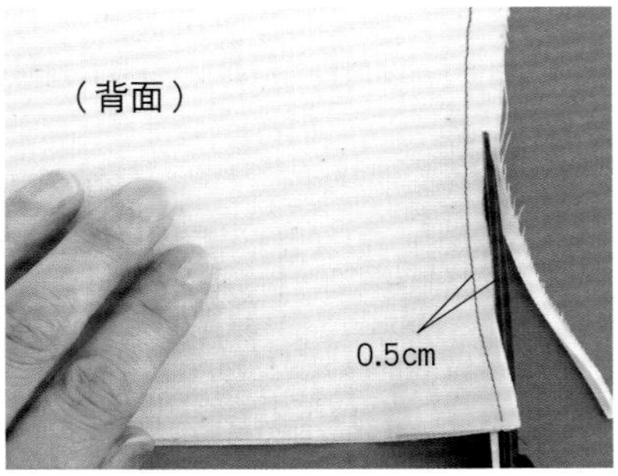
（背面）
0.5cm

7 縫份裁剪為0.5cm。

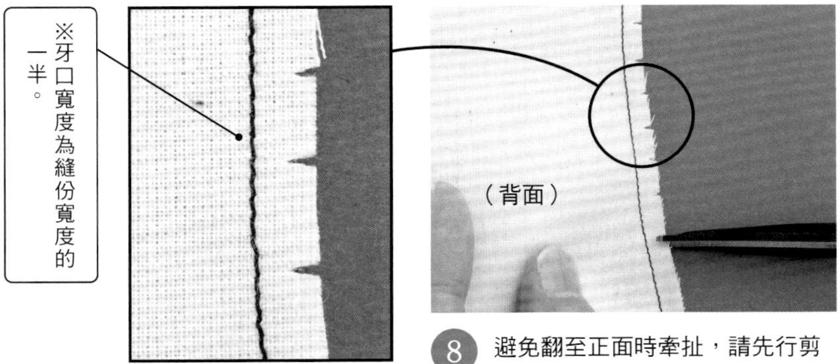
※牙口寬度為縫份寬度的一半。
（背面）

8 避免翻至正面時牽扯，請先行剪牙口。

※如果縫份很薄不會影響，也可以不剪牙口。

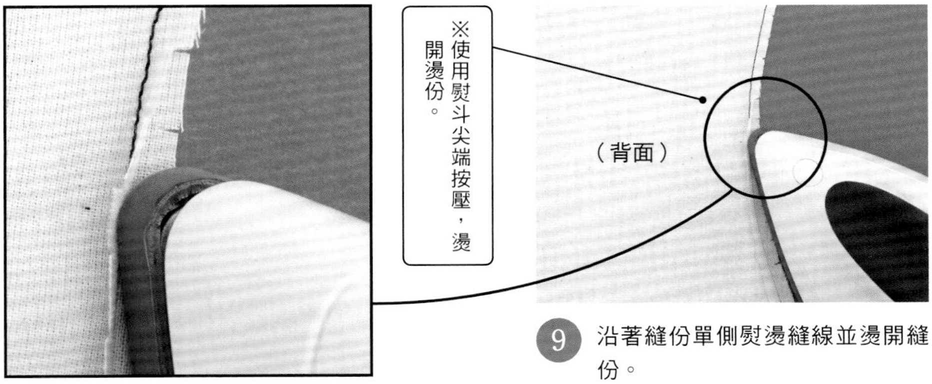
※使用熨斗尖端按壓，燙開燙份。
（背面）

9 沿著縫份單側熨燙縫線並燙開縫份。

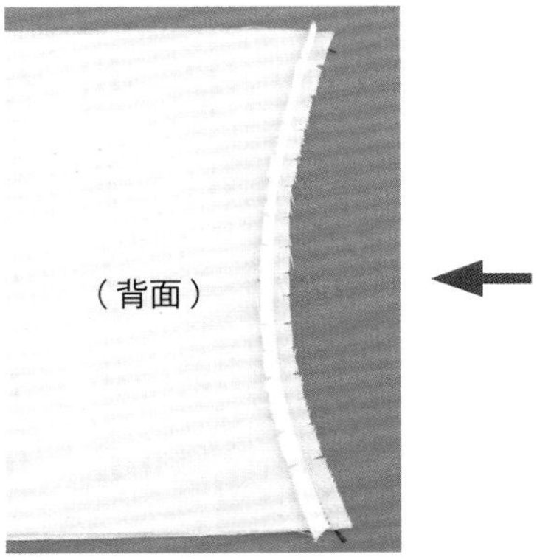
（背面）

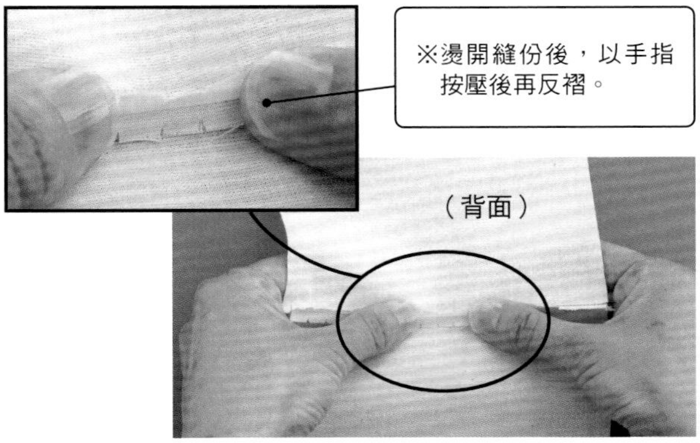
※燙開縫份後，以手指按壓後再反褶。
（背面）

10 拇指伸進中間邊角位置，以中指和拇指夾住按緊縫份，將布料翻至正面。

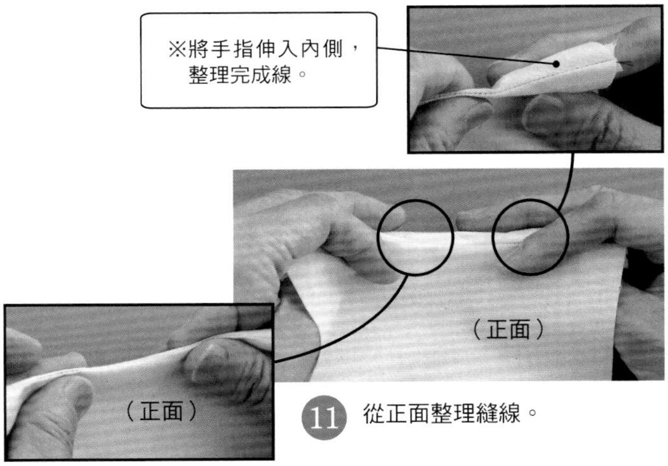
※將手指伸入內側，整理完成線。
（正面）
（正面）

11 從正面整理縫線。

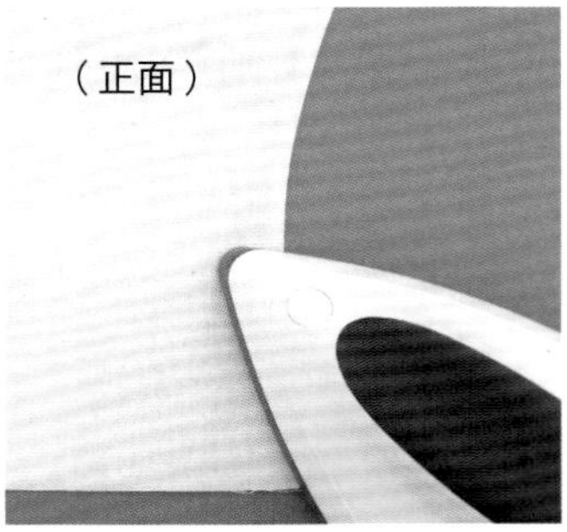
（正面）

12 熨燙縫線。（從表側熨燙時記得要鋪上墊布）

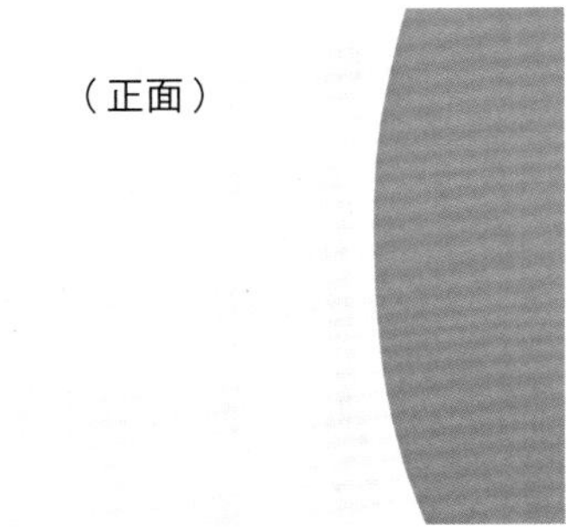
（正面）

完成

彎度較大時

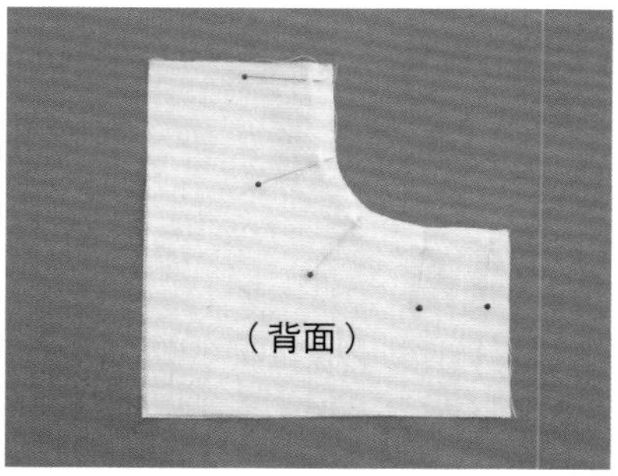
（背面）

1 將2片布料正面相對疊合，以珠針固定。

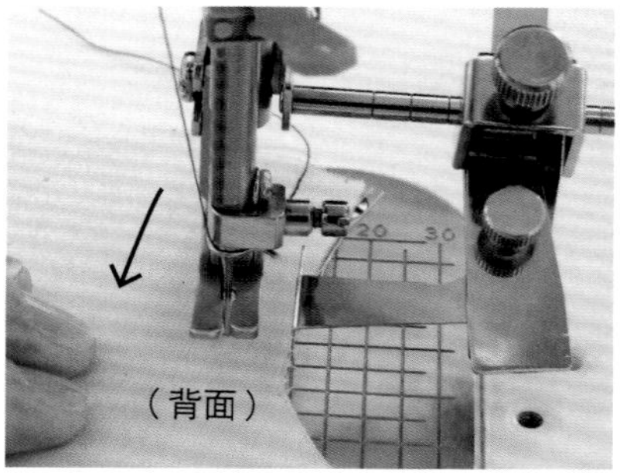
（背面）

2 車縫直線部分。

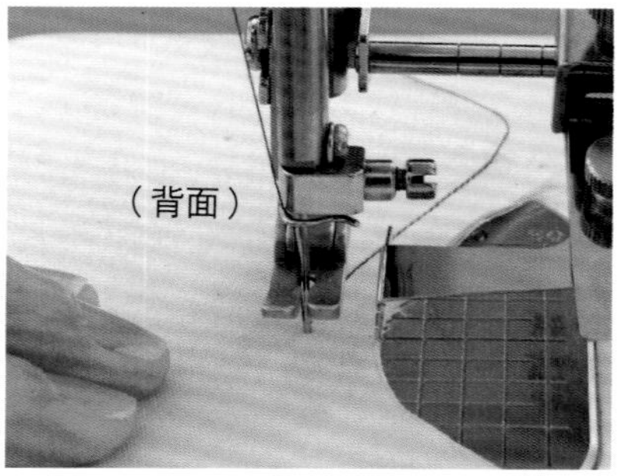
（背面）

3 請勿抬起車縫針，直接抬起壓布腳，配合曲線慢慢改變布料方向車縫。

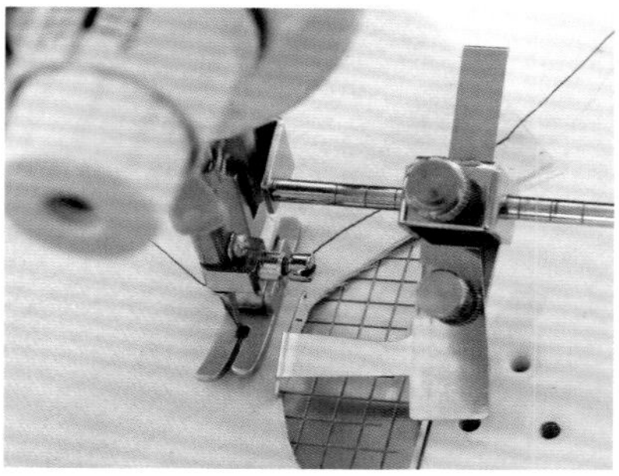

4 放下壓布腳，沿著曲線車縫。車縫彎度較大的曲線時，請一針一針配合曲線改變布料方向慢慢車縫。

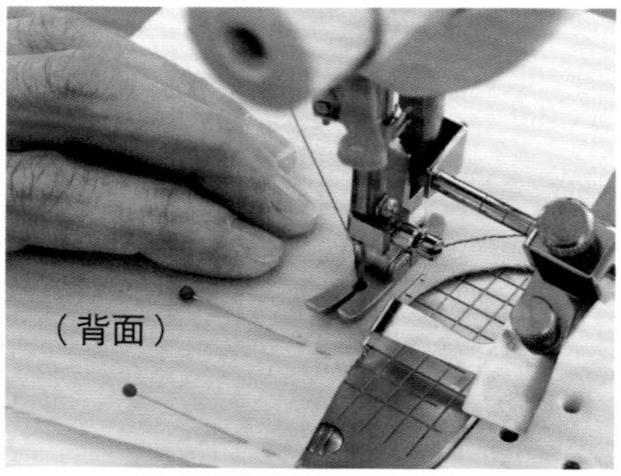
（背面）

5 車縫直線部分。

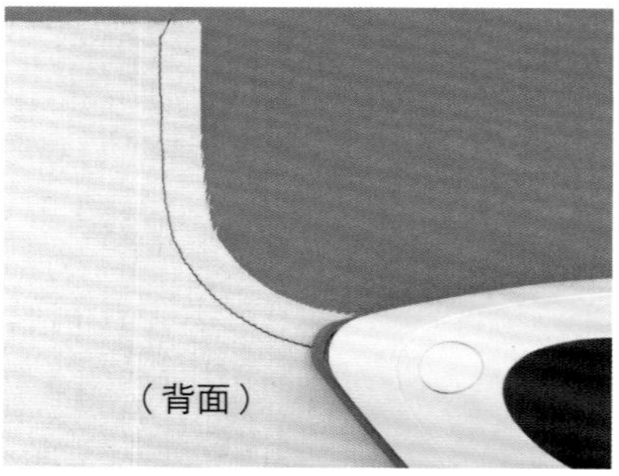
（背面）

6 沿著縫份單側縫線熨燙。

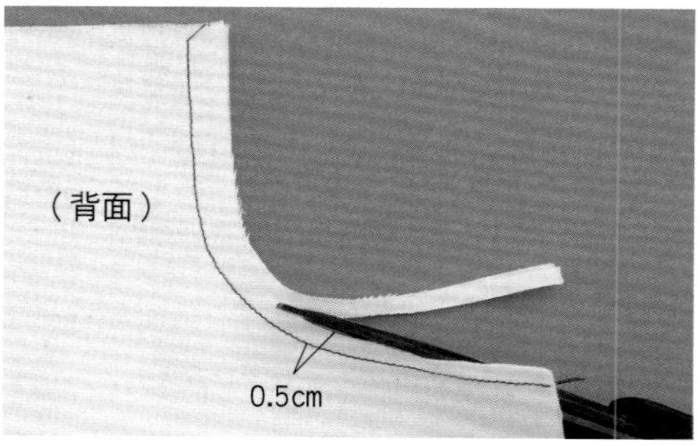
（背面）
0.5cm

7 縫份裁剪0.5cm。

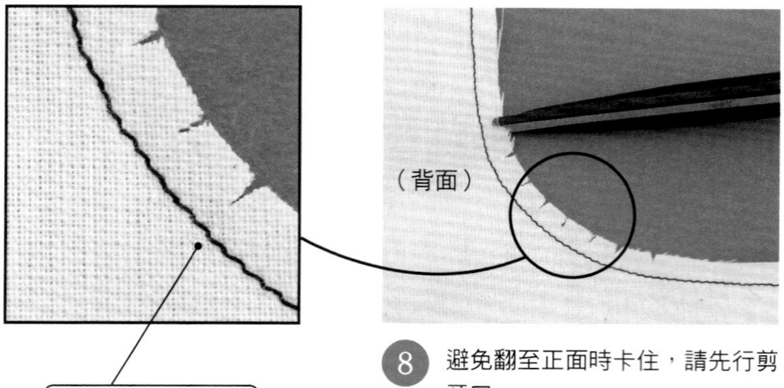
（背面）

※牙口寬度為縫份寬度的一半。

8 避免翻至正面時卡住，請先行剪牙口。

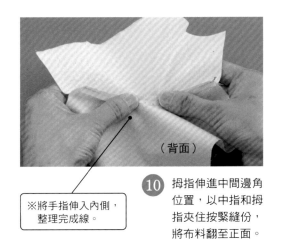

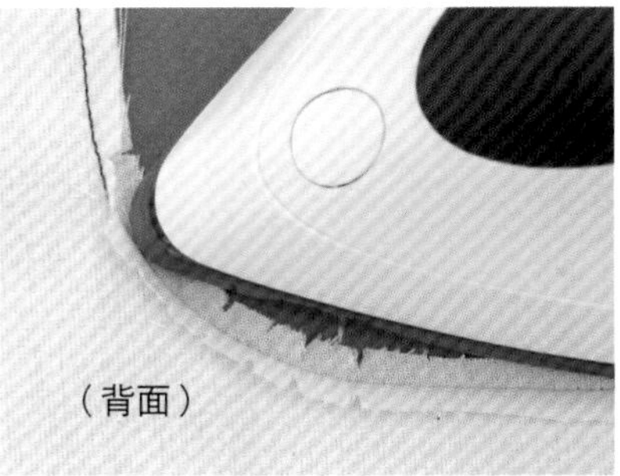

9 以熨斗尖端沿著縫份，單側縫線熨燙開。

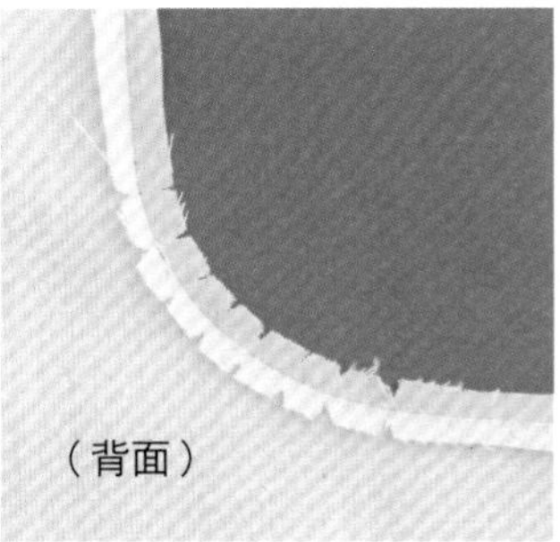

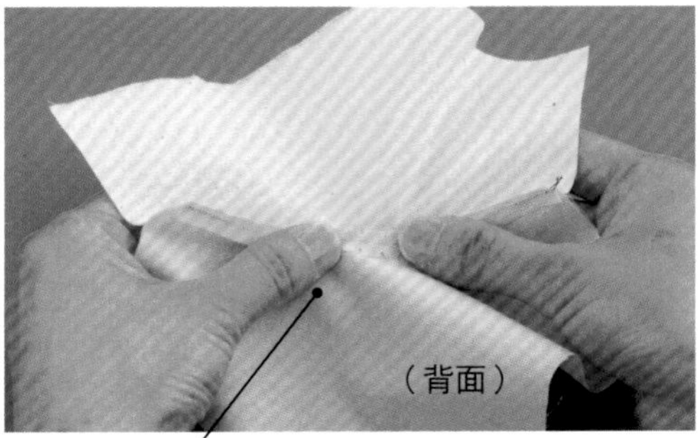

※將手指伸入內側，整理完成線。

10 拇指伸進中間邊角位置，以中指和拇指夾住按緊縫份，將布料翻至正面。

※將手指伸入內側，整理完成線。

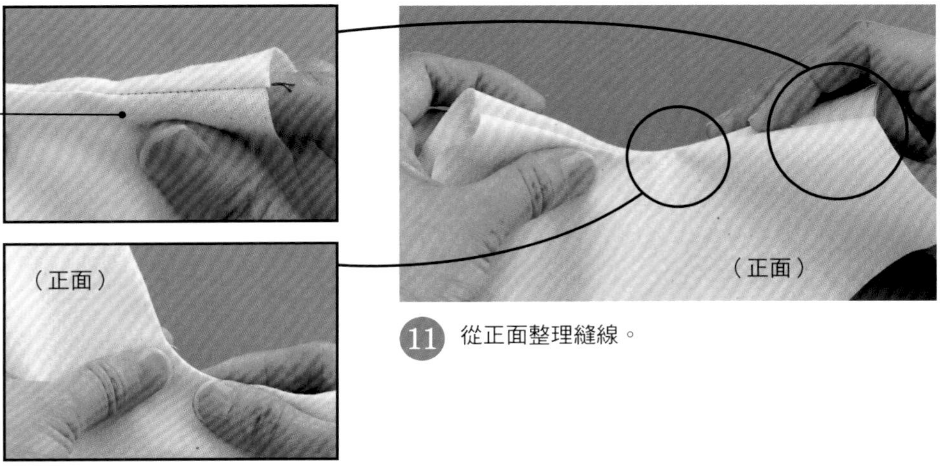

11 從正面整理縫線。

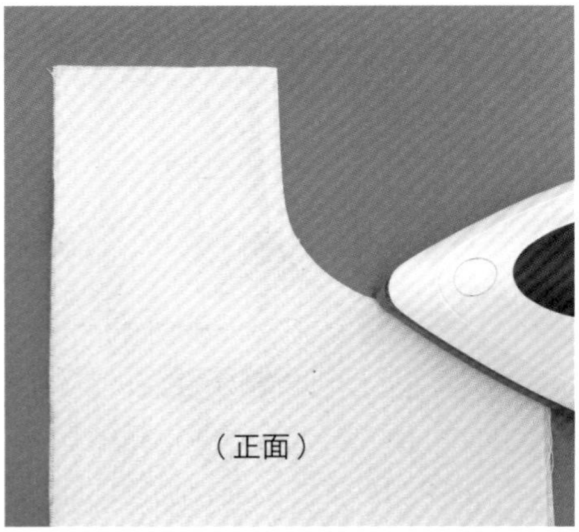

12 熨燙縫線（從表側熨燙時記得要鋪上墊布）。

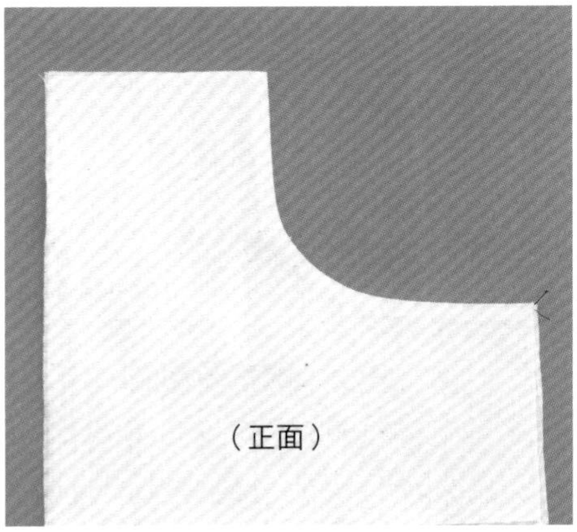

完成

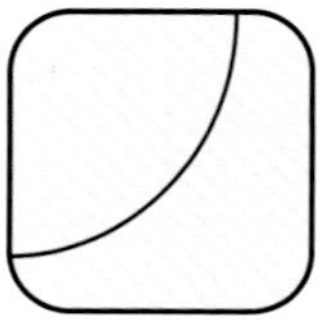

曲線的剪接線車縫方法

介紹縫製曲線剪接線的方法。因為曲線兩邊不一，
請製作合印記號並剪牙口後，再進行車縫。

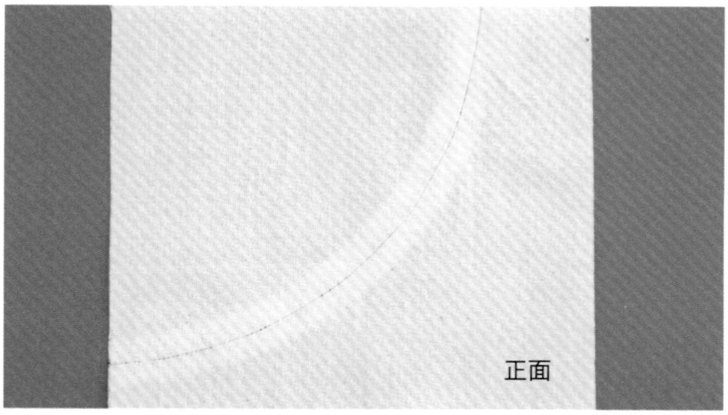
正面

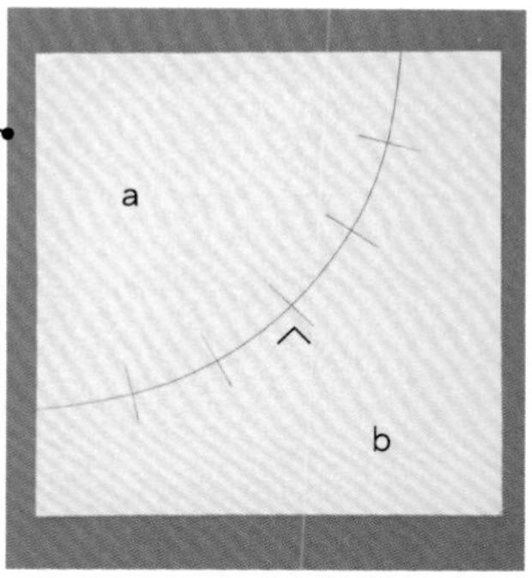
a
b

※沿完成線直角畫上合印記號。

1 製圖時畫上合印記號。

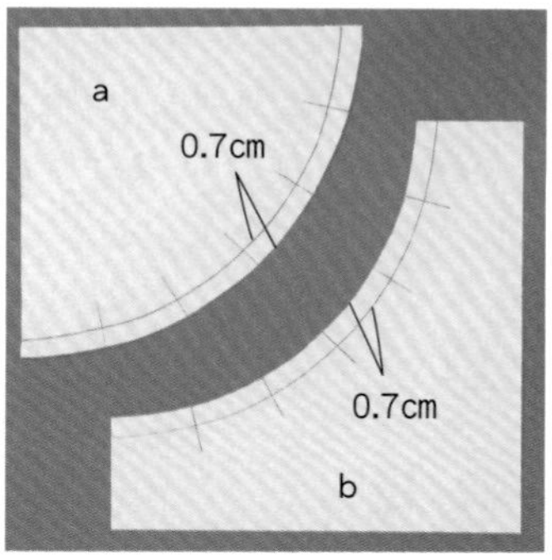
a
0.7cm
0.7cm
b

2 製作含縫份的紙型。

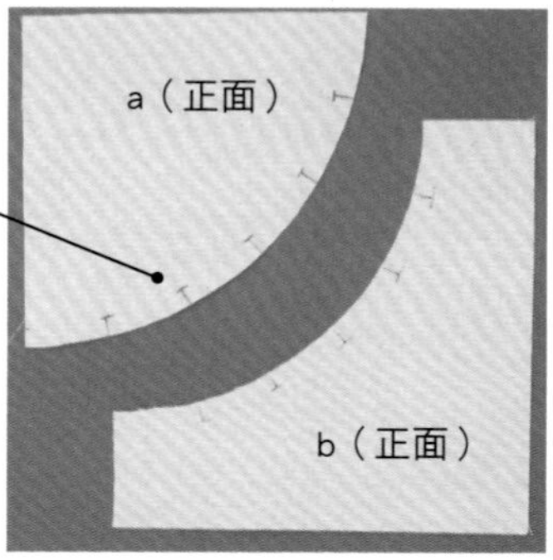
a（正面）
b（正面）

※合印記號一定要標示清楚。

3 配合紙型裁剪。

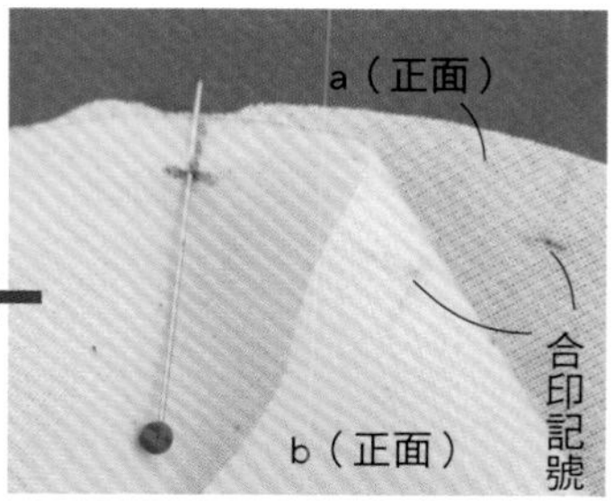
a（正面）
合印記號
b（正面）

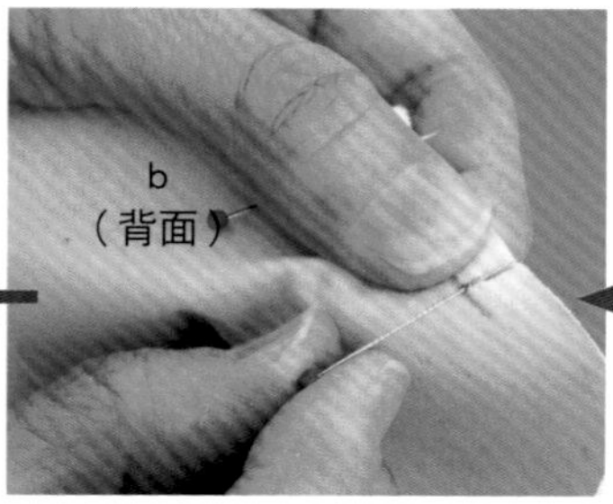
b
（背面）

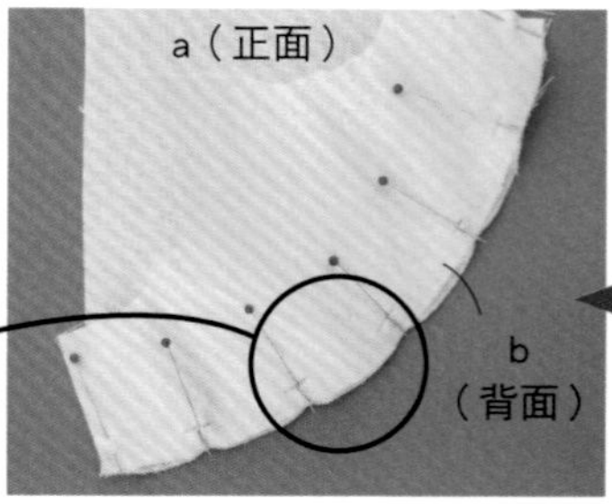
a（正面）
b
（背面）

4 配合合印記號，以珠針固定。

b縫份分量不足的情況

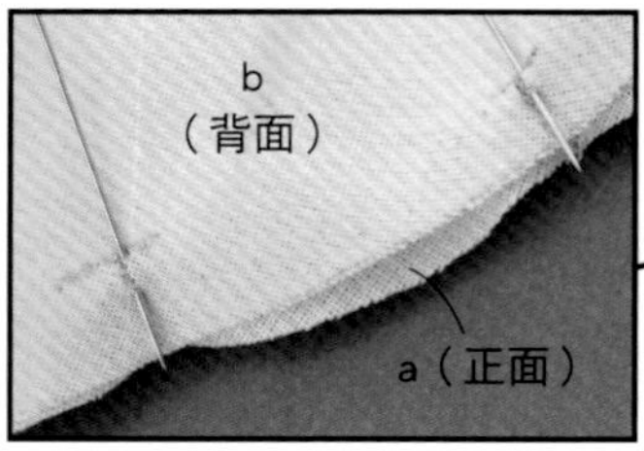
b
（背面）
a（正面）

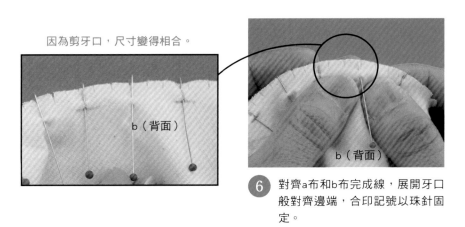

※縫份寬度的一半剪牙口。

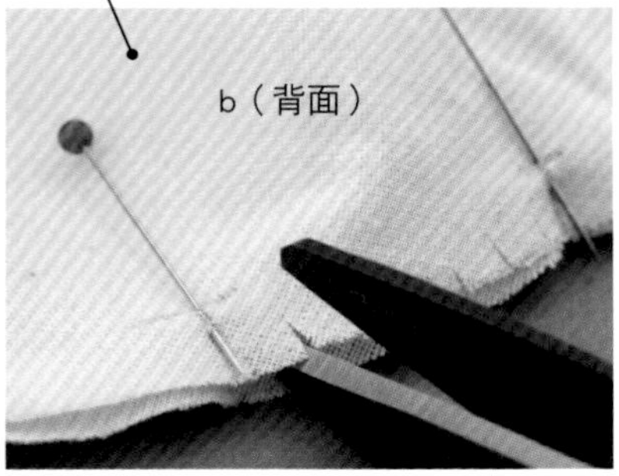
b（背面）

5 b布剪多一點牙口。

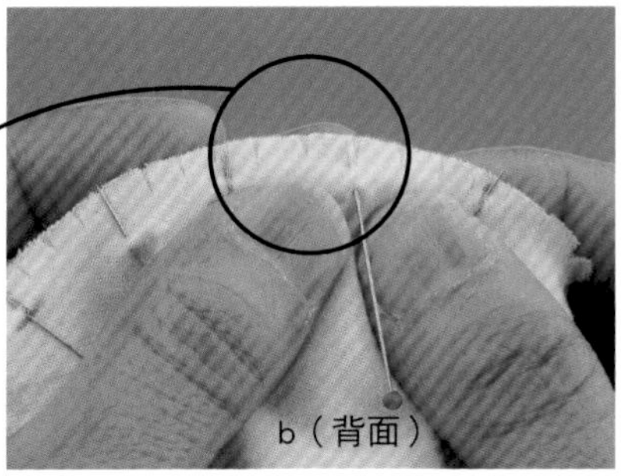
b（背面）

6 對齊a布和b布完成線，展開牙口般對齊邊端，合印記號以珠針固定。

因為剪牙口，尺寸變得相合。

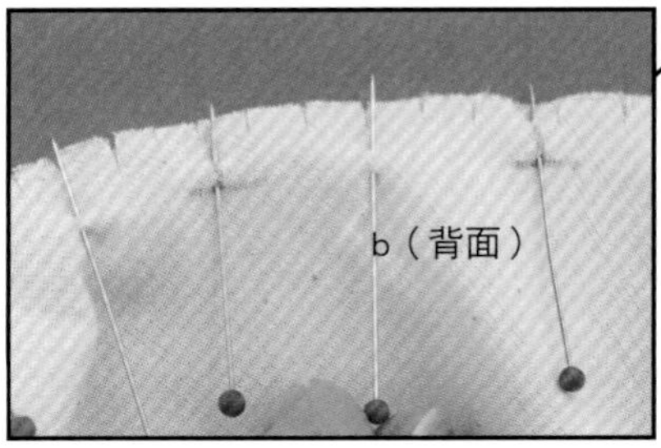
b（背面）

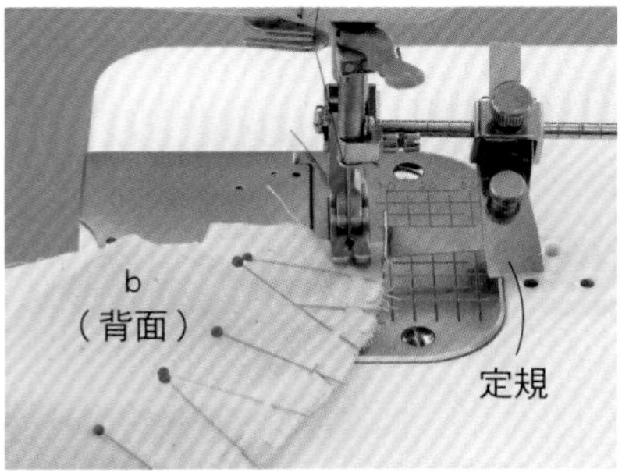
b
（背面）
定規

7 b布朝上車縫。

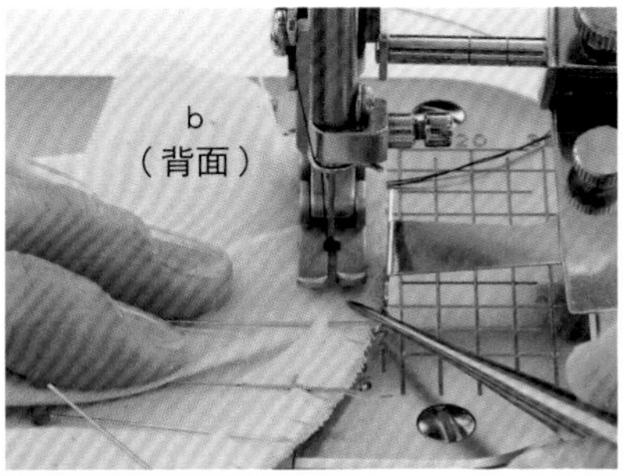
b
（背面）

8 使用錐子一邊整理布端一邊車縫。

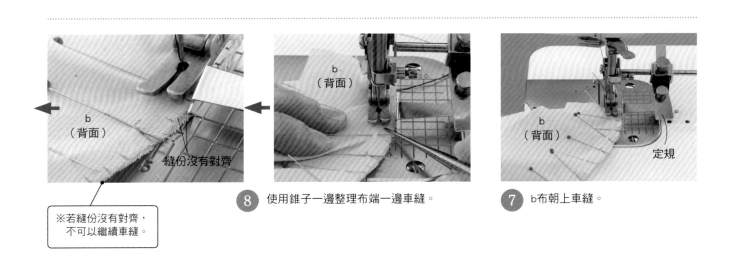

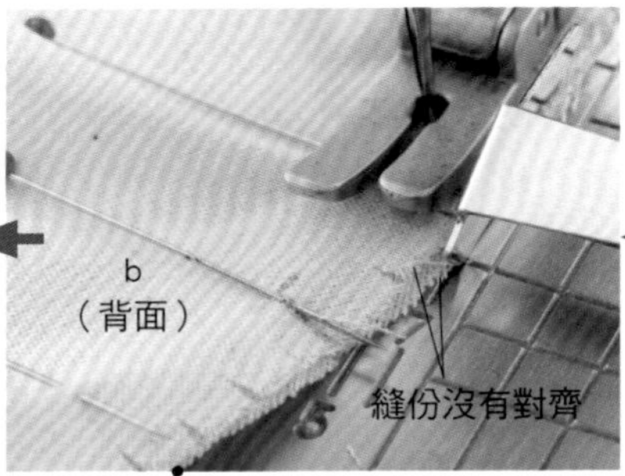
b
（背面）
縫份沒有對齊

※若縫份沒有對齊，不可以繼續車縫。

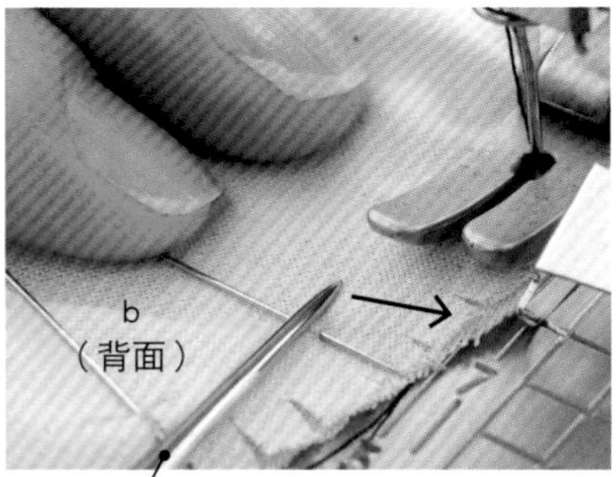
b
（背面）

※錐子沿著縫份沒有對齊方向，將b布慢慢移動。

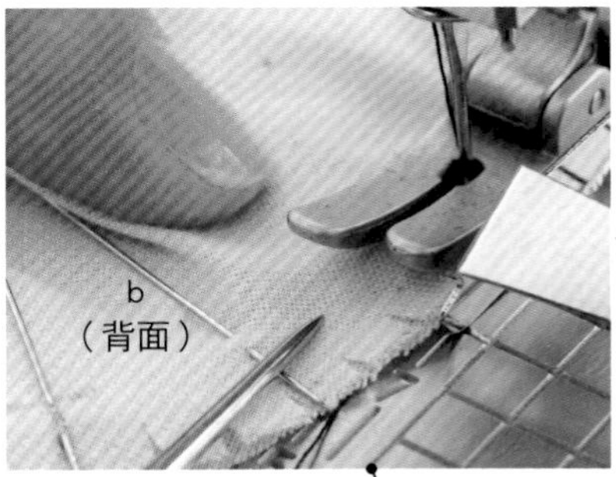
b
（背面）

※使用錐子對齊縫份邊端，可以預防移位或是產生皺褶。

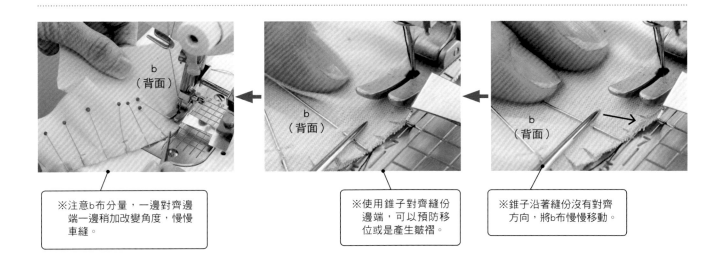

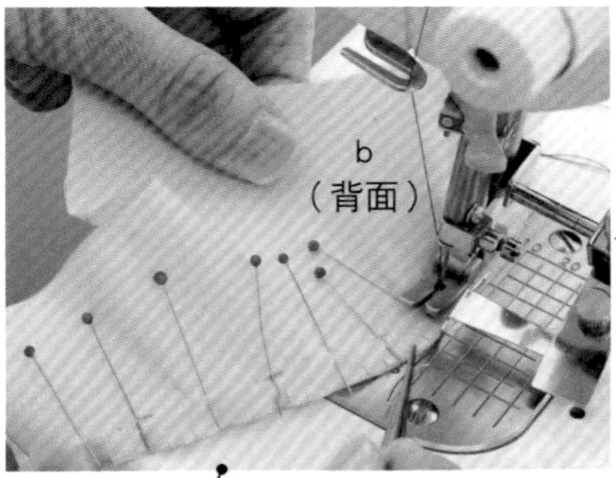
b
（背面）

※注意b布分量，一邊對齊邊端一邊稍加改變角度，慢慢車縫。

燙開縫份

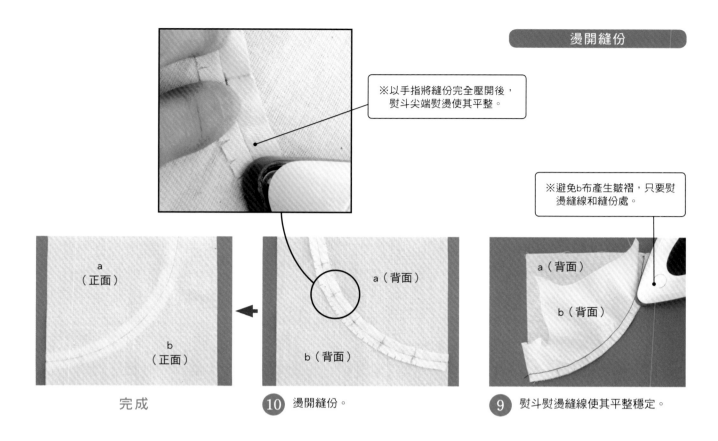

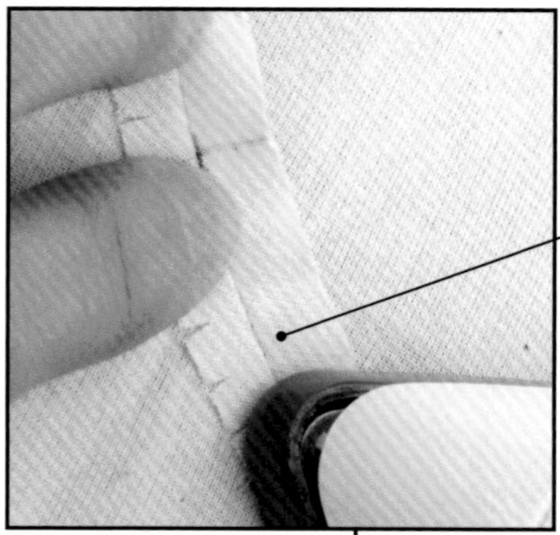

※以手指將縫份完全壓開後，熨斗尖端熨燙使其平整。

※避免b布產生皺褶，只要熨燙縫線和縫份處。

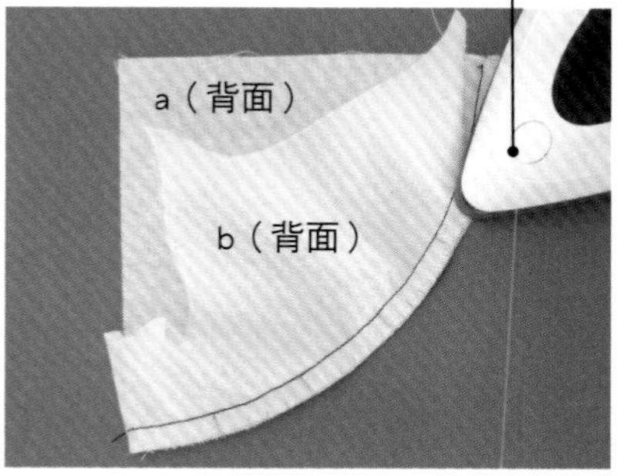
a（背面）
b（背面）

9 熨斗熨燙縫線使其平整穩定。

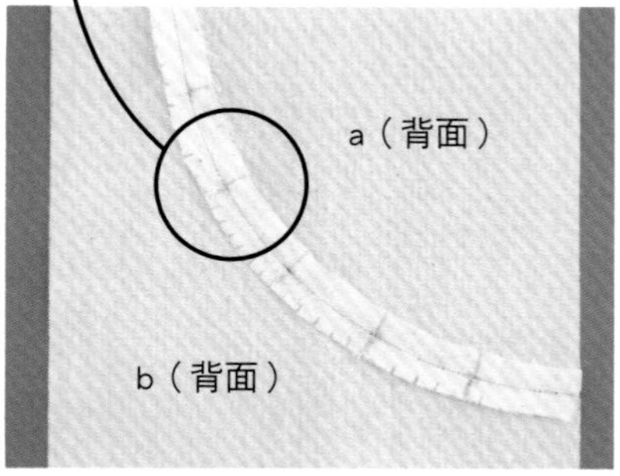
a（背面）
b（背面）

10 燙開縫份。

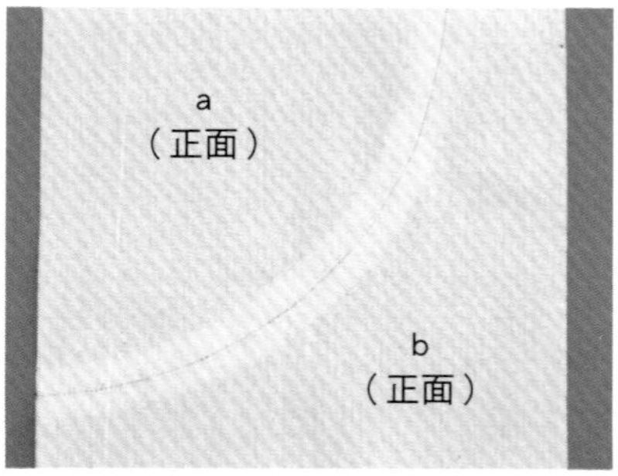
a
（正面）
b
（正面）

完成

縫份倒向上側

依9步驟熨燙縫線後，以手指壓住縫份倒向a布側，注意a布側不可產生皺褶。

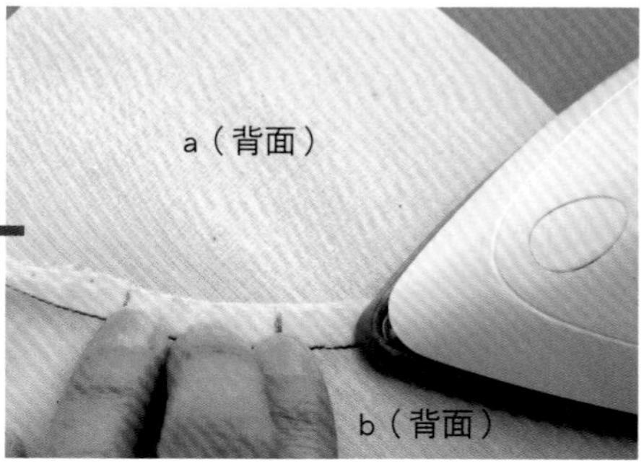
a（背面）
b（背面）

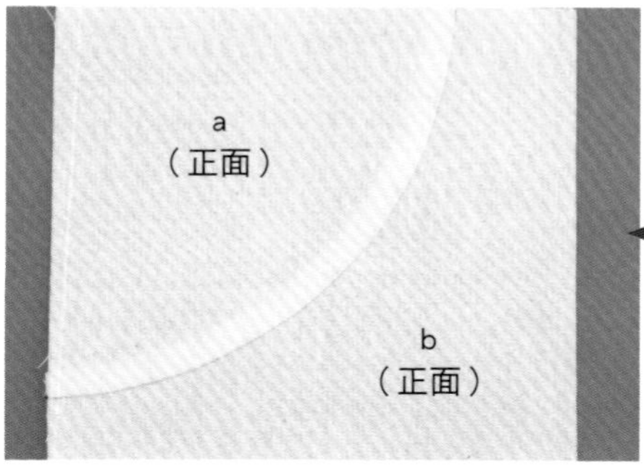
a
（正面）
b
（正面）

縫份倒向下側

依9步驟熨燙縫線後，以手指壓住縫份倒向b布側，注意b布側不可產生皺褶。

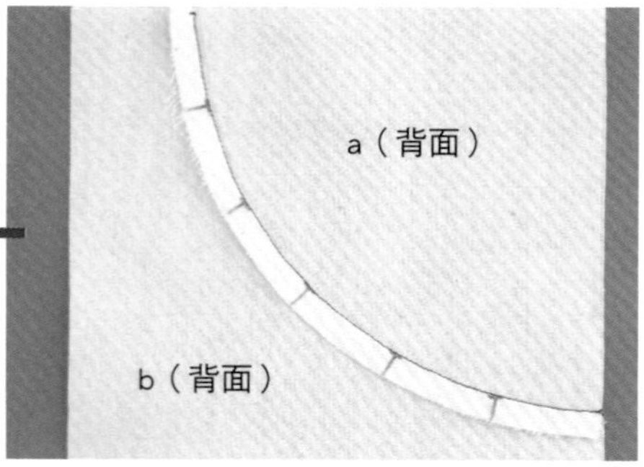
a（背面）
b（背面）

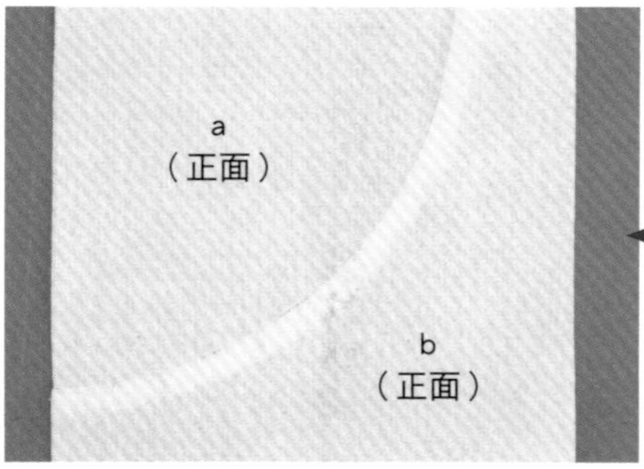
a
（正面）
b
（正面）

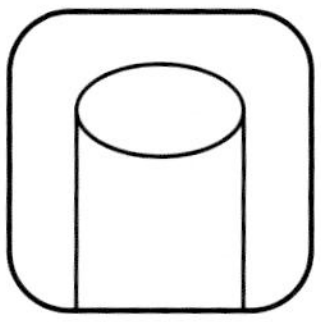

曲線和直線的接縫方法

這次要介紹圓筒底部的作法，這是化妝包或帽子等小物製作時常見的縫製方法。只要標註合印記號、對齊縫份，就可以完成美麗的作品。

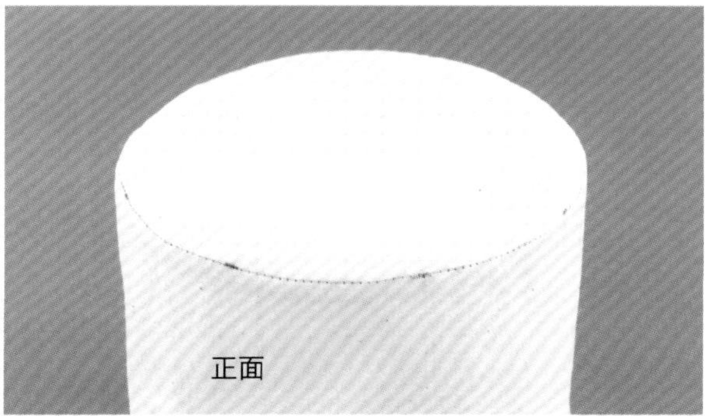
正面

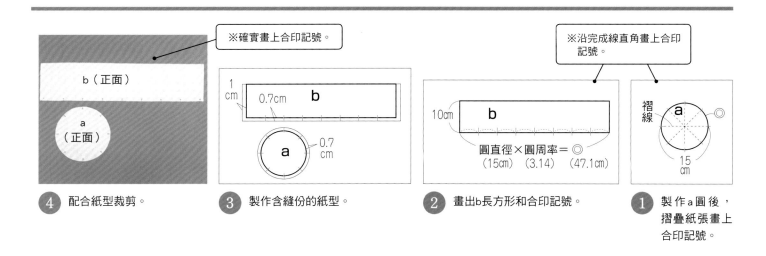

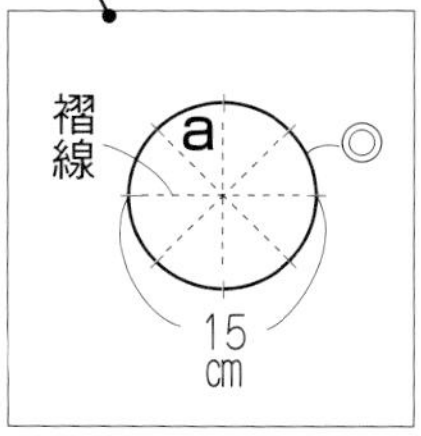
褶線
a
◎
15
cm

※沿完成線直角畫上合印記號。

1 製作a圓後，摺疊紙張畫上合印記號。

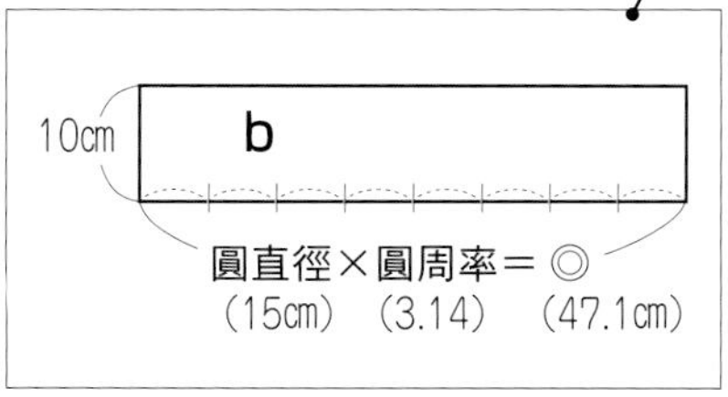
10cm
b
圓直徑×圓周率＝◎
（15cm）（3.14）（47.1cm）

2 畫出b長方形和合印記號。

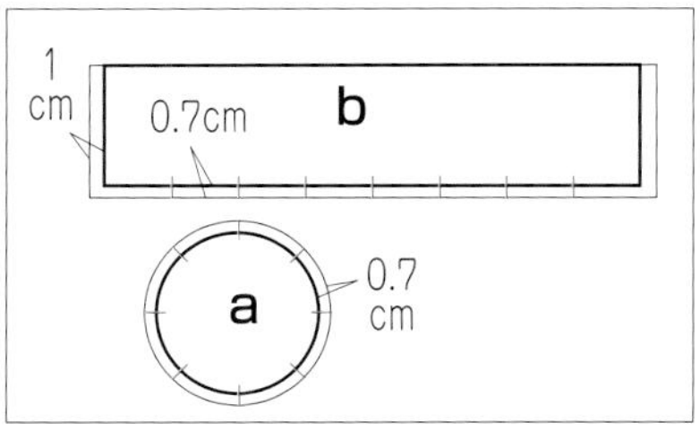
1
cm
0.7cm
b
a
0.7
cm

3 製作含縫份的紙型。

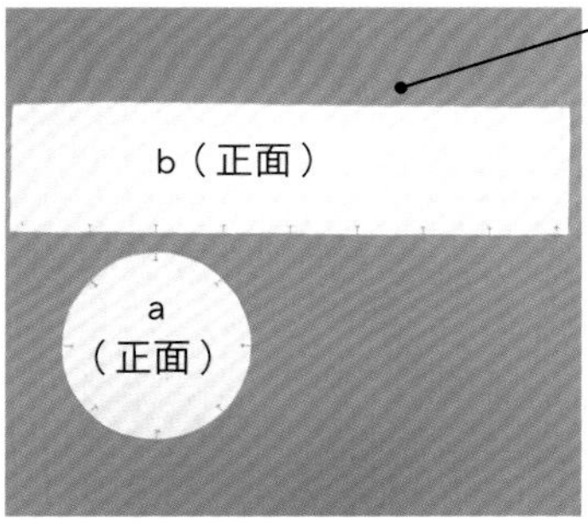
b（正面）
a
（正面）

※確實畫上合印記號。

4 配合紙型裁剪。

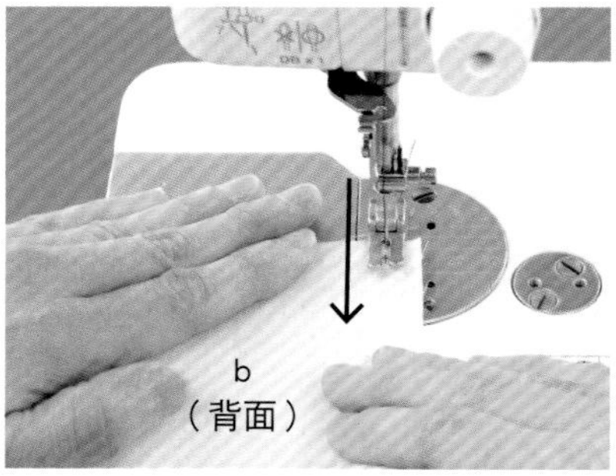
b
（背面）

5 車縫b布直線部分。

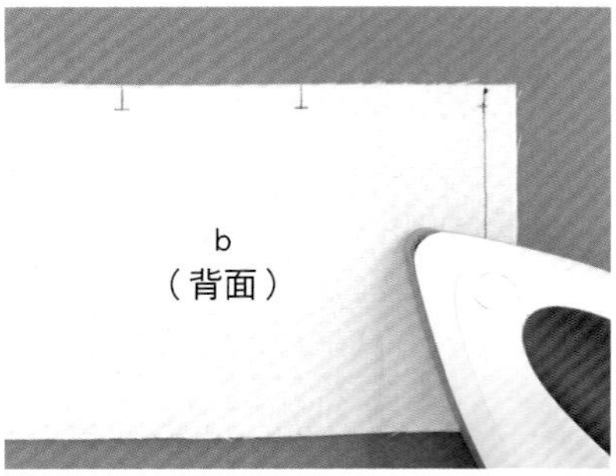
b
（背面）

6 熨斗熨燙縫線使其平整穩定。

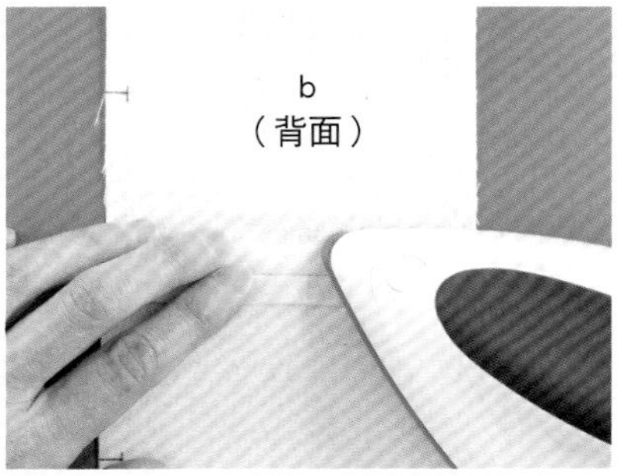
b
（背面）

7 燙開縫份。

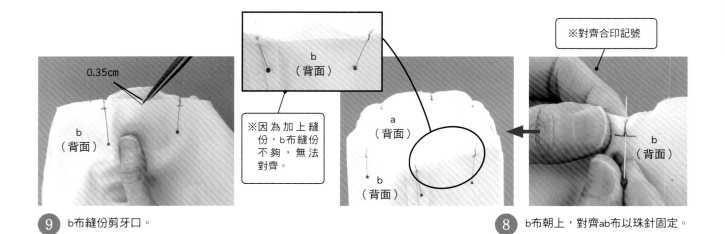

※對齊合印記號

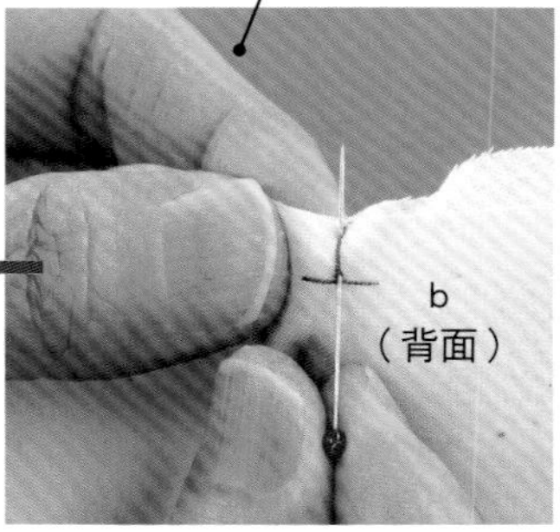
b
（背面）

8 b布朝上，對齊ab布以珠針固定。

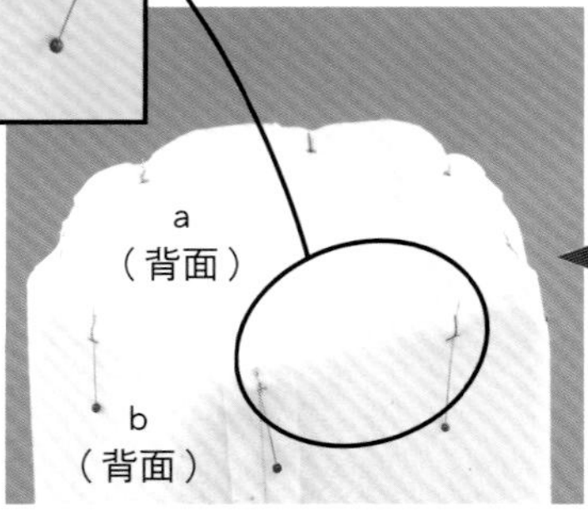
a
（背面）
b
（背面）

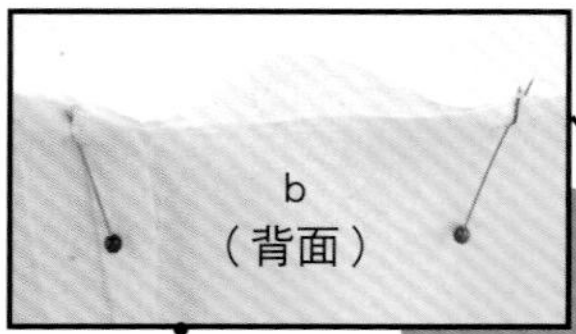
b
（背面）

※因為加上縫份，b布縫份不夠，無法對齊。

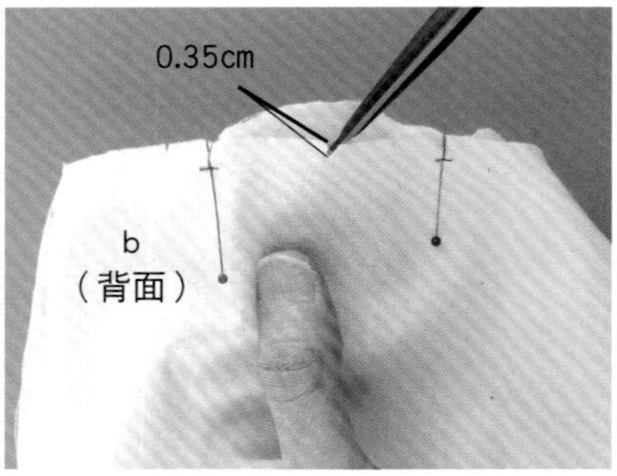
0.35cm
b
（背面）

9 b布縫份剪牙口。

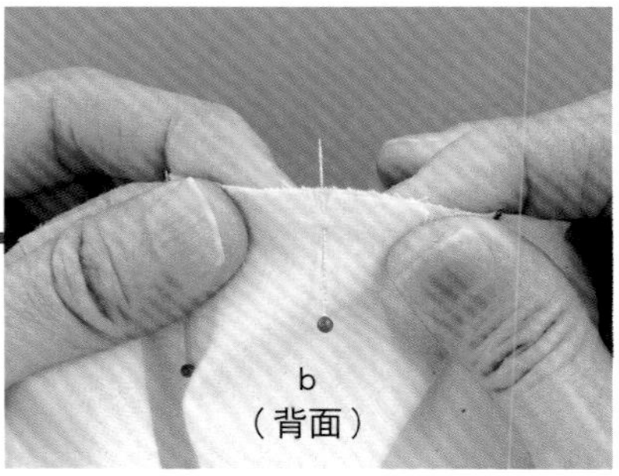
b
（背面）

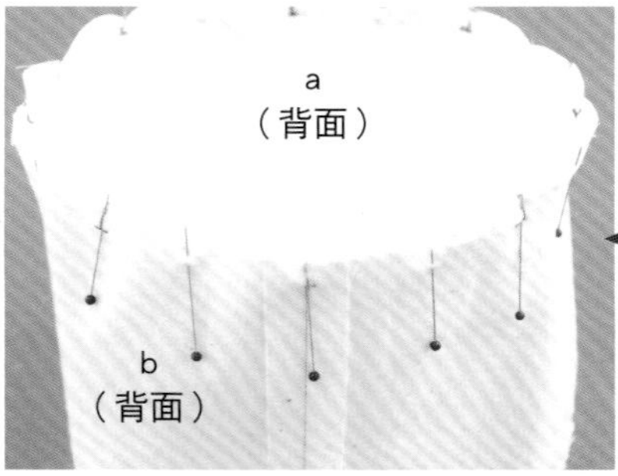
a
（背面）
b
（背面）

10 為了對齊ab布完成線，一邊剪牙口一邊對齊邊端，以珠針固定。

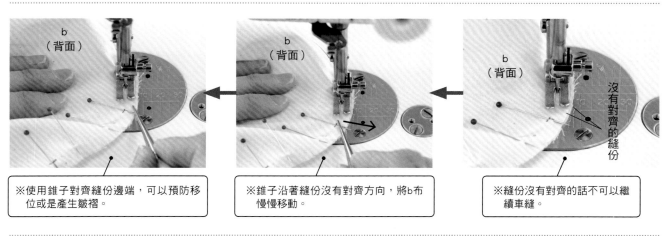

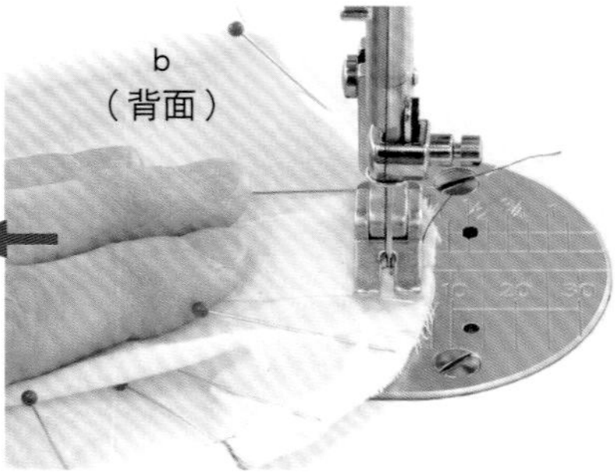
b
（背面）

11 b布朝上開始車縫。

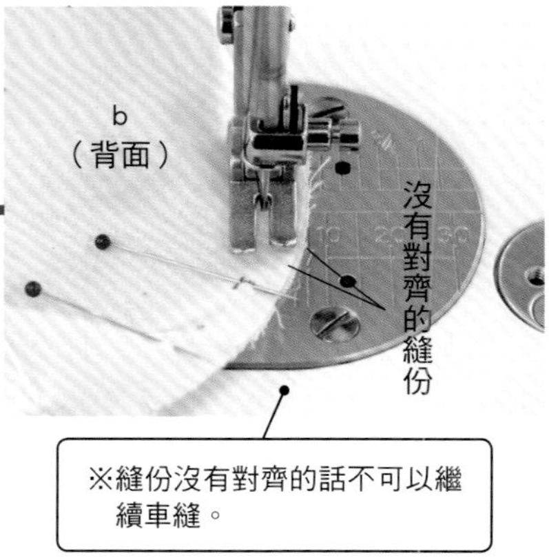
b
（背面）
沒有對齊的縫份

※縫份沒有對齊的話不可以繼續車縫。

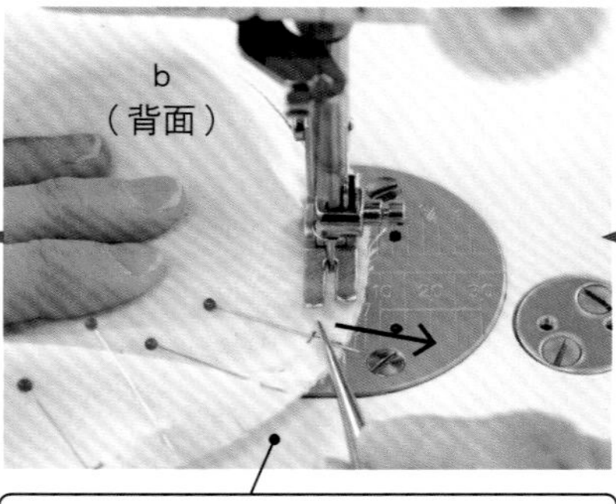
b
（背面）

※錐子沿著縫份沒有對齊方向，將b布慢慢移動。

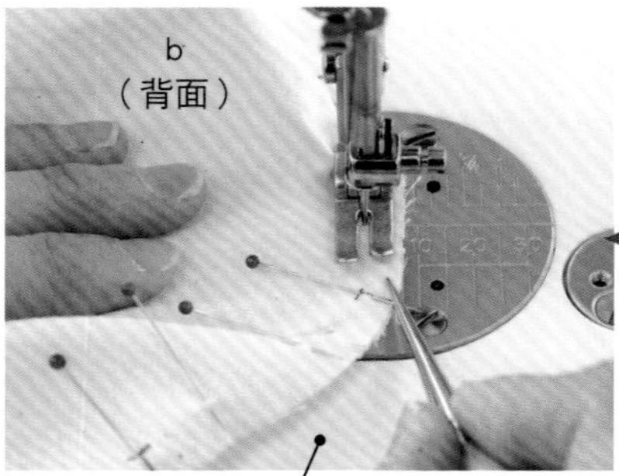
b
（背面）

※使用錐子對齊縫份邊端，可以預防移位或是產生皺褶。

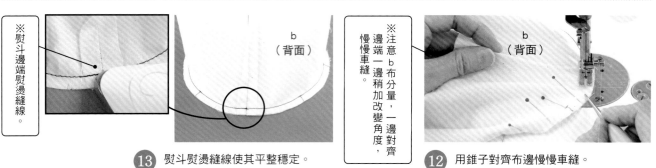

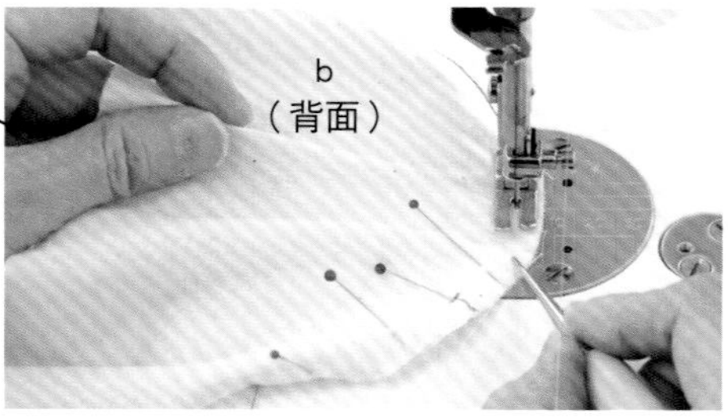
b
（背面）

※注意b布分量，一邊對齊邊端一邊稍加改變角度，慢慢車縫。

12 用錐子對齊布邊慢慢車縫。

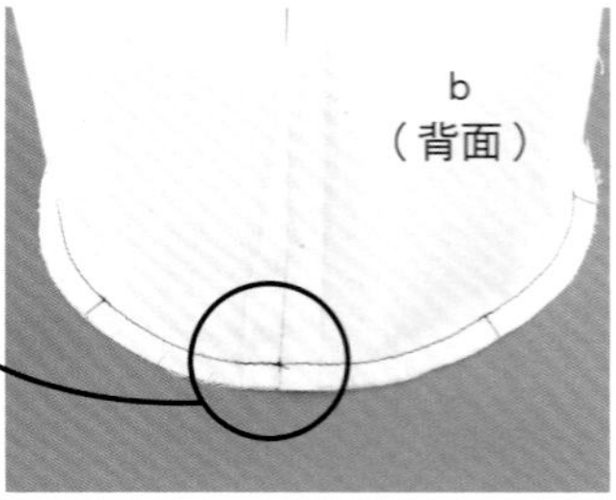
b
（背面）

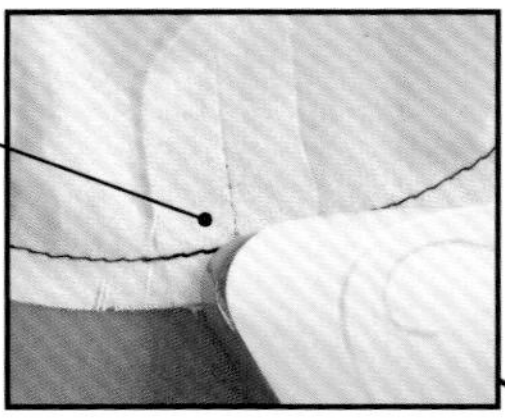

※熨斗邊端熨燙縫線。

13 熨斗熨燙縫線使其平整穩定。

如果沒有使用熨燙墊的情況

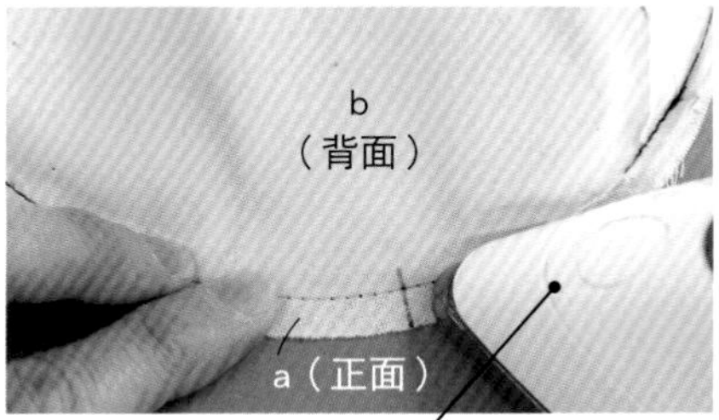
b
（背面）
a（正面）

※a布朝下，熨斗邊端熨燙縫線。

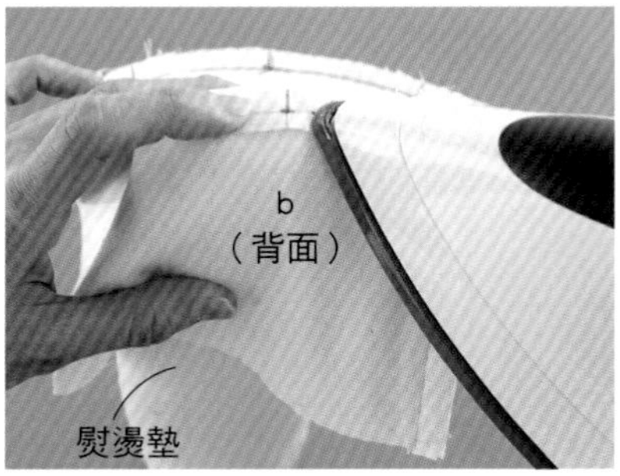
b
（背面）
熨燙墊

14 使用熨燙墊燙開縫份。

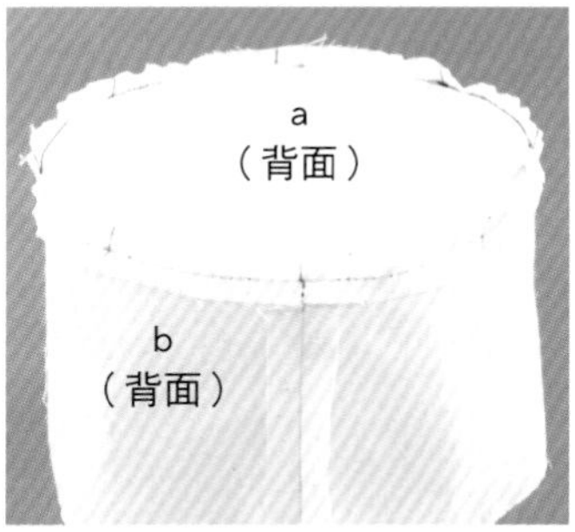
a
（背面）
b
（背面）

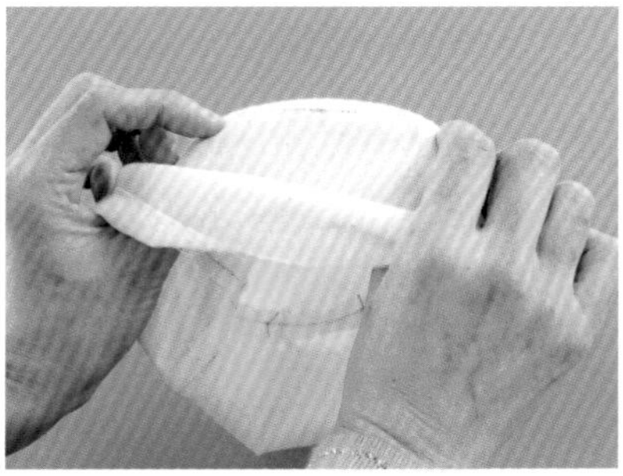

15 翻至正面。

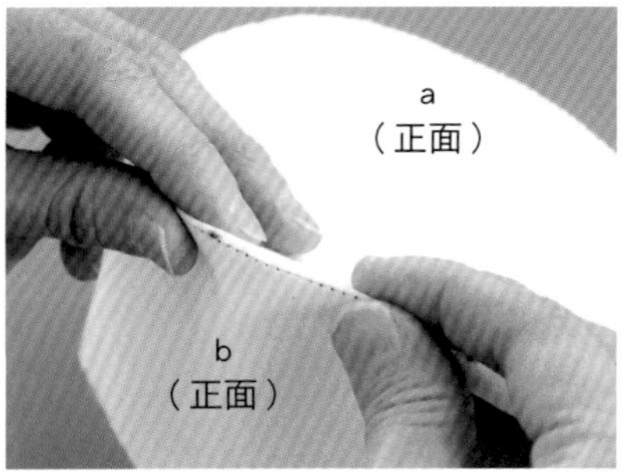
a
（正面）
b
（正面）

16 以手摺疊縫份整理形狀。

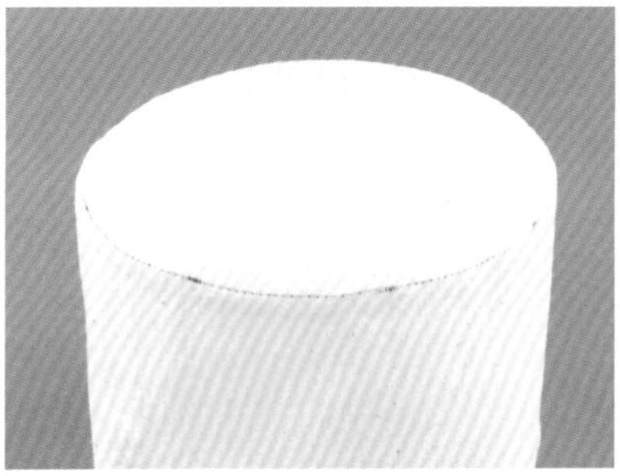

完成

初學者的注意事項！

縫份寬度布一致時

車縫時須對齊邊端，所以當縫份寬度不一時，會導致縫份線歪斜，無法製作出美麗的圓形。步驟❹裁剪時請同時確認完成線的縫份寬度，將多餘的分量裁剪同一寬度。

布料邊端沒有對齊時

車縫步驟⓫時，a布和b布端沒有對齊時，無法接縫出美麗的圓。車縫時請善用錐子輔助，才可順利完成。

合印記號沒有對齊

合印記號如果沒有對齊，會造成布料接縫不均勻、或形成不對稱的圓形。製作❶的紙型時，請先確認兩邊接縫長度一致，確實在布料上作上合印記號。

不小心讓a布朝上車縫

a布朝上縫製，導致b布分量變多，車縫時布料分量太多或過少。所以一開始就以珠針固定b布，才可以車縫出漂亮的縫線。

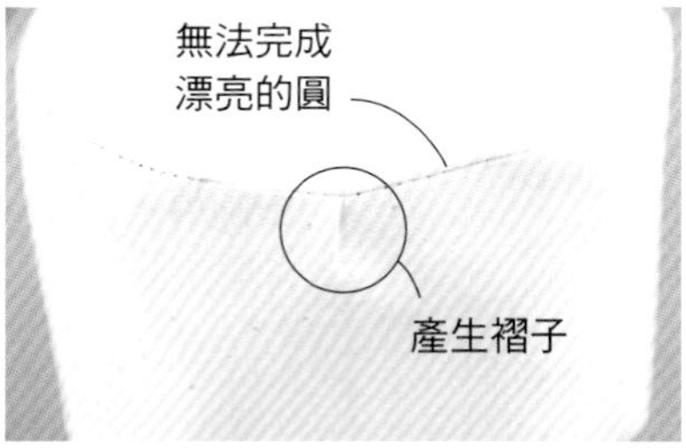
無法完成
漂亮的圓
產生褶子

像圖般b布產生皺褶，導致圓形變形時，請仔細看看這裡的解決方法。

處理縫份

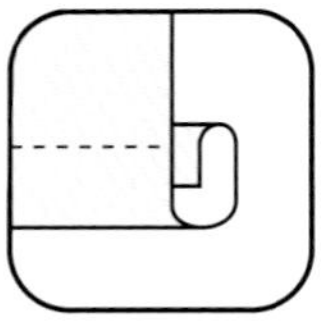

三摺邊車縫

車縫下襬、袖口等常使用的方法。在這裡除了介紹像是透明布料、縫份寬度較細時的三摺邊車縫之外，還有厚實布料廣泛使用的寬幅三摺邊的方法。

寬幅三摺邊

背面

三摺邊車縫

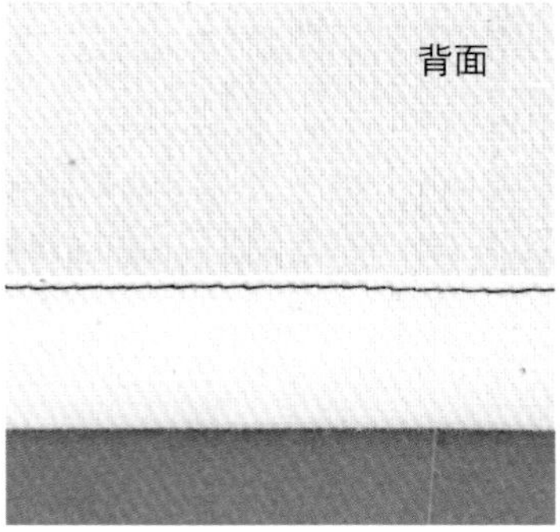
背面

三摺邊車縫

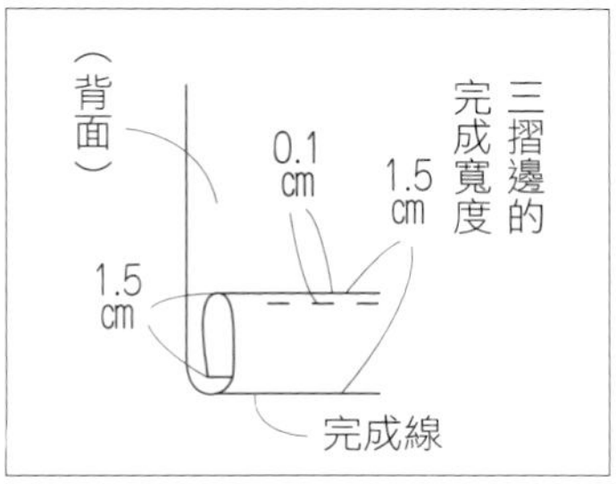
（背面）
0.1
cm
1.5
cm
1.5
cm
三摺邊的
完成寬度
完成線

1 加上完成線兩倍縫份寬度後（3cm）裁剪布料。

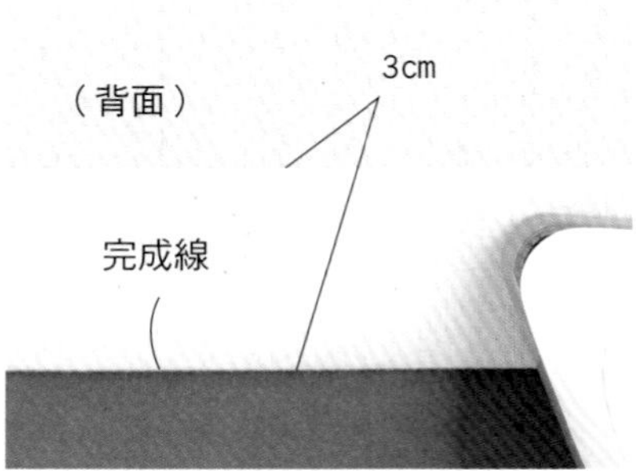
（背面）
3cm
完成線

2 沿完成線摺疊。

※步驟2摺疊完成線時，注意寬度一定要均等。

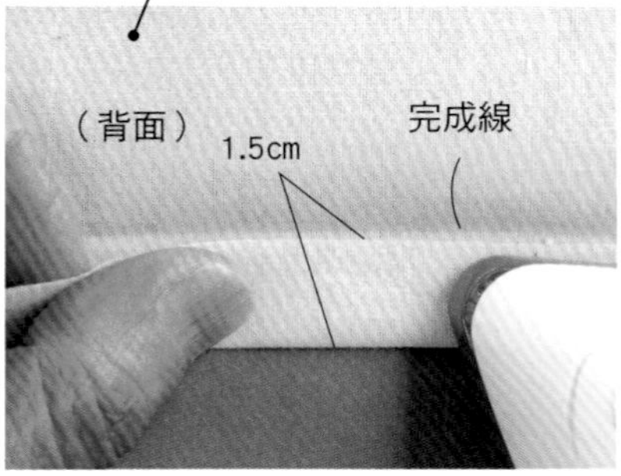
（背面）
1.5cm
完成線

3 首先展開縫份，摺疊一半（1.5cm）寬度。

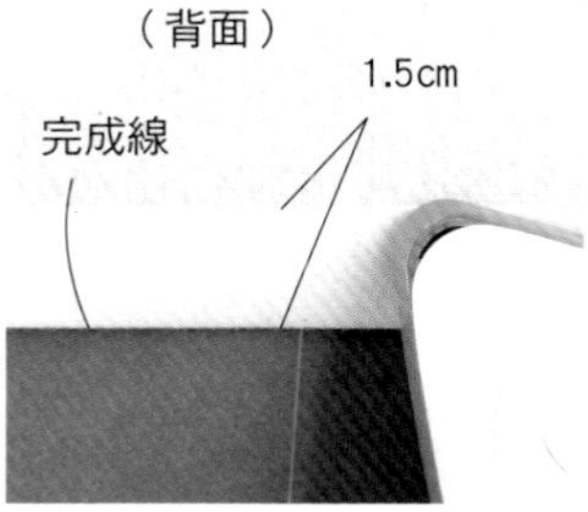
（背面）
1.5cm
完成線

4 沿褶線摺疊，熨燙整理。

※善用錐子輔助布料縫製。

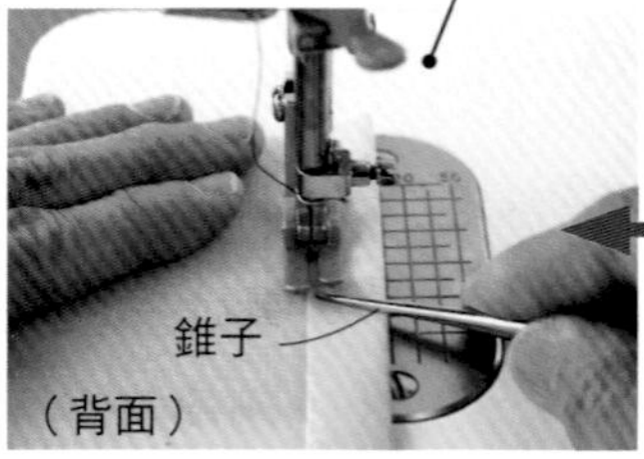
錐子
（背面）

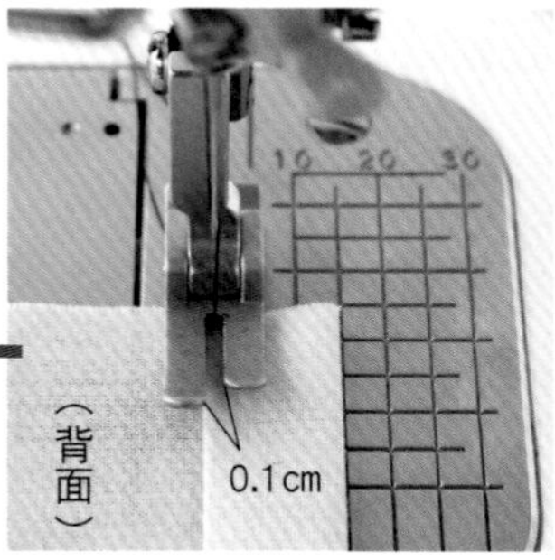
（背面）
0.1cm

5 從邊端0.1cm處車縫。

（背面）

完成線

寬幅三摺邊

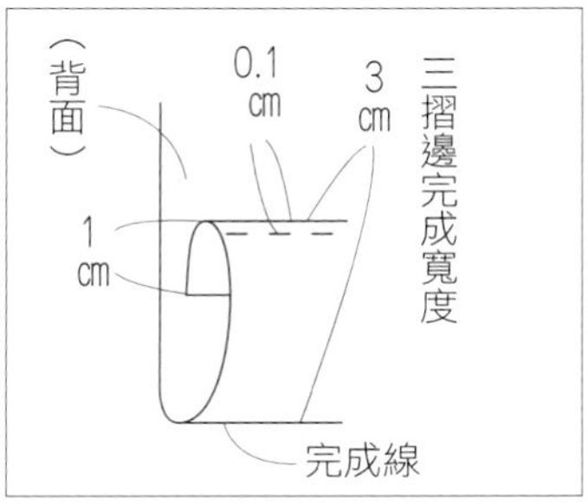
（背面）
0.1 cm
3 cm
三摺邊完成寬度
1 cm
完成線

❶ 裁剪縫份完成寬度+1cm（4cm）縫份寬度。

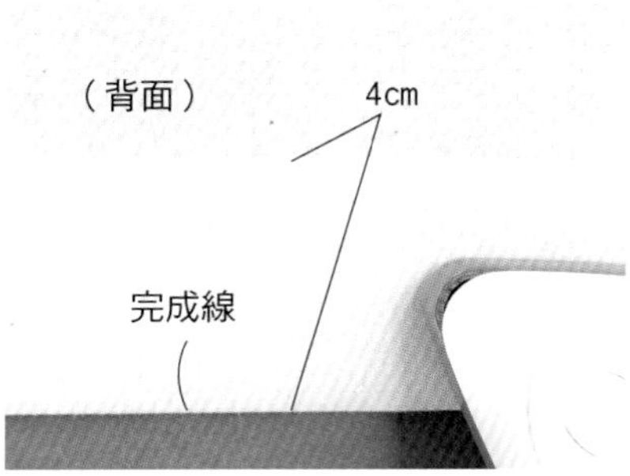
（背面）
4cm
完成線

❷ 沿完成線摺疊。

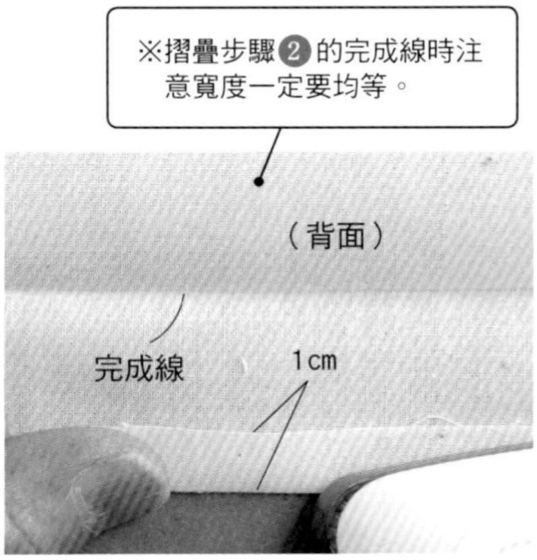
※摺疊步驟❷的完成線時注意寬度一定要均等。
（背面）
完成線
1cm

❸ 展開縫份，摺疊1cm寬度。

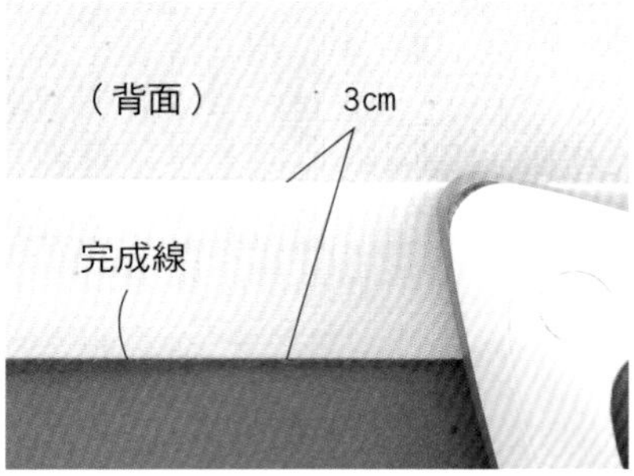
（背面）
3cm
完成線

❹ 沿褶線摺疊，熨燙整理。

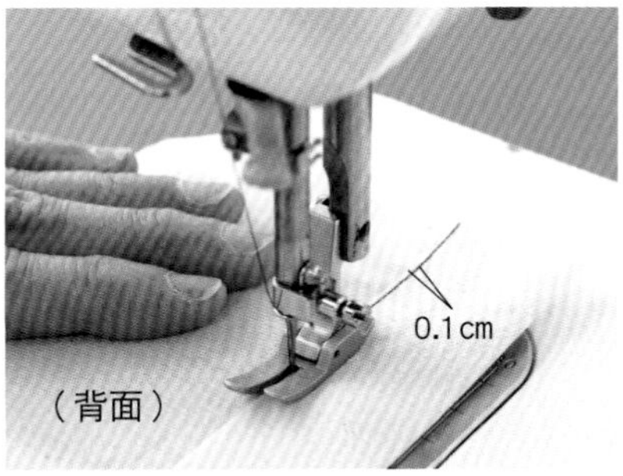
0.1cm
（背面）

❺ 從邊端0.1cm處車縫。

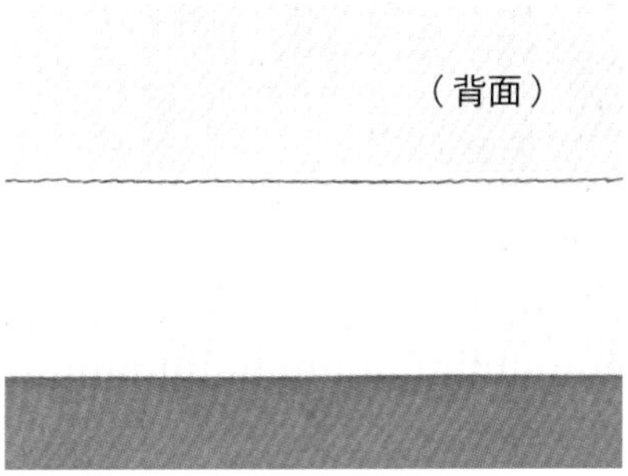
（背面）

完成線

初學者的注意事項！

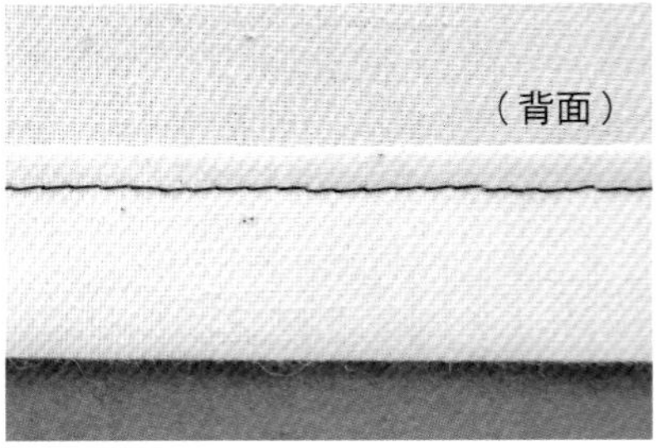
（背面）

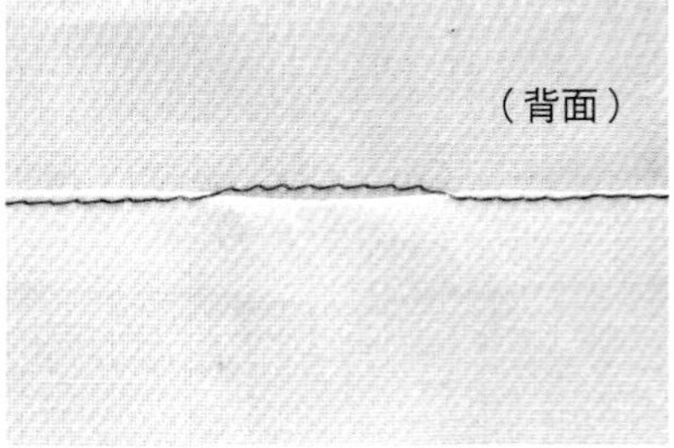
（背面）

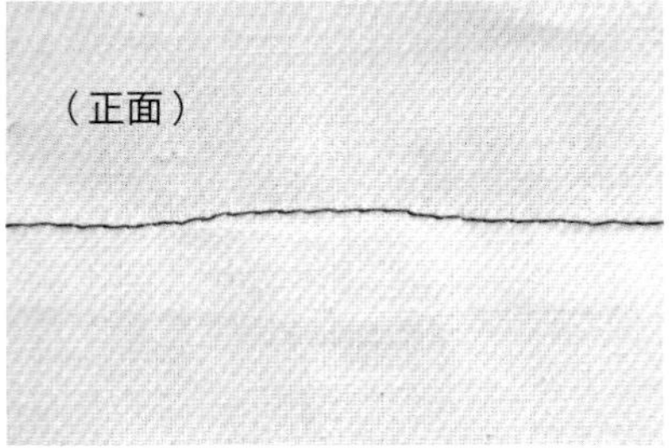
（正面）

縫份邊端不安定

車縫時如果縫線離邊端太遠，壓線寬度太寬會造成縫份不安定。最好距離邊端0.1至0.2cm車縫。

落針或是縫線歪斜

步驟❸需筆直摺疊縫份，否則會造成縫線歪斜。布料如果不平整，而一味只顧著車縫邊端，表面的縫線就會不整齊。所以縫份務必摺疊整齊。

三摺邊的邊機縫

寬度較窄的縫份處理方法，像是荷葉邊的邊端就常常使用。可以搭配專用的捲邊壓布腳一起使用，或是直接摺疊三摺邊車縫。

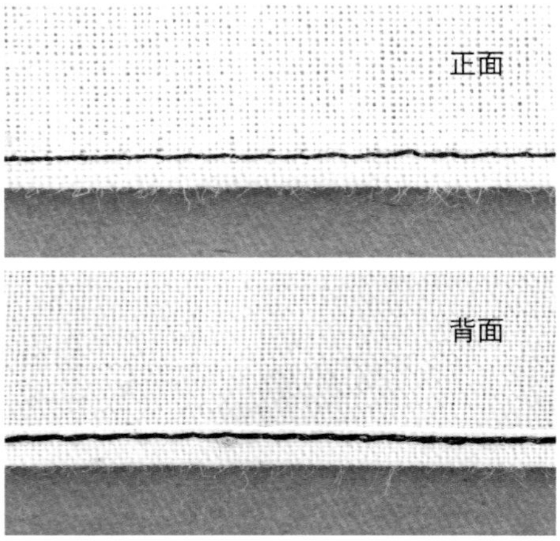
正面
背面

直線時

加上1.3cm縫份寬度。

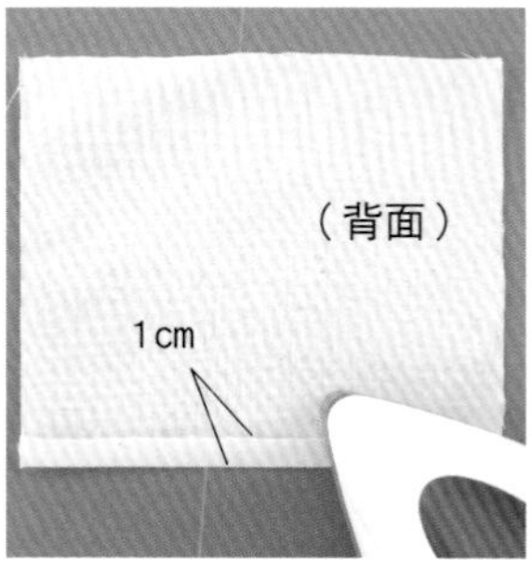
（背面）
1cm

1 摺疊縫份1cm。

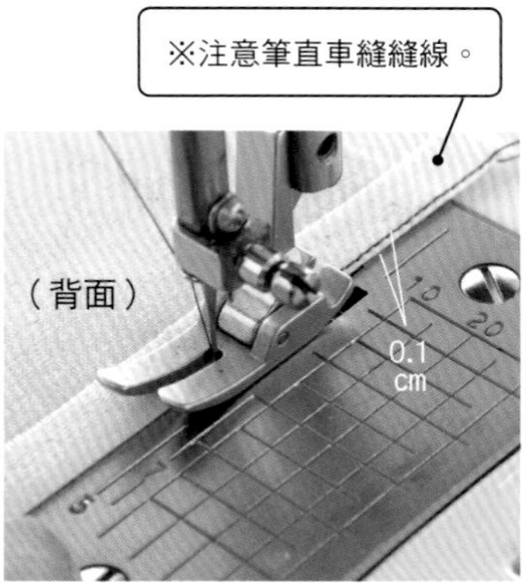
※注意筆直車縫縫線。
（背面）
0.1
cm

2 邊端0.1cm車縫。

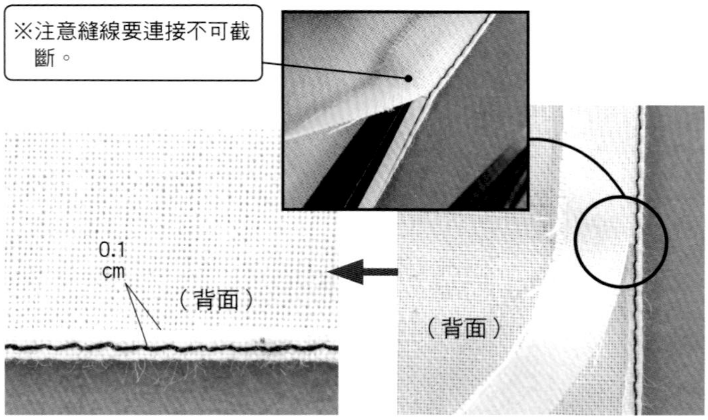
※注意縫線要連接不可截斷。
0.1
cm
（背面）
（背面）

3 裁剪縫份。

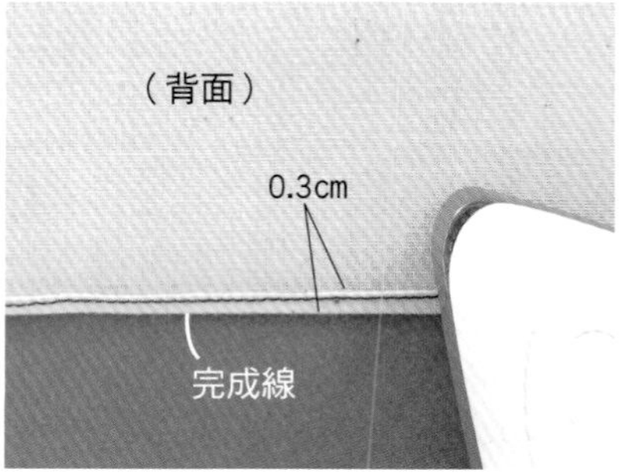
（背面）
0.3cm
完成線

4 沿完成線摺疊。

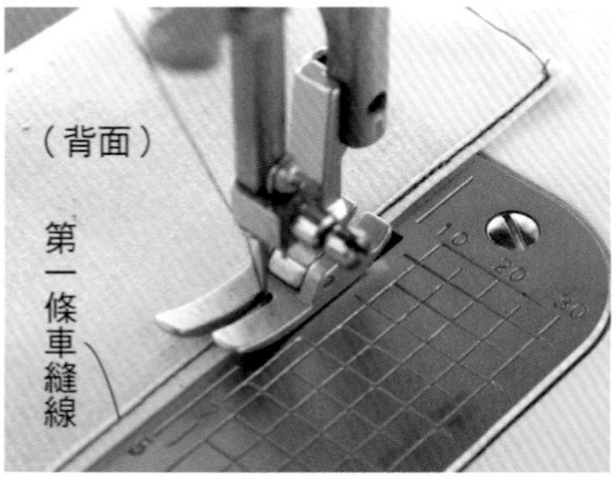
（背面）
第一條車縫線

5 再重疊於第一條車縫線上車縫。（第二條車縫線）

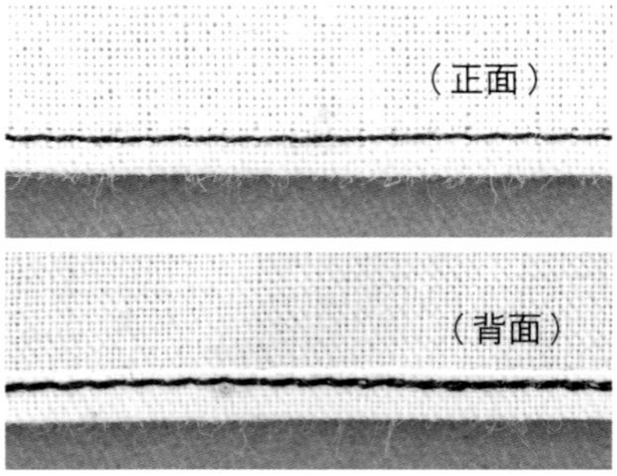
（正面）
（背面）

完成線

曲線時的車縫法

加上1.3cm縫份寬度。

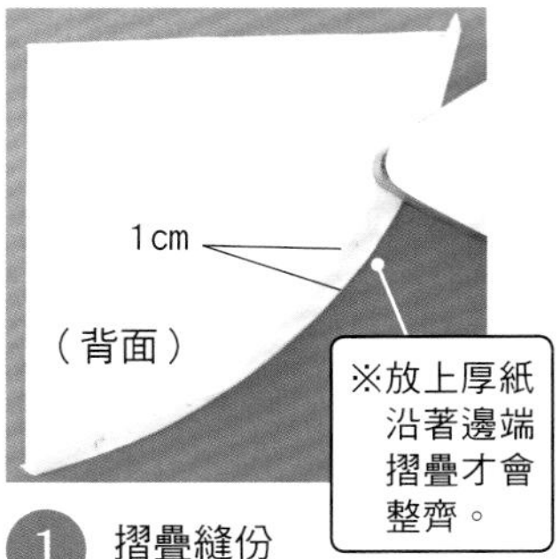
1cm
（背面）
※放上厚紙沿著邊端摺疊才會整齊。

❶ 摺疊縫份1cm。

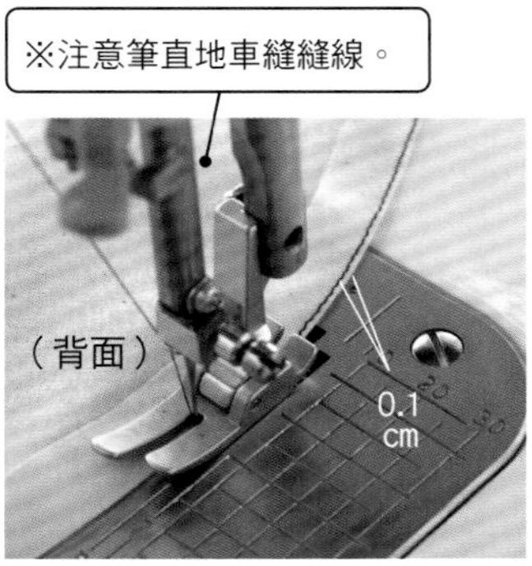
※注意筆直地車縫縫線。
（背面）
0.1
cm

❷ 邊端0.1cm車縫。

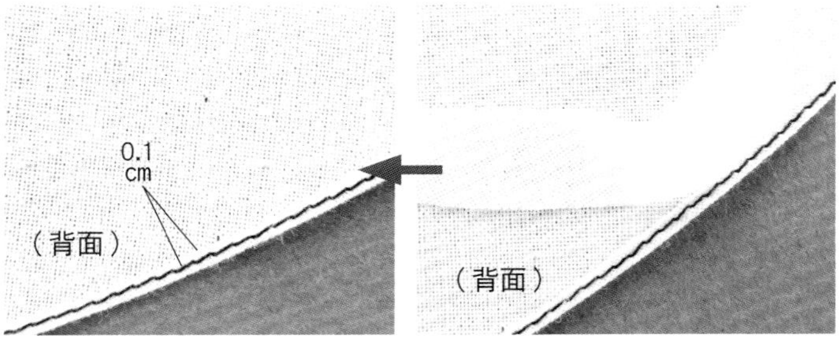
0.1
cm
（背面）
（背面）

❸ 裁剪縫份。

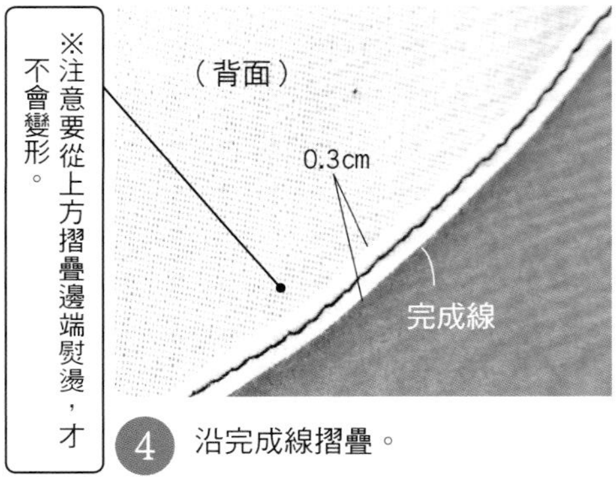
※注意要從上方摺疊邊端熨燙，才不會變形。
（背面）
0.3cm
完成線

❹ 沿完成線摺疊。

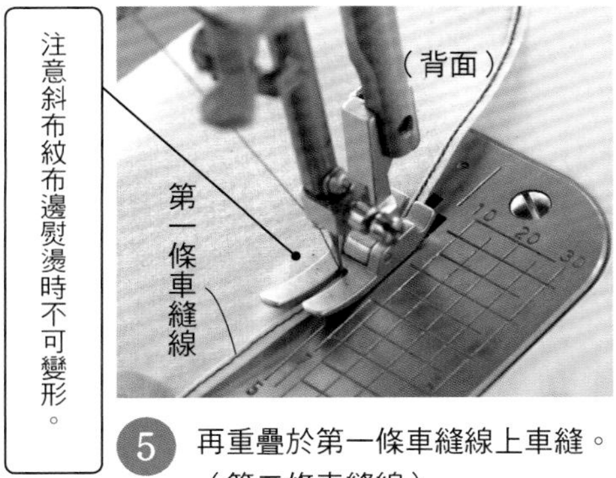
注意斜布紋布邊熨燙時不可變形。
（背面）
第一條車縫線

❺ 再重疊於第一條車縫線上車縫。（第二條車縫線）

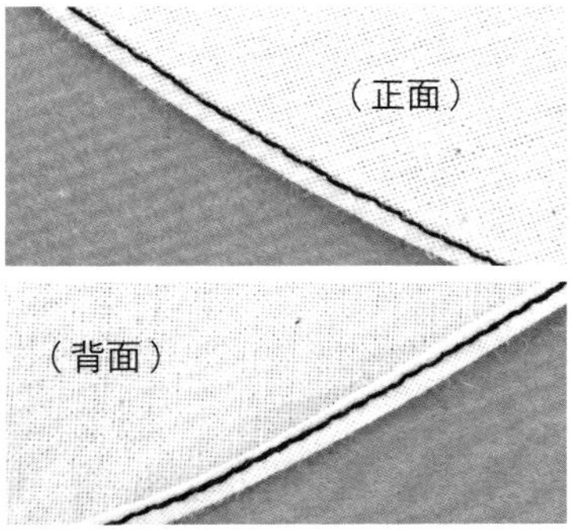
（正面）
（背面）

完成線

使用捲邊壓布腳

加上縫分0.5至0.6cm

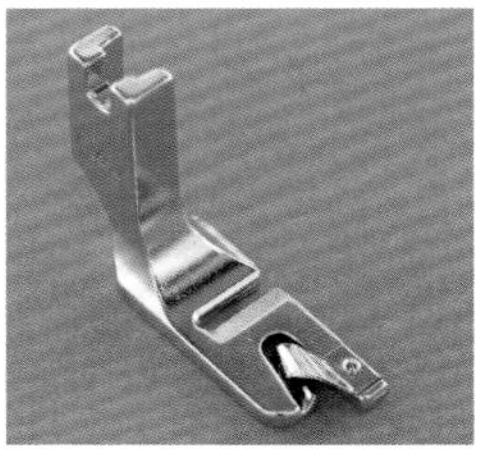

縫紉機專用捲邊壓布腳，但是如果布料太厚可能無法製作。

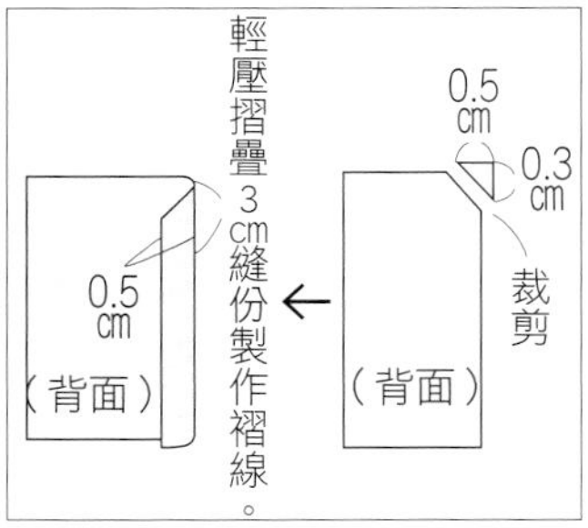
0.5
cm
0.3
cm
裁剪
（背面）
輕壓摺疊3cm縫份製作褶線。
0.5
cm
（背面）

❶ 先裁剪縫份，製作褶線後安裝捲邊壓布腳。

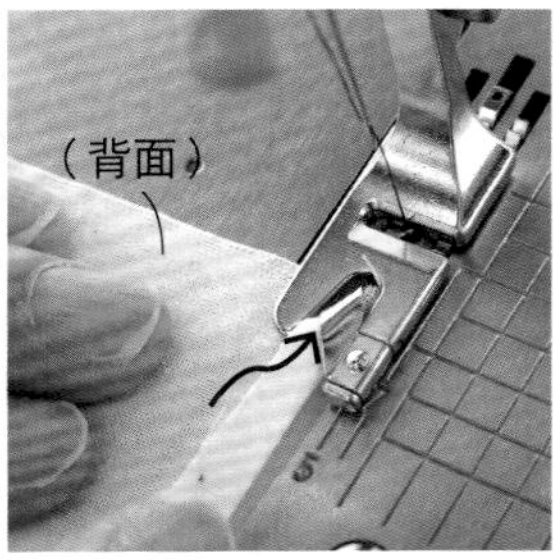
（背面）

❷ 縫份插入捲邊壓布腳口。

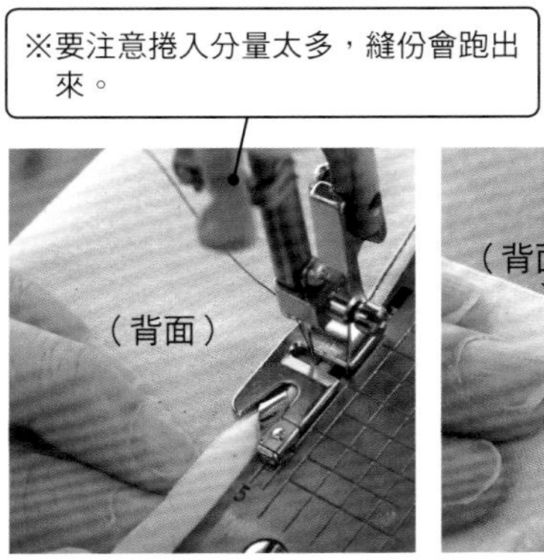
※要注意捲入分量太多，縫份會跑出來。
（背面）

❸ 用手輔助縫份前進。

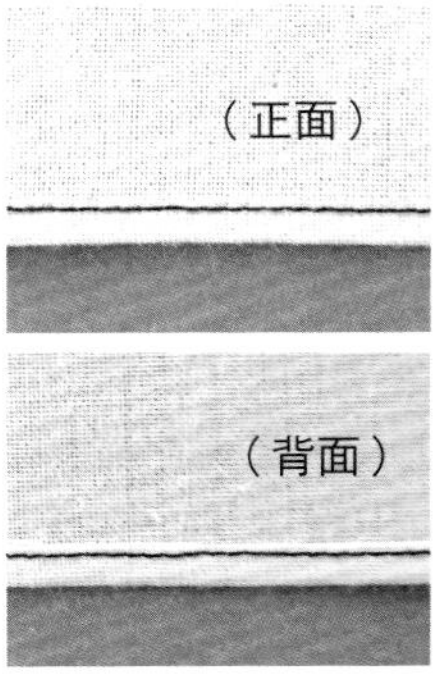
（正面）
（背面）

完成線

初學者的注意事項！

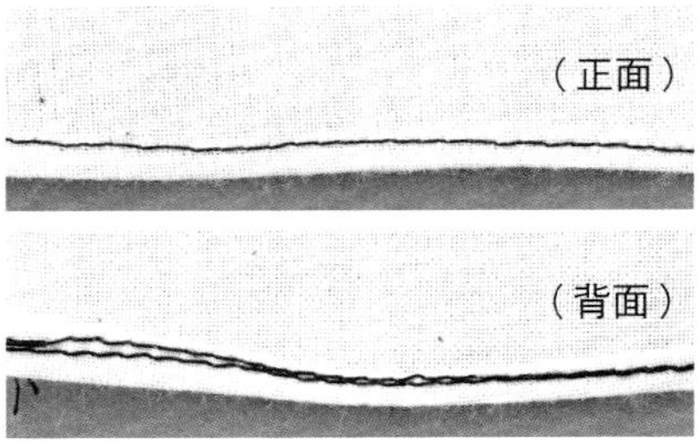
（正面）
（背面）

無法車縫出完整的車縫線

步驟❶無法摺疊均一的縫份，第一條車縫線可能歪斜。如果第一條車縫線就不筆直，步驟❸就裁剪不出等寬的縫份寬度。一旦摺疊寬度不一致，會造成完成線歪斜。所以步驟❶和❹需摺疊等寬縫份，車縫線沿著邊端車縫才整齊。

第一條車縫線歪斜

（背面）

縫份寬度裁剪不均

（背面）

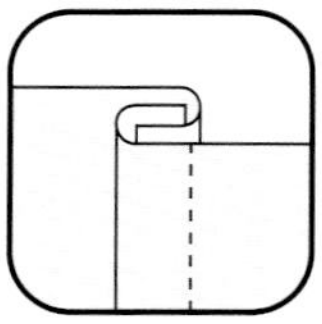

包邊縫

摺疊至縫份內側壓縫，不只牢固，從裡側觀看縫份也很整齊的方法。
經常用於休閒設計衣物或男性襯衫。

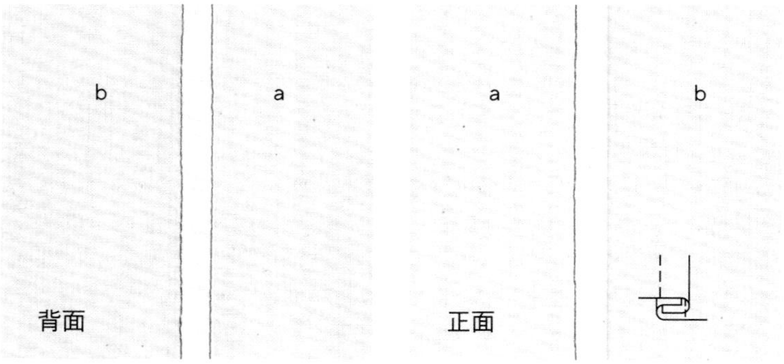
裡側
b
a
背面
表側
a
b
正面

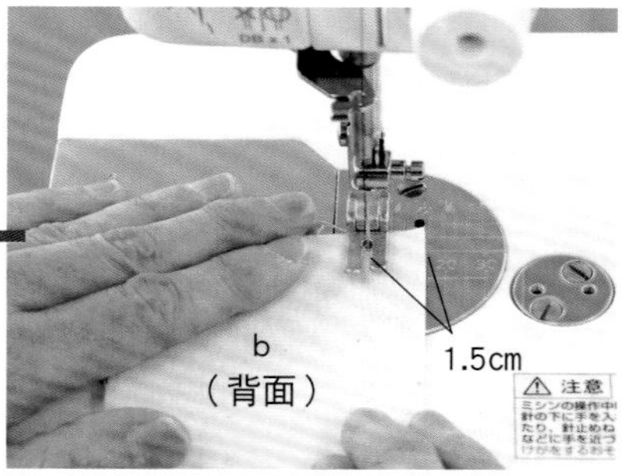
b
（背面）
1.5cm

1 a和b布正面相對疊合，沿完成線前進。

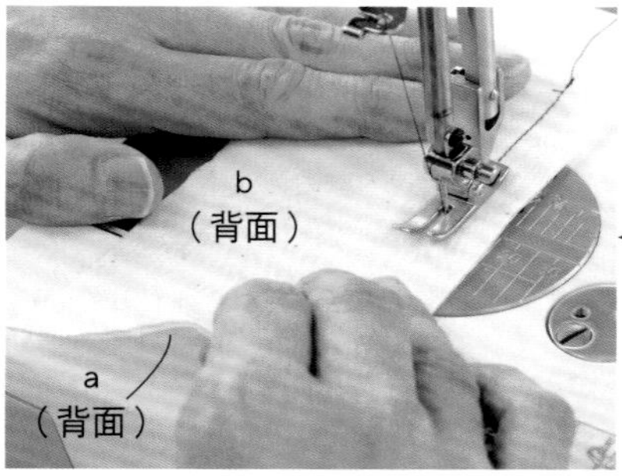
b
（背面）
a
（背面）

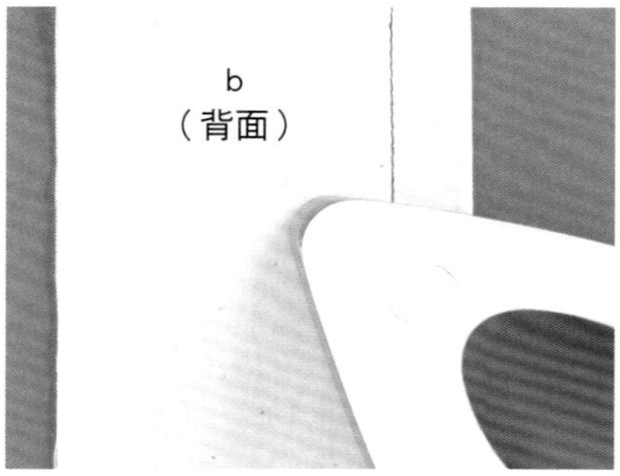
b
（背面）

2 熨燙縫線使其整齊。

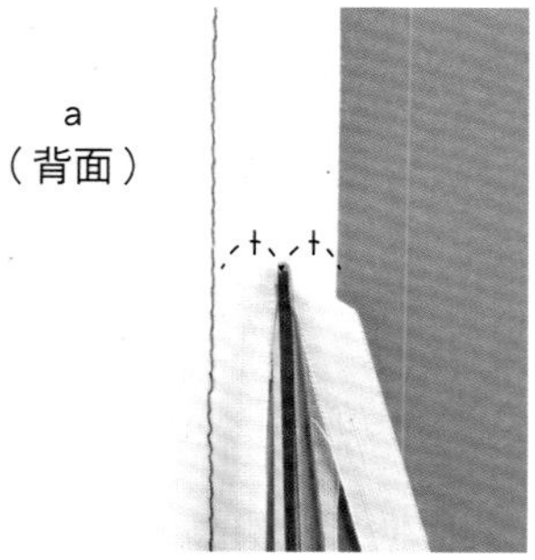
a
（背面）

3 a布縫份裁剪為一半寬度（0.75cm）。

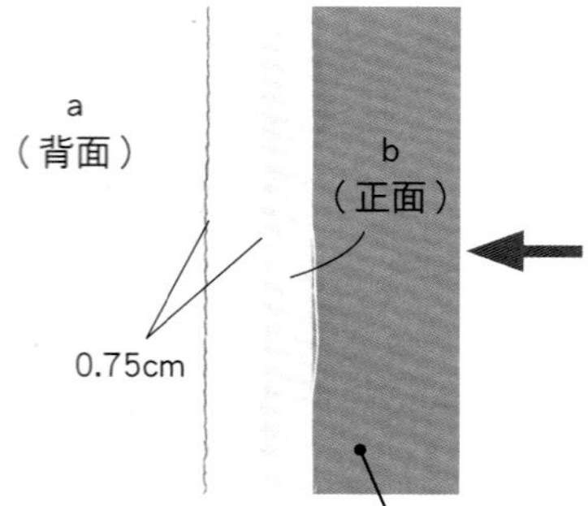
a
（背面）
b
（正面）
0.75cm

※裁剪為均一縫份寬度。

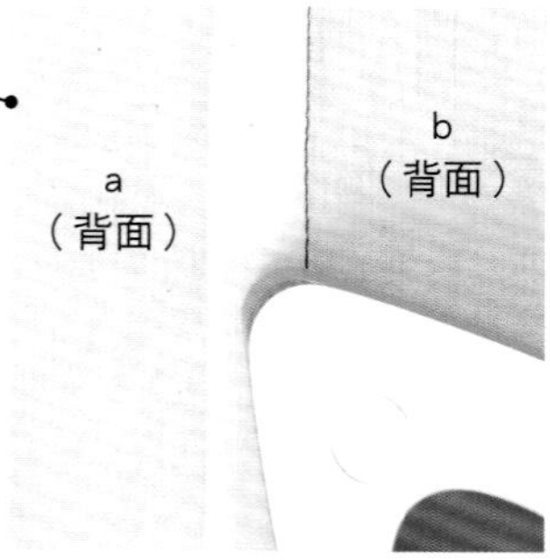
a
（背面）
b
（背面）

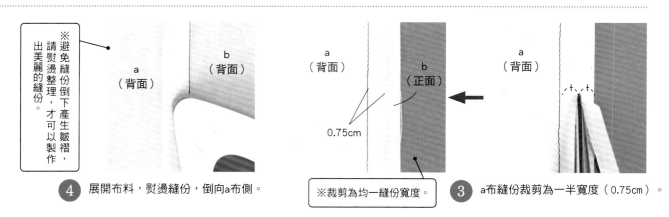

※避免縫份倒下產生皺褶，請熨燙整理，才可以製作出美麗的縫份。

4 展開布料，熨燙縫份，倒向a布側。

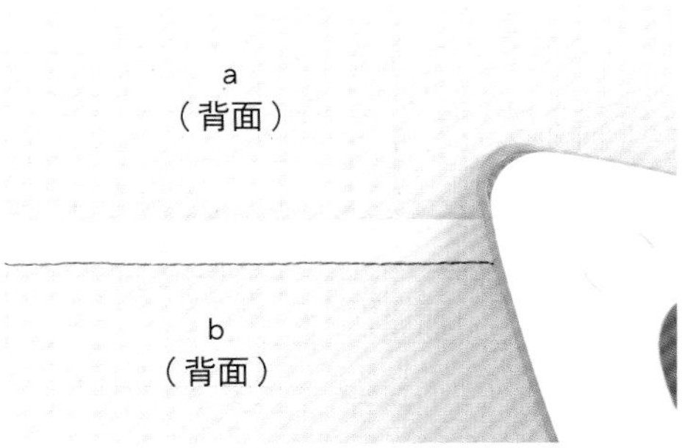
a
（背面）
b
（背面）

❻ 展開布片，熨燙縫份倒向a布側。

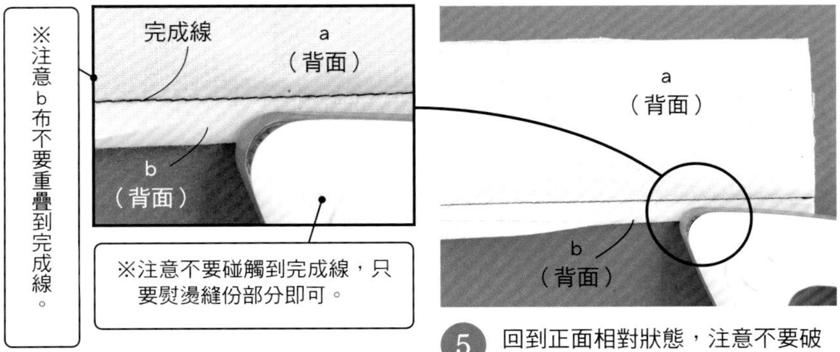
※注意b布不要重疊到完成線。
完成線
a
（背面）
b
（背面）
※注意不要碰觸到完成線，只要熨燙縫份部分即可。
a
（背面）
b
（背面）

❺ 回到正面相對狀態，注意不要破壞步驟4的熨燙，將b布縫份對摺。

背面　　正面

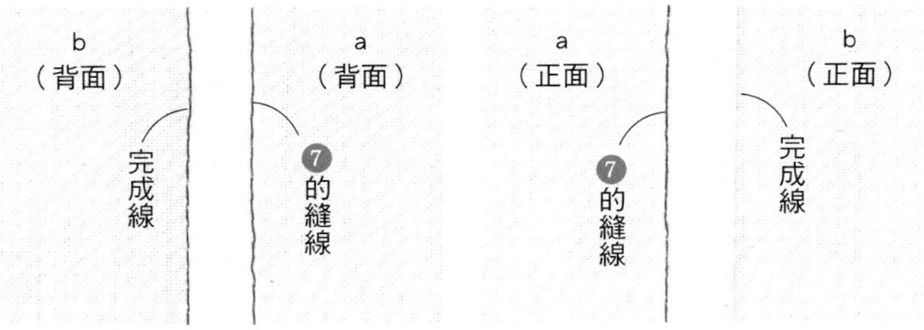
b
（背面）
a
（背面）
完成線
❼的縫線
a
（正面）
b
（正面）
❼的縫線
完成線

完成線

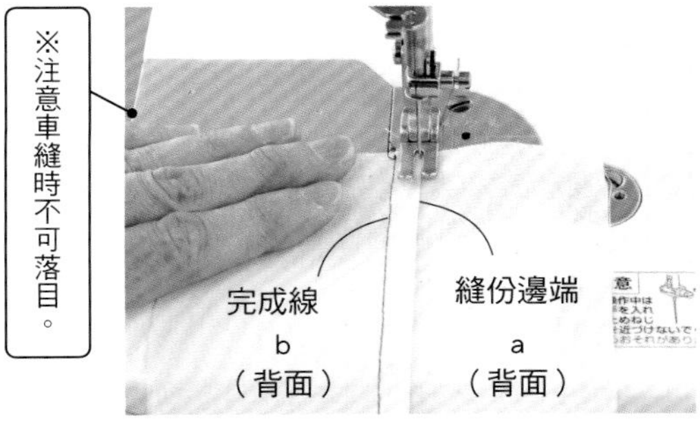
※注意車縫時不可落目。
完成線
縫份邊端
b
（背面）
a
（背面）

❼ 從背面縫份邊端壓線車縫。

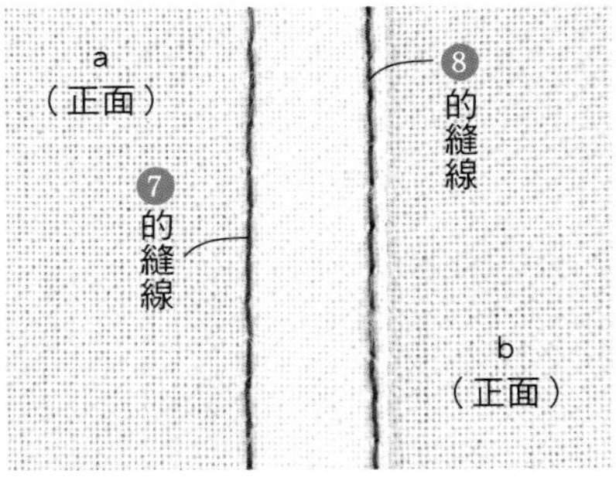
a
（正面）
❽的縫線
❼的縫線
b
（正面）

完成

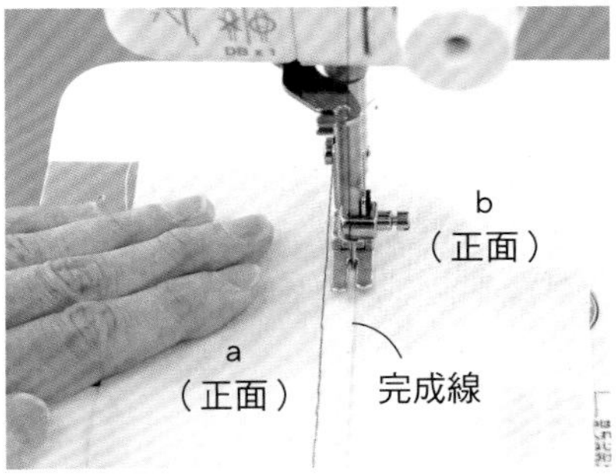
b
（正面）
a
（正面）
完成線

❽ 從表面完成線邊端壓線。

車2條縫線（雙線壓線）

完成線邊端壓線可以更加堅固。若使用的是丹寧布或是厚實布料，壓線的縫份可以抑制縫份厚度。

初學者的注意事項！

無法車縫出漂亮壓線

像是步驟❸無法裁剪出整齊縫份、或是步驟5無法順利摺疊均一寬度，導致邊端不整齊。硬是車縫的話可能會造成跳針、縫線歪斜。請務必裁剪等寬縫份分量，熨燙出漂亮邊端。

因為雙線壓線導致布料歪斜

和步驟❼壓線反方向車縫，步驟❽壓線就容易造成布料歪斜。如果兩次都以相同方向車縫，則可減輕歪斜的程度。

框角縫

常使用在下襬開叉的縫製等。漂亮處理邊角的車縫方法。縫份沿完成線摺疊後才車縫，所以合印記號變得很重要。縫份可先進行拷克後二摺邊車縫，或是縫份直接三摺邊車縫，共兩種方法。

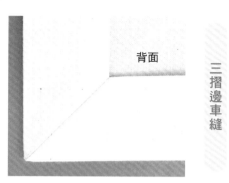

背面

三摺邊車縫

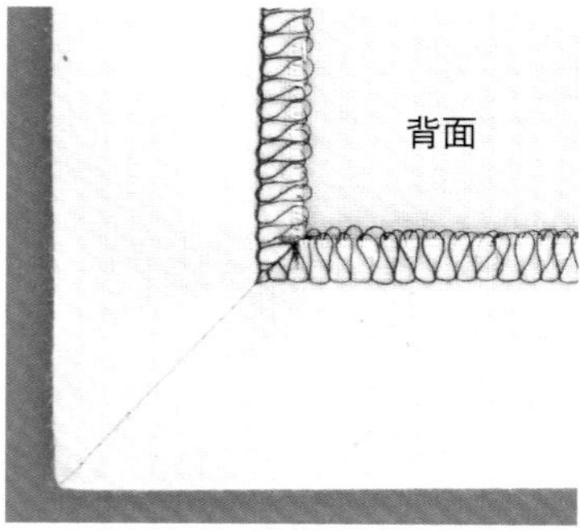
背面

二摺邊車縫

二摺邊車縫

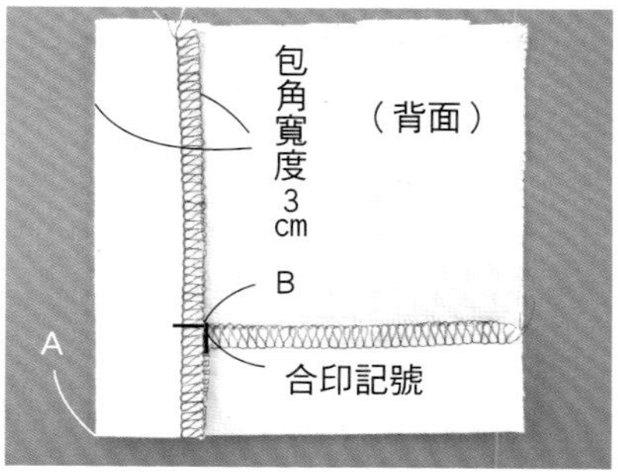
包角寬度3cm
（背面）
B
合印記號
A

1 沿完成線摺疊，A和B作上合印記號。

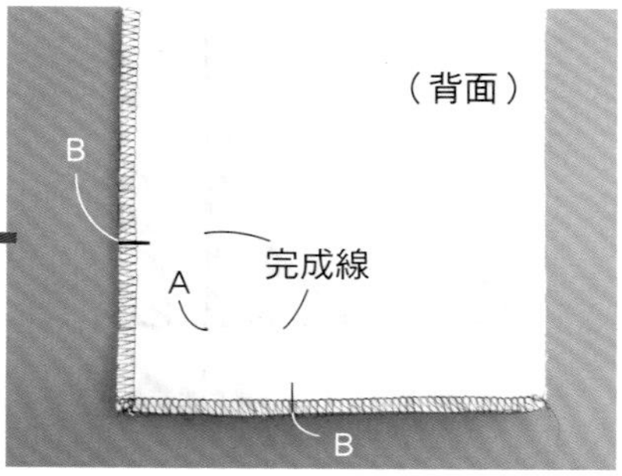
（背面）
B
完成線
A
B

2 燙開縫份。

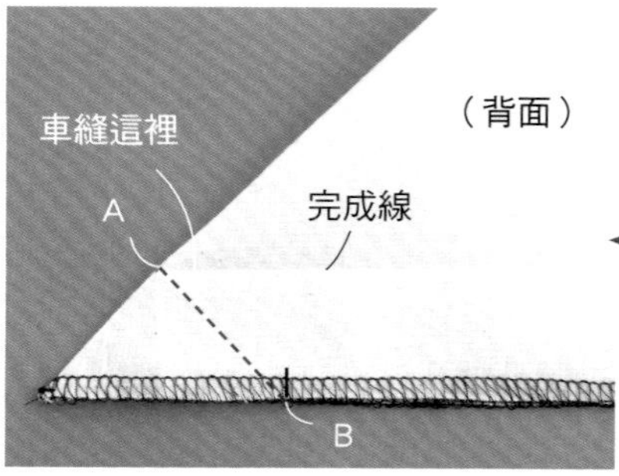
（背面）
車縫這裡
A
完成線
B

3 合印記號B正面相對疊合。

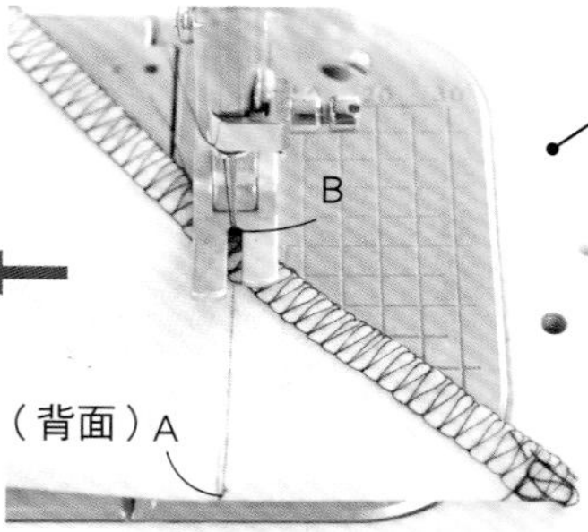
B
（背面）A

避免縫線歪斜，請畫上直線記號。從B側直線車縫。

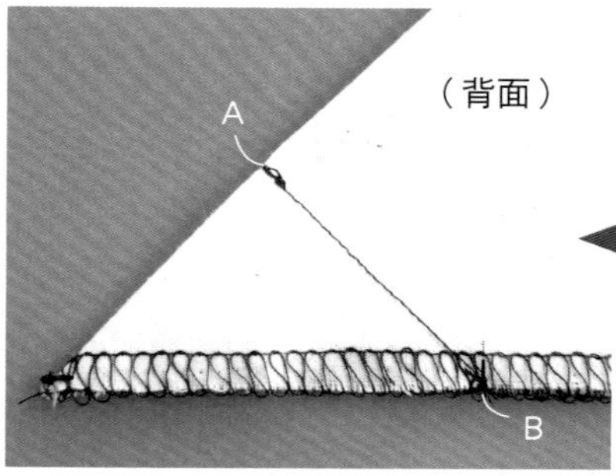
（背面）
A
B

4 從B到A之間車縫。

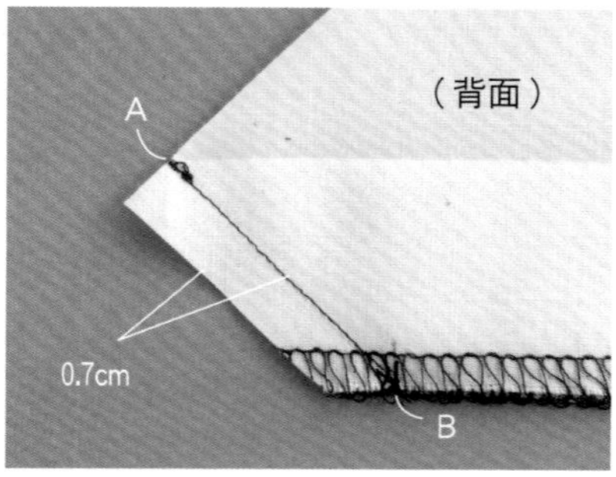
（背面）
A
0.7cm
B

5 縫份裁剪0.7cm

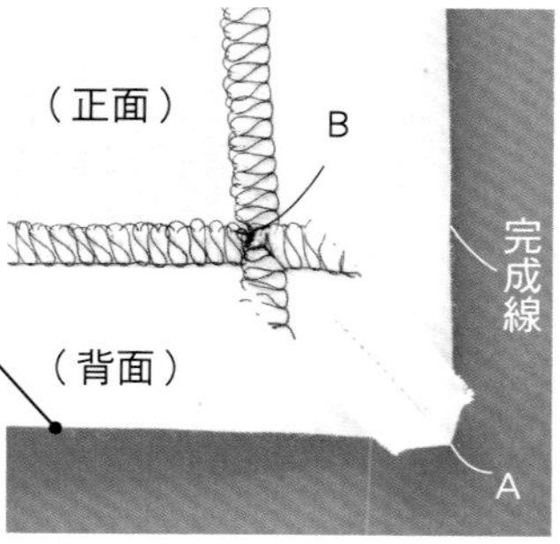
（正面）
B
（背面）
完成線
A

※注意不要燙到完成線的褶線。

6 燙開縫份。

※使用錐子整理邊角。

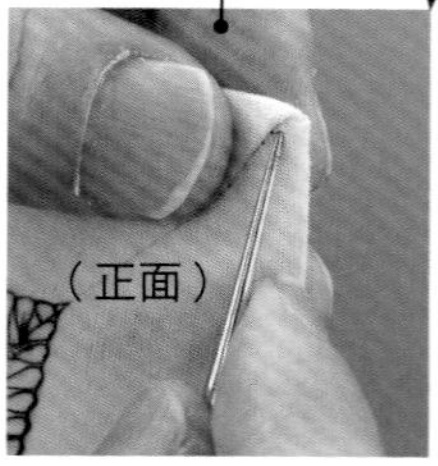
（正面）

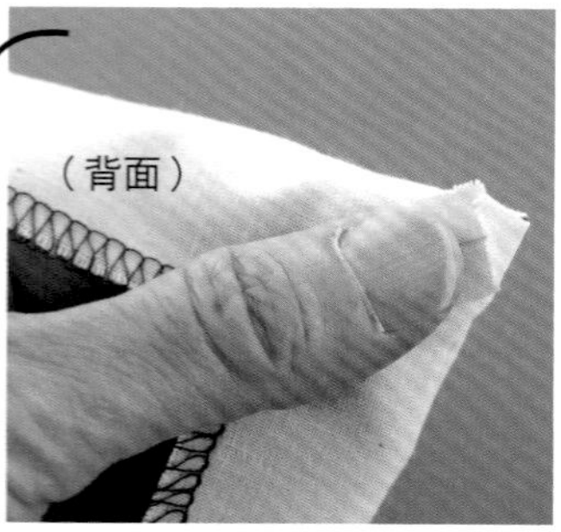
（背面）

7 翻至正面整理。

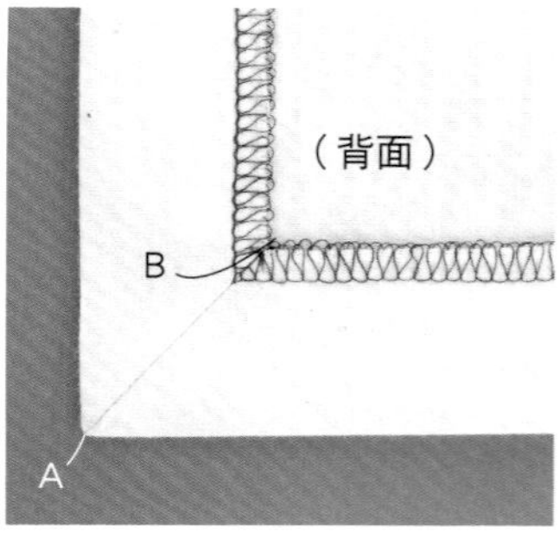
（背面）
B
A

完成

三摺邊車縫

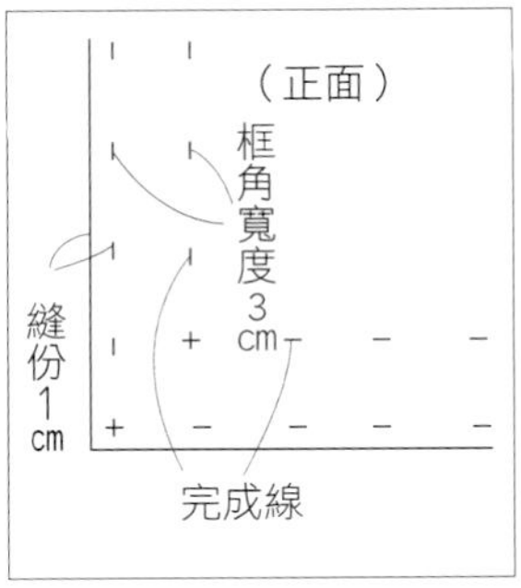
（正面）
框角寬度3cm
縫份1cm
完成線

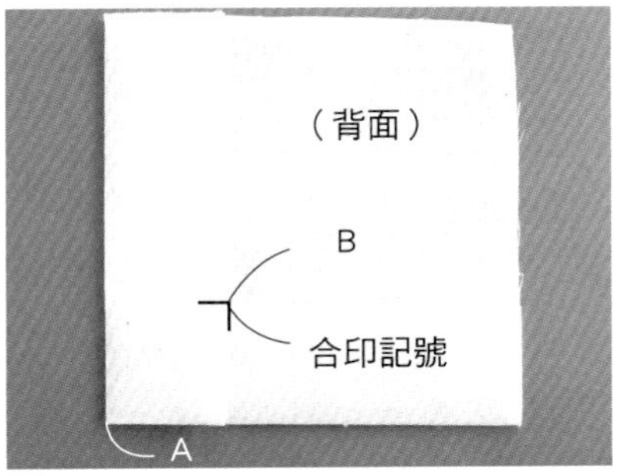
（背面）
B
合印記號
A

1 摺疊縫份1cm，沿完成線摺疊，A和B作上合印記號。

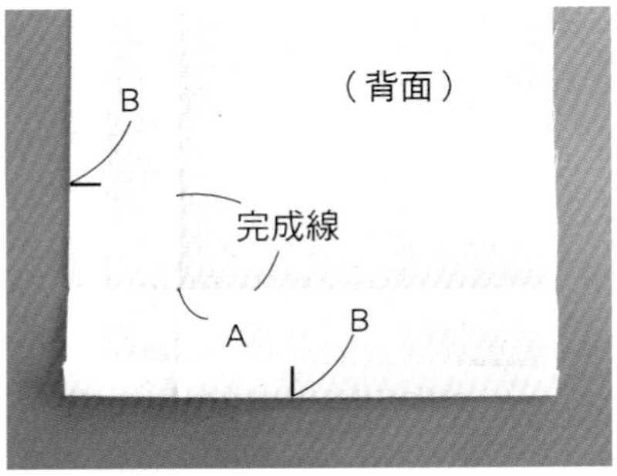
B
（背面）
完成線
A
B

2 燙開縫份。（摺疊1cm的縫份不展開）

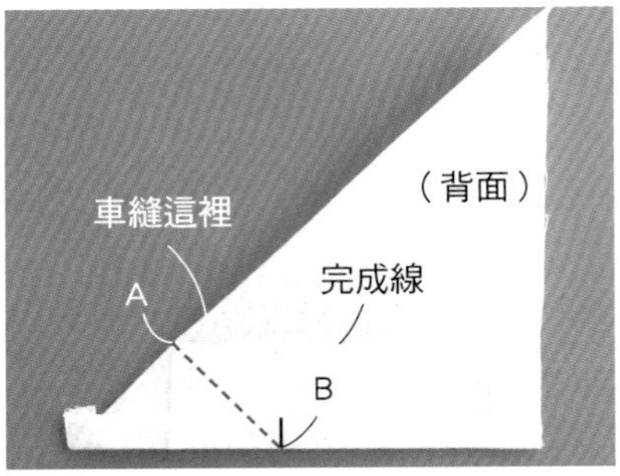
車縫這裡
（背面）
完成線
A
B

3 合印記號B正面相對疊合。

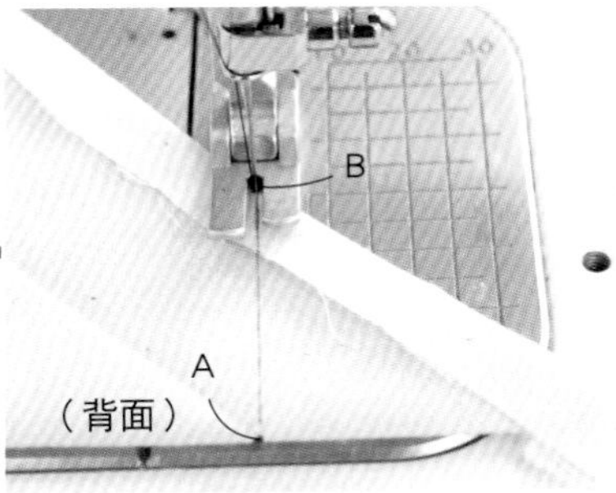
B
A
（背面）

4 從B到A之間車縫。

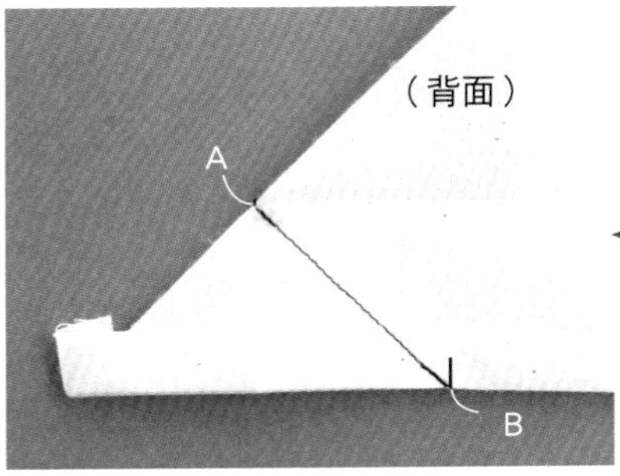
（背面）
A
B

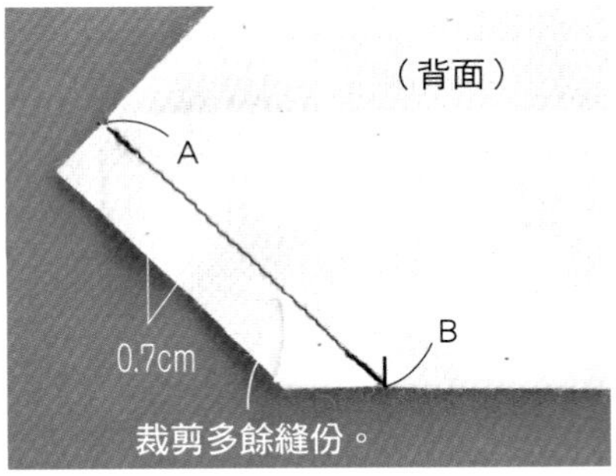
（背面）
A
0.7cm
B
裁剪多餘縫份。

5 縫份裁剪0.7cm。

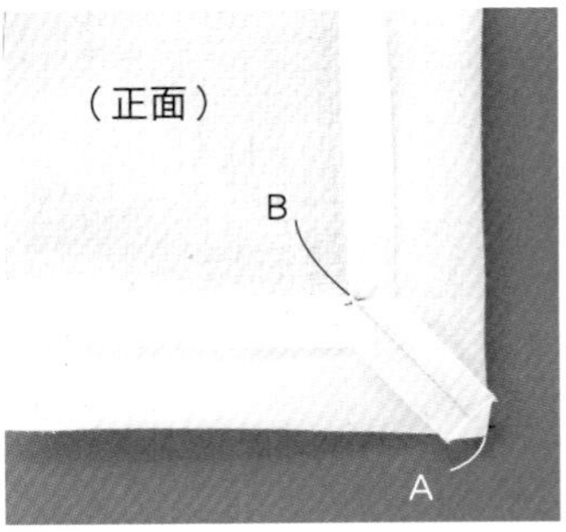
（正面）
B
A

6 熨斗尖端燙開縫份。

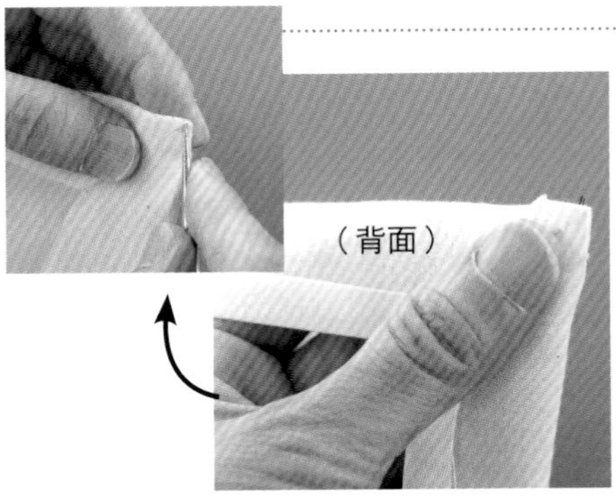
（背面）

7 翻至正面整理。

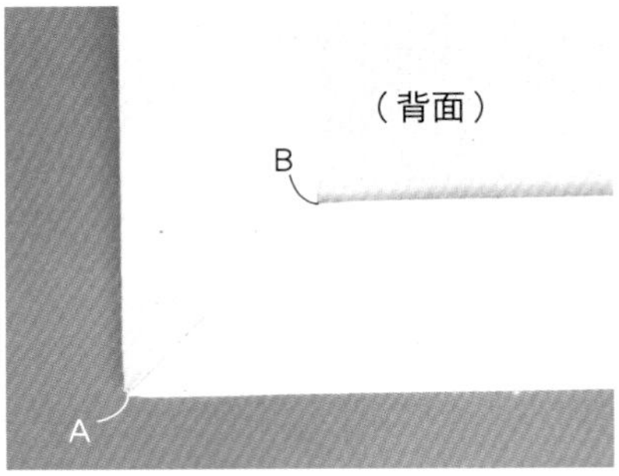
（背面）
B
A

完成

初學者的注意事項！

作上A和B合印記號

如果合印記號錯誤，會改變A和B車縫角度，造成縫份完成線寬度太寬或太窄。

沿A和B合印記號車縫

接縫時如果記號錯位，影響合印記號B角完成線有段差，無法製作出整齊的框角形狀。也會因為縫線扭曲讓A和B處浮起來。

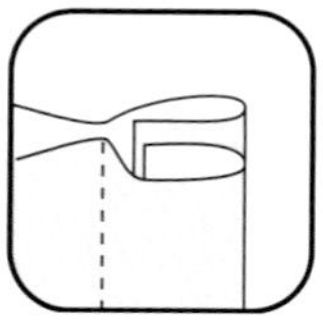

袋縫

不須使用拷克處理縫份的方法，使用在比較透明的素材或是較高級的訂製服上。
袋縫必須配合縫份寬度，請先確認好尺寸再行製作。

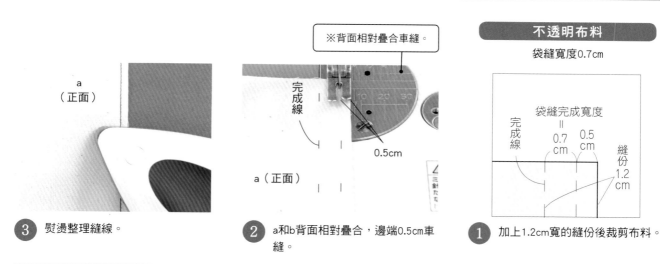

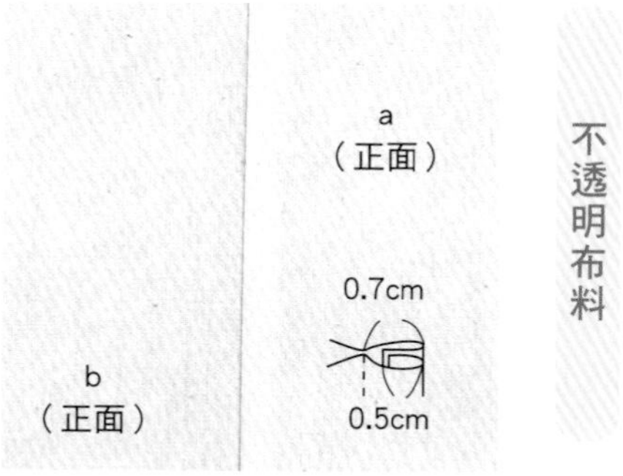
a
（正面）
0.7cm
b
（正面）
0.5cm
不透明布料

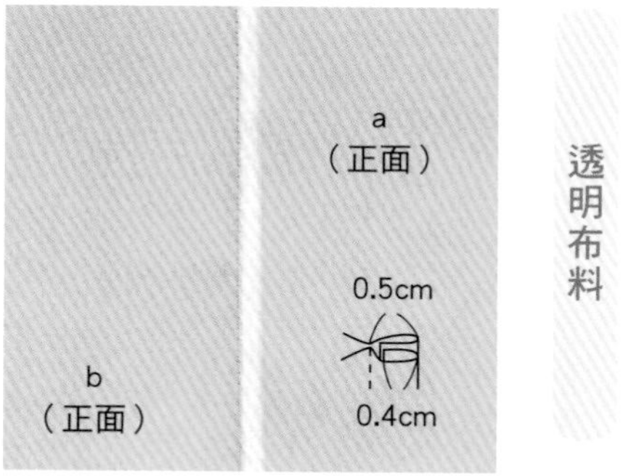
a
（正面）
0.5cm
b
（正面）
0.4cm
透明布料

不透明布料

袋縫寬度0.7cm

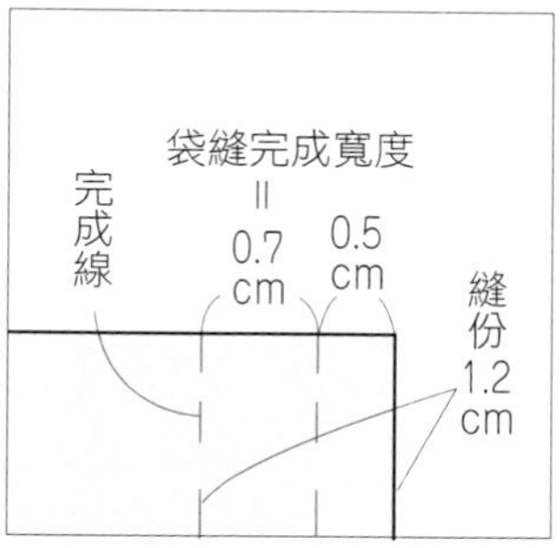
袋縫完成寬度
=
完成線
0.7
cm
0.5
cm
縫份
1.2
cm

1 加上1.2cm寬的縫份後裁剪布料。

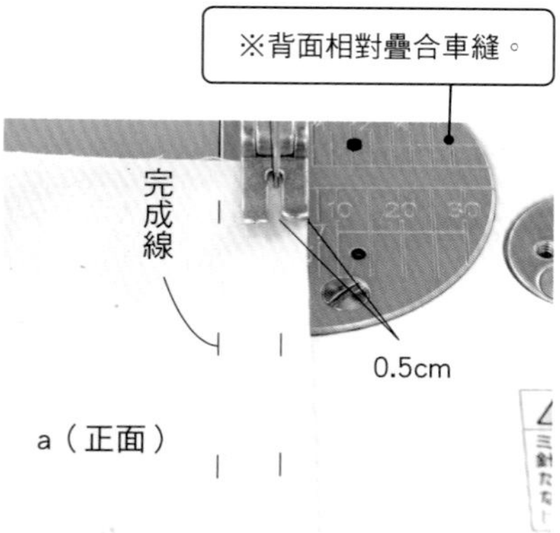
※背面相對疊合車縫。
完成線
0.5cm
a（正面）

2 a和b背面相對疊合，邊端0.5cm車縫。

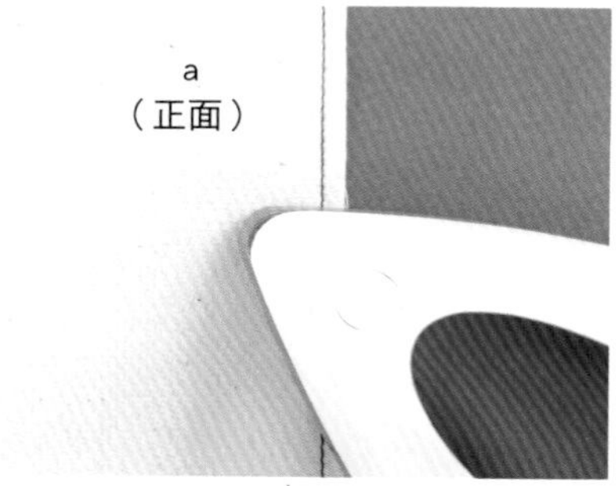
a
（正面）

3 熨燙整理縫線。

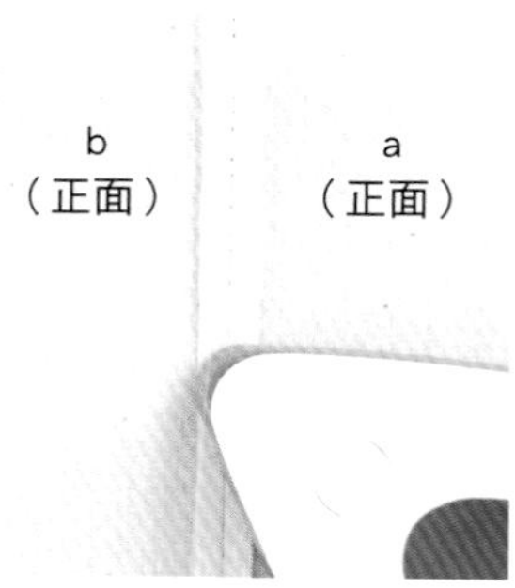
b
（正面）
a
（正面）

4 燙開縫份。

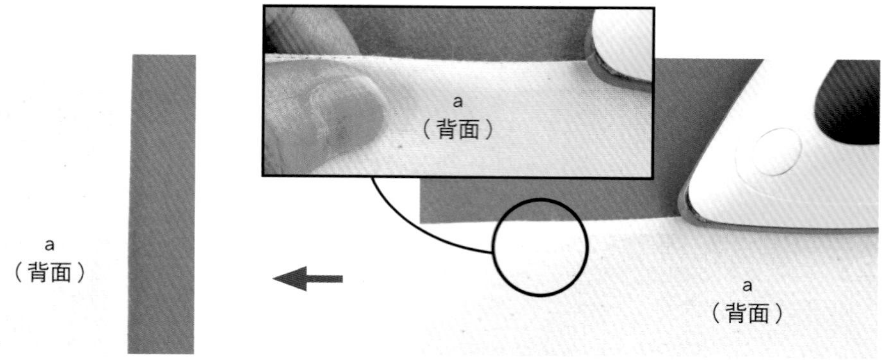
a
（背面）
a
（背面）
a
（背面）

5 a和b背面相對摺疊縫線，對摺熨燙縫份。

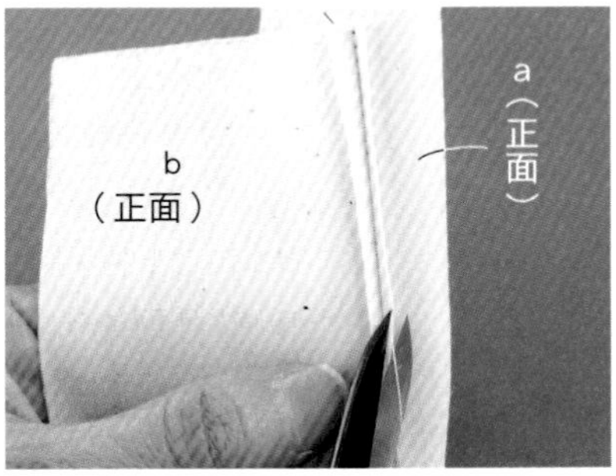
b
（正面）
a（正面）

6 掀開布片，將縫份裁剪乾淨。

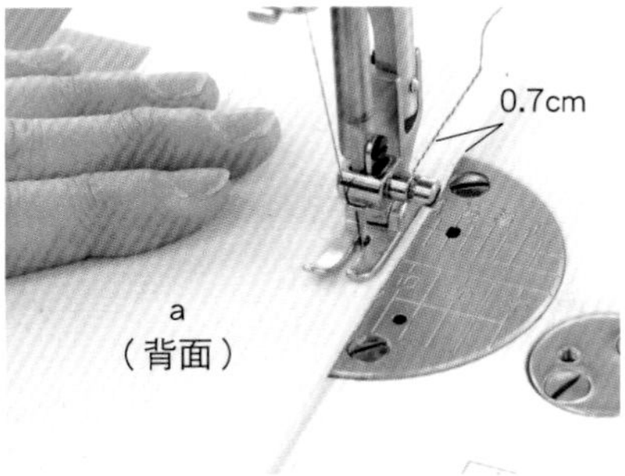
0.7cm
a
（背面）

7 再次正面相對疊合，沿完成線車縫。

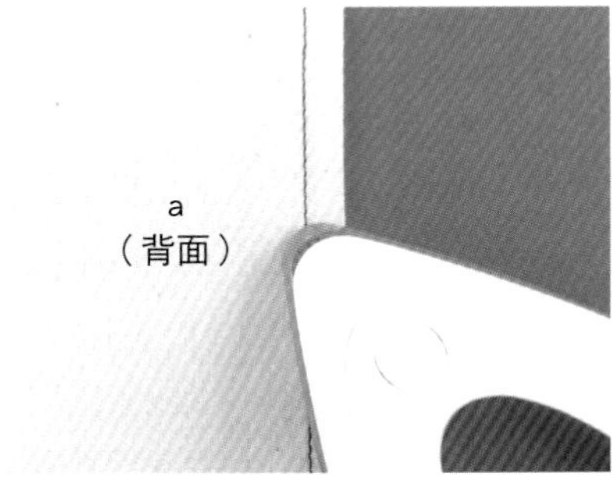
a
（背面）

8 熨燙整理縫線。

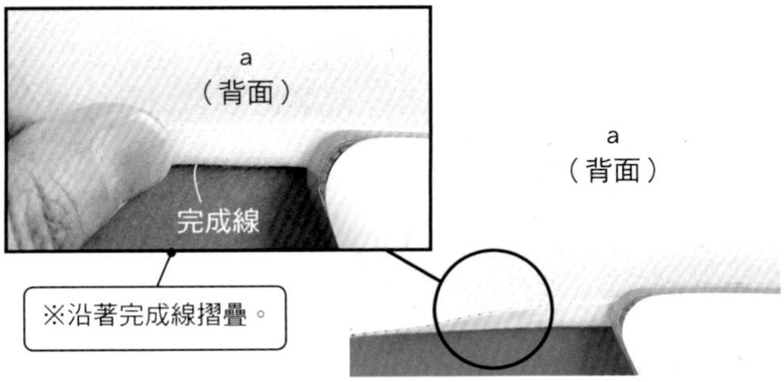
a
（背面）
完成線
※沿著完成線摺疊。
a
（背面）

9 熨燙完成線。

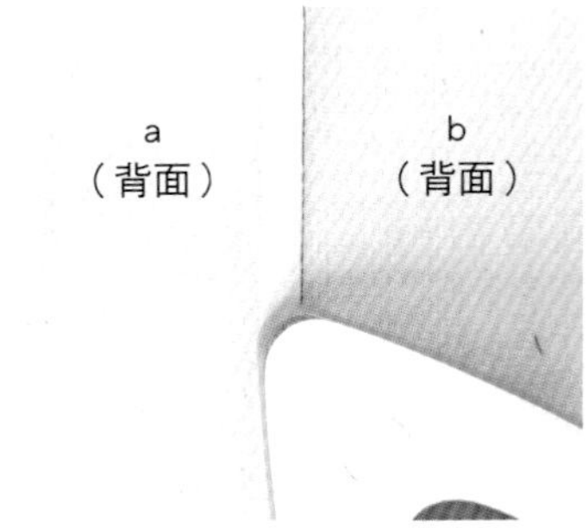
a
（背面）
b
（背面）

10 袋縫部分倒向a布側。

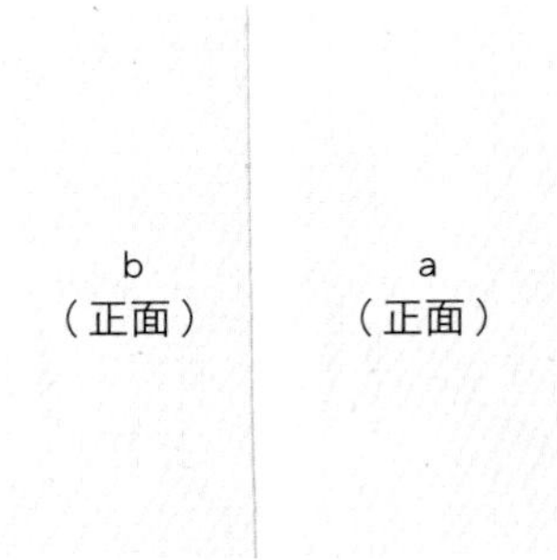
b
（正面）
a
（正面）

完成

使用透明布料時

袋縫寬度0.5cm

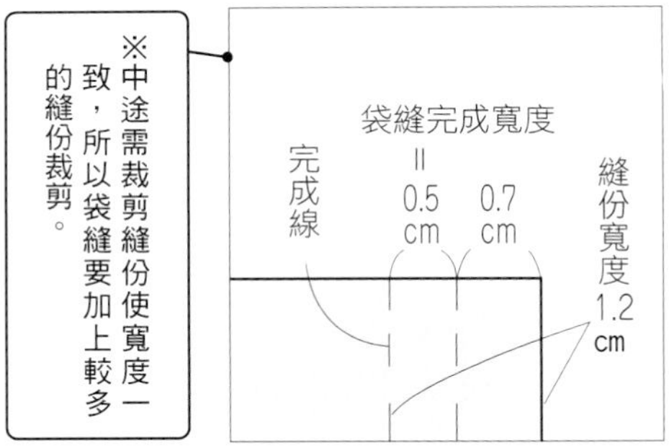
※中途需裁剪縫份使寬度一致，所以袋縫要加上較多的縫份裁剪。
袋縫完成寬度
完成線
=
0.5
cm
0.7
cm
縫份寬度
1.2
cm

1 加上1.2cm寬的縫份後裁剪布料。

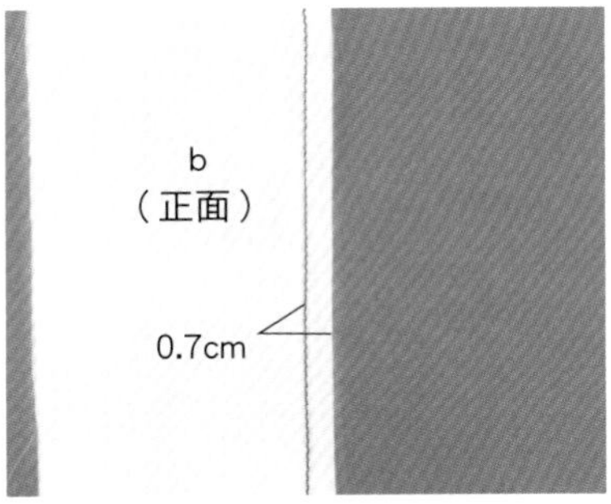
b
（正面）
0.7cm

2 a和b布背面相對疊合車縫，邊端0.7cm車縫。

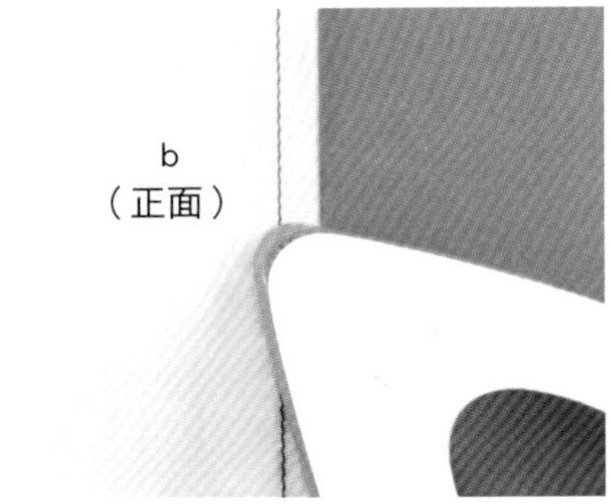
b
（正面）

3 熨燙整理縫線。

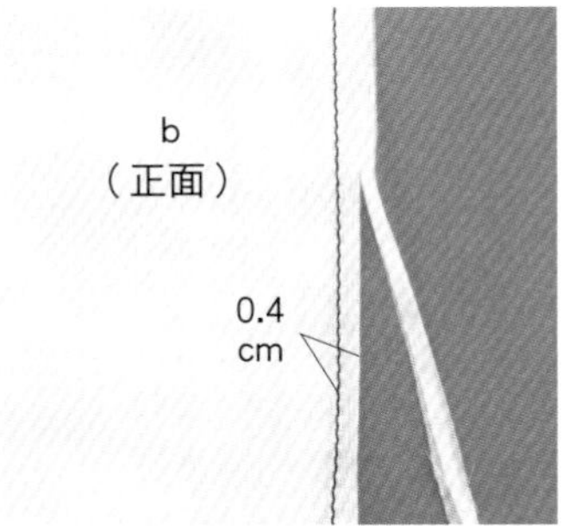
b
（正面）
0.4
cm

4 縫份裁剪0.4cm。

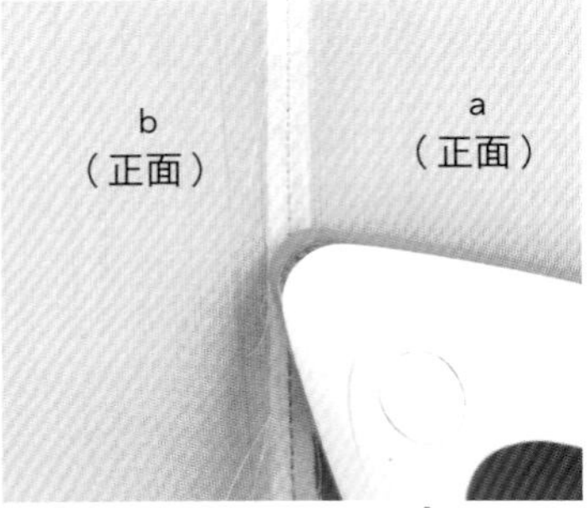
b
（正面）
a
（正面）

5 燙開縫份。

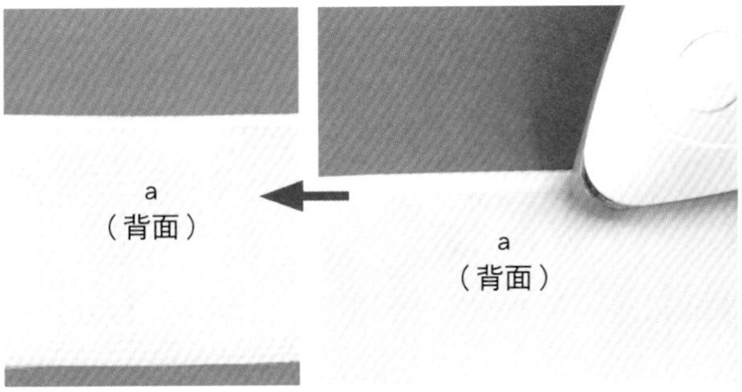
a
（背面）
a
（背面）

6 a和b背面相對摺疊縫線，摺疊熨燙縫份。

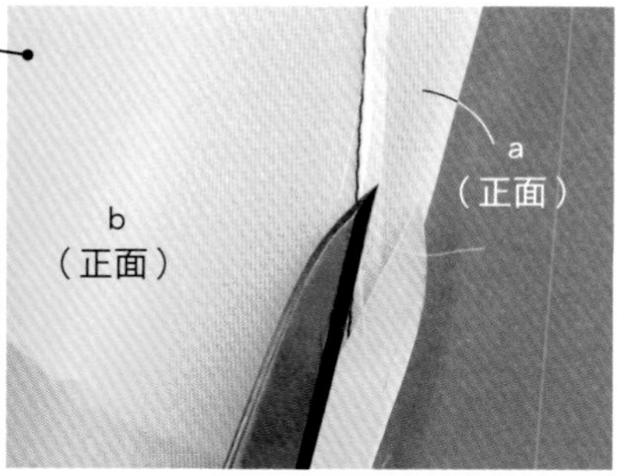
a
（正面）
b
（正面）

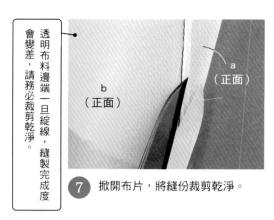

透明布料邊端一旦綻線，縫製完成度會變差，請務必裁剪乾淨。

7 掀開布片，將縫份裁剪乾淨。

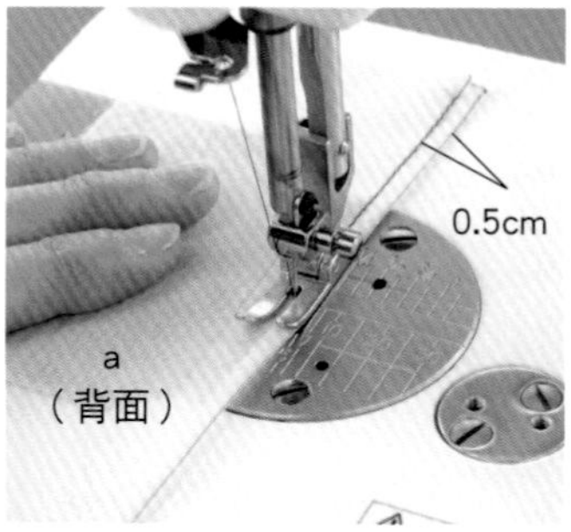
0.5cm
a
（背面）

8 再次正面相對疊合，沿完成線車縫。

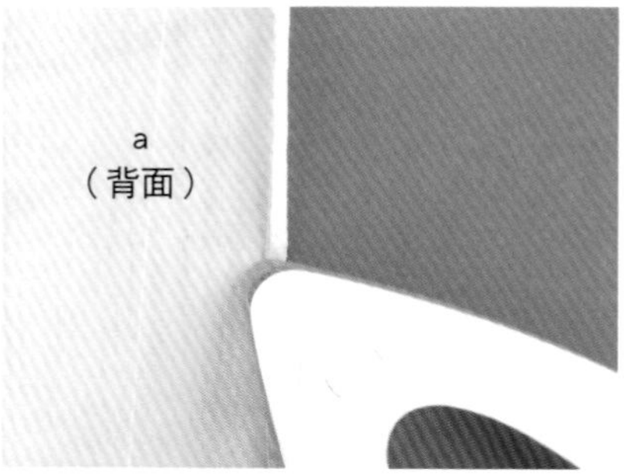
a
（背面）

9 熨燙完成線，袋縫部分倒向a布側。

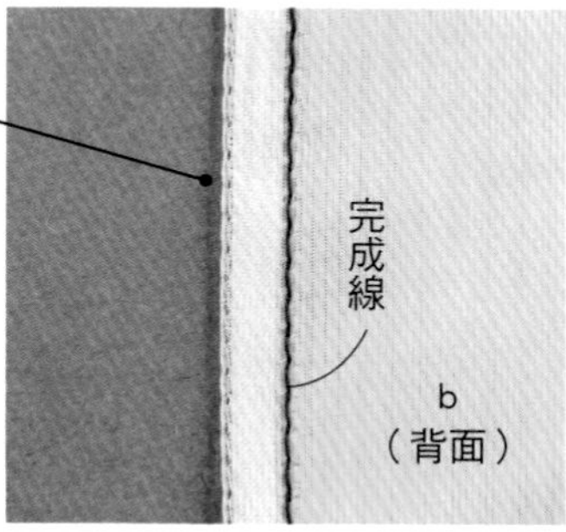
完成線
b
（背面）

※因為邊端裁剪整齊，才可作出均一縫份。

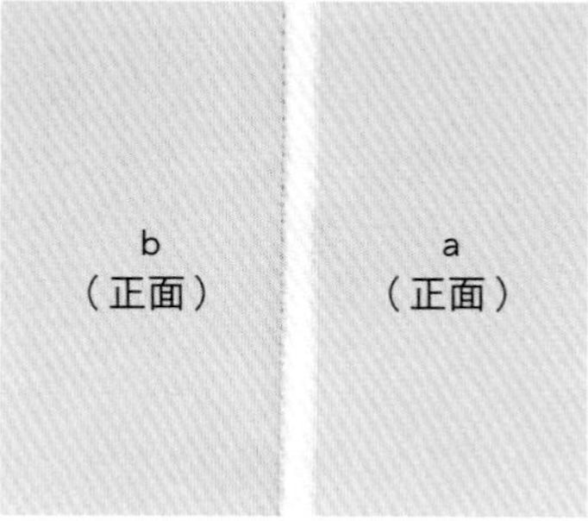
b
（正面）
a
（正面）

完成

初學者的注意事項！

從透明布料的袋縫表面看到縫份

從表面看到袋縫縫份寬度太寬時，不但不雅，有時還會因為縫份寬度不一，造成厚度的偏差，外表看起來很雜亂。所以透明布料的縫份寬度要窄且一致。另外如果是不透明布料，切記比起袋縫完成線寬度的縫份要窄0.2至0.3cm。透明布料縫份要窄0.1cm，這樣才能製作出整齊的袋縫。

凹凸的袋縫邊端

袋縫摺疊對齊時，無法完全對合導致凹凸不平。如果放置不管直接車縫完成線，布端會更加扭曲，產生皺褶。請務必完全燙開縫份，整理布端。

完成線邊端綻線

容易綻線的布料，常常在縫製或熨燙時不斷脫線。如果直接車縫縫份，會導致布料纖毛被縫入、或是完成品縫份跑出綻線。如果縫份分量多過完成寬度，縫份邊緣會被捲入車縫，造成跑出表面。所以透明布料也請多加一點縫份寬度，車縫完成線之前再裁剪，這樣邊緣整齊，縫份也很好看。

進行袋縫時，如果縫份過大或過小，完成後的效果就會不整齊。請加入與完成寬度相合的縫份分量，並剪掉多餘部分。對於沒有完美完成的人，以下將介紹常見的原因和對策。

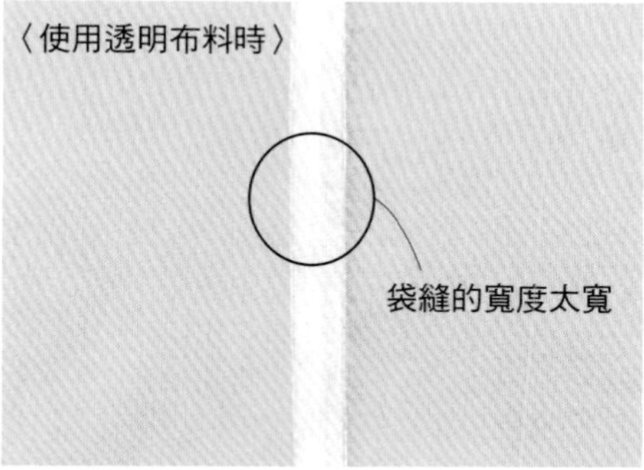
〈使用透明布料時〉
袋縫的寬度太寬

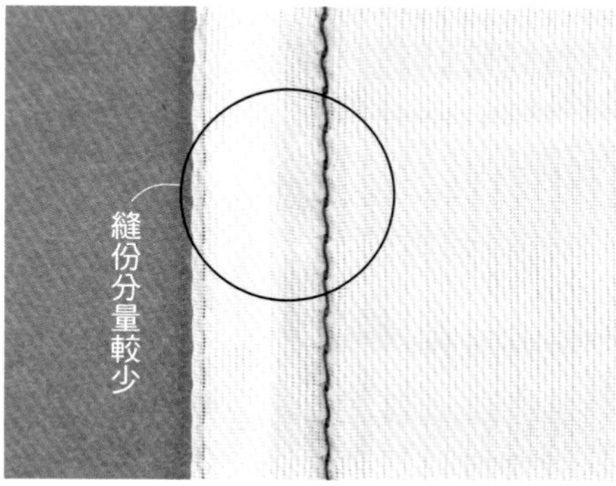
縫份分量較少

滾邊車縫方法

使用同身片布料，製作斜紋布條的作法。本篇介紹兩種斜紋布條摺疊方法，請依照用途來選擇使用。

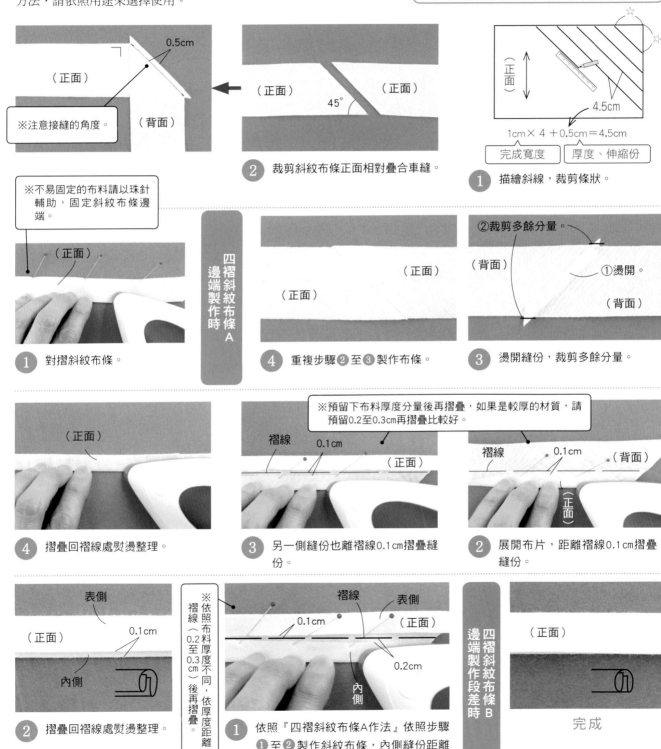

斜紋布條製作方法

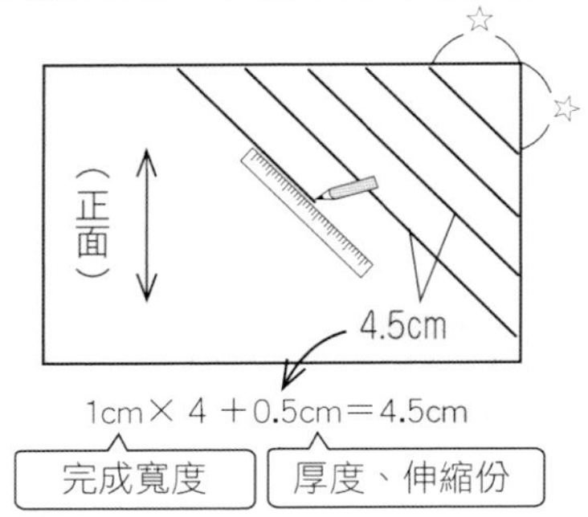
（正面）
4.5cm
1cm×４＋0.5cm＝4.5cm
完成寬度
厚度、伸縮份

1 描繪斜線，裁剪條狀。

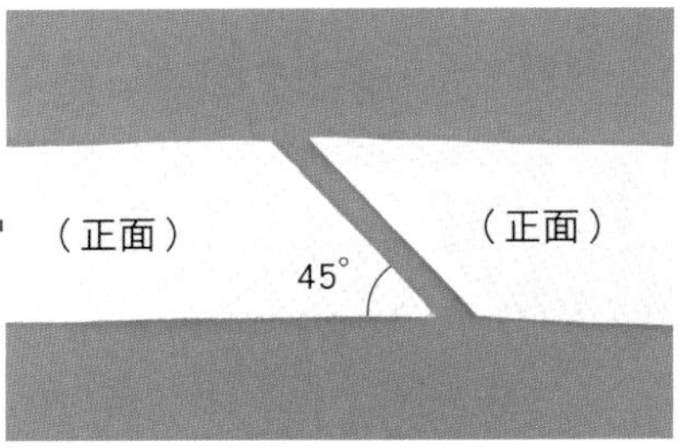
（正面）
45°
（正面）

2 裁剪斜紋布條正面相對疊合車縫。

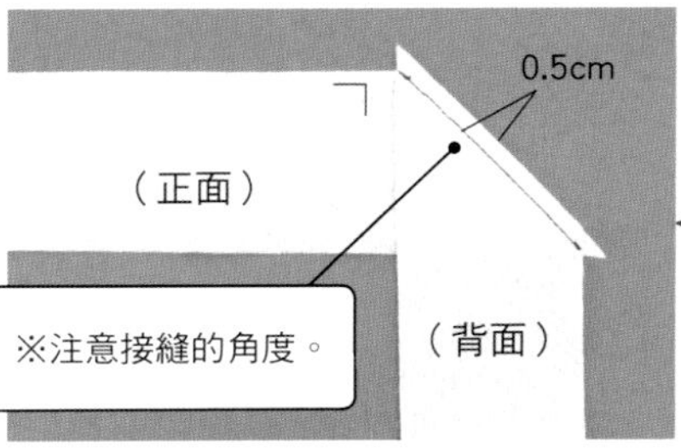
0.5cm
（正面）
※注意接縫的角度。
（背面）

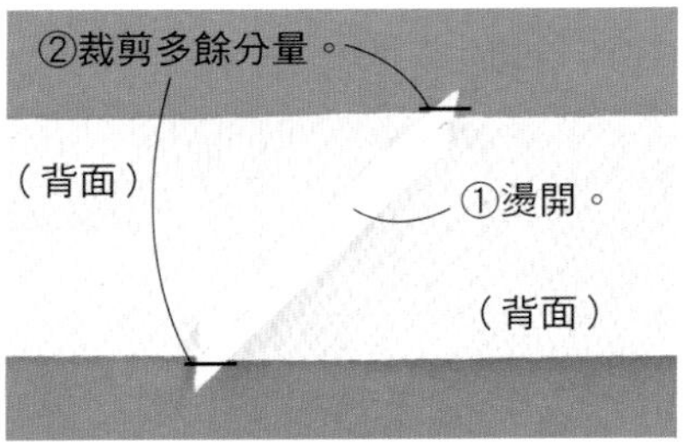
②裁剪多餘分量。
（背面）
①燙開。
（背面）

3 燙開縫份，裁剪多餘分量。

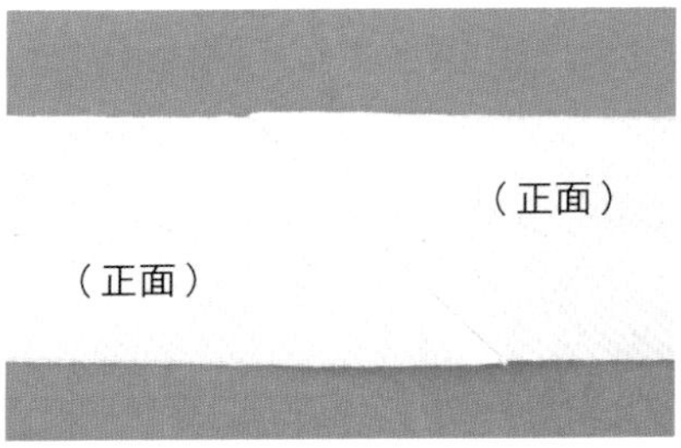
（正面）
（正面）

4 重複步驟❷至❸製作布條。

四褶斜紋布條A 邊端製作時

※不易固定的布料請以珠針輔助，固定斜紋布條邊端。

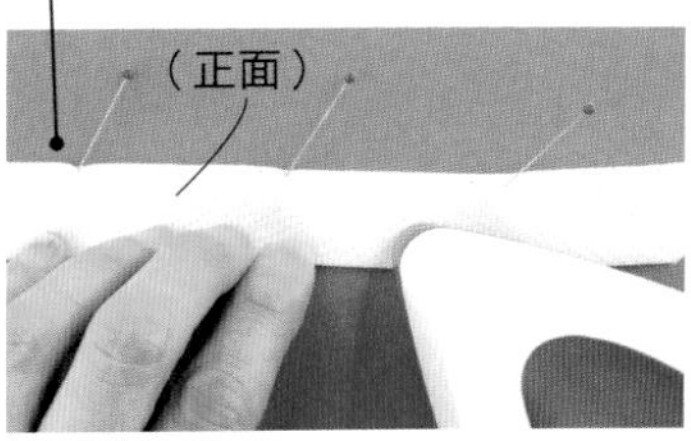
（正面）

1 對摺斜紋布條。

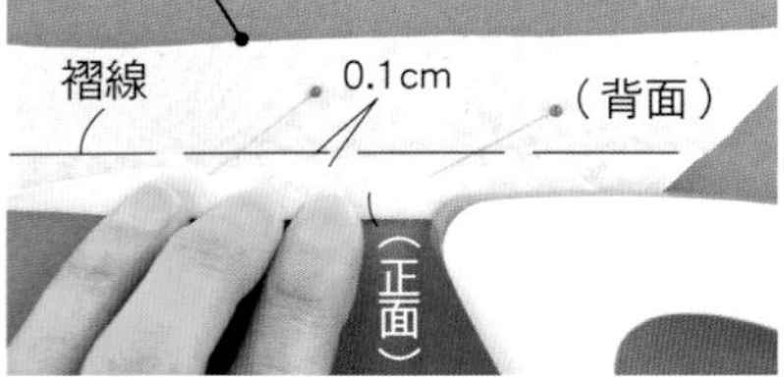
褶線
0.1cm
（背面）
（正面）

2 展開布片，距離褶線0.1cm摺疊縫份。

※預留下布料厚度分量後再摺疊，如果是較厚的材質，請預留0.2至0.3cm再摺疊比較好。

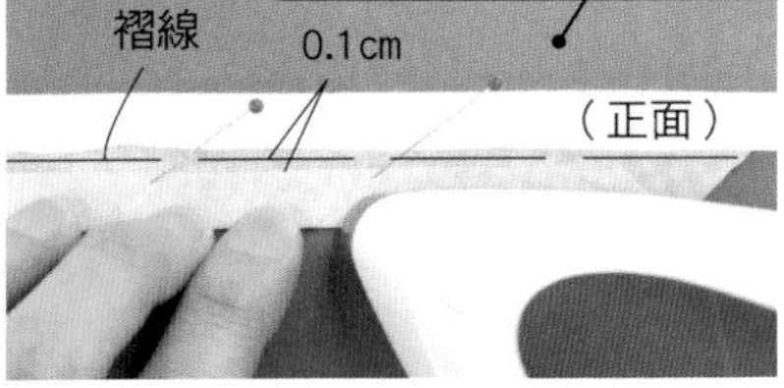
褶線
0.1cm
（正面）

3 另一側縫份也離褶線0.1cm摺疊縫份。

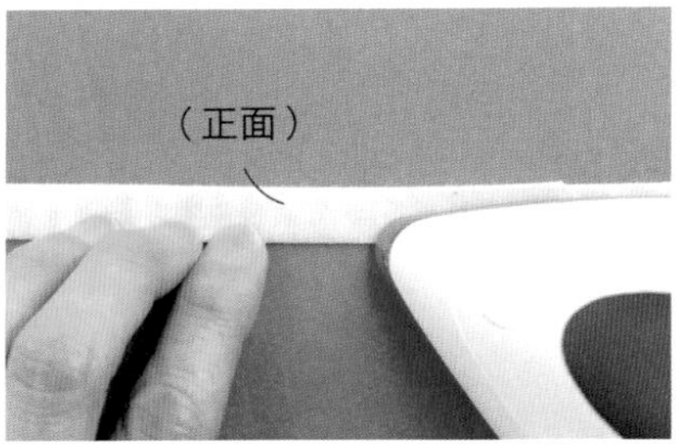
（正面）

4 摺疊回褶線處熨燙整理。

四褶斜紋布條B 邊端製作段差時

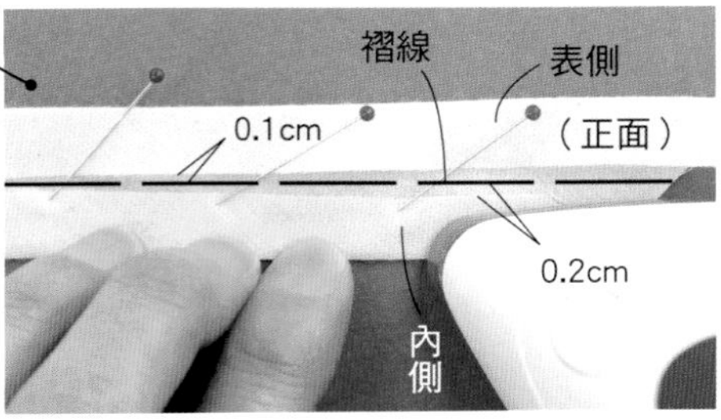
褶線
表側
0.1cm
（正面）
0.2cm
內側

1 依照『四褶斜紋布條A作法』依照步驟❶至❷製作斜紋布條，內側縫份距離褶線0.2cm後摺疊。

※依照布料厚度不同，依厚度距離褶線（0.2至0.3cm）後再摺疊。

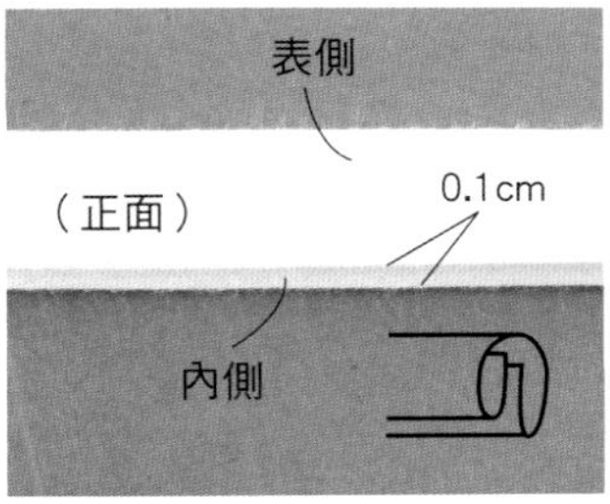
表側
（正面）
0.1cm
內側

2 摺疊回褶線處熨燙整理。

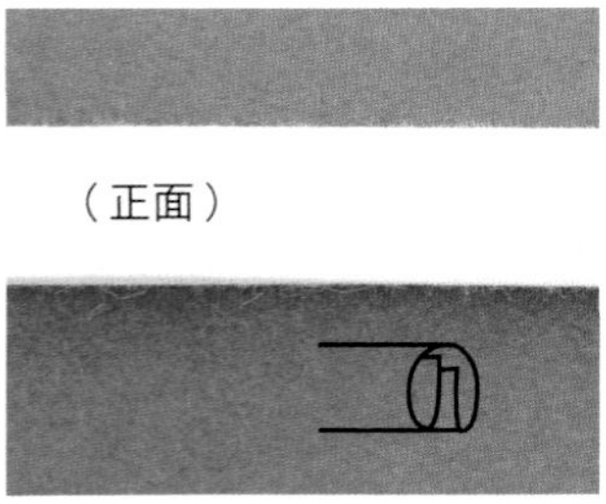
（正面）

完成

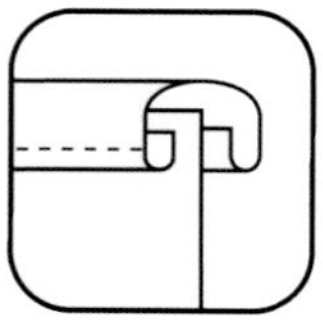

直線滾邊

善用同樣布料製作斜紋布條滾邊的方法，依照P.47介紹的兩種布條作法，分別使用製作。
以下介紹三種滾邊縫製方法，請選擇適合的斜紋布條進行車縫。

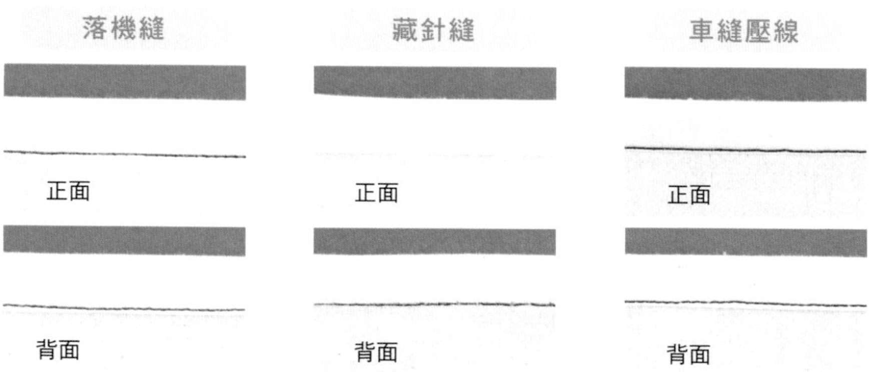
落機縫
藏針縫
車縫壓線
正面
正面
正面
背面
背面
背面

※斜紋布條製作方法請參考P.47。

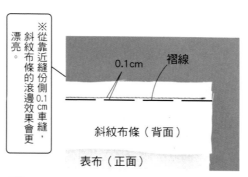

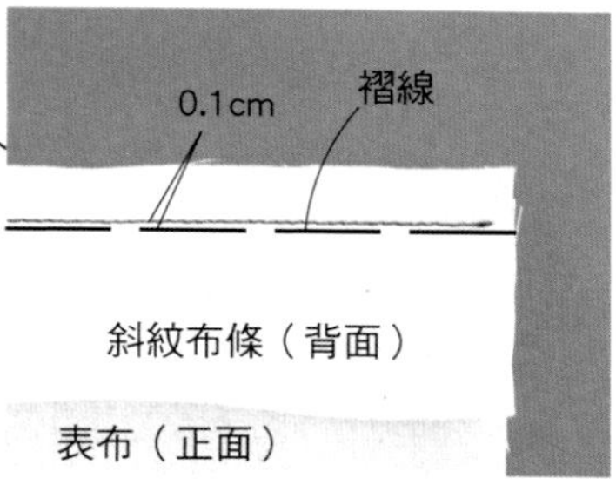
0.1cm
褶線
斜紋布條（背面）
表布（正面）

※從靠近縫份側0.1cm車縫，斜紋布條的滾邊效果會更漂亮。

1 斜紋布條正面相對疊合，從褶線0.1cm車縫縫份側。

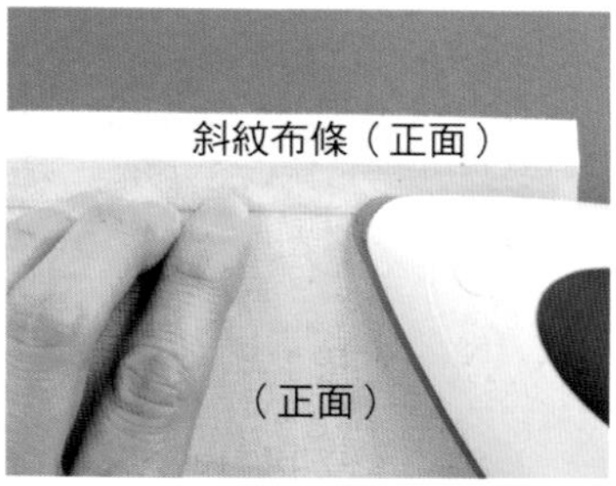
斜紋布條（正面）
（正面）

2 褶線熨燙整理。

車縫壓線

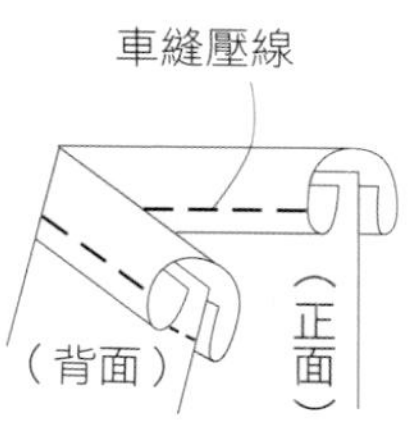
車縫壓線
（背面）
（正面）

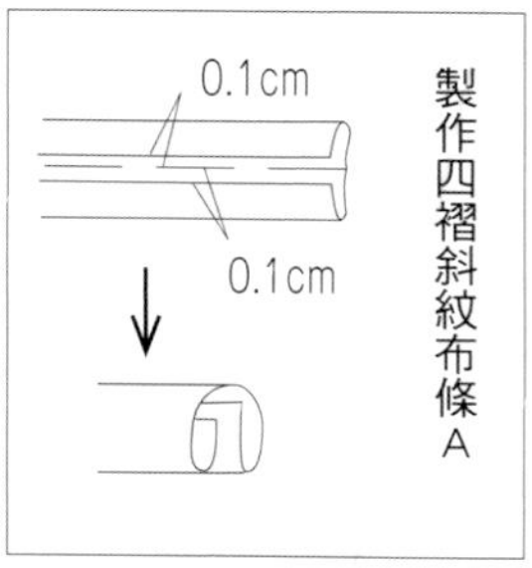
0.1cm
0.1cm
製作四褶斜紋布條A

※如果覺得很難進行車縫壓線，也可以選擇斜紋布條B製作。

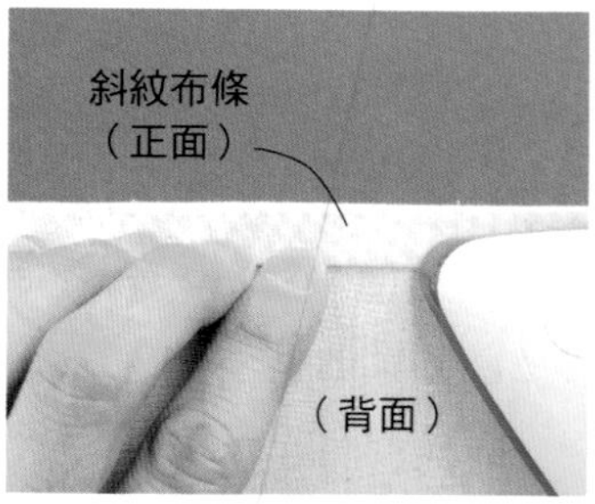
斜紋布條
（正面）
（背面）

3 以斜紋布條包捲縫份，熨燙整理。

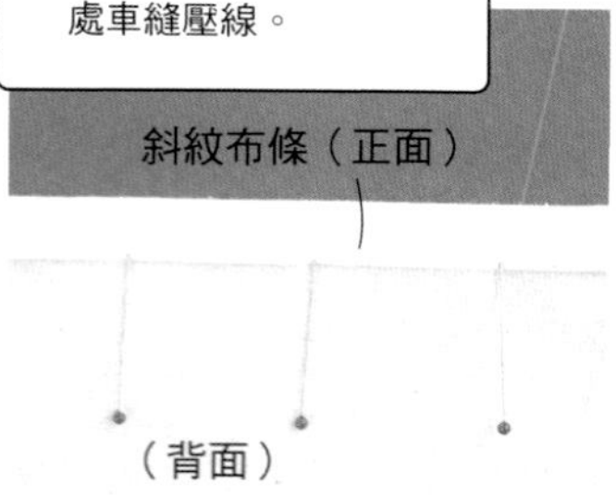
斜紋布條（正面）
（背面）

4 從背面以珠針固定。

※從斜紋布條邊端0.1cm處車縫壓線。

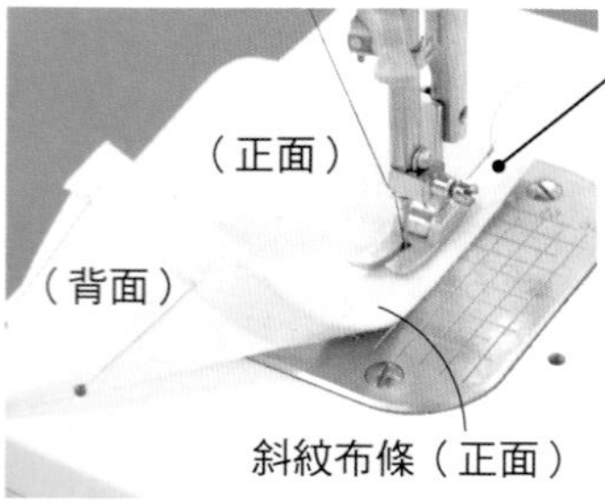
（正面）
（背面）
斜紋布條（正面）

5 從表面車縫壓線（一邊將內側的珠針拆掉）。

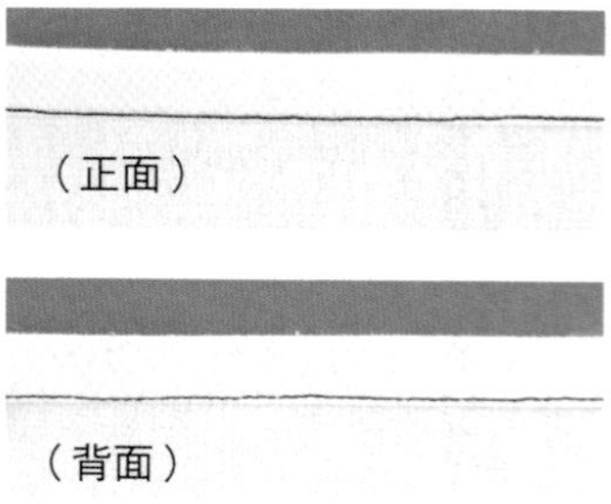
（正面）
（背面）

藏針縫

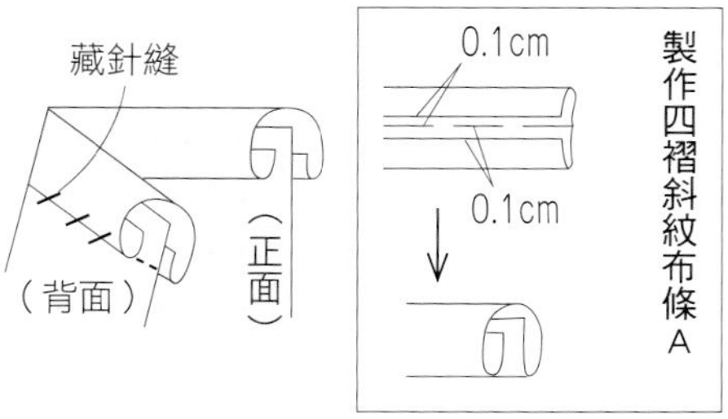
藏針縫
（背面）
（正面）
0.1cm
0.1cm
製作四褶斜紋布條A

內側縫份藏針縫，請注意使用四褶斜紋布條A邊端務必完全對齊。

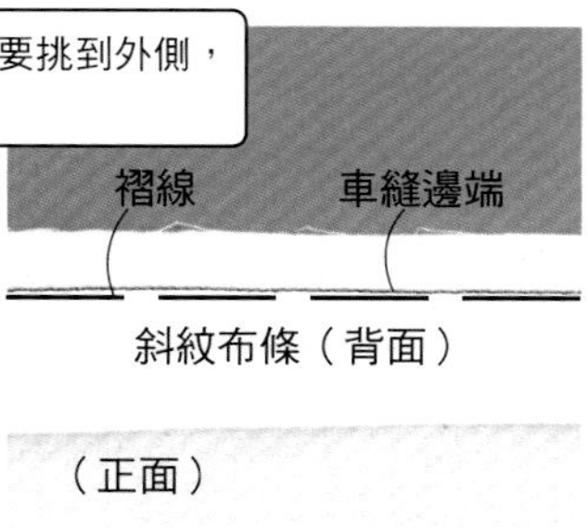
褶線
車縫邊端
斜紋布條（背面）
（正面）

1 正面相對疊合車縫褶線邊端。同P.48步驟2至3熨燙處理。

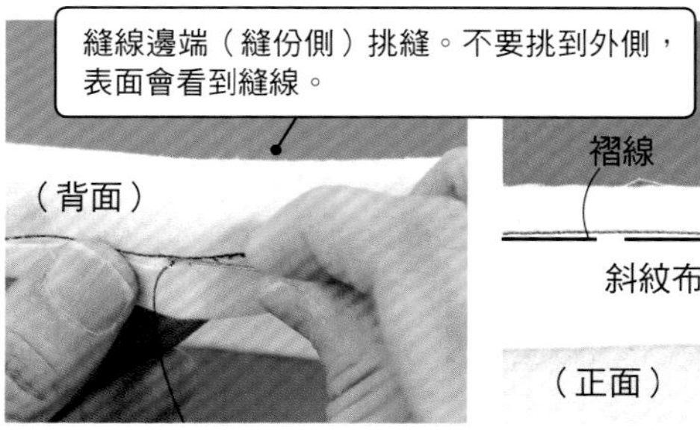
縫線邊端（縫份側）挑縫。不要挑到外側，表面會看到縫線。
（背面）

2 內側斜紋布條藏針縫至表布。

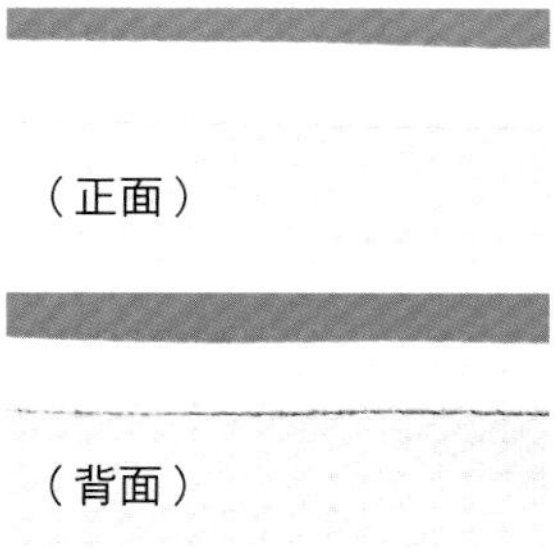
（正面）
（背面）

完成

落機縫

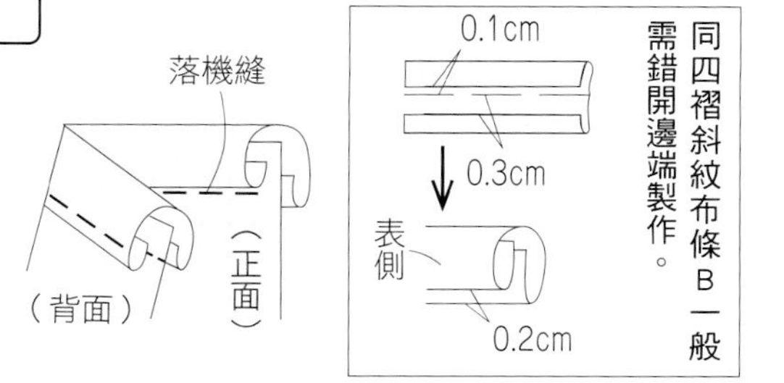
落機縫
（背面）
（正面）
0.1cm
0.3cm
表側
0.2cm
同四褶斜紋布條B一般需錯開邊端製作。

如果採用邊端對齊的四褶斜紋布條A，會造成內側沒固定到。所以務必採用錯開邊端的四褶斜紋布條B來製作。

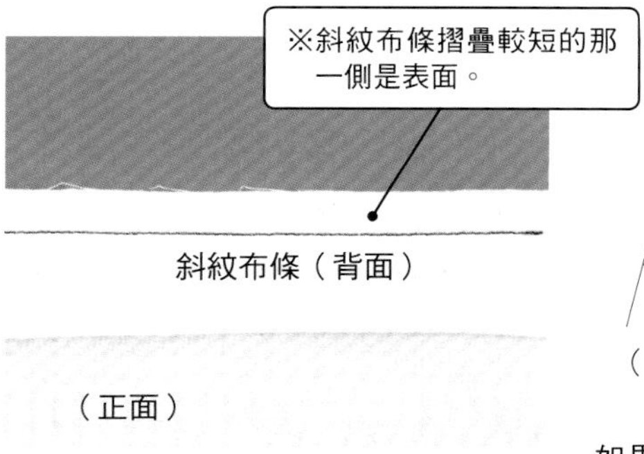
※斜紋布條摺疊較短的那一側是表面。
斜紋布條（背面）
（正面）

1 斜紋布條表面和表布正面相對疊合，於褶線車縫。

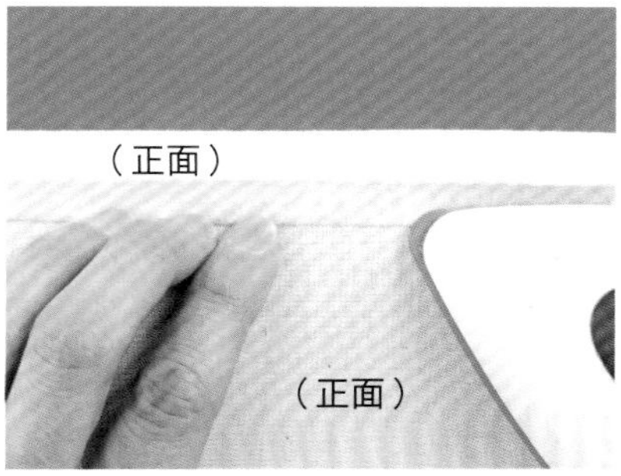
（正面）
（正面）

2 沿褶線摺返熨燙整理。

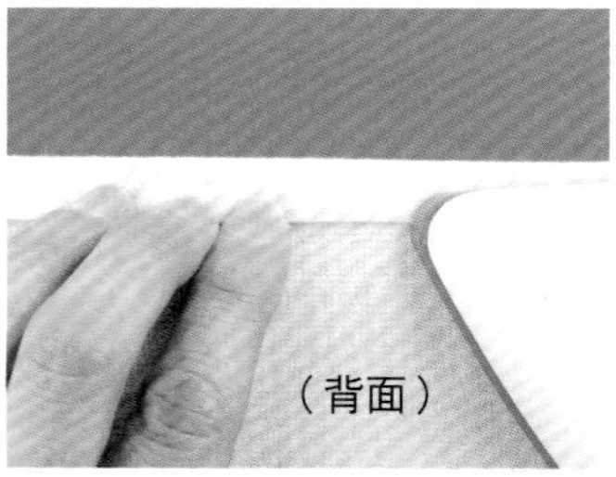
（背面）

3 斜紋布條包捲縫份，熨燙整理。

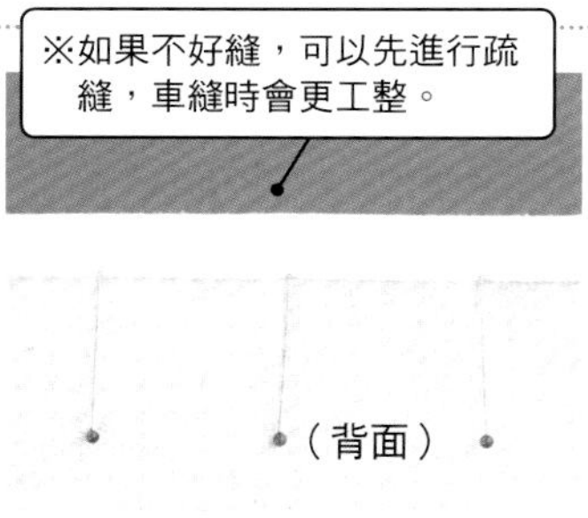
※如果不好縫，可以先進行疏縫，車縫時會更工整。
（背面）

4 以珠針固定背面。

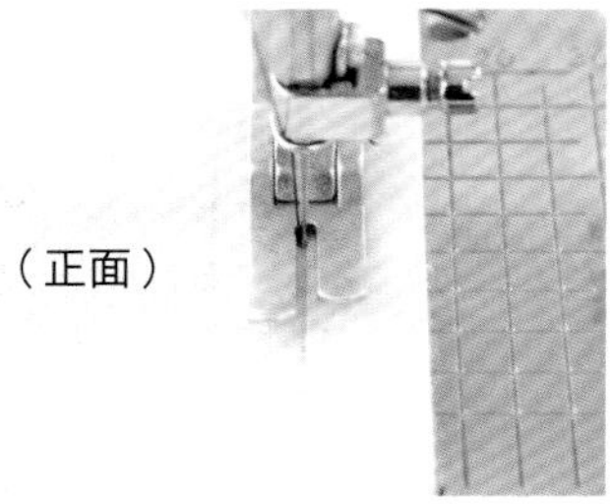
（正面）

5 從表側表布和斜紋布條邊緣落針縫。（一邊拆開珠針）

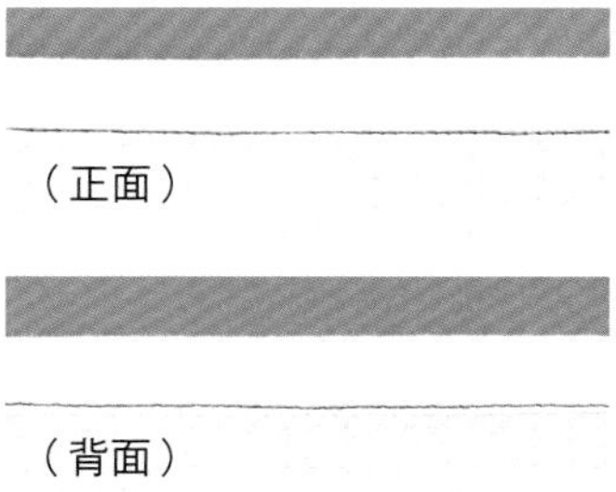
（正面）
（背面）

完成

初學者的注意事項！

滾邊的內側邊端落目

斜紋布條包捲縫份時沒有以珠針好好固定，或是沒有考慮到布料厚度製作的斜紋布條，在車縫滾邊時導致邊端沒有固定到。請事先疏縫固定後製作。另外如果是厚度較厚的布料，斜紋布條包捲時，請務必距離褶線0.2至0.3cm處摺疊。

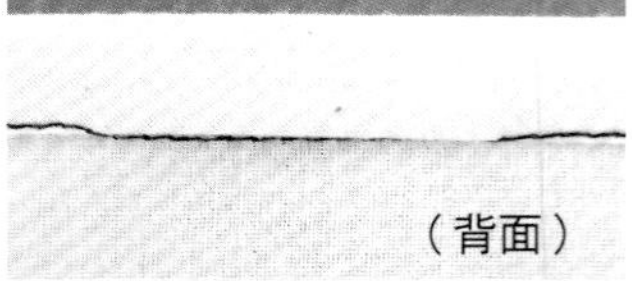
（背面）

滾邊的內側邊端不平整

表側壓線時，因為距離滾邊邊端太遠加上又過長，會造成斜紋布條邊端的不平整。請製作適當的斜紋布條，並且必須車縫至邊緣。

（背面）

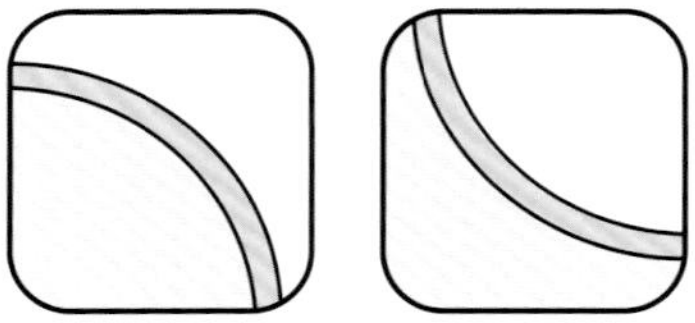

曲線滾邊

使用市面販賣的滾邊條進行滾邊的方法。沿著曲線摺疊布條，再熨燙出其曲線。這裡介紹凸和凹曲線兩種。

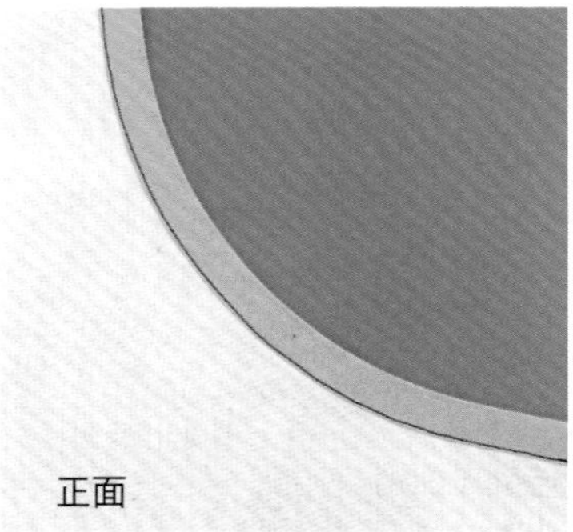
正面

內凹曲線滾邊車縫方法

正面

外凸曲線滾邊車縫方法

外凸曲線滾邊車縫方法

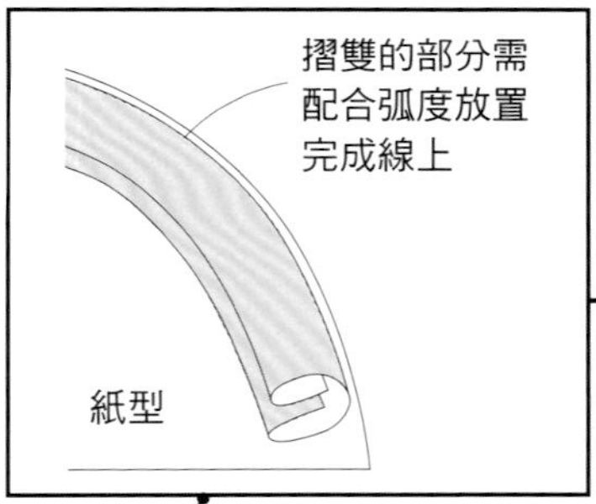
摺雙的部分需
配合弧度放置
完成線上
紙型

※如果使用像是絨毛等纖維較長的素材不能熨燙時，請從背面熨燙整理。

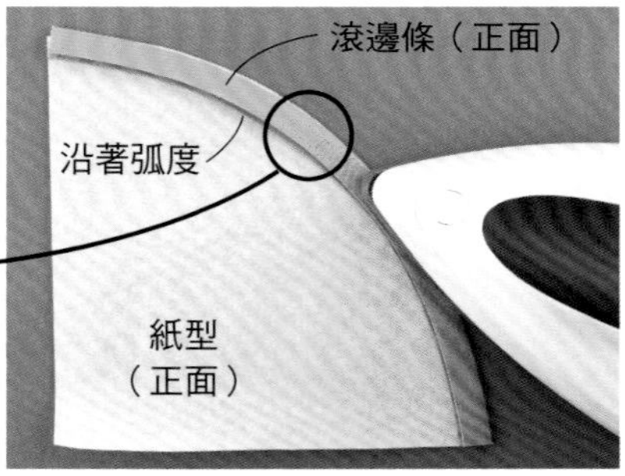
滾邊條（正面）
沿著弧度
紙型
（正面）

1 滾邊條配合紙型完成線弧度，熨燙曲線。

市面販賣的滾邊條

使用1.1cm四褶邊的滾邊條
（滾邊用）
※這次使用的是兩側邊端相差0.1cm的種類。

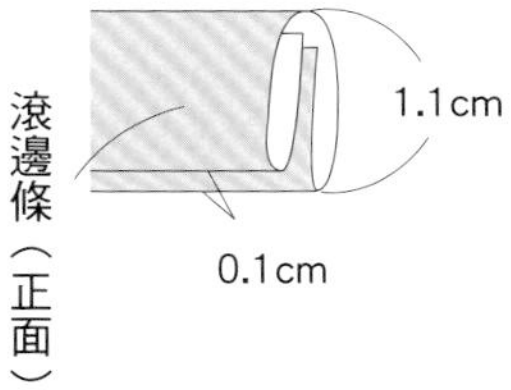
滾邊條（正面）
1.1cm
0.1cm

市面販賣的四褶滾邊條也有這種邊端段差的種類。尤其是車縫厚度較厚布料，為預防邊端沒有固定到，像上圖這樣寬度較窄的在上側，請注意不可顛倒使用。

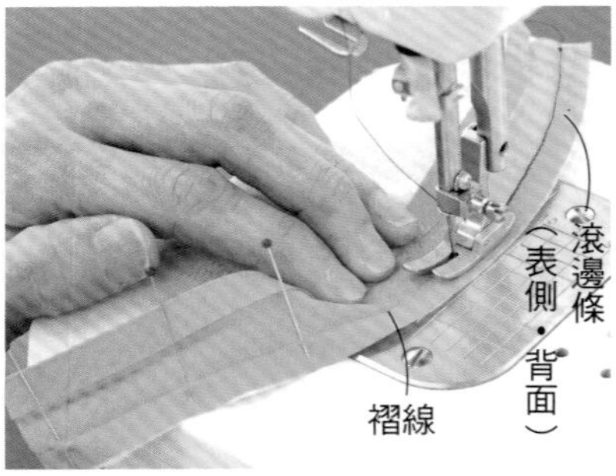
滾邊條
（表側・背面）
褶線

3 完成線的褶線0.1cm縫份側車縫。

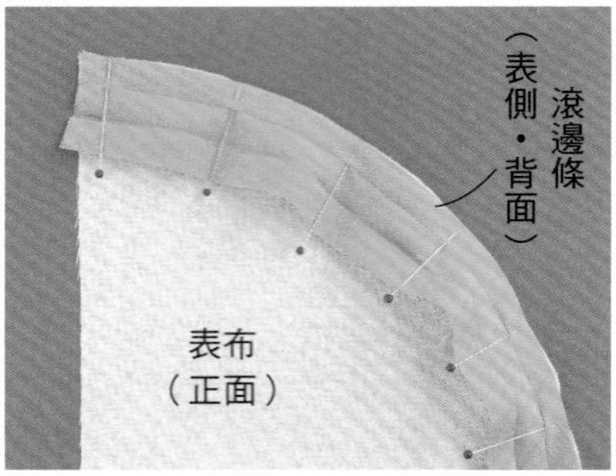
滾邊條
（表側・背面）
表布
（正面）

2 打開滾邊條，表布和滾邊條正面相對疊合。

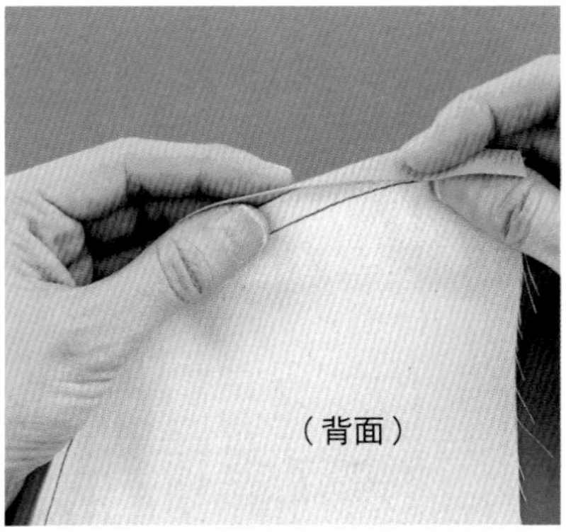
（背面）

4 滾邊條翻至正面，包捲縫份。

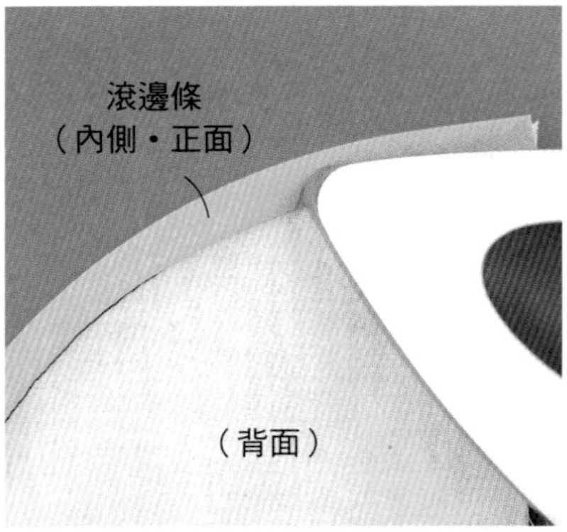
滾邊條
（內側・正面）
（背面）

5 熨燙整理。

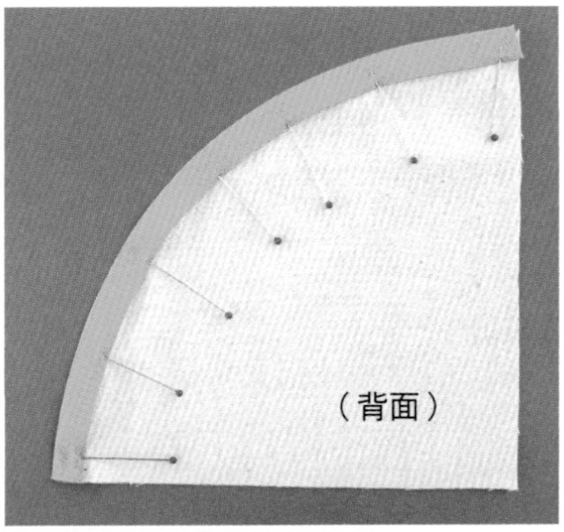
（背面）

6 珠針固定住表布和滾邊條，避免移位。

※車縫曲線時請慢慢改變方向，以避免產生皺褶。

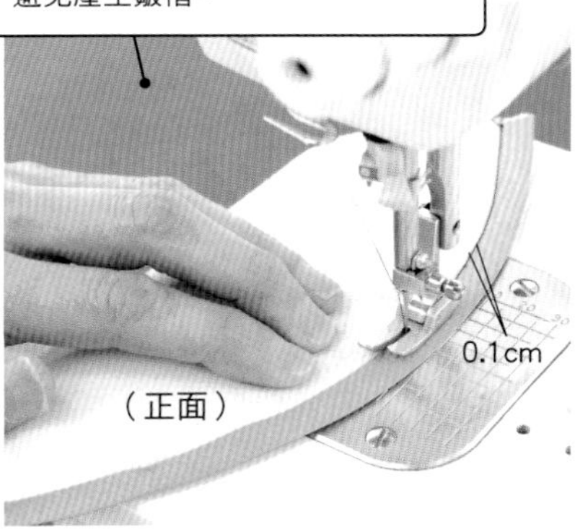
0.1cm
（正面）

7 從表側壓線（一邊拆下珠針一邊車縫）。

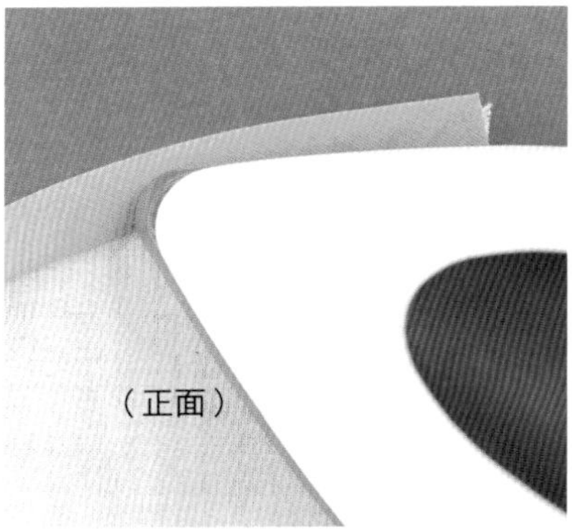
（正面）

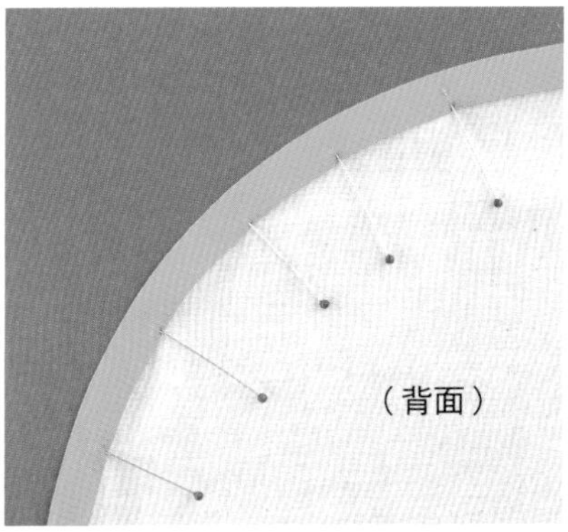
（背面）

完成

內凹曲線滾邊車縫方法

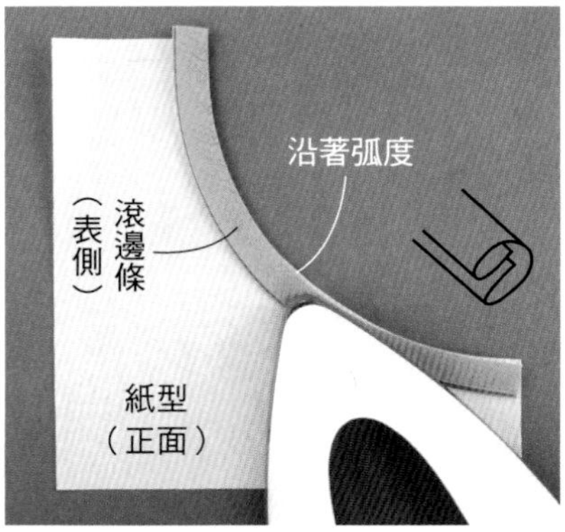
沿著弧度
滾邊條（表側）
紙型（正面）

1 滾邊條配合紙型完成線弧度，熨燙曲線。

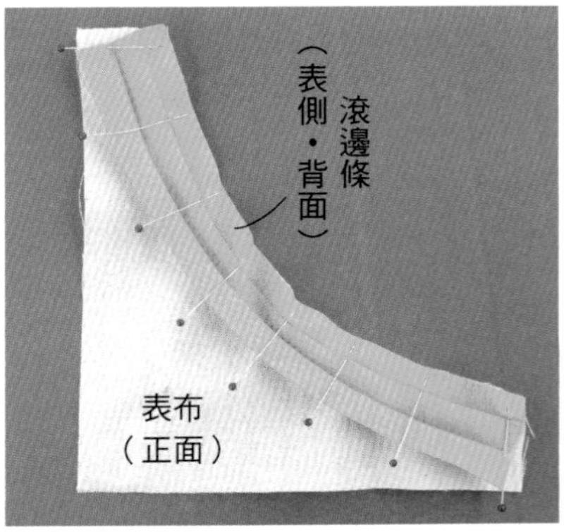
滾邊條（表側・背面）
表布（正面）

2 打開滾邊條，表布和滾邊條正面相對疊合。

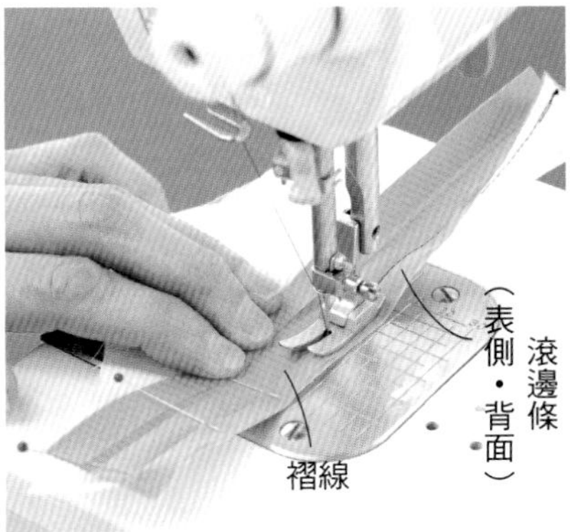
滾邊條（表側・背面）
褶線

3 完成線的褶線0.1cm縫份側車縫。

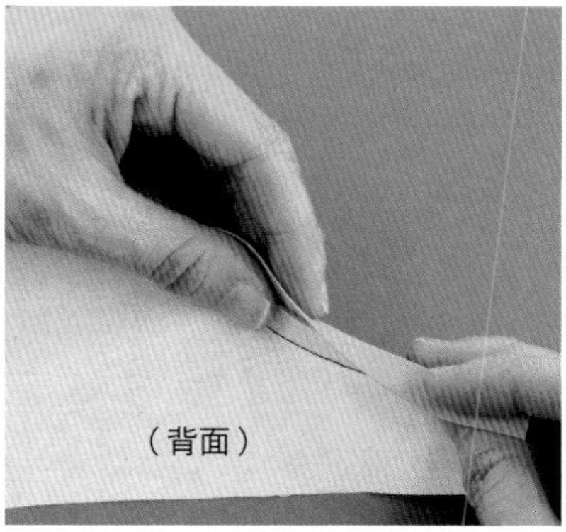
（背面）

4 滾邊條翻至正面，包捲縫份。

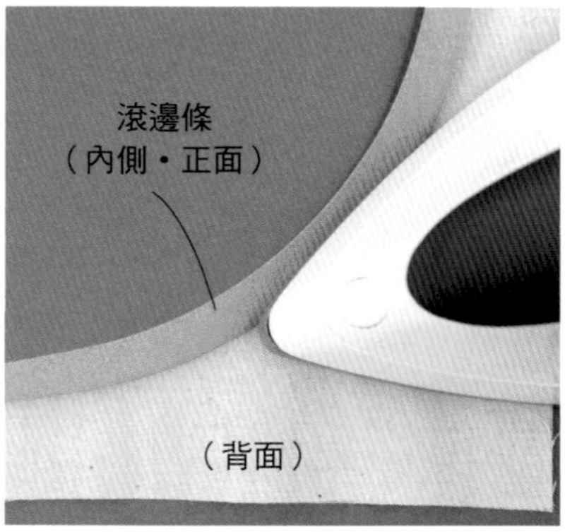
滾邊條
（內側・正面）
（背面）

5 熨燙整理。

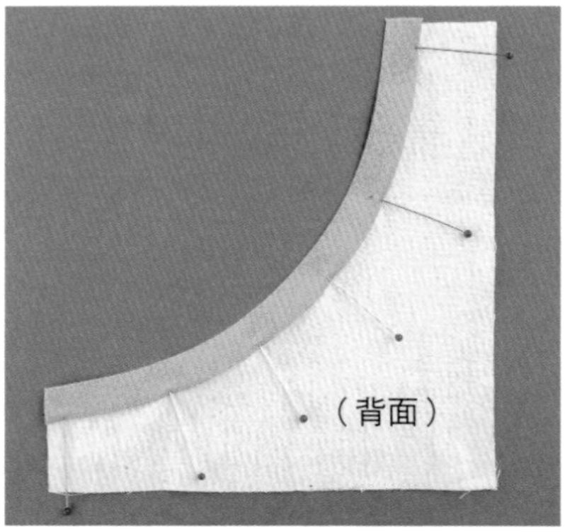
（背面）

6 珠針固定住表布和滾邊條，避免移位。

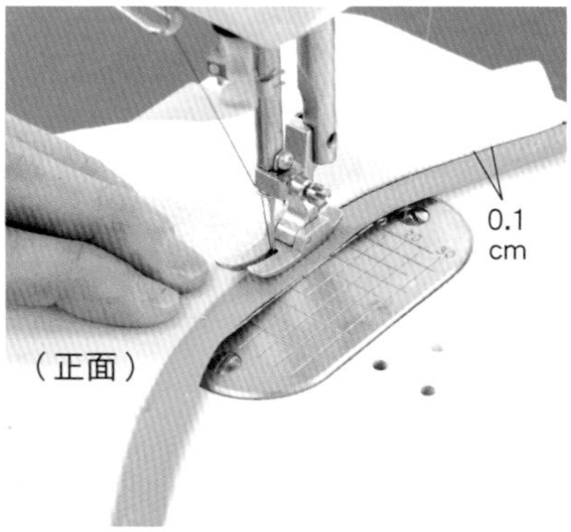
0.1
cm
（正面）

7 從表側壓線（一邊拆下珠針一邊車縫）。

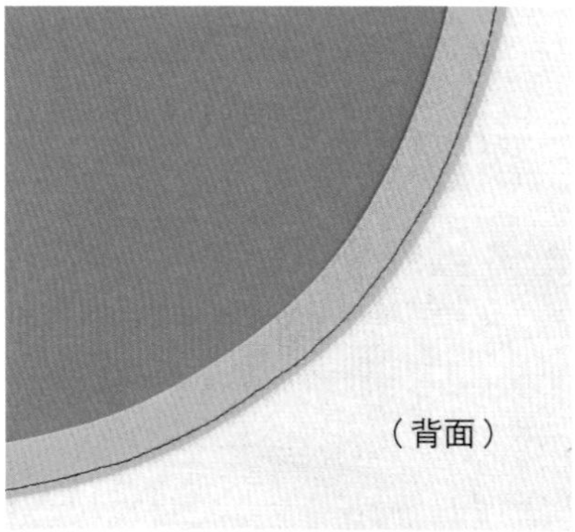
（背面）

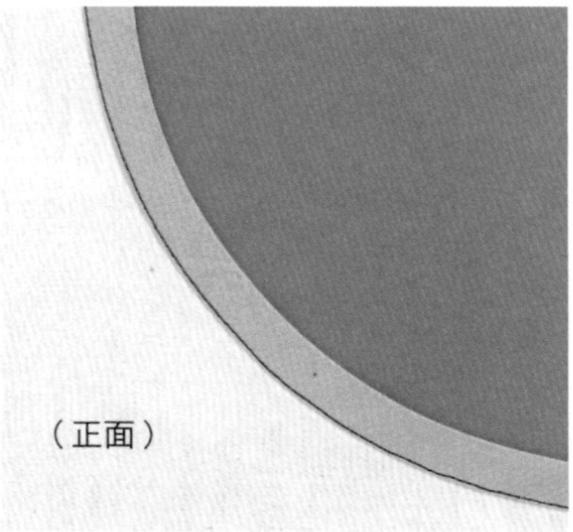
（正面）

完成

初學者的注意事項！

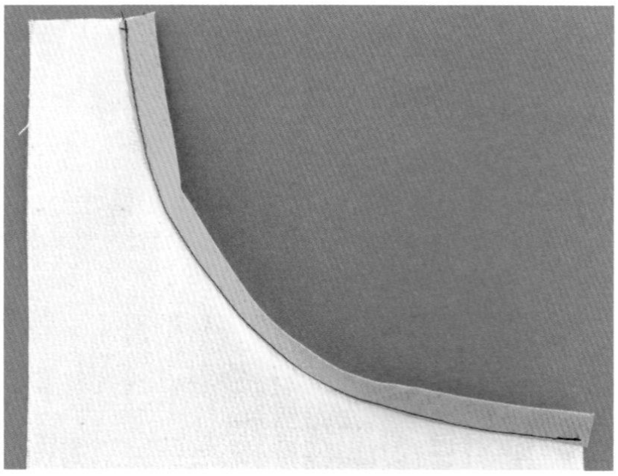

滾邊條無法完全密合曲線時

滾邊條如果不用燙燙製作出曲線，就會如同左圖般邊端歪斜扭曲。因為曲線不同於直線滾邊，兩邊的長度不一樣，車縫前要配合弧度，先熨燙整理。

貼邊車縫方法

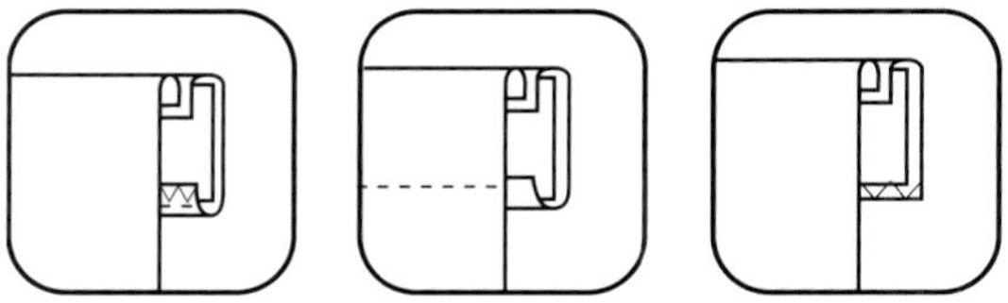

直線貼邊車縫方法

貼邊的處理方法不同，縫份的寬度也會改變。請裁剪時特別注意。這裡介紹3種車縫方法。

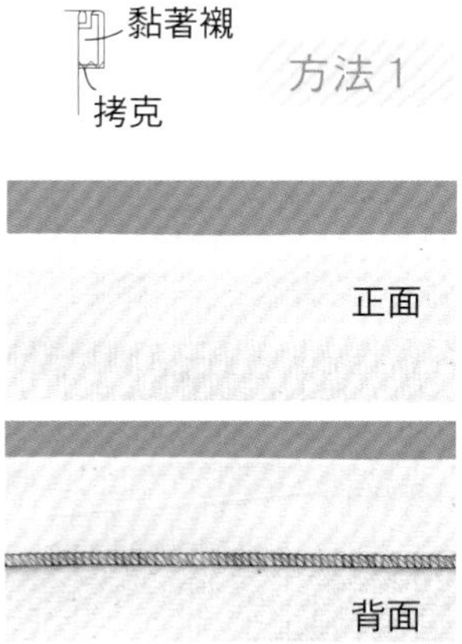

黏著襯
拷克
方法 1
正面
背面

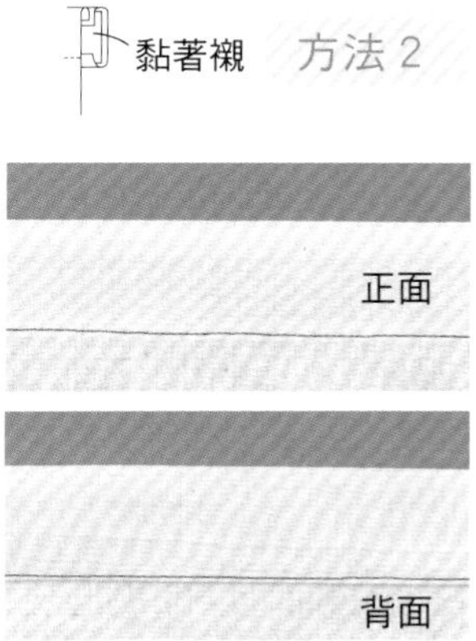

黏著襯
方法 2
正面
背面

黏著襯
拷克
方法 3
正面
背面

方法1

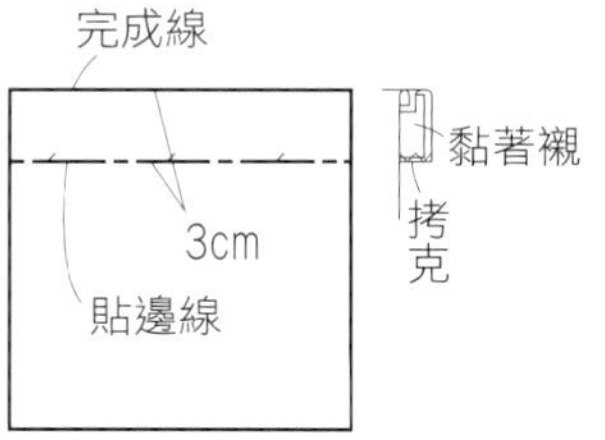

完成線
3cm
貼邊線
黏著襯
拷克

一般常見的貼邊縫製方法。貼邊邊端進行拷克。

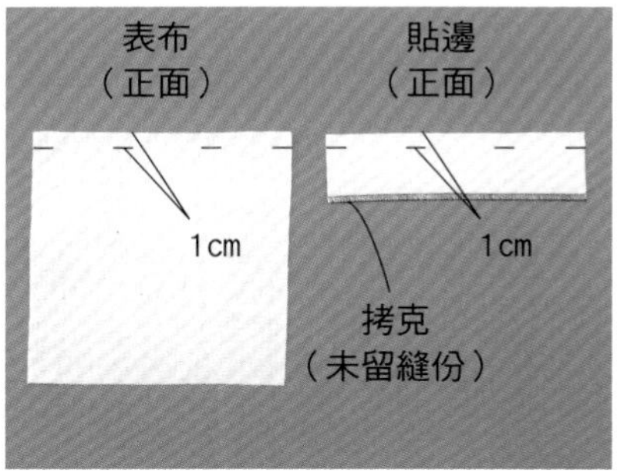

表布
（正面）
貼邊
（正面）
1cm
1cm
拷克
（未留縫份）

1 剪下含縫份的部位，貼邊背面貼黏著襯，下端進行拷克。

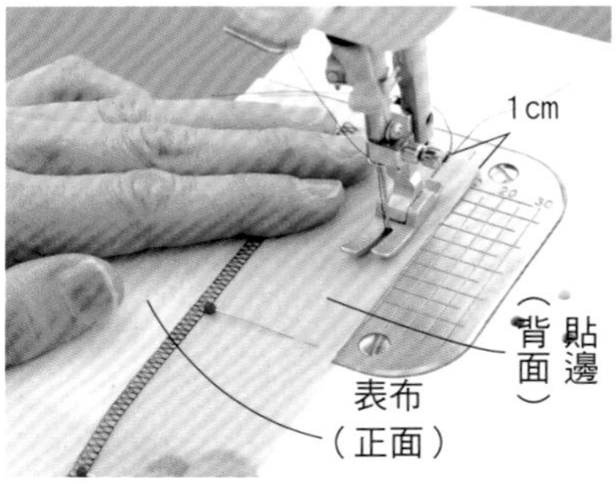

1cm
（背面）
貼邊
表布
（正面）

2 表布和貼邊正面相對疊合沿完成線車縫。

表布
（背面）

3 熨斗不可觸碰到黏著襯，從表布背面熨燙縫線。

※注意熨斗不要直接觸碰到黏著襯。

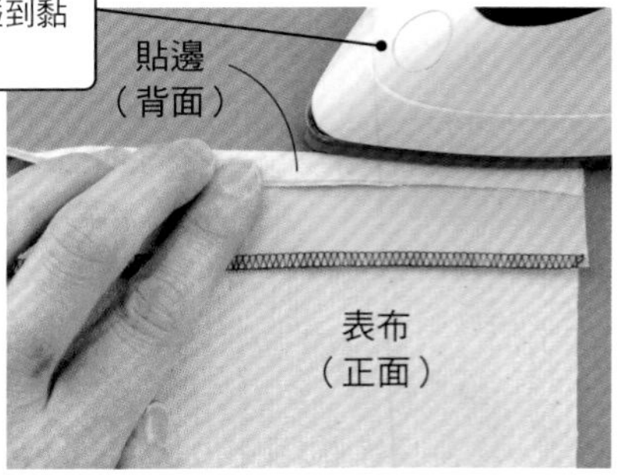

貼邊
（背面）
表布
（正面）

4 沿縫線（完成線）將縫份摺疊至貼邊側。

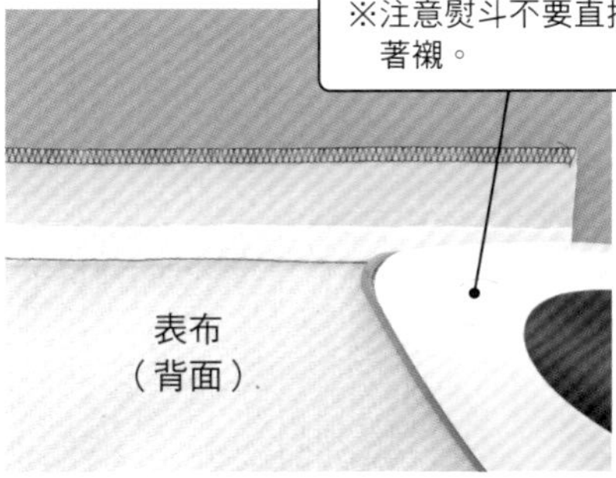

表布
（背面）

5 縫份倒向貼邊側。

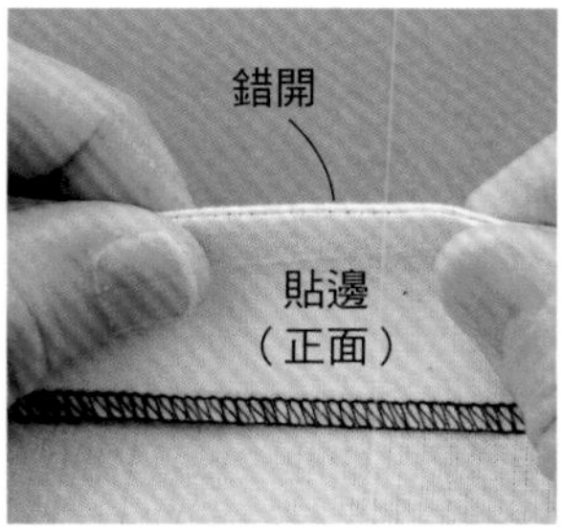
錯開
貼邊
（正面）

6 翻至正面，表側縫份錯開。

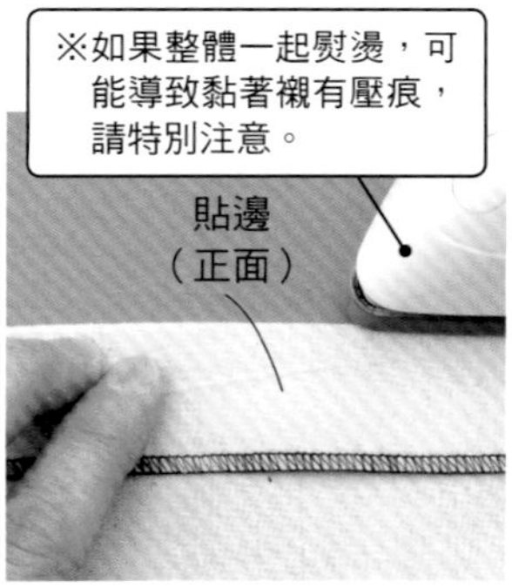
※如果整體一起熨燙，可能導致黏著襯有壓痕，請特別注意。
貼邊
（正面）

7 只可熨燙縫份部分。

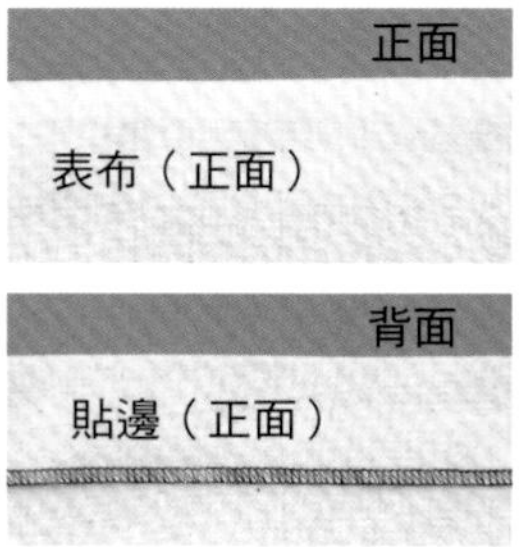
正面
表布（正面）
背面
貼邊（正面）

完成

重點提示！

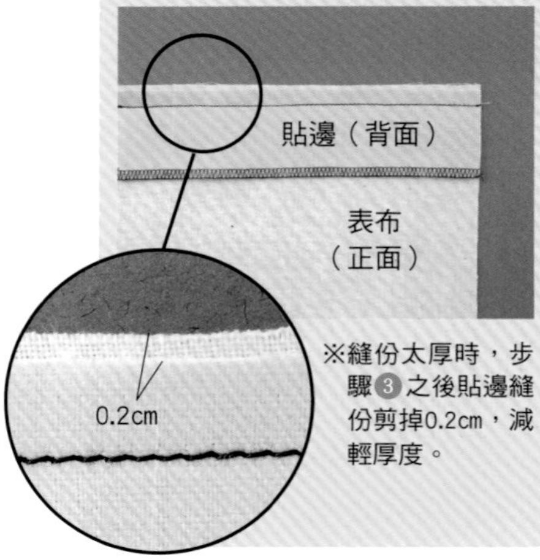
貼邊（背面）
表布
（正面）
0.2cm

※縫份太厚時，步驟❸之後貼邊縫份剪掉0.2cm，減輕厚度。

方法 2

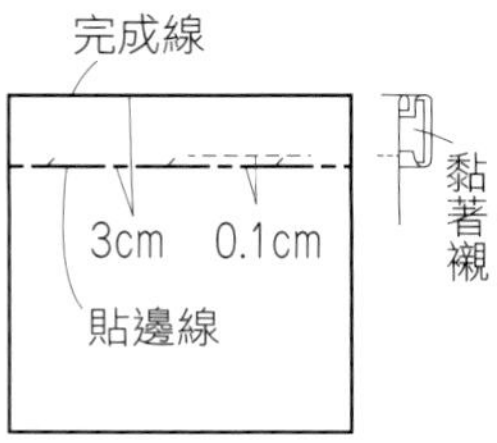
完成線
3cm
0.1cm
貼邊線
黏著襯

從表面壓裝飾線的設計款式也很適合

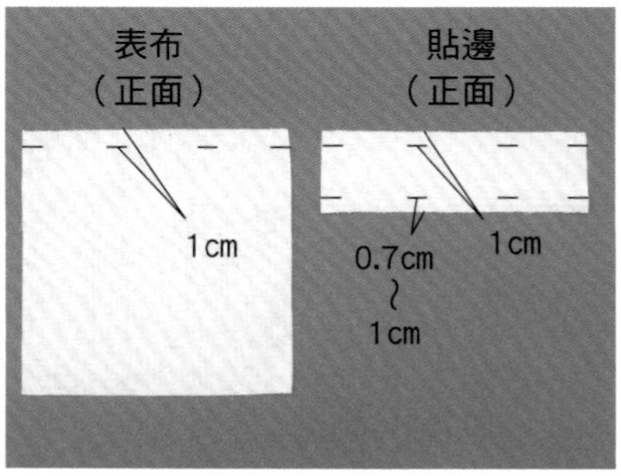
表布
（正面）
貼邊
（正面）
1cm
0.7cm
~
1cm
1cm

1 各自加上縫份裁剪，貼邊背面貼上黏著襯。

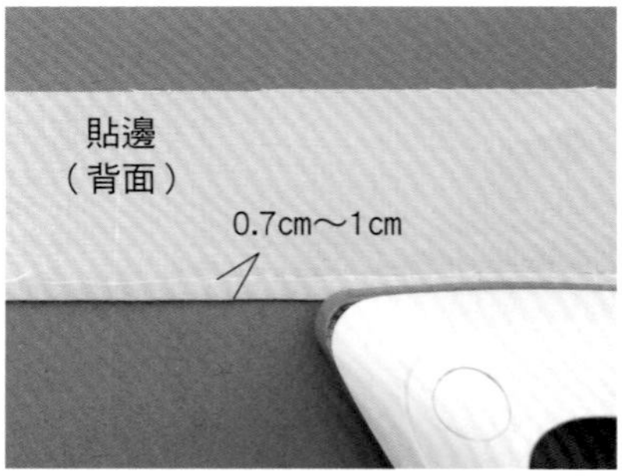
貼邊
（背面）
0.7cm～1cm

2 摺疊貼邊縫份。

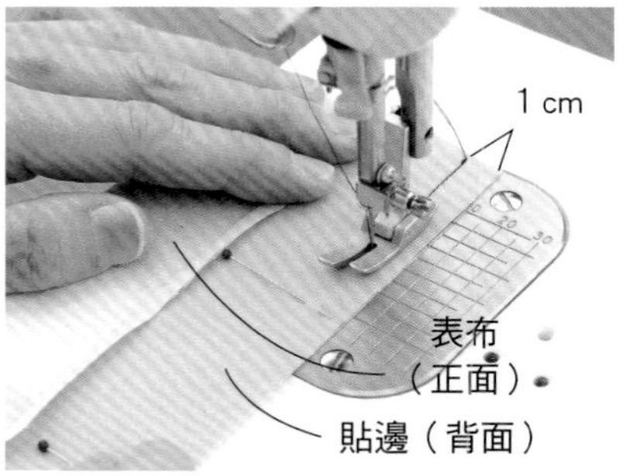
1 cm
表布
（正面）
貼邊（背面）

3 表布和貼邊正面相對疊合，車縫完成線。

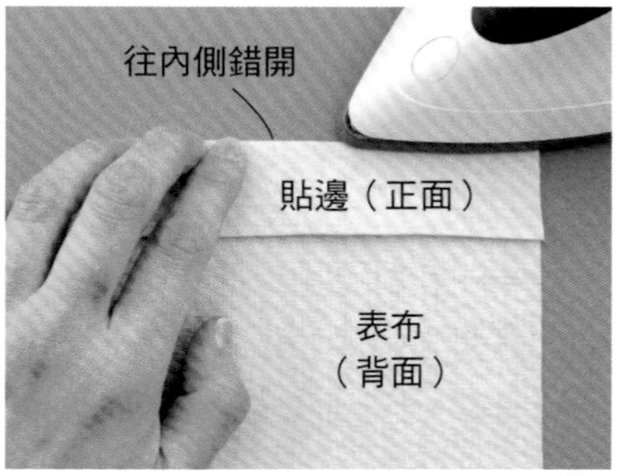
往內側錯開
貼邊（正面）
表布
（背面）

4 方法1的❸至❼步驟同樣拷克翻至正面，表布稍往內錯開。

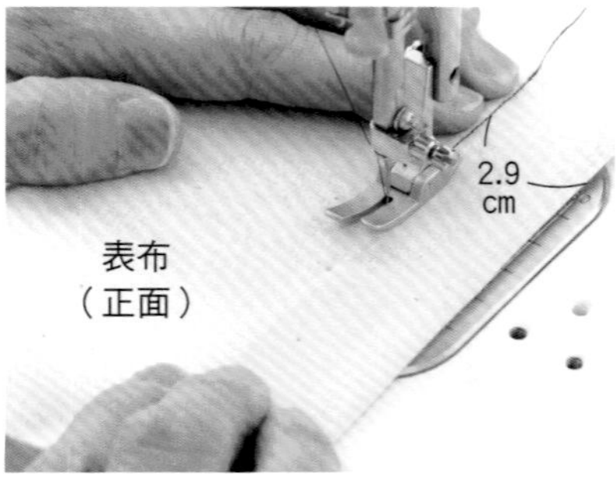
2.9
cm
表布
（正面）

5 從表側貼邊邊端壓線車縫。

完成

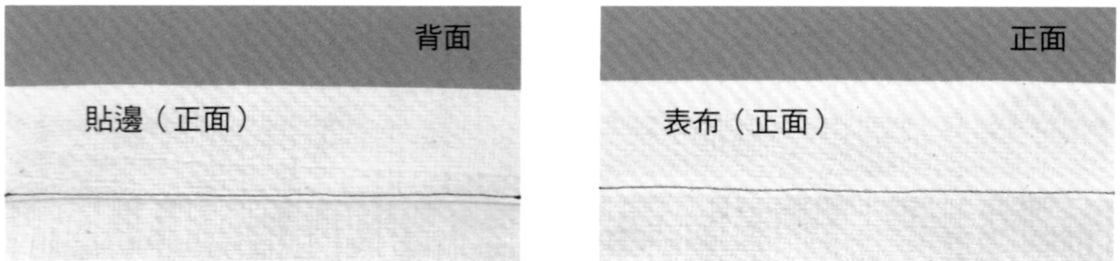
背面
貼邊（正面）
正面
表布（正面）

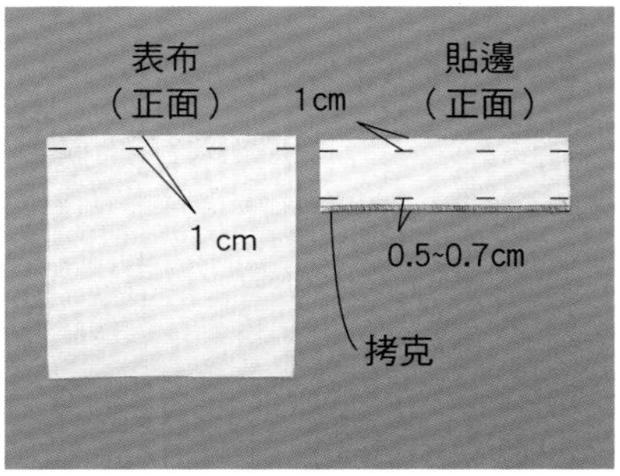
表布
（正面）
1cm
貼邊
（正面）
1 cm
0.5~0.7cm
拷克

1 各自加上縫份後裁剪，貼邊背面貼上黏著襯，進行拷克。

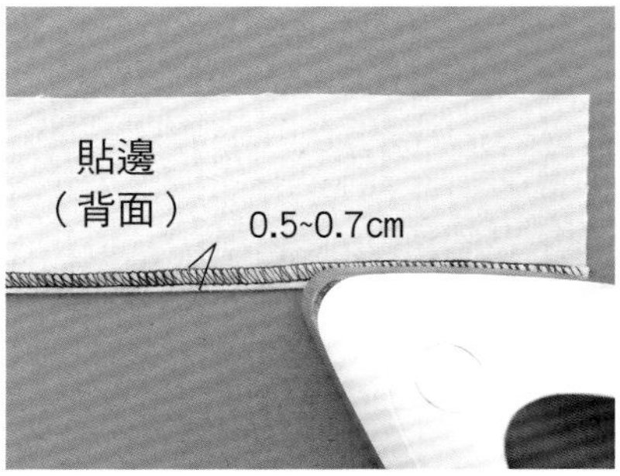
貼邊
（背面）
0.5~0.7cm

2 摺疊貼邊縫份。

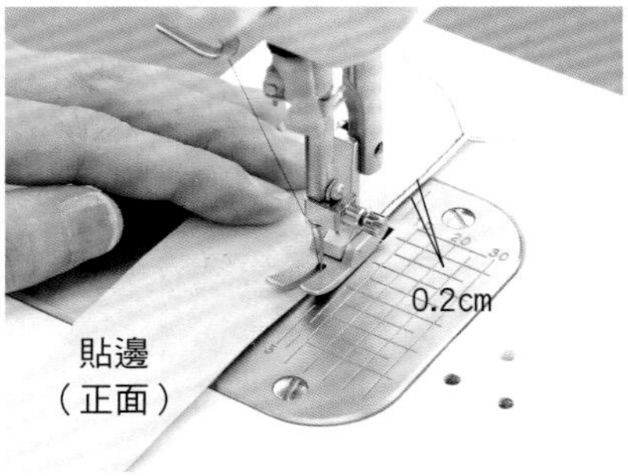
0.2cm
貼邊
（正面）

3 從表面貼邊縫份壓線車縫。

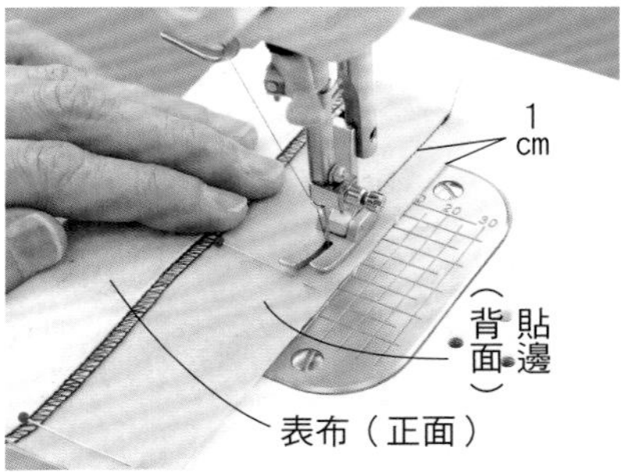
1
cm
貼邊
（背面）
表布（正面）

4 表布和貼邊正面相對疊合，車縫完成線。

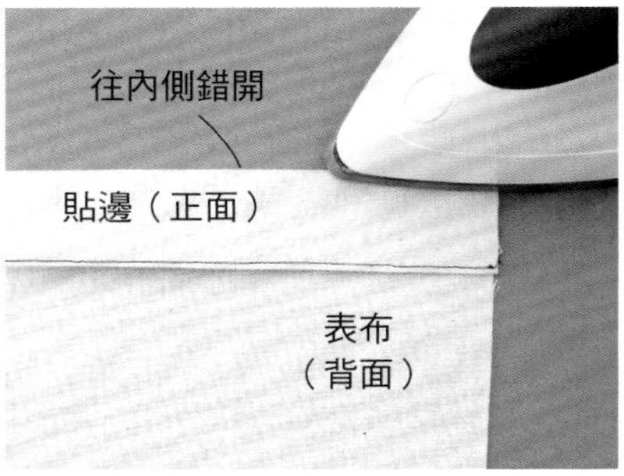
往內側錯開
貼邊（正面）
表布
（背面）

5 方法1的③至⑦步驟同樣熨燙後翻至正面，表布稍往內錯開。

完成

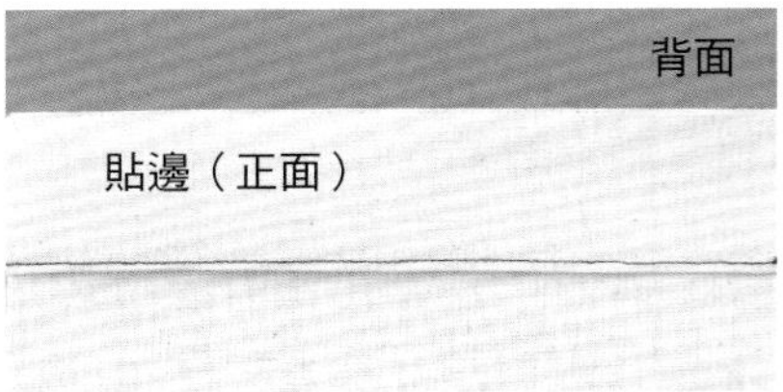
背面
貼邊（正面）

正面
表布（正面）

方法 3

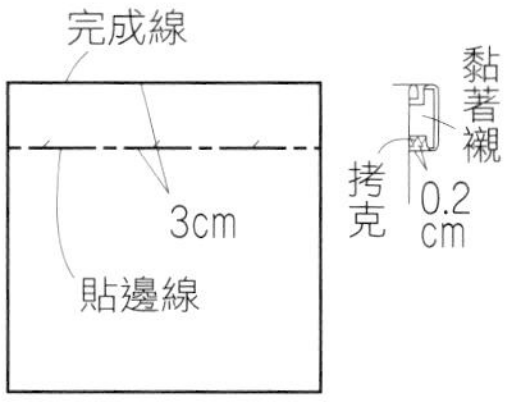
完成線
3cm
貼邊線
黏著襯
拷克
0.2
cm

貼邊邊端拷克後，摺疊拷克部分，進行壓線車縫。這是安全牢固的作法。

邊角貼邊車縫方法

常常用在車縫領圍的一種方法。邊角部分剪牙口，表布貼上裁剪成圓形的黏著襯，加以補強。

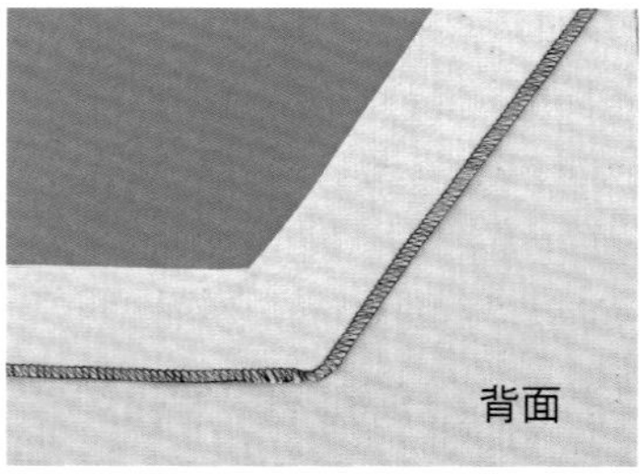
背面

正面

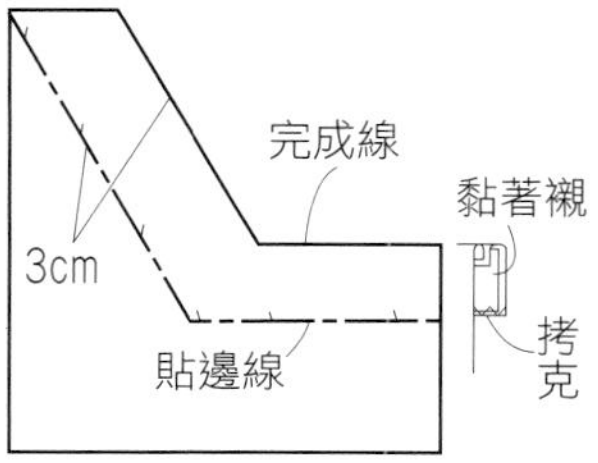
完成線
黏著襯
3cm
貼邊線
拷克

四方領等常用的貼邊縫製方法

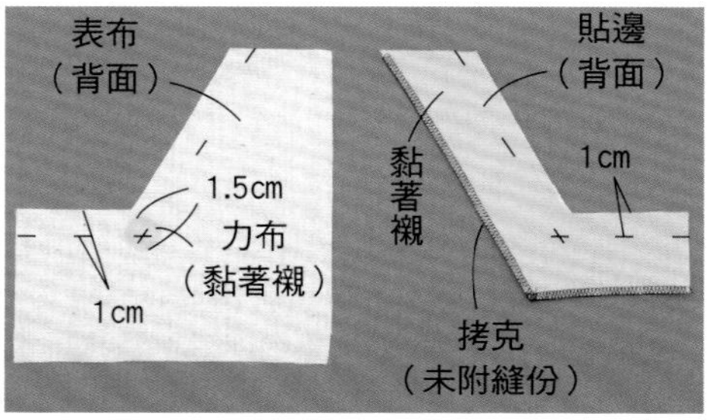
表布
（背面）
貼邊
（背面）
1.5cm
力布
（黏著襯）
1cm
黏著襯
1cm
拷克
（未附縫份）

1 各自加上縫份裁剪。貼邊背面貼上黏著襯後拷克。表布邊角內側貼上力布補強。

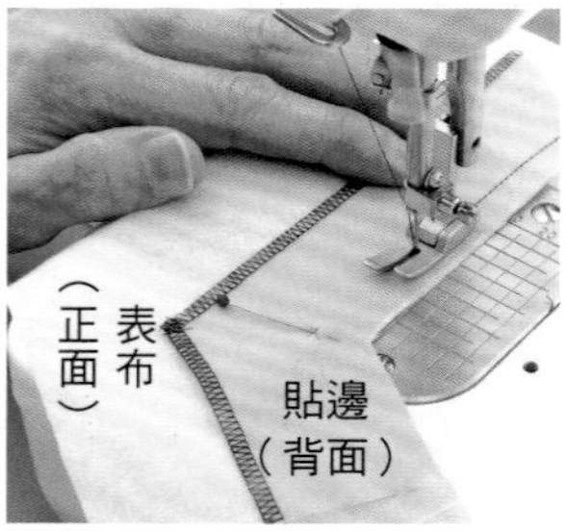
表布
（正面）
貼邊
（背面）

2 表布和貼邊正面相對疊合，車縫完成線。

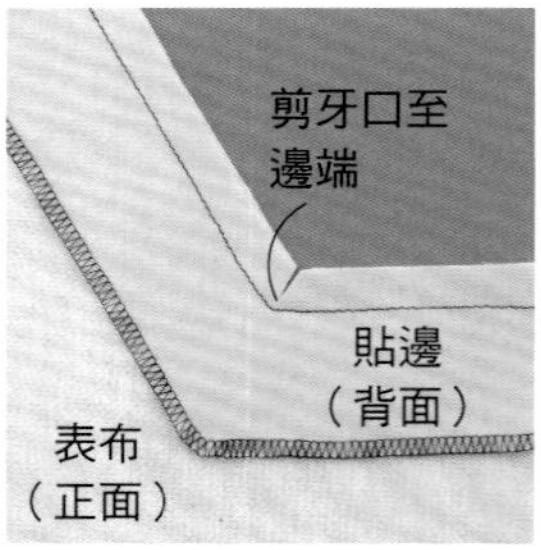
剪牙口至
邊端
貼邊
（背面）
表布
（正面）

3 邊角縫份剪牙口。

※注意熨斗不要直接觸碰到黏著襯。

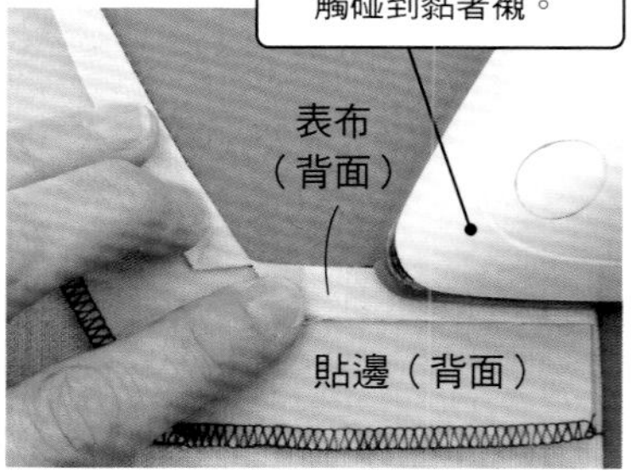
表布
（背面）
貼邊（背面）

4 沿縫線（完成線）摺疊縫份至貼邊側。

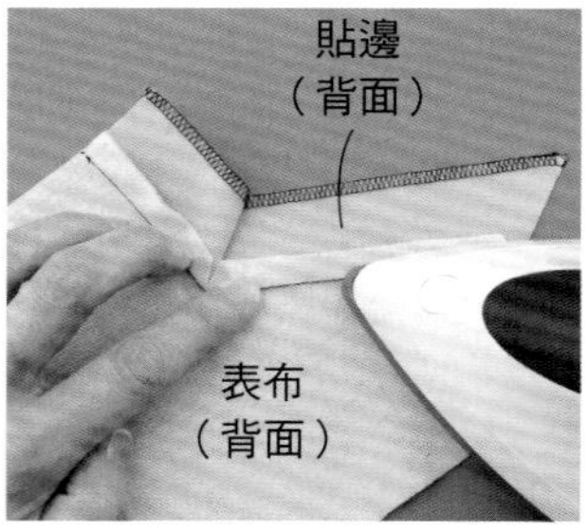
貼邊
（背面）
表布
（背面）

5 縫份倒向貼邊側。

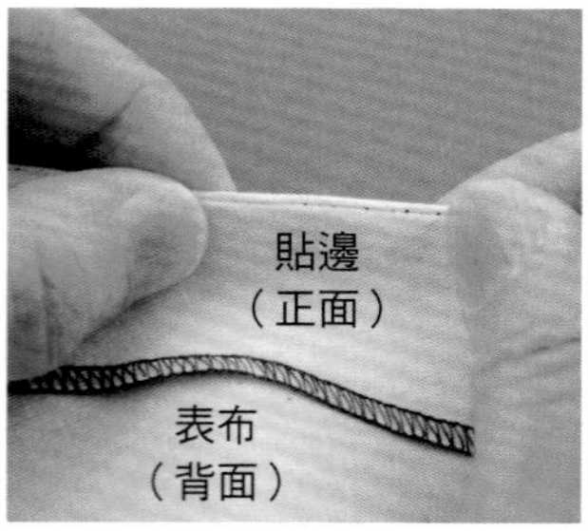
貼邊
（正面）
表布
（背面）

6 翻至正面，表側縫份錯開。

※如果整體一起熨燙，可能導致黏著襯產生壓痕，請特別注意。

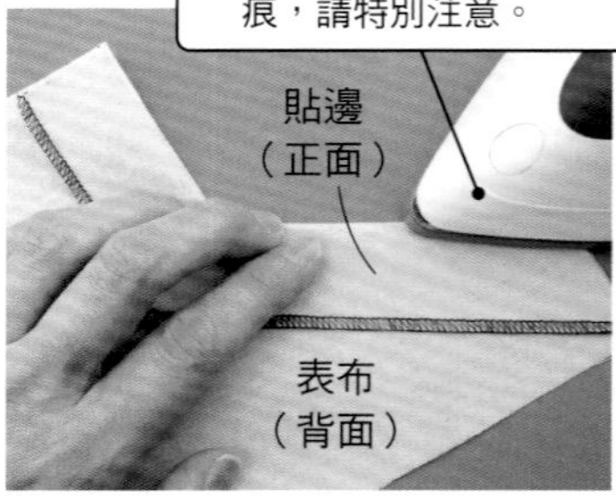
貼邊
（正面）
表布
（背面）

7 只可熨燙縫份部分。

初學者的注意事項！

邊角不平產生皺褶

步驟③剪的牙口太短，導致翻至正面時縫份被卡住，邊角不平產生皺褶。記住不要裁剪到完成線，但必須盡量裁剪至縫線邊端為止。

表布
（正面）

完成

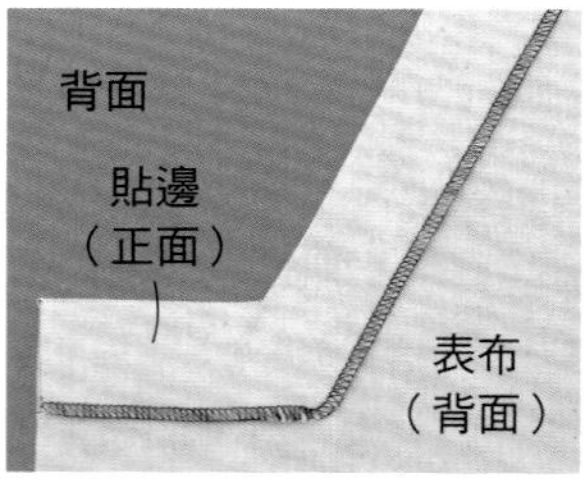
背面
貼邊
（正面）
表布
（背面）

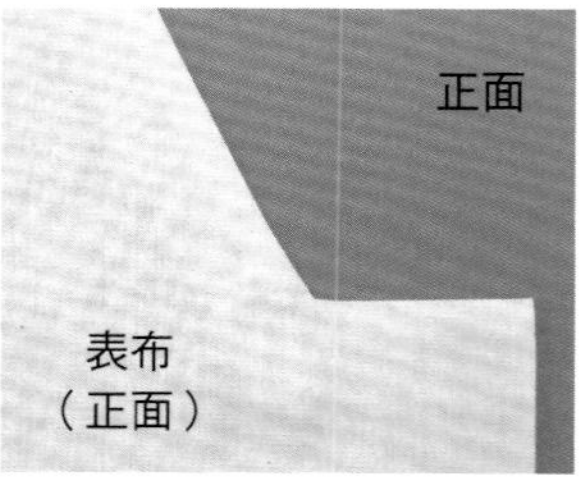
正面
表布
（正面）

曲線貼邊車縫方法

領圍線或是口袋口等常常使用的車縫方法，
注意曲線部分的處理方式。

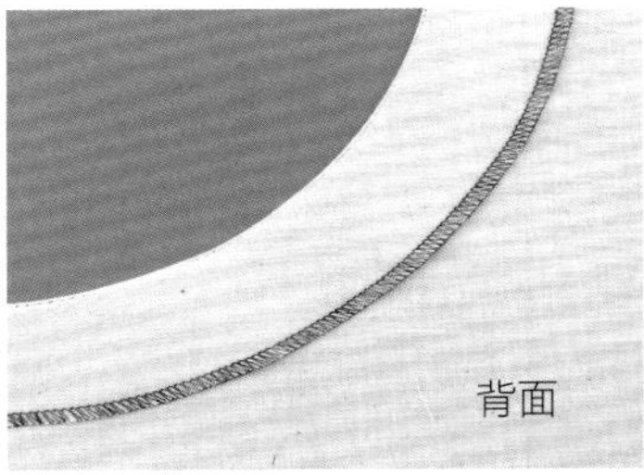
背面

正面

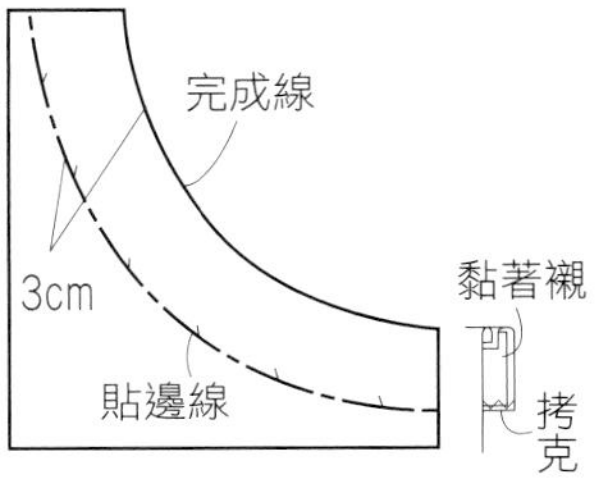
完成線
3cm
貼邊線
黏著襯
拷克

圓領領圍線或是口袋口等曲線貼邊處的車縫。

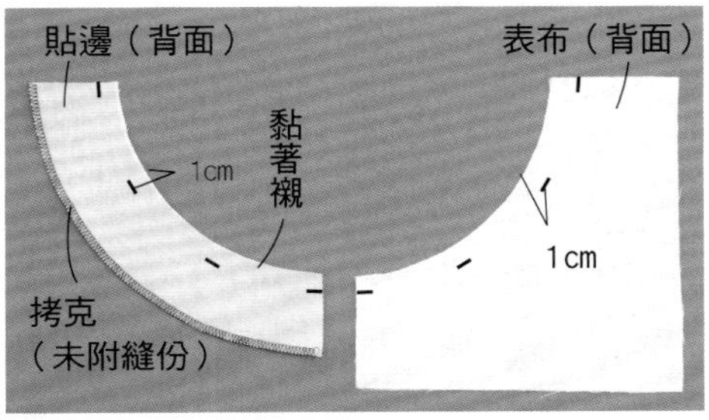
貼邊（背面）
表布（背面）
1cm
黏著襯
1cm
拷克
（未附縫份）

1 各自加上縫份裁剪。貼邊背面貼上黏著襯後拷克。

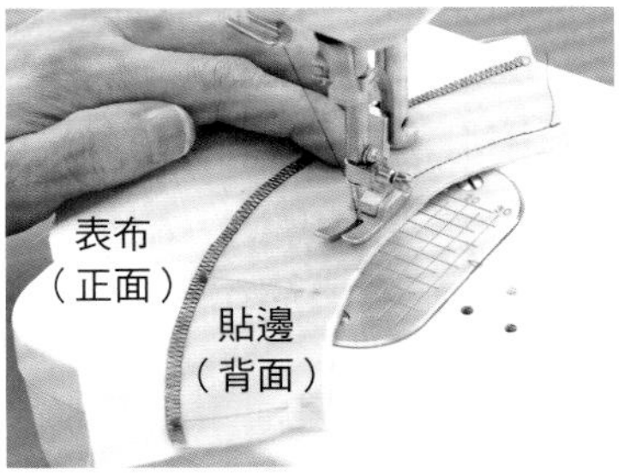
表布
（正面）
貼邊
（背面）

2 表布和貼邊正面相對疊合，車縫完成線。

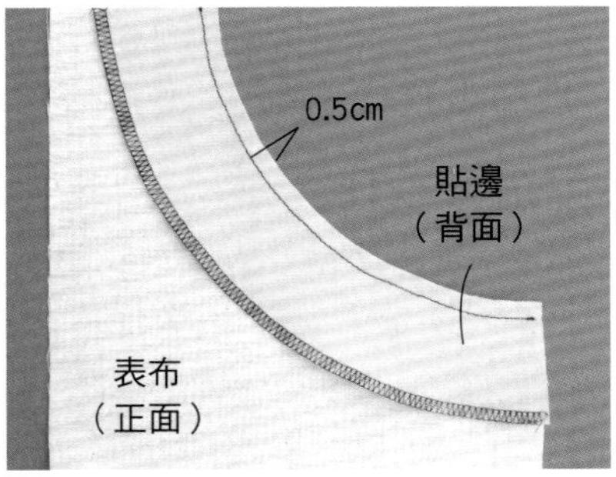
0.5cm
貼邊
（背面）
表布
（正面）

3 縫份裁剪0.5cm。

※注意熨斗不要直接觸碰到黏著襯。

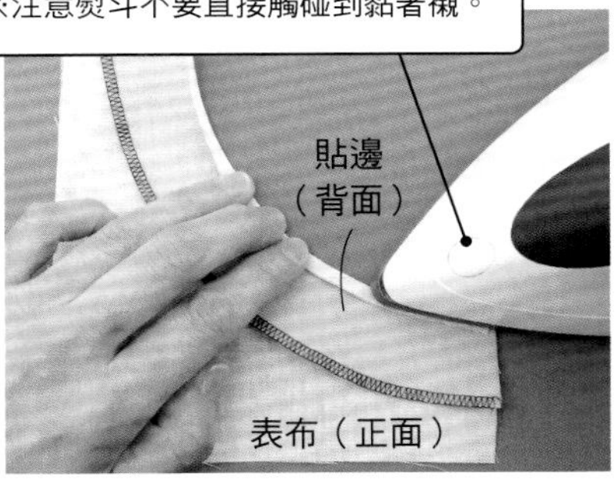
貼邊
（背面）
表布（正面）

4 沿縫線摺疊縫份至貼邊側。

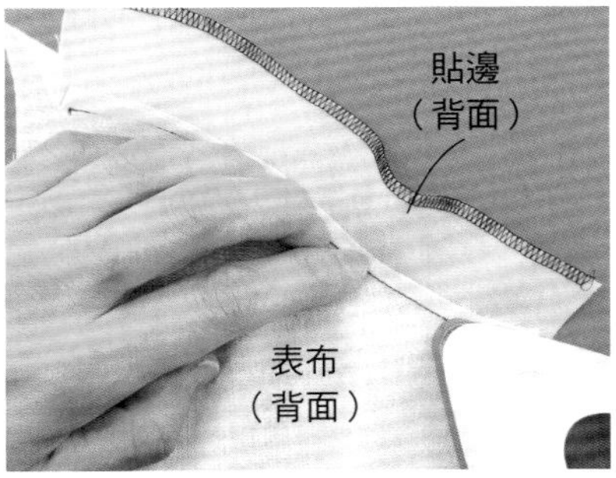
貼邊
（背面）
表布
（背面）

5 縫份倒向貼邊側。

重點提示！

步驟3縫份多剪一些牙口，翻至正面還是不平順時，曲線縫份部分也須剪牙口。

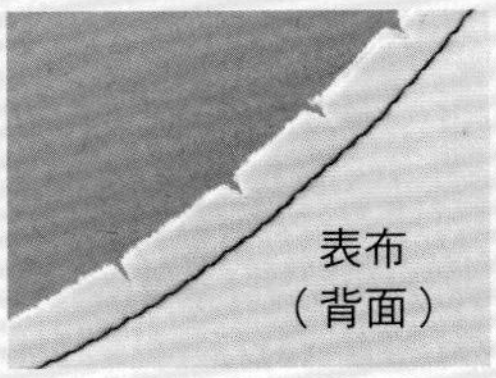
表布
（背面）

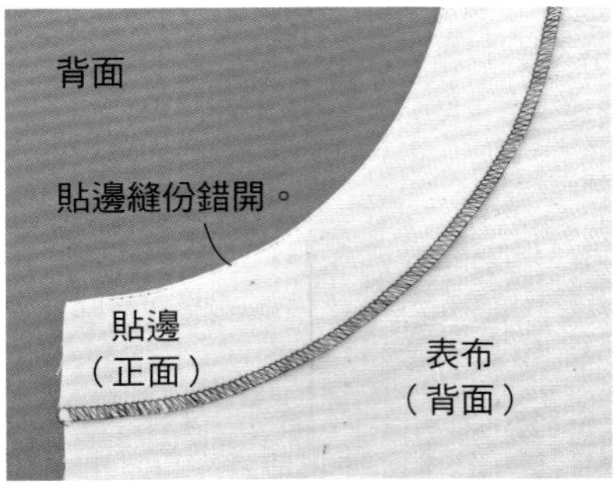
背面
貼邊縫份錯開。
貼邊
（正面）
表布
（背面）

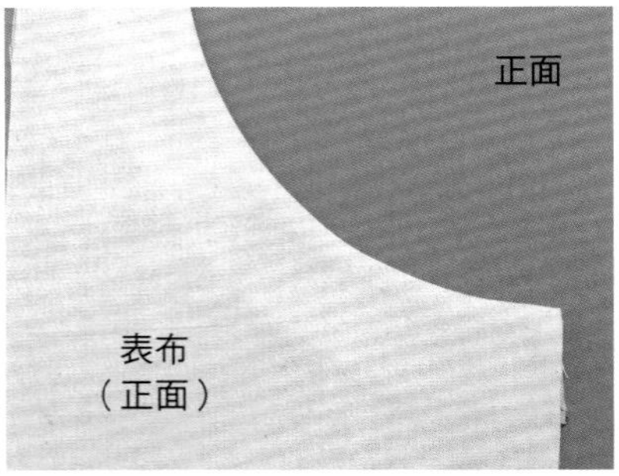
正面
表布
（正面）

6 翻至正面熨燙整理完成。（參考P.56的6至7）

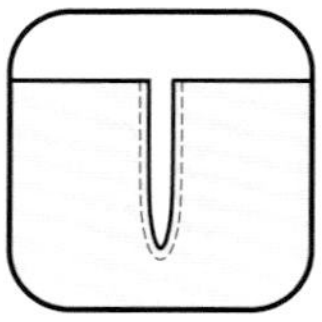

開叉貼邊車縫方法

襯衫袖口、或是後中心領圍開叉款式經常可以看到的車縫方法。車縫完成線後剪牙口再翻至正面，所以裁剪時不會先剪牙口，請特別留意。

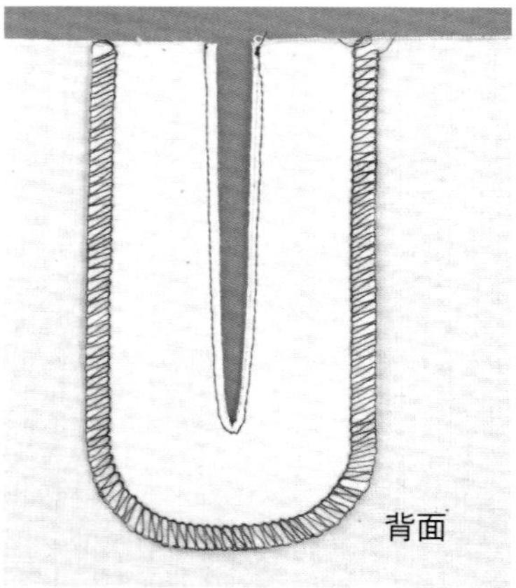
背面

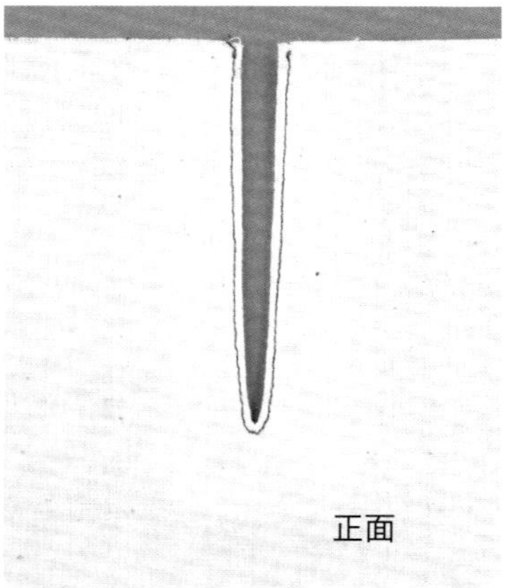
正面

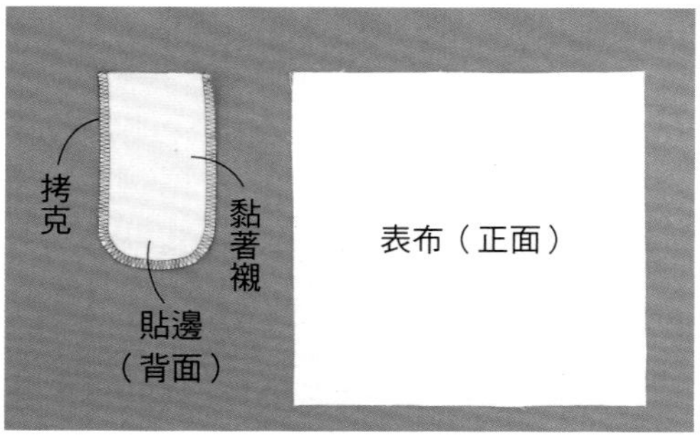
拷克
黏著襯
貼邊
（背面）
表布（正面）

1 裁剪貼邊和表布時不要先剪牙口，貼邊背面貼上黏著襯，進行拷克。

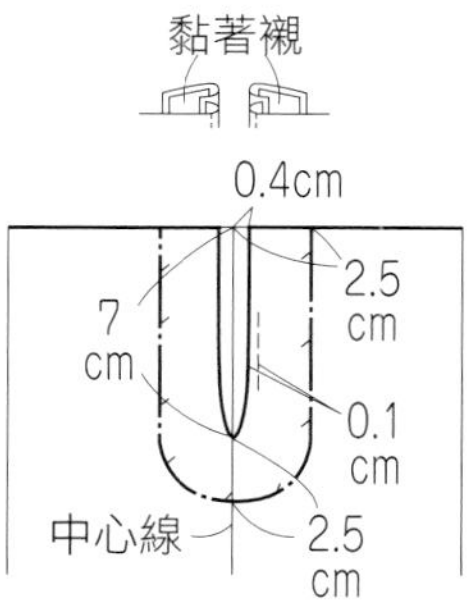
黏著襯
0.4cm
2.5
cm
7
cm
0.1
cm
中心線
2.5
cm

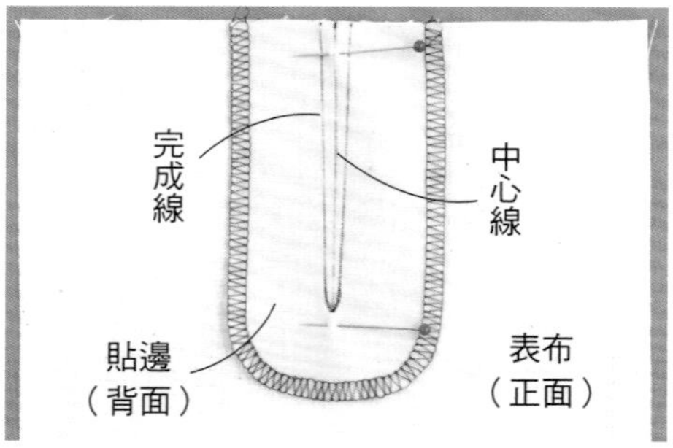
完成線
中心線
貼邊
（背面）
表布
（正面）

2 以消失筆在貼邊畫上中心點和完成線。表布和貼邊正面相對疊合，以珠針固定。

※因為需要剪牙口，為避免脫線請縫線寬度盡量細一點。

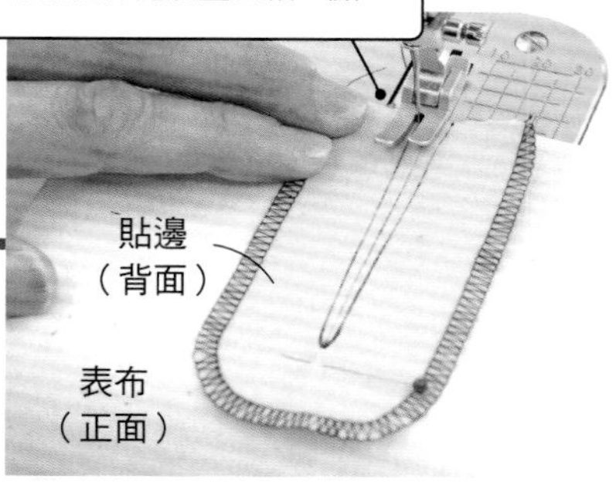
貼邊
（背面）
表布
（正面）

3 完成線的直線部分請以細針目車縫。

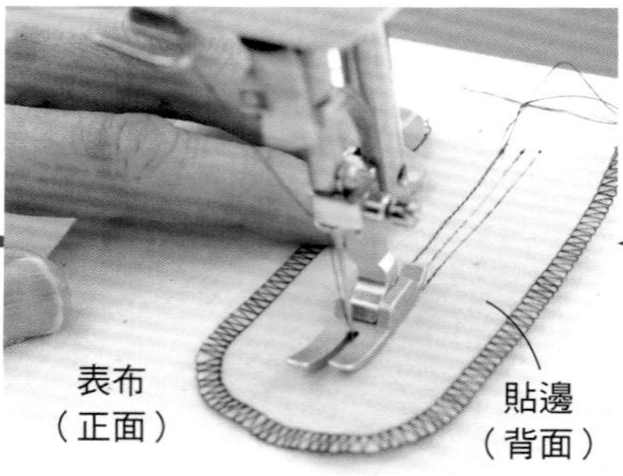
表布
（正面）
貼邊
（背面）

快到曲線時請以更細針目車縫。

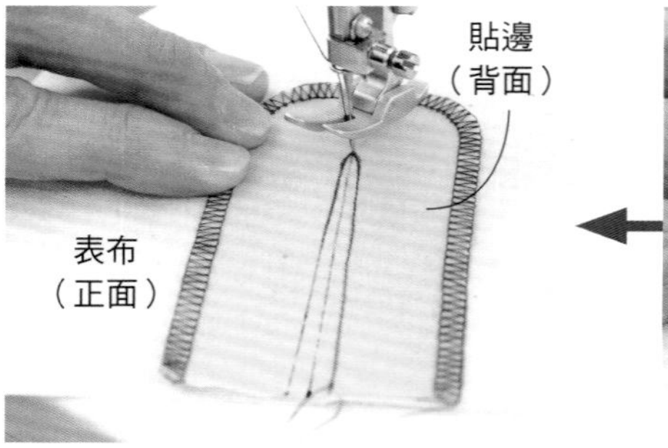
貼邊
（背面）
表布
（正面）

曲線請改變布料角度慢慢車縫。

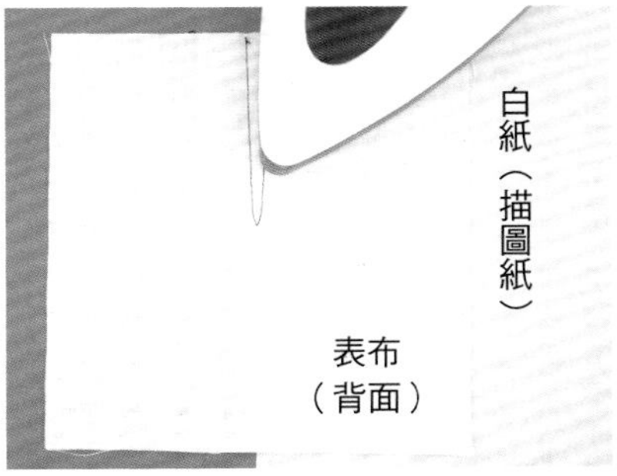
白紙（描圖紙）
表布
（背面）

4 避免表布產生燙痕，將白紙放置於表布和貼邊之間，熨燙縫線。

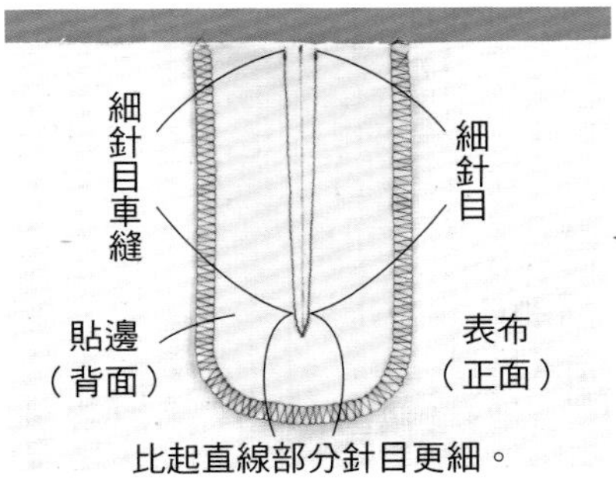
細針目車縫
細針目
貼邊
（背面）
表布
（正面）
比起直線部分針目更細。

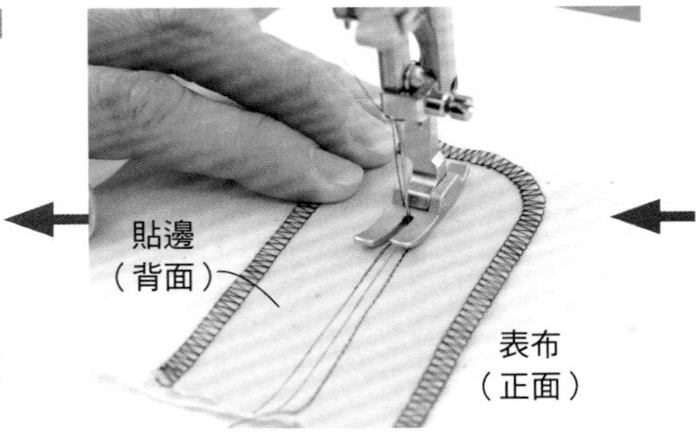
貼邊
（背面）
表布
（正面）

車縫完曲線部分後，恢復原來針目車縫直線部分。

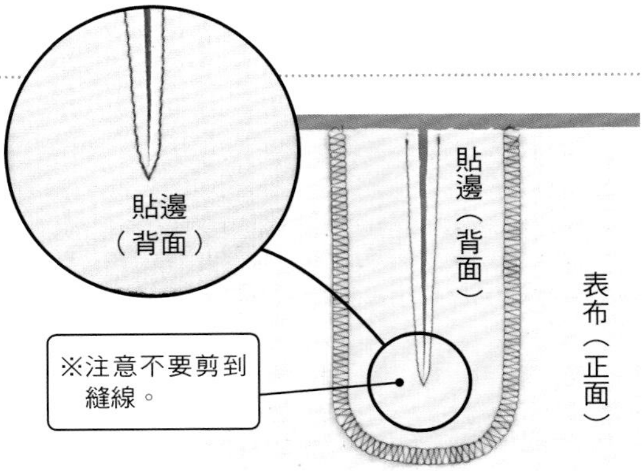
貼邊
（背面）
貼邊（背面）
表布（正面）
※注意不要剪到縫線。

5 中心線剪牙口至縫線邊端為止。

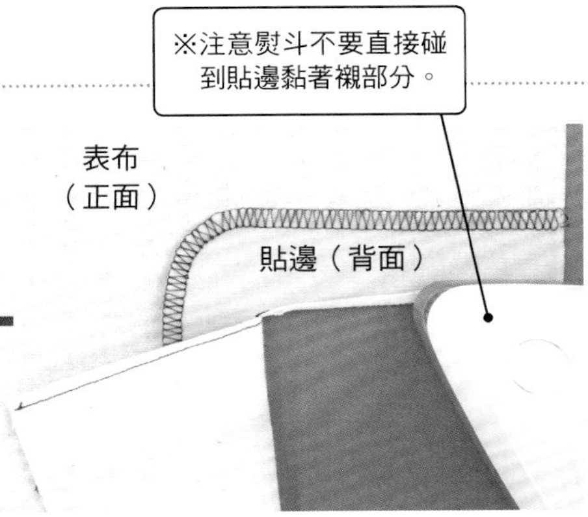
※注意熨斗不要直接碰到貼邊黏著襯部分。
表布
（正面）
貼邊（背面）

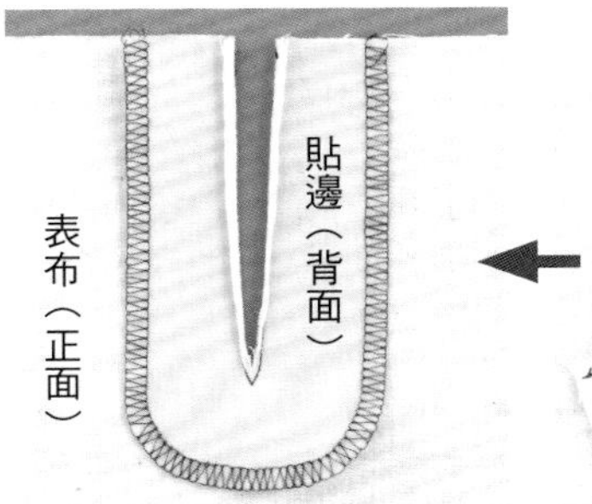
表布（正面）
貼邊（背面）

6 縫份摺疊熨燙至貼邊側。

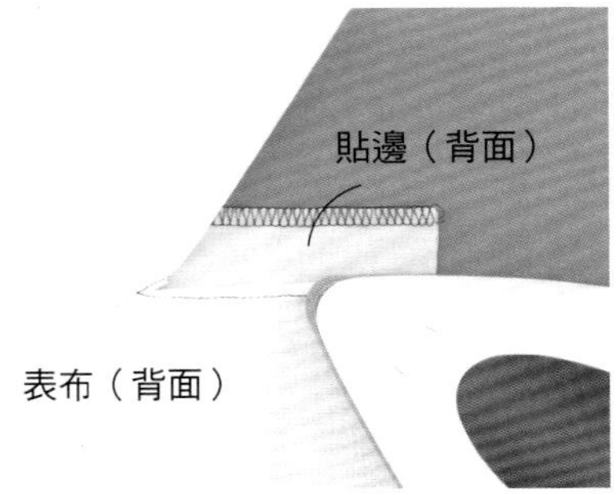
貼邊（背面）
表布（背面）

7 展開貼邊，縫份倒向貼邊側。

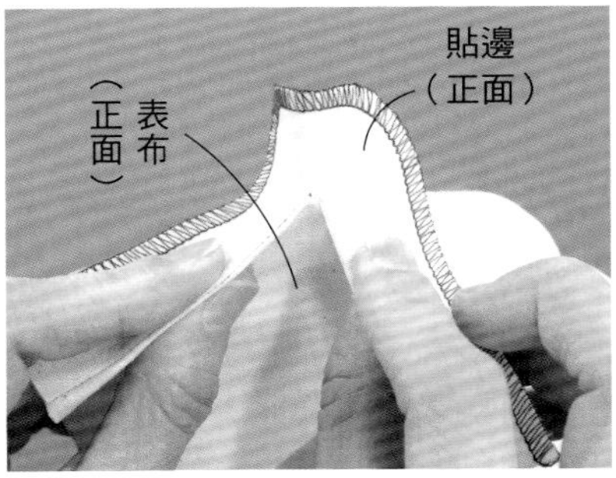
貼邊
（正面）
表布
（正面）

8 翻至正面。

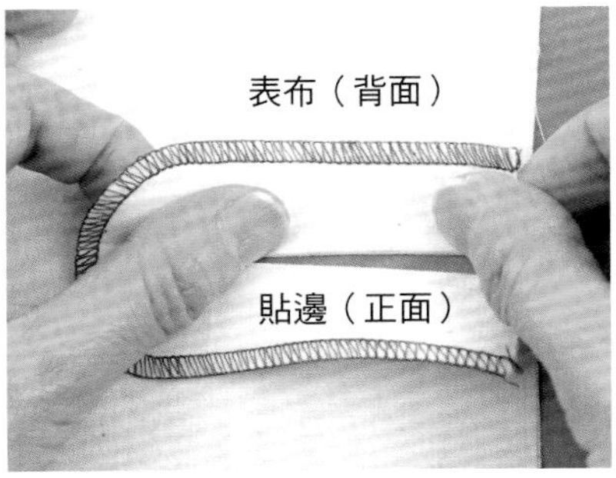
表布（背面）
貼邊（正面）

9 貼邊縫份往內側摺疊，邊緣稍微錯開。

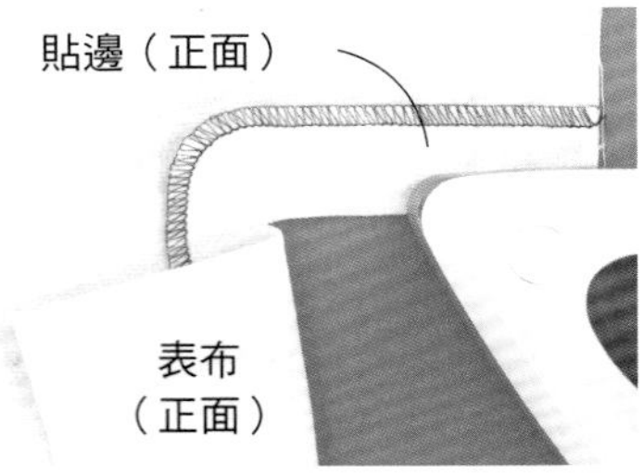
貼邊（正面）
表布
（正面）

10 熨燙縫份固定。

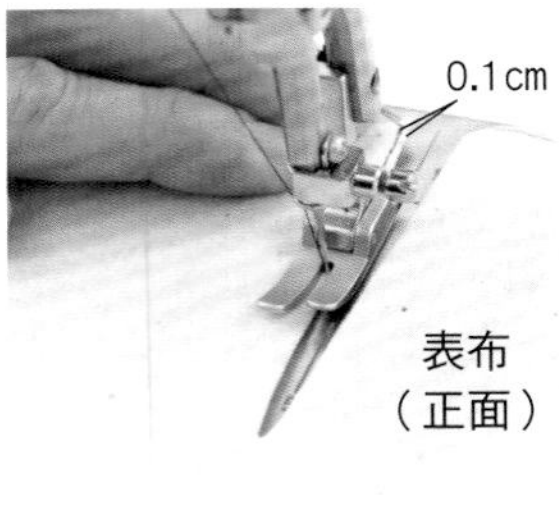
0.1cm
表布
（正面）

11 於表布側開始車縫。

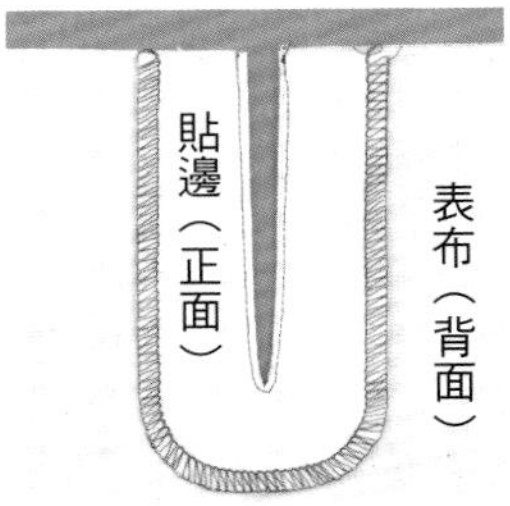
貼邊（正面）
表布（背面）

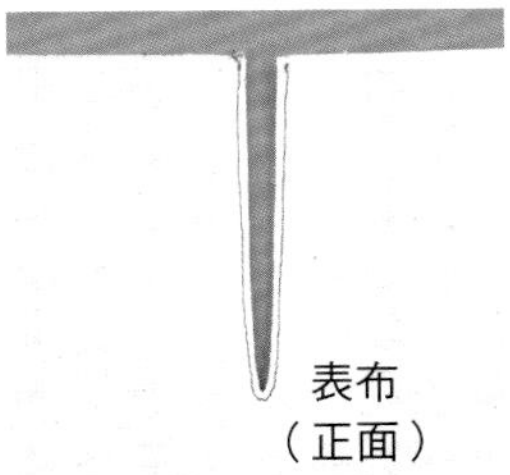
表布
（正面）

完成

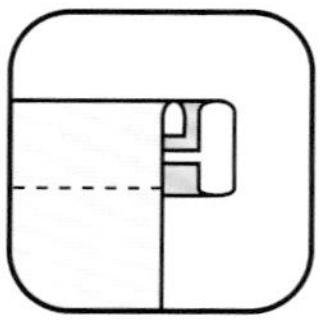

以滾邊條製作直線滾邊

滾邊的製作方法。使用兩邊端摺疊的滾邊條（二摺）。
依照滾邊條縫份來決定表布需要的縫份分量。

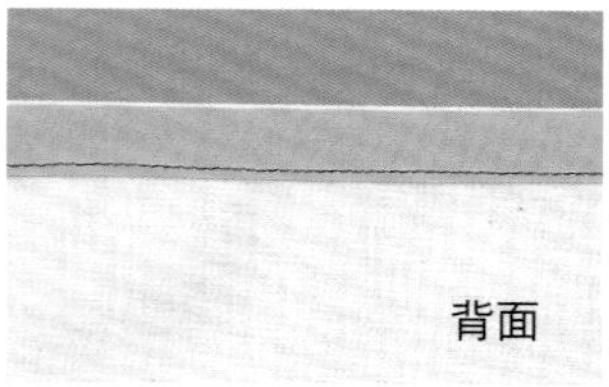
背面

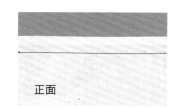

正面

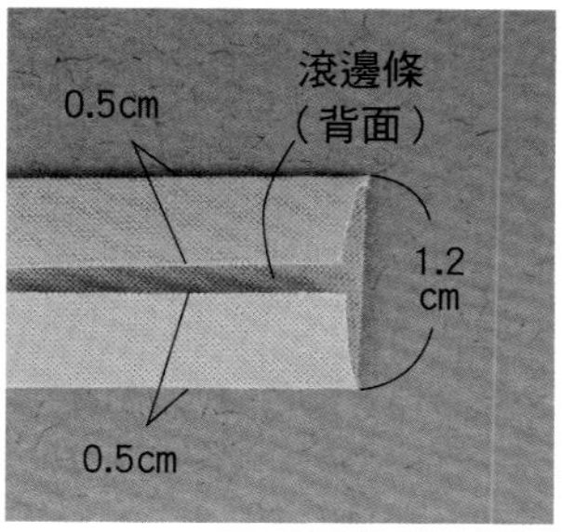
滾邊條
（背面）
0.5cm
1.2
cm
0.5cm

使用二摺滾邊條。表布縫份對齊滾邊條縫份。

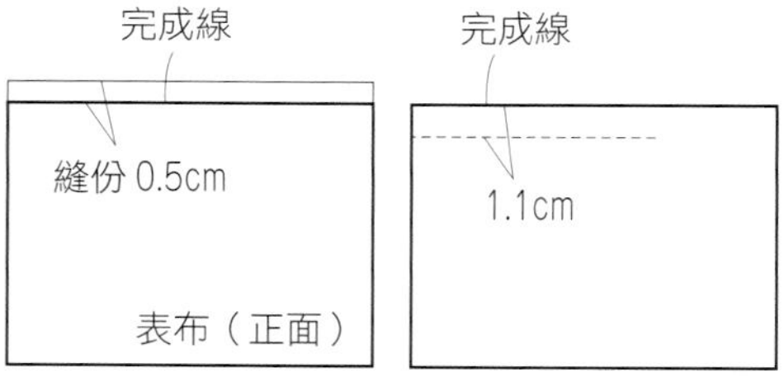
完成線
縫份 0.5cm
表布（正面）
完成線
1.1cm

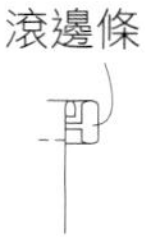
滾邊條

1 對齊滾邊條縫份，加上0.5cm。

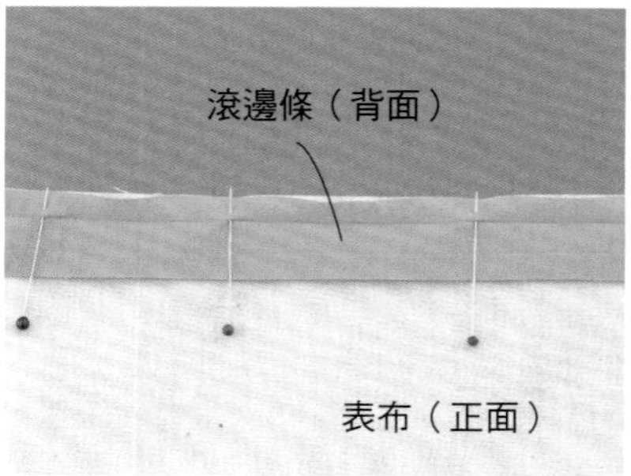
滾邊條（背面）
表布（正面）

2 打開滾邊條縫份，正面相對疊合以珠針固定。

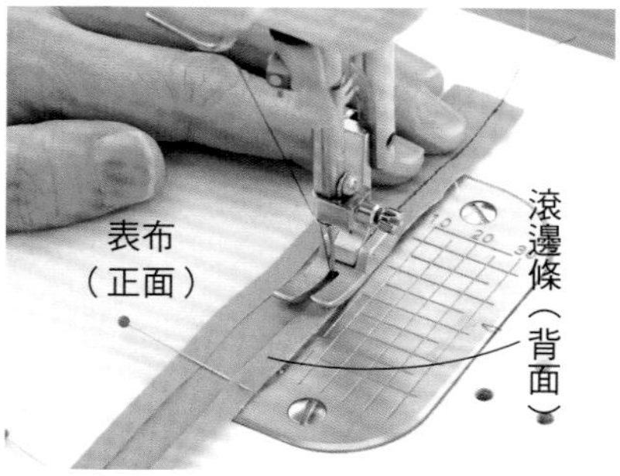
表布
（正面）
滾邊條（背面）

3 車縫完成線。

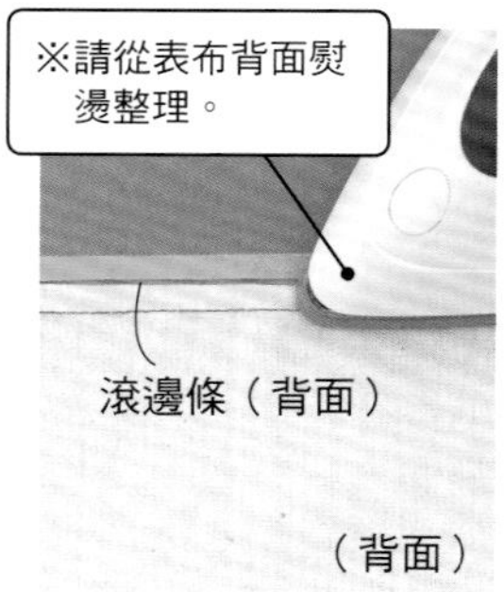
※請從表布背面熨燙整理。
滾邊條（背面）
（背面）

4 縫份倒向滾邊條側。

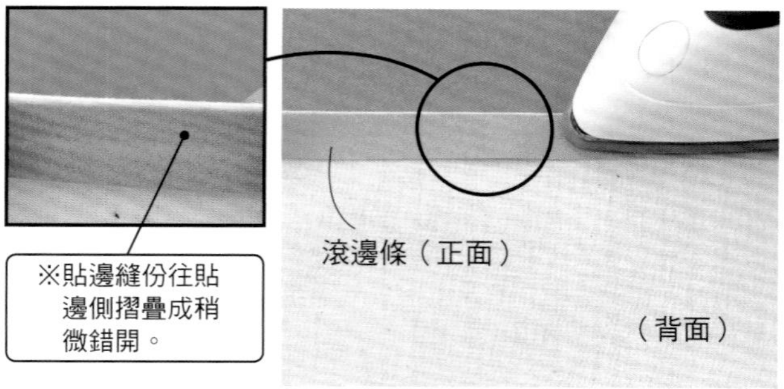
※貼邊縫份往貼邊側摺疊成稍微錯開。
滾邊條（正面）
（背面）

5 滾邊條翻至內側熨燙整理。

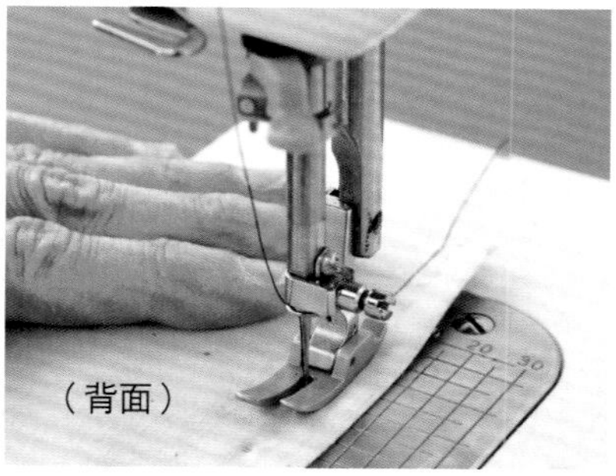
（背面）

6 表側車縫。

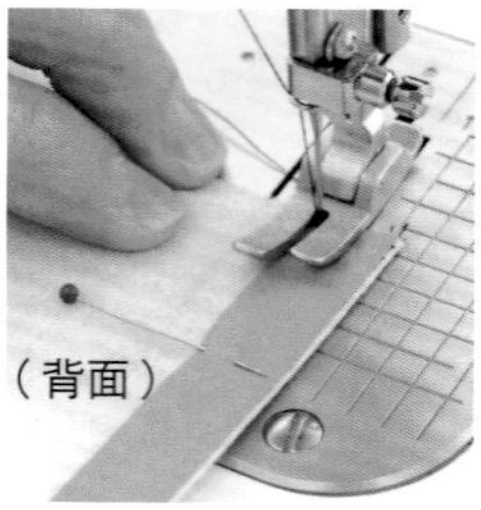
（背面）

※從表側難以車縫時，可以從背面車縫。

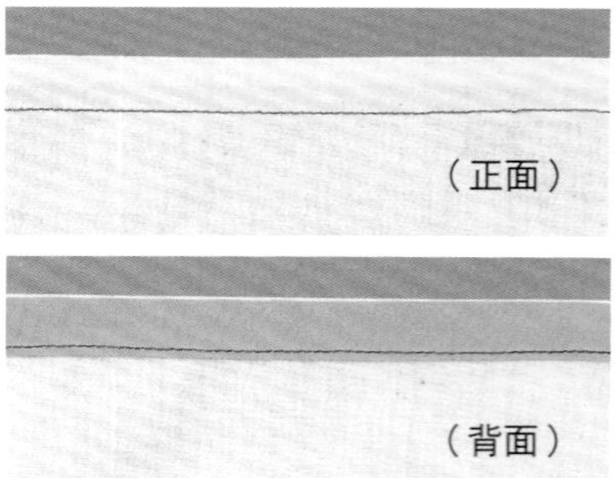
（正面）
（背面）

完成

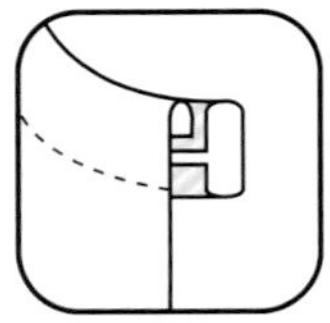

以滾邊條製作曲線滾邊

領圍縫製常常使用的方法，以滾邊條配合曲線熨燙車縫。

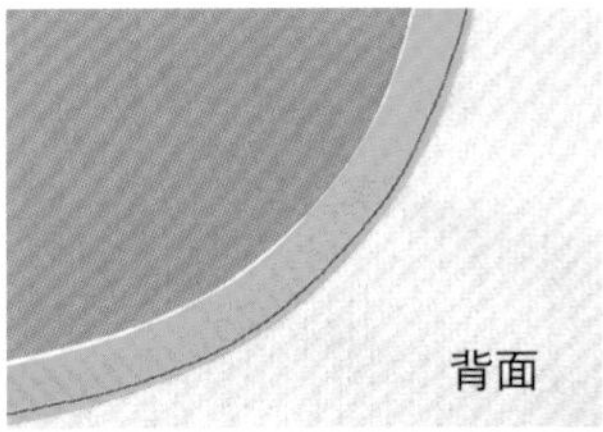
背面

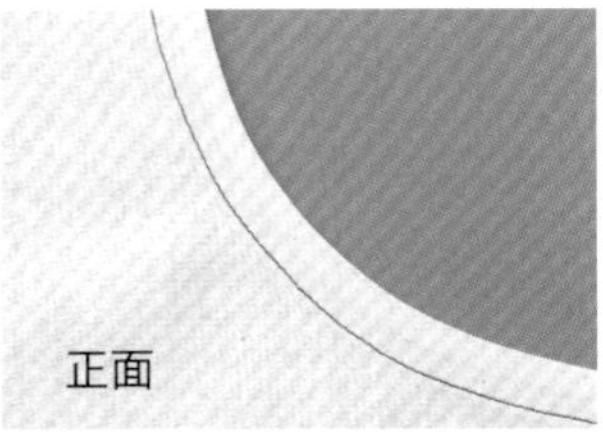
正面

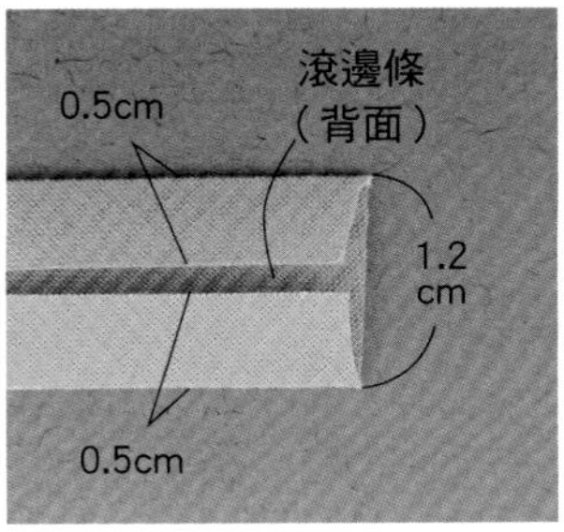
0.5cm
滾邊條
（背面）
1.2
cm
0.5cm

使用二摺滾邊條。表布縫份對齊滾邊條縫份。

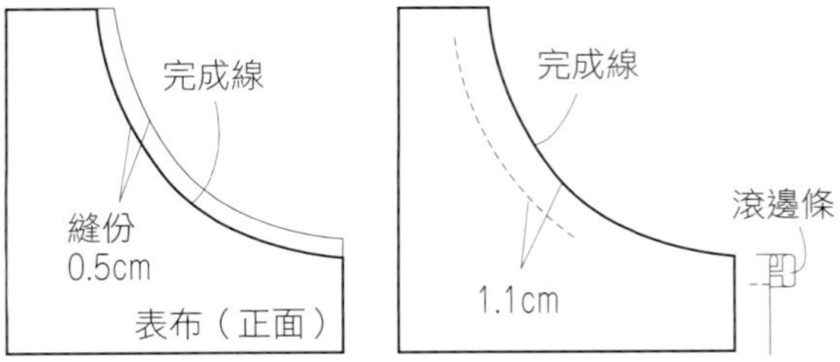
完成線
縫份
0.5cm
表布（正面）
完成線
1.1cm
滾邊條

1 對齊滾邊條縫份，加上0.5cm。

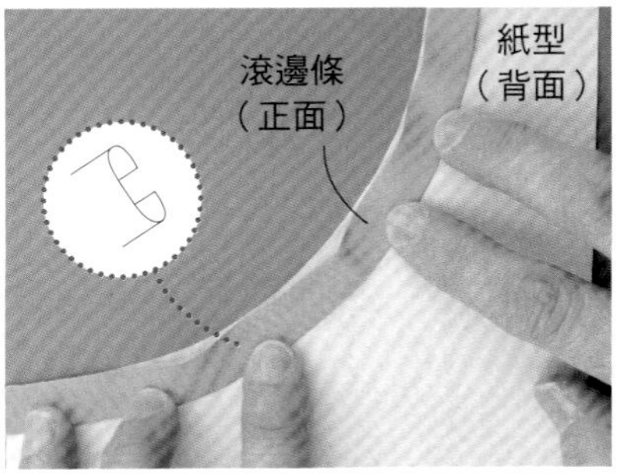
紙型
（背面）
滾邊條
（正面）

2 滾邊條對齊紙型完成線。

※請沿著曲線燙出曲線。

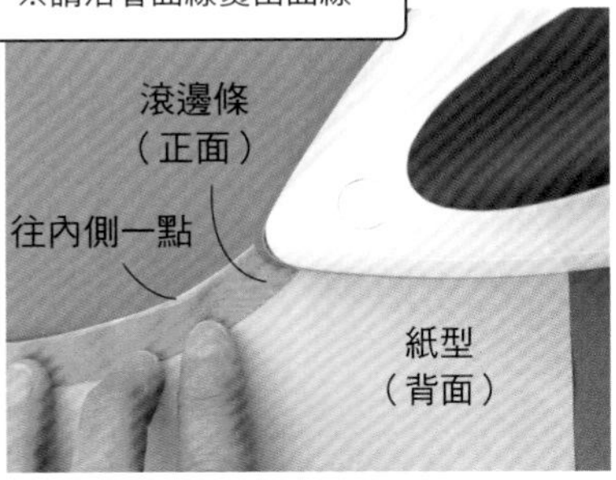
滾邊條
（正面）
往內側一點
紙型
（背面）

3 配合曲線製作出一樣曲線。

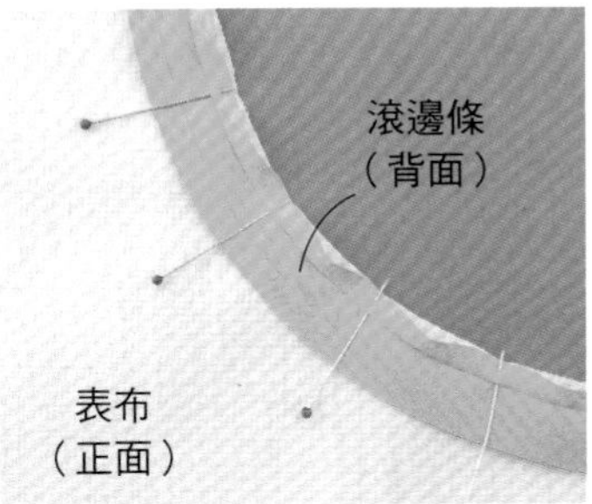
滾邊條
（背面）
表布
（正面）

4 打開滾邊條縫份，正面相對疊合以珠針固定。

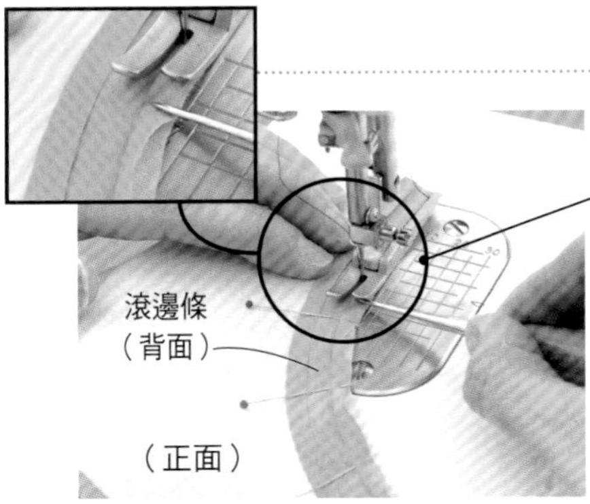
滾邊條
（背面）
（正面）

※為避免變形，以錐子壓住縫份慢慢改變角度車縫。

5 車縫完成線。

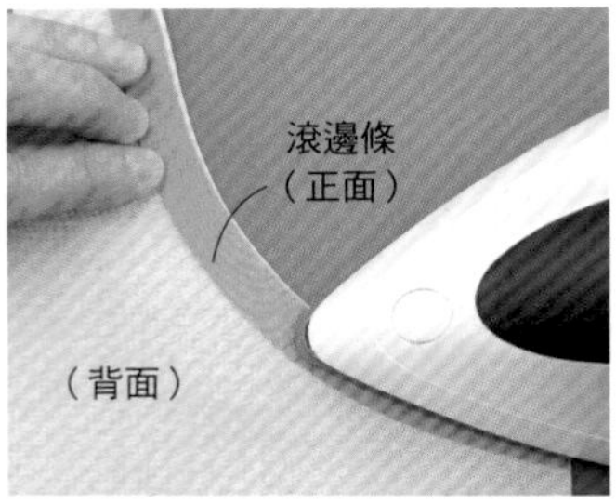
滾邊條
（正面）
（背面）

6 翻至內側，滾邊條稍往內側錯開後熨燙整理。

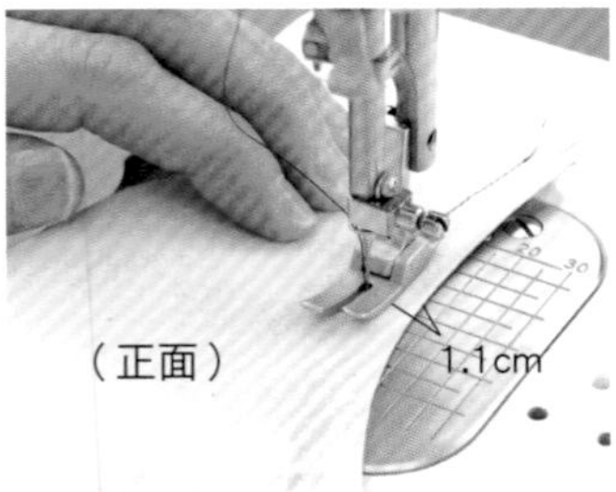
（正面）
1.1cm

7 請從表布車縫。

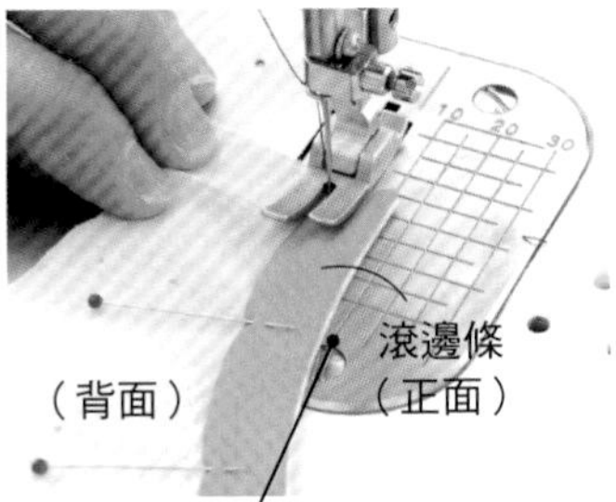
（背面）
滾邊條
（正面）

※從表側難以車縫時，可以從背面車縫。

完成

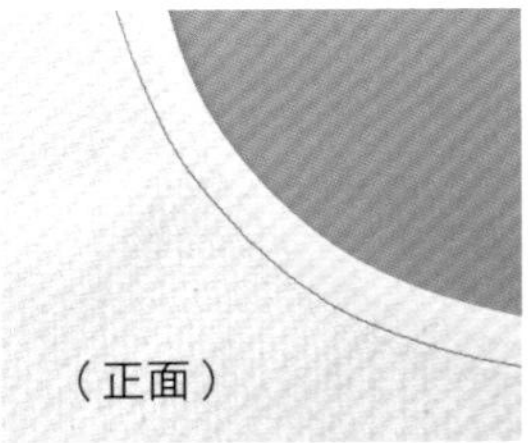
（正面）

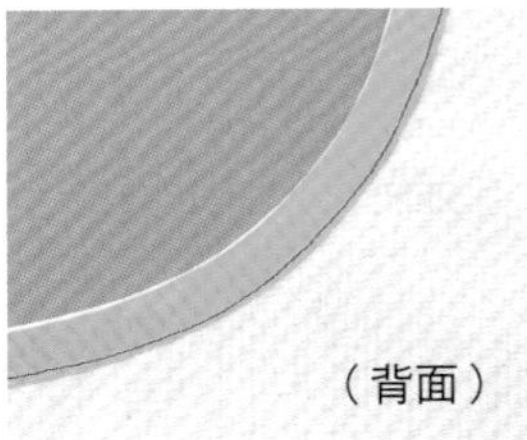
（背面）

部分縫

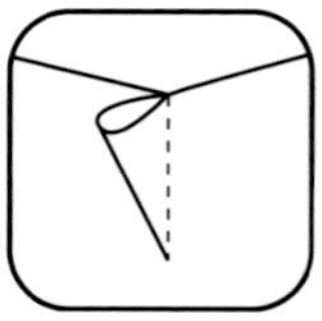

尖褶車縫方法（三角形）

肩褶、裙子的腰褶等的三角形尖褶車縫方法。介紹縫份倒向單側和燙開縫份這兩種方法。

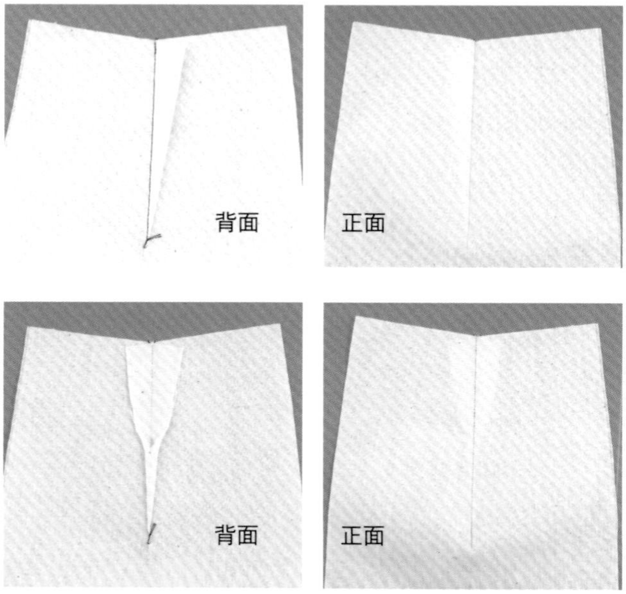

背面
正面
背面
正面

縫份倒向單側

燙開縫份

縫份倒向單側時

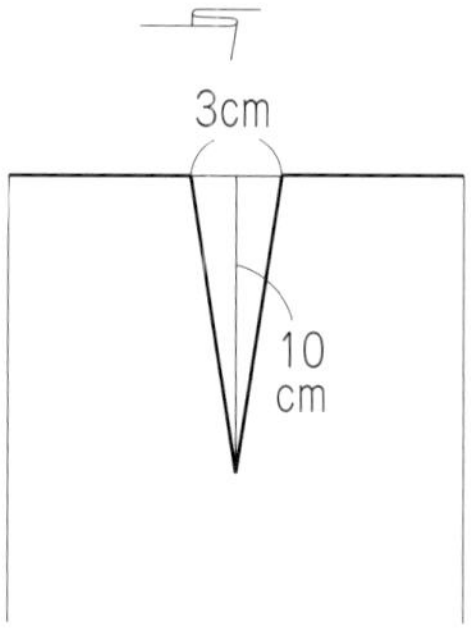

3cm
10
cm

一般基本的尖褶車縫方法。縫份倒向單側。

中心
完成線
（背面）

1 以消失筆畫上中心點和完成線。

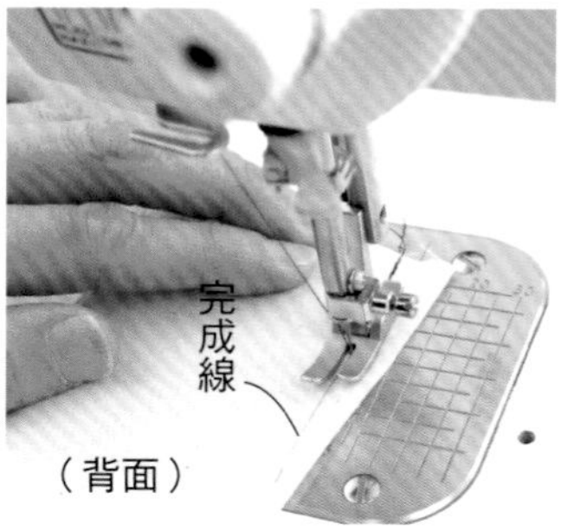

完成線
（背面）

2 尖褶中心正面相對疊合，沿完成線車縫。

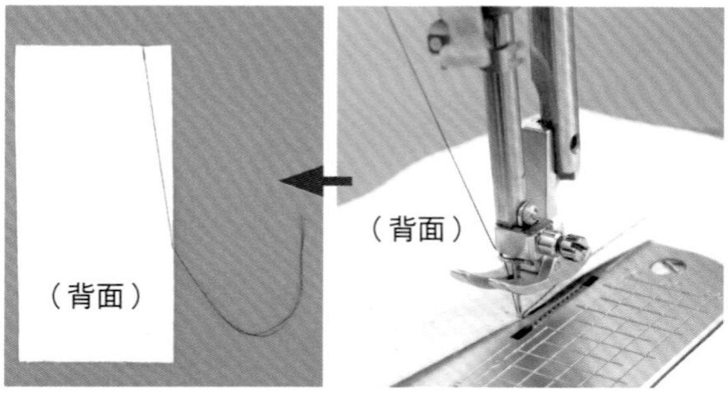

（背面）
（背面）

3 尖褶車縫完後不要回針縫，預留長一點縫線。

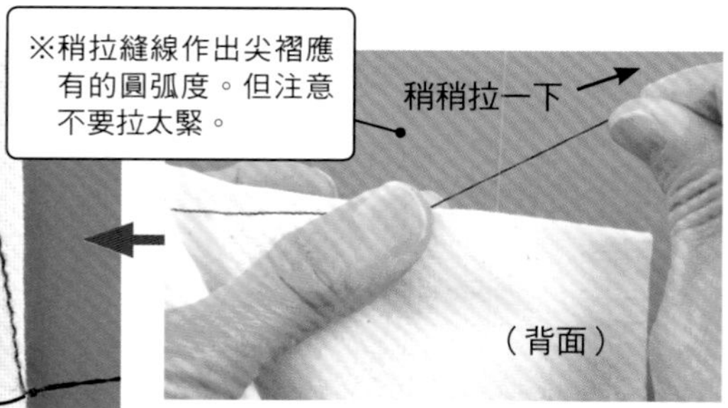

※稍拉縫線作出尖褶應有的圓弧度。但注意不要拉太緊。
稍稍拉一下
（背面）

4 以手指緊緊壓住尖端，稍稍拉扯兩條縫線。

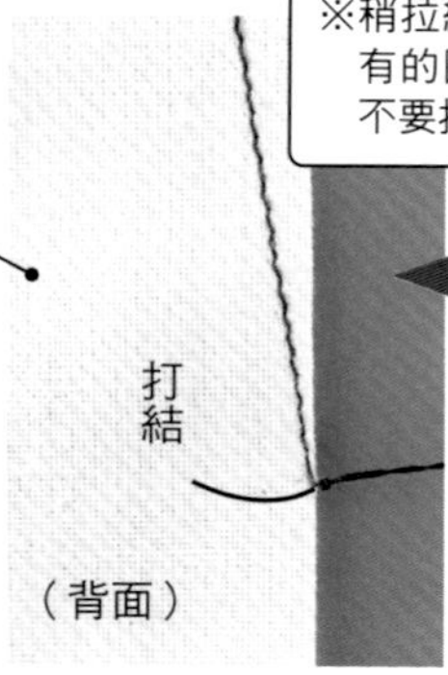

打結
（背面）

5 縫針穿過縫線並打結。

※如果有裡布，請打結後裁剪縫線，朝步驟7前進。

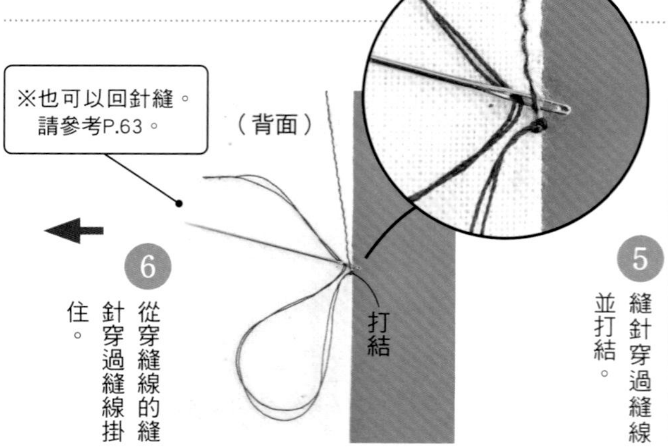

※也可以回針縫。請參考P.63。
（背面）
打結

6 從縫線的縫針穿過縫線掛住。

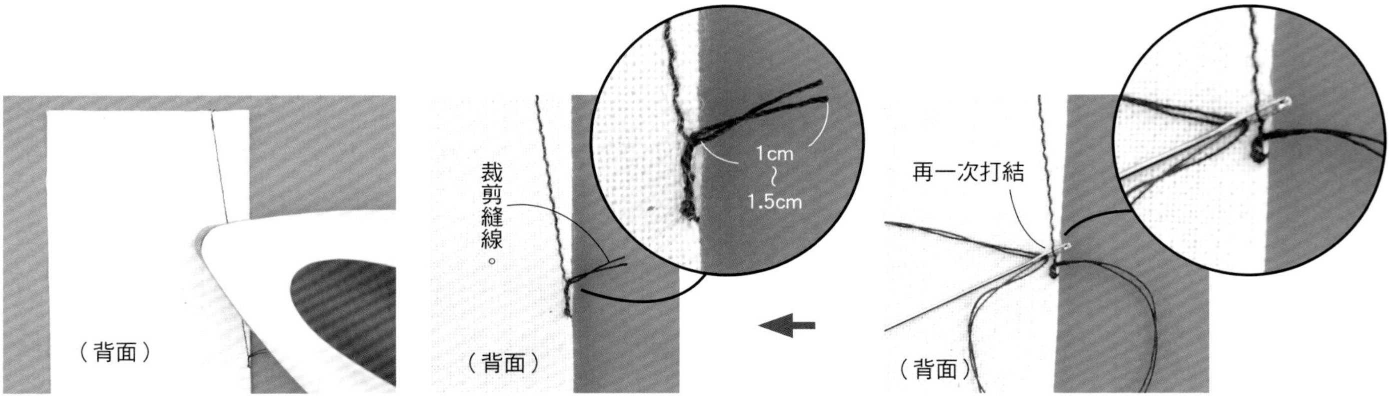
（背面）
裁剪縫線。
1cm
~
1.5cm
（背面）
再一次打結
（背面）

7 熨燙縫線使其穩定。

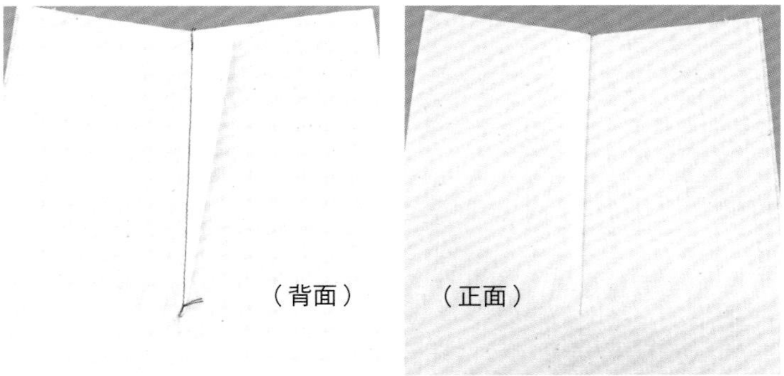
（背面）
（正面）

完成

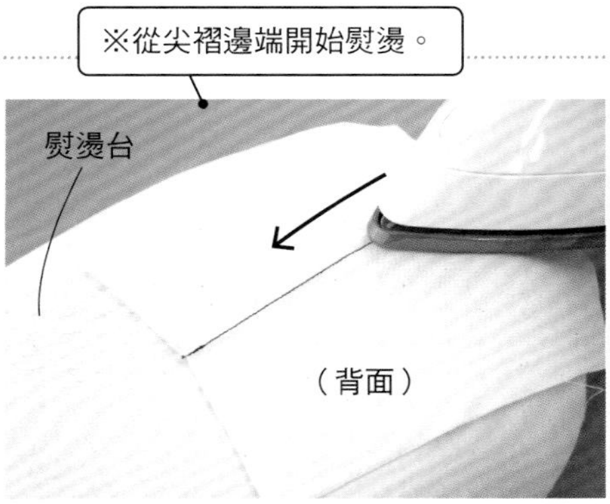
※從尖褶邊端開始熨燙。
熨燙台
（背面）

8 熨燙台上將縫份倒向單側。

尖褶尖端縫線的處理方法

尖褶縫份回針縫後處理縫線的方法。如果縫線太細，縫針無法穿過縫線時，請使用這個方法。

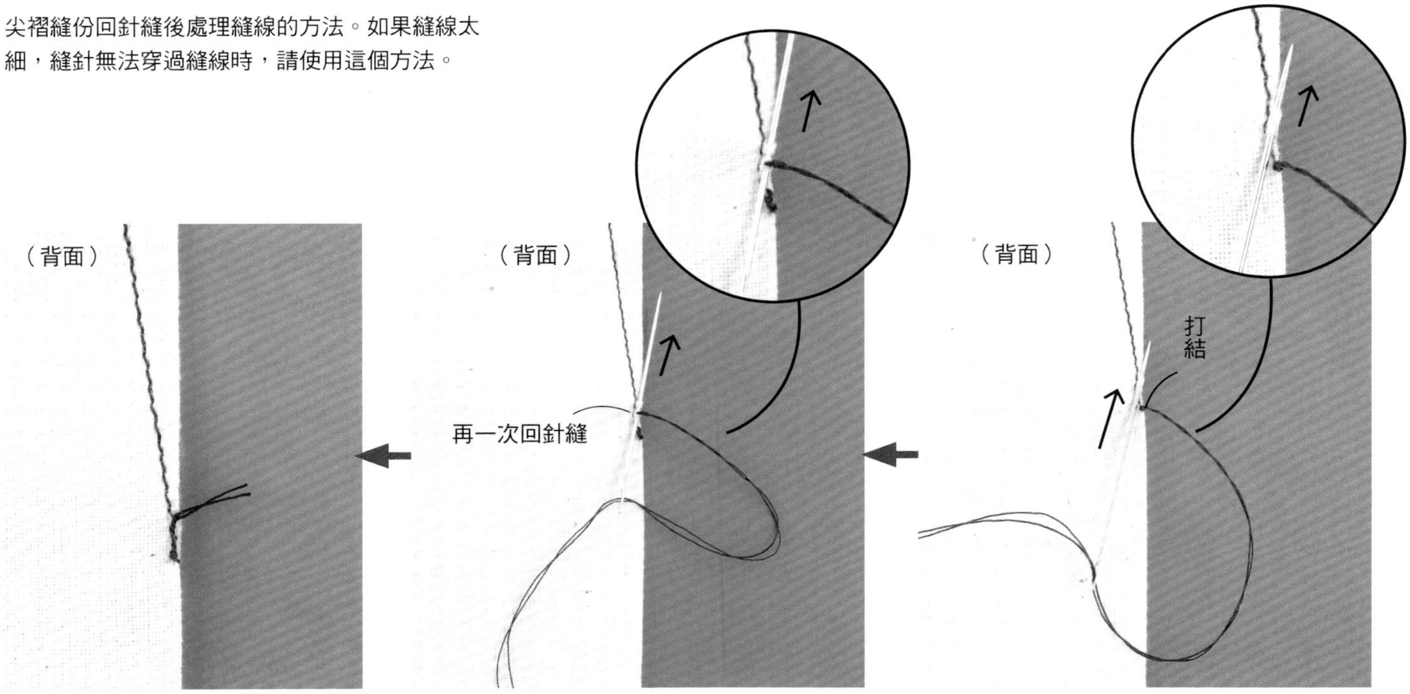
（背面）
（背面）
再一次回針縫
（背面）
打結

完成

車縫完後的縫線穿過縫針打結固定。尖褶尖端回針縫後裁剪縫線。

燙開縫份

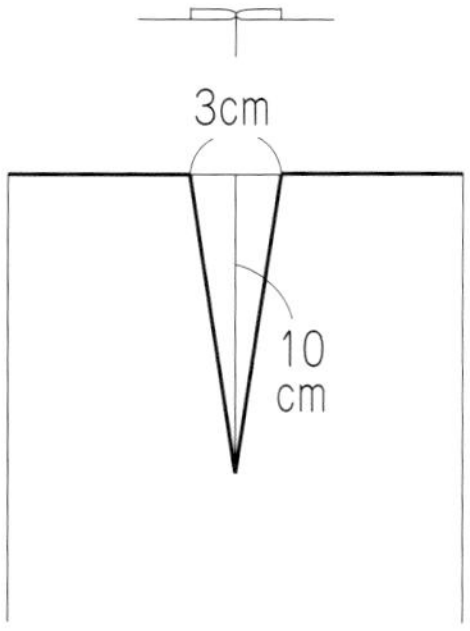

如果使用不易綻布的厚布料，並且有裡布設計，尖褶縫份剪牙口，燙開縫份。這樣的方法縫份會比較薄。

1 尖褶中心正面相對摺疊，「縫份倒向單側時」依步驟❶至❼車縫尖褶，熨燙整理。

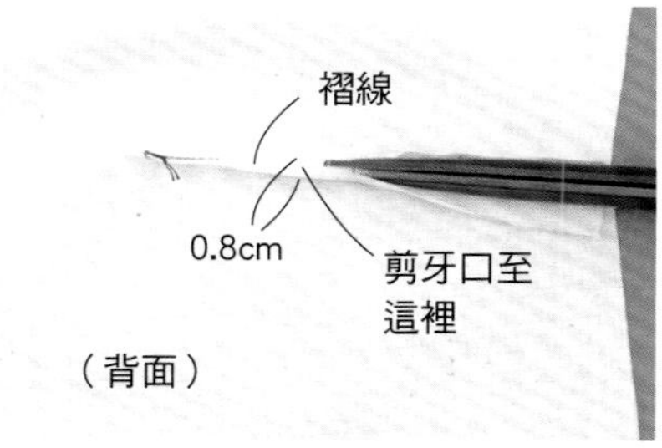

2 以剪刀剪牙口。

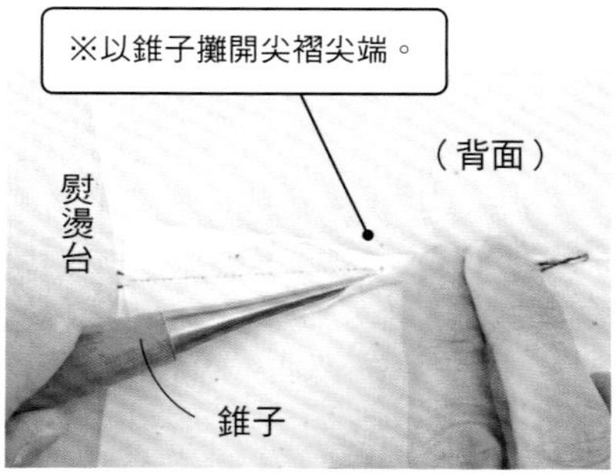

3 放至熨燙台上燙開縫份。

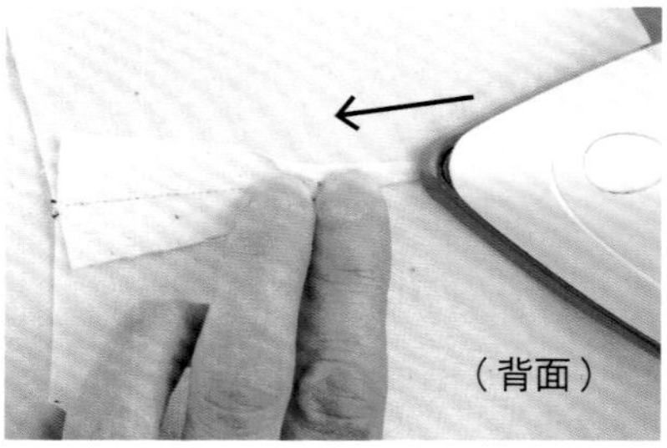

4 從尖褶尖端開始熨燙。

完成

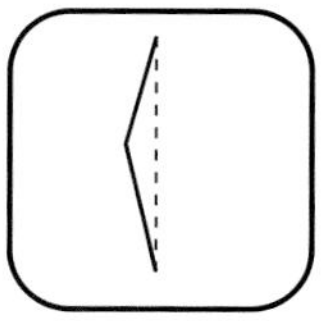

尖褶車縫方法（菱形）

連身裙或是襯衫等常常使用在腰褶的方法，以下介紹縫份倒向單側和燙開縫份這兩種方法。

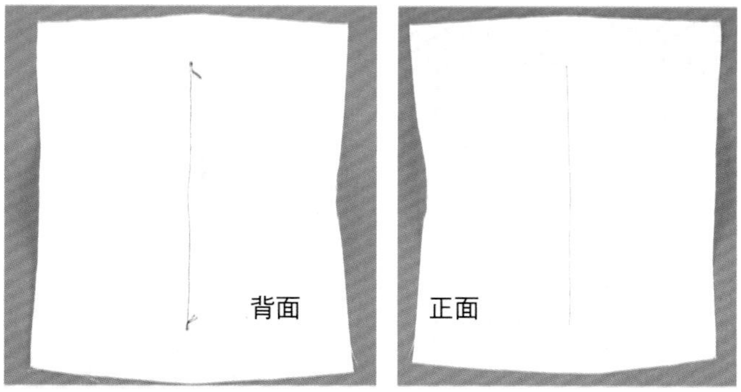
背面
正面

縫份倒向單側

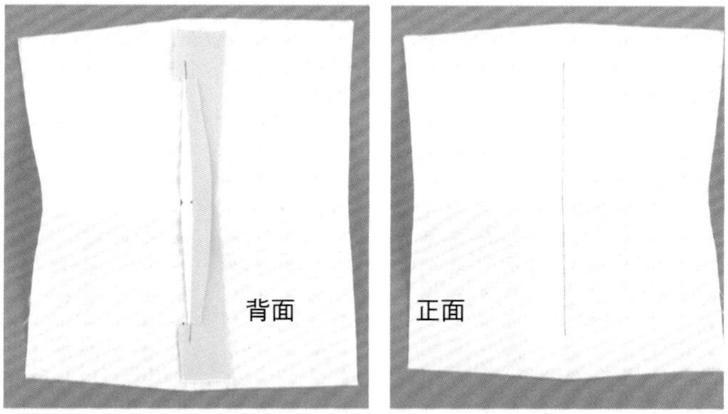
背面
正面

燙開縫份

縫份倒向單側時

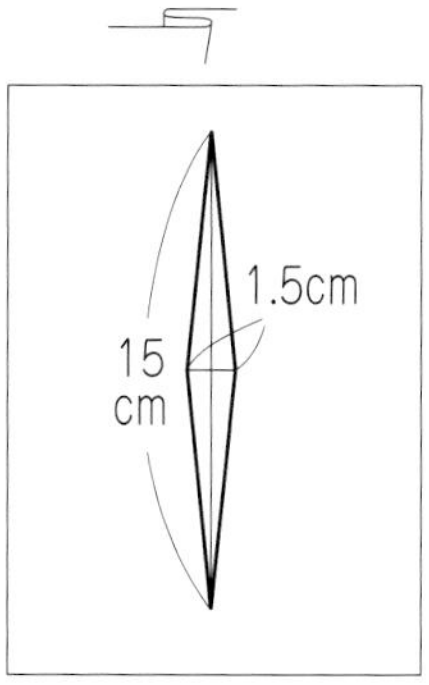
1.5cm
15
cm

基本尖褶車縫方法。縫份倒向單側。

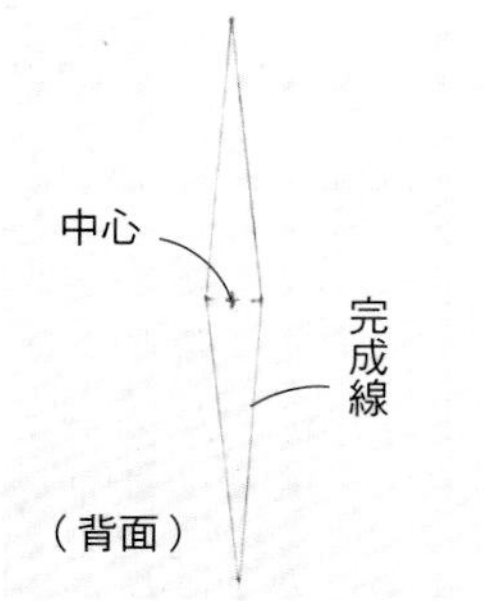
中心
完成線
（背面）

1 以消失筆描繪完成線。

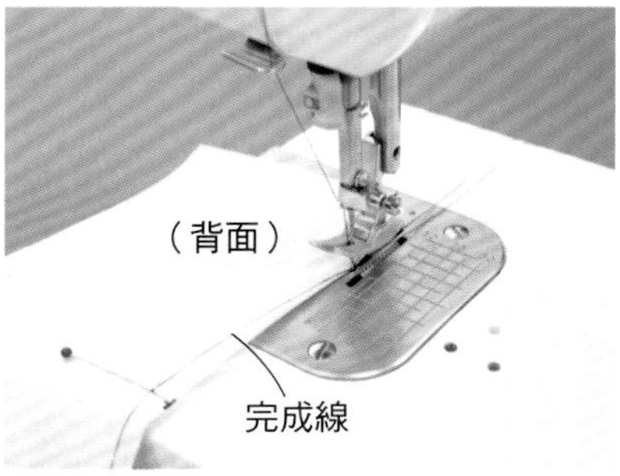
（背面）
完成線

2 沿尖褶中心對摺，預留較長的縫線後開始車縫（不回針縫）。

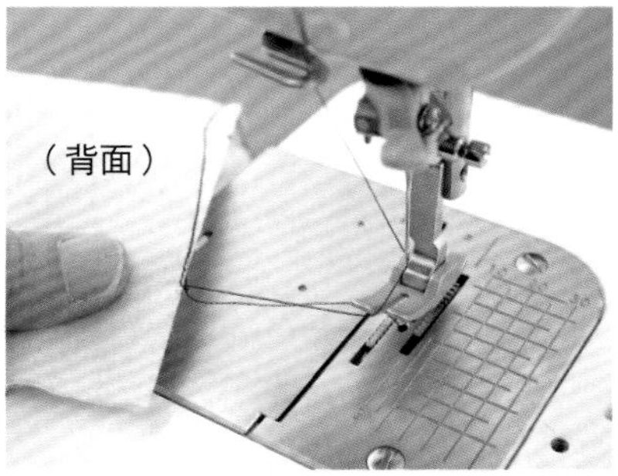
（背面）

3 車縫至尖褶邊端，不回針縫預留較長的縫線後裁剪。

※這樣可以作出尖褶的曲線，注意不要用力拉扯縫線。

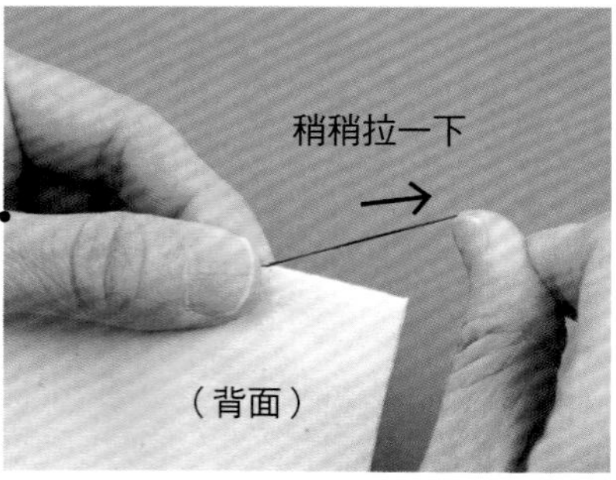
稍稍拉一下
（背面）

4 手指壓住尖褶邊端，稍稍拉一下始縫預留的兩條縫線。（止縫縫線也相同）

※如果有裡布，只要打結後裁剪縫線即可。

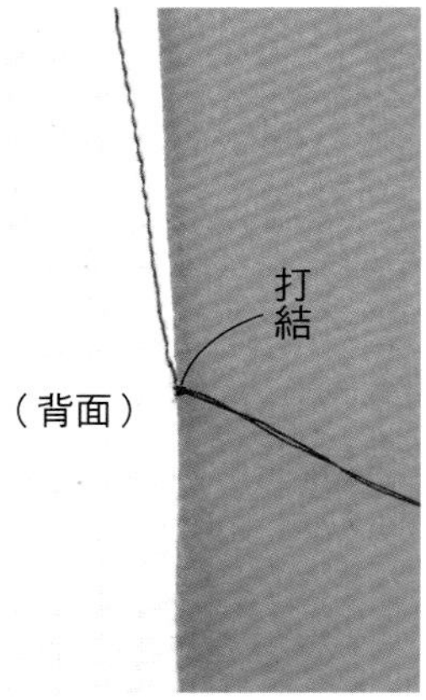
打結
（背面）

5 縫針穿過始縫線後打結。（止縫線依相同方法處理）

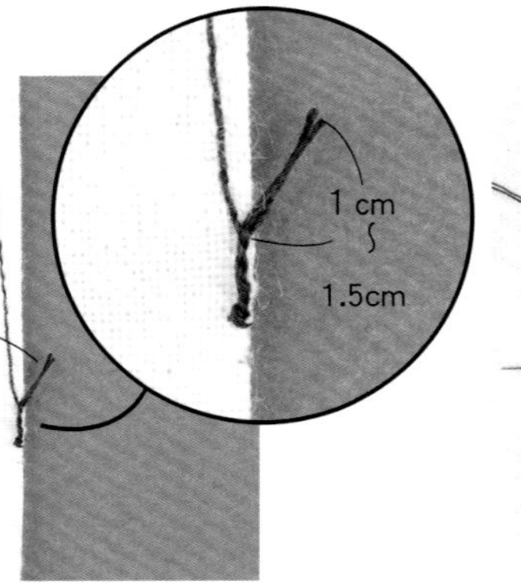

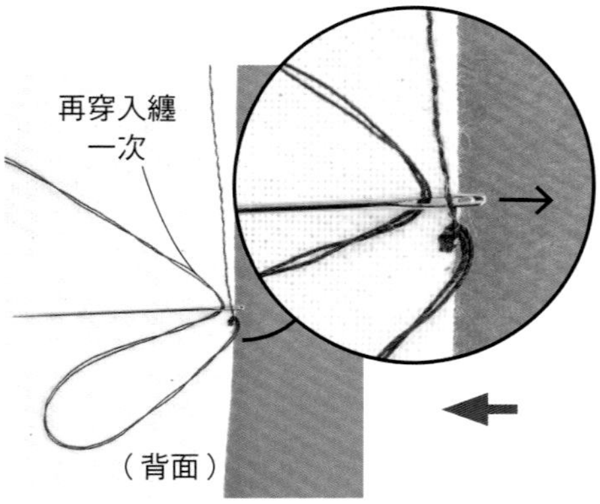

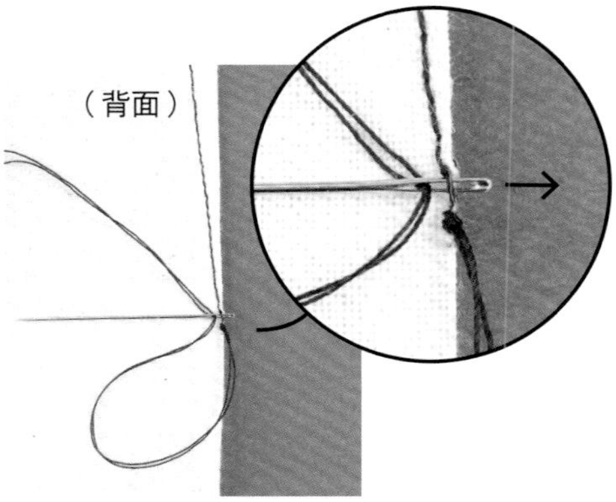

6 從針孔方向穿入尖褶尖端的縫線內纏住。

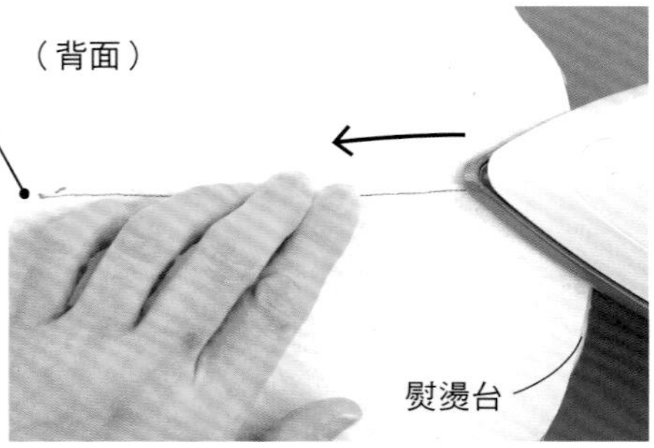

※仔細熨燙尖褶才能有漂亮形狀。

8 從尖褶開始熨燙，縫份倒向單側。

7 始縫縫線和止縫縫線依相同作法處理後，熨燙整理。

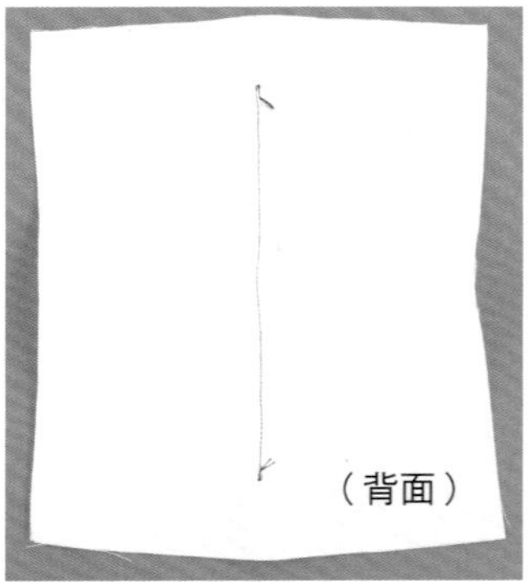

完成

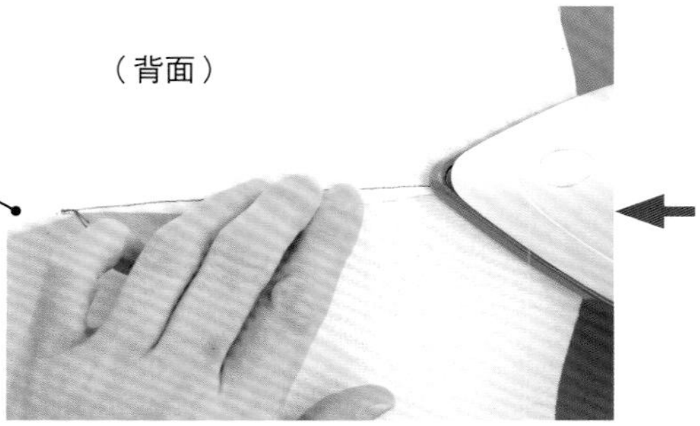

※熨燙時注意表面的平整。

另一側從尖褶開始熨燙，縫份倒向單側。

初學者的注意事項！

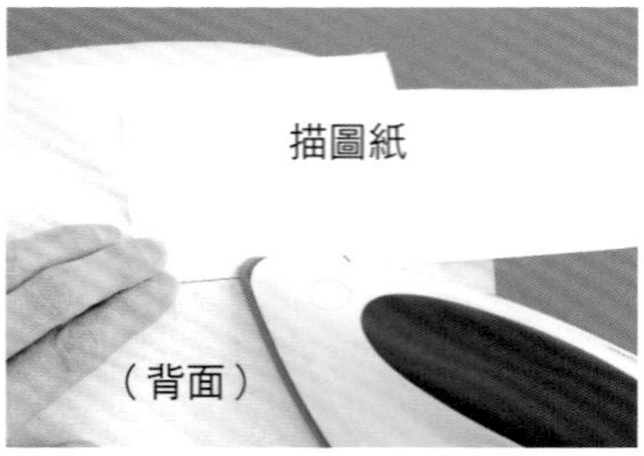

表面出現尖褶壓痕時

縫份倒向單側熨燙時，有時會造成熨燙壓痕。這時可以善用描圖紙，夾在尖褶和表布之間，可以減輕這種情況。

使用墊布燙開縫份

有裡布款式的車縫方法。厚實布料太厚，縫份倒向單側時會造成壓痕，所以必須燙開縫份，請務必使用墊布（碎布等）燙開縫份。

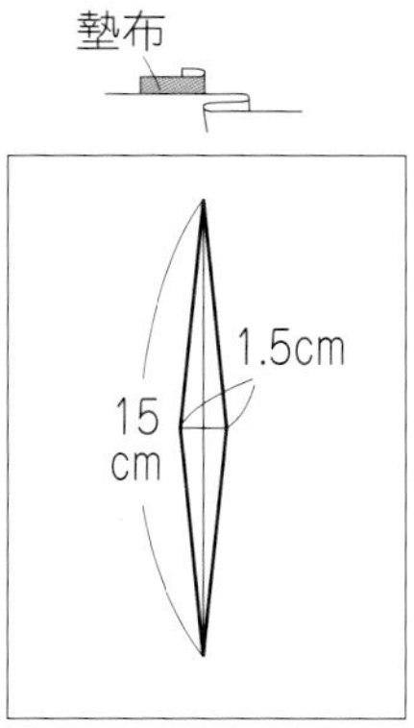
墊布
1.5cm
15
cm

1 以消失筆描繪完成線。

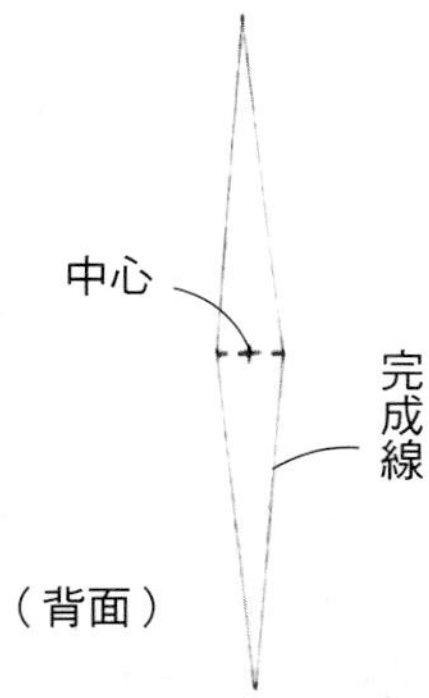
中心
完成線
（背面）

2 沿尖褶中心對摺，重疊墊布（墊布長度要比尖褶長度＋3cm）

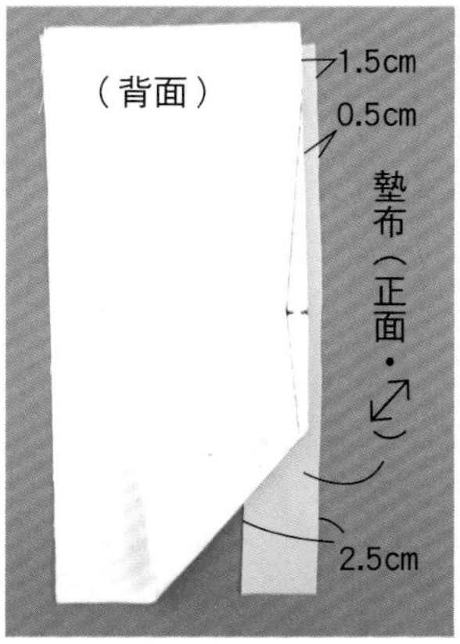
（背面）
1.5cm
0.5cm
墊布（正面・↗）
2.5cm

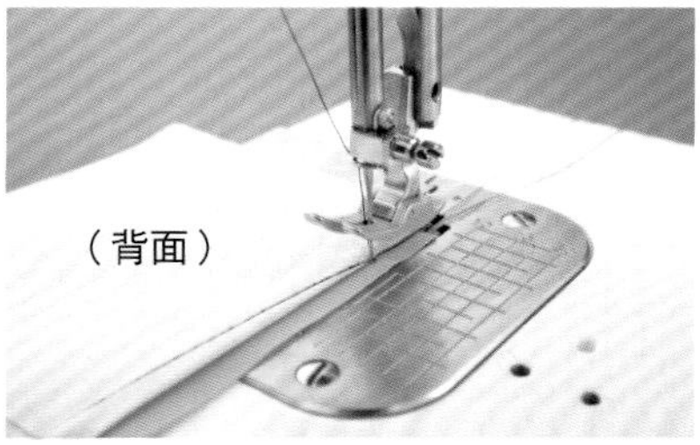
（背面）

3 預留較長的縫線後開始車縫（不回針縫）。

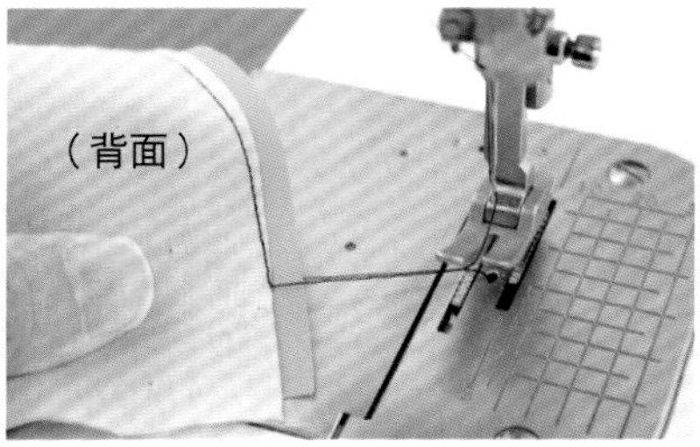
（背面）

4 車縫至尖褶邊端，不回針縫，預留較長的縫線後裁剪。

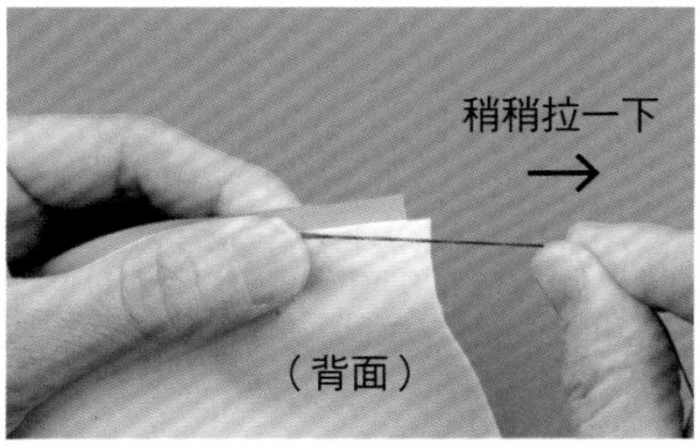
稍稍拉一下
→
（背面）

5 手指壓住尖褶邊端，稍稍拉一下始縫預留的兩條縫線。（止縫縫線也相同）

6 縫針穿過始縫線後，照P.65的5步驟打結。縫線預留1至1.5cm後裁剪。（止縫線依相同方法處理）

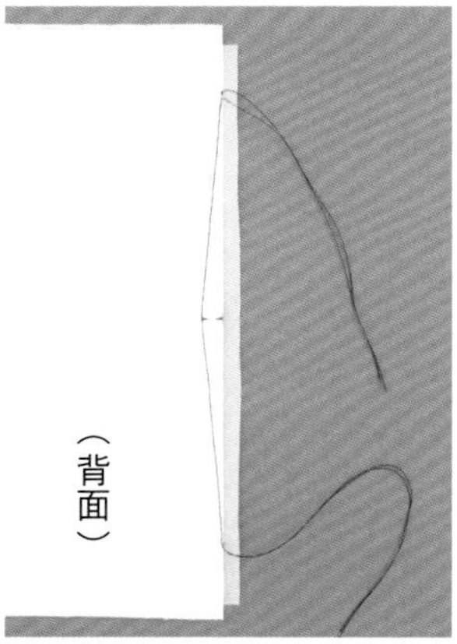
（背面）

7 熨燙縫線，墊布剪牙口。

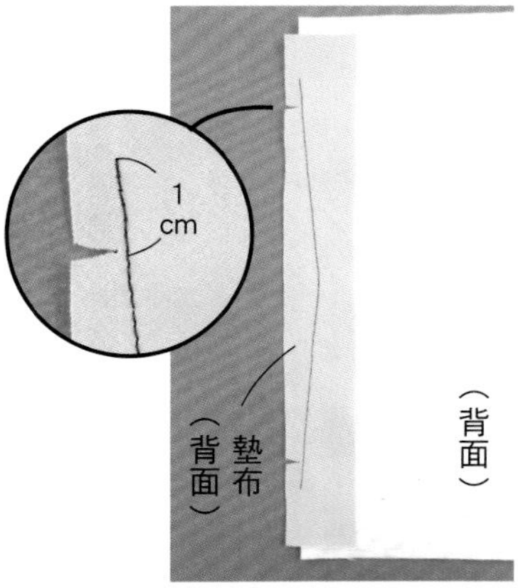
1
cm
墊布
（背面）
（背面）

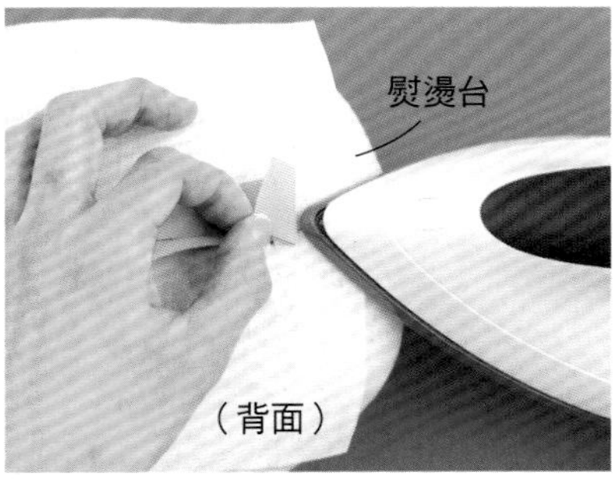
熨燙台
（背面）

8 攤開表布，掀起墊布。熨燙表面的皺褶。

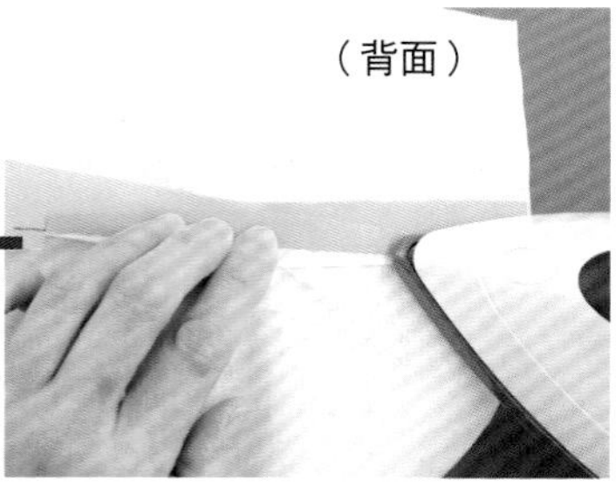
（背面）

9 沿尖褶中心燙開縫線。

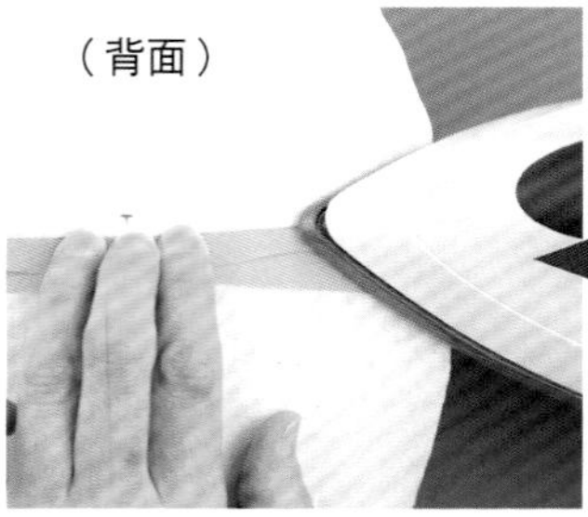
（背面）

另一側也沿尖褶中心燙開縫線。

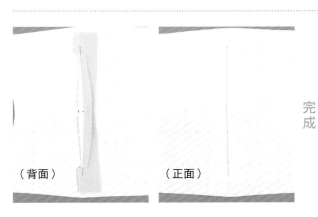

完成

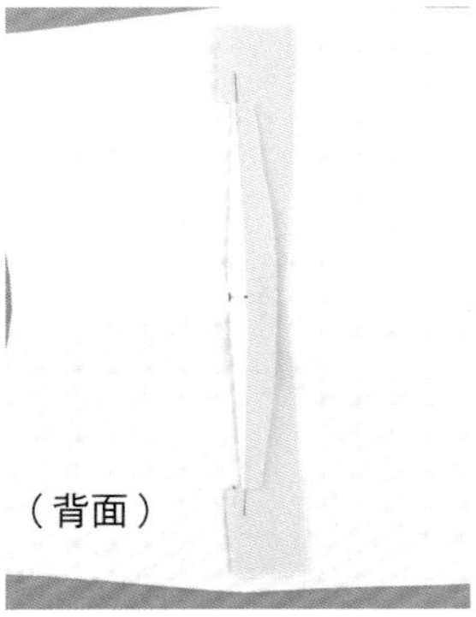
（背面）

（正面）

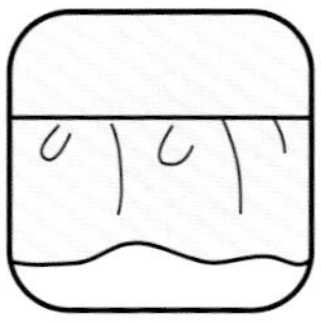

細褶車縫方法

細褶車縫時要比平常的針目還粗，並車縫兩道縫線。拉住下方縫線製作細褶，要注意如果上下線一起拉，反而無法順利拉出細褶，請特別注意。

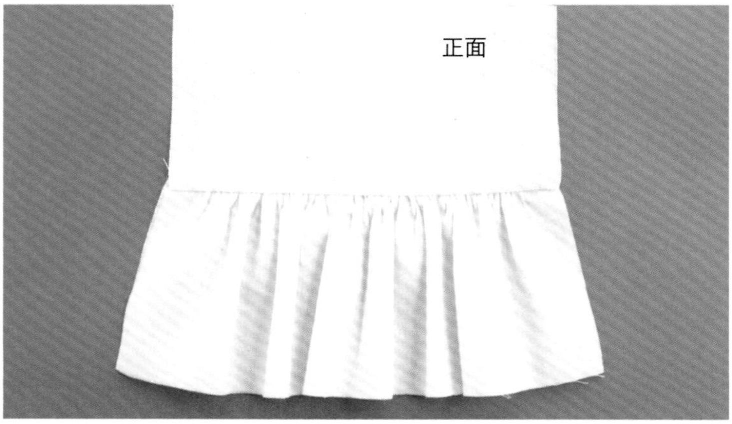
正面

完成線上下側車縫製作細褶的縫線時

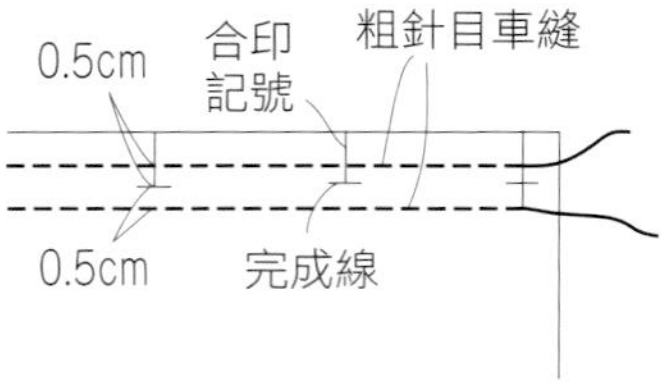
0.5cm
合印
記號
粗針目車縫
0.5cm
完成線

完成線上下側以粗針目車縫縫線，可以穩定接縫細褶縫線。製作出漂亮細褶。完成線的內側粗針目車縫縫線要拆下，請避免使用針孔會很明顯的布料。

裁剪布料畫上合印記號。

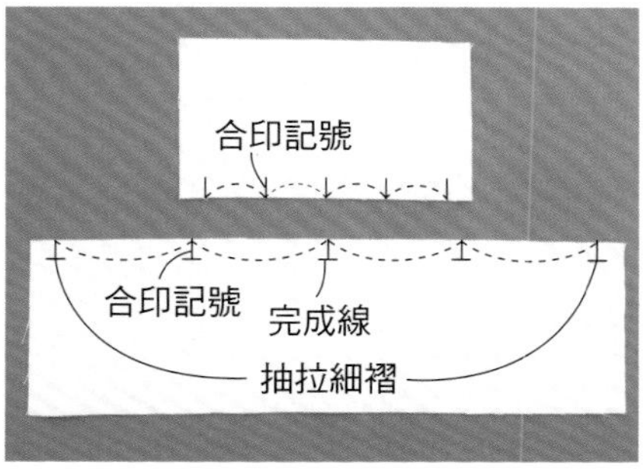
合印記號
合印記號
完成線
抽拉細褶

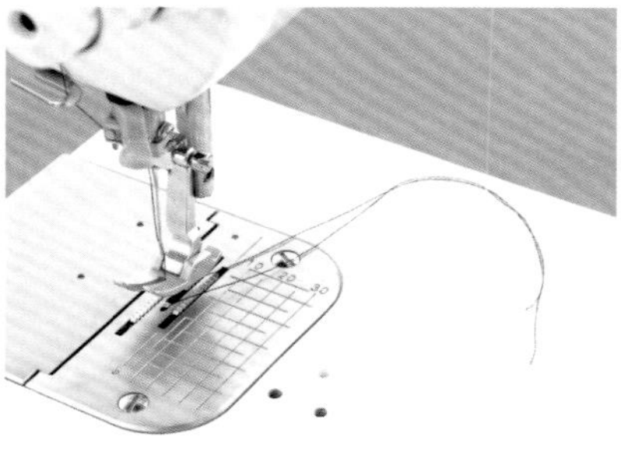

1 上下縫線預留長一點後開始車縫。

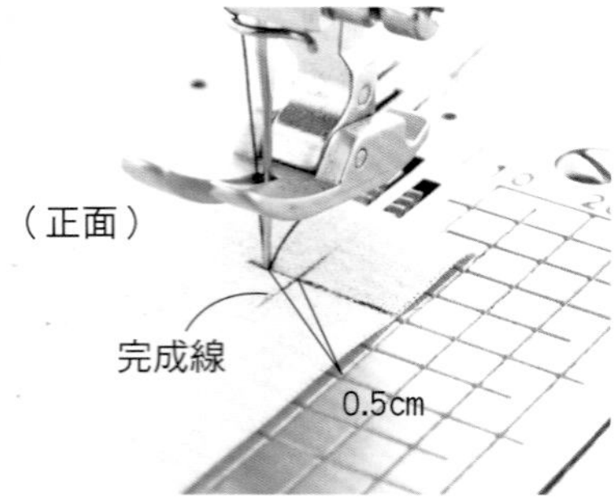
（正面）
完成線
0.5cm

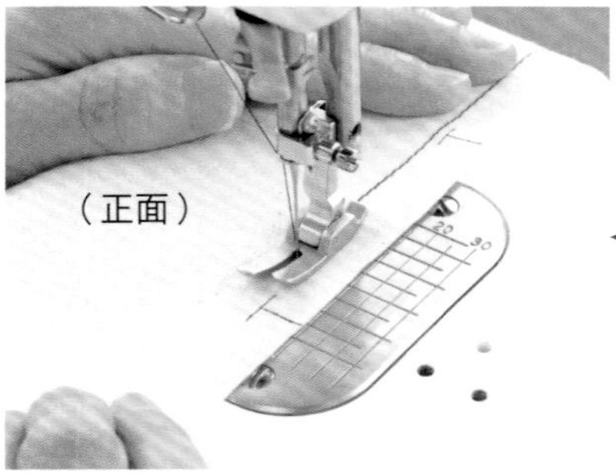
（正面）

2 完成線靠近縫份側0.5cm以粗針目車縫。

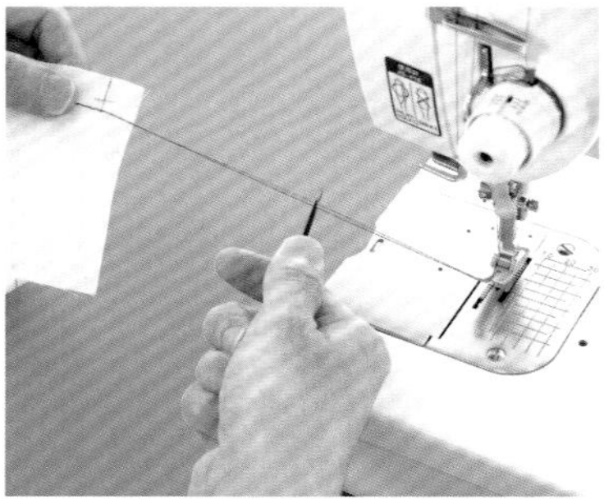

③ 車縫完預留長一點的縫線。

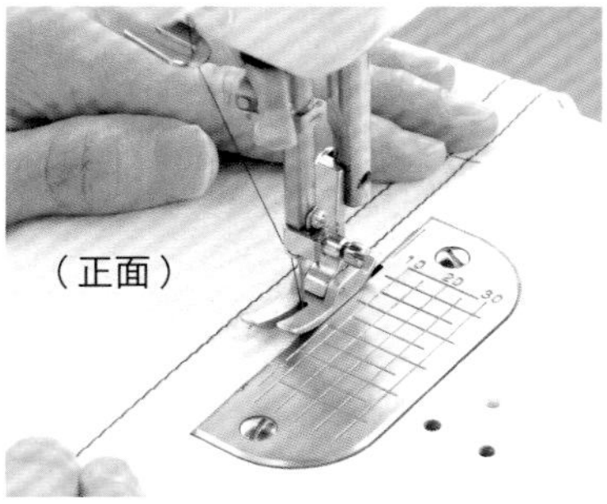
（正面）

④ 完成線靠近縫份側0.5cm以粗針目車縫。

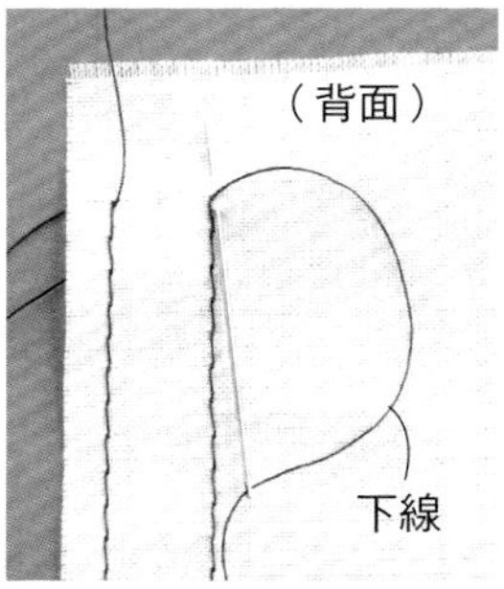
（背面）
下線

⑤ 下線（內側）穿過縫針，半目回針縫。（粗針目車縫的兩側，共四個點）

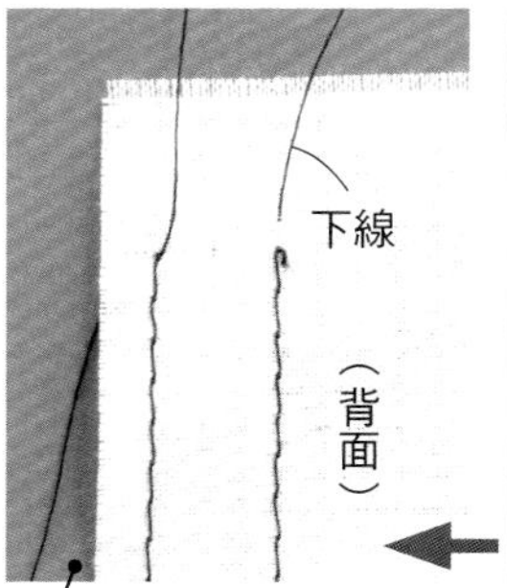
下線
（背面）

下線半目回針縫，可以固定縫線，避免上下縫線脫落。

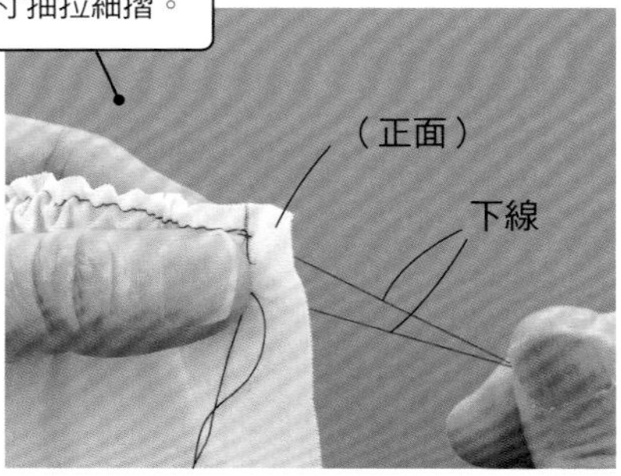
（正面）
下線

⑥ 抽拉下側2條縫線製作細褶。（一定要2條一起）

※從兩端對著中心，配合尺寸抽拉細摺。

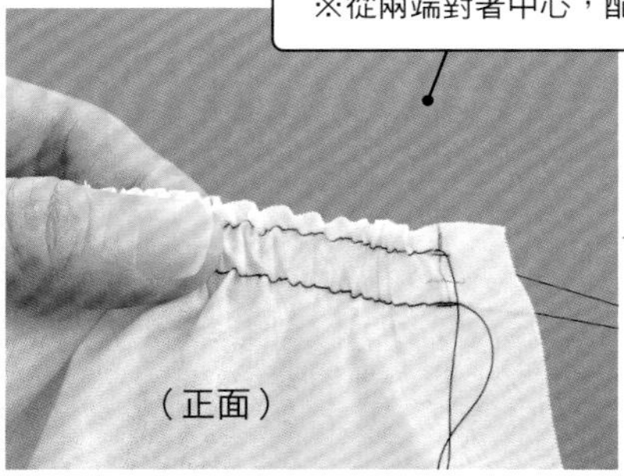
（正面）

避免縫線拉斷，請對著中心，拉出大約的尺寸。

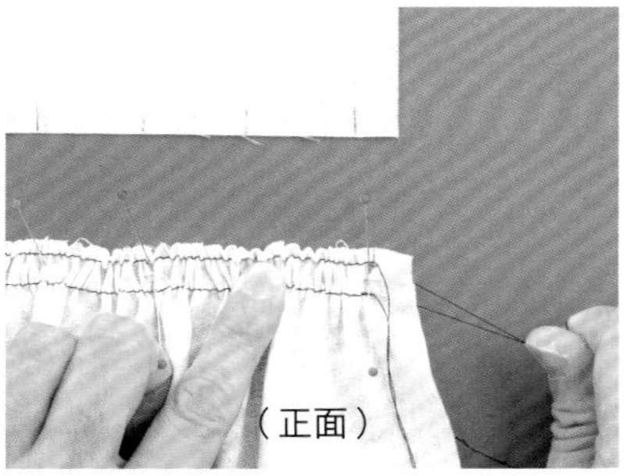
（正面）

⑦ 放在熨燙台上，沿完成線上下固定珠針。搭配合印記號抽拉出相同長度，調節細褶分量。

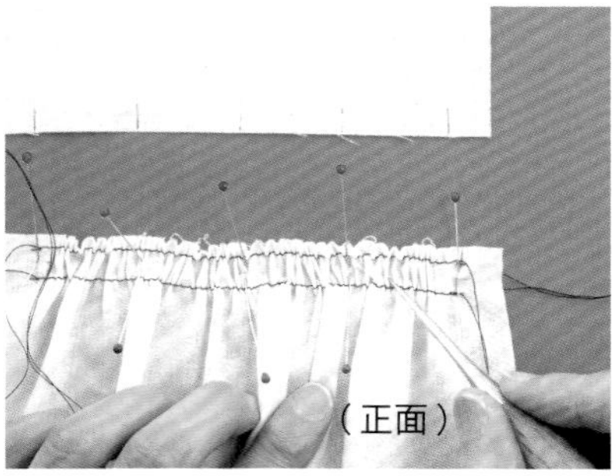
（正面）

⑧ 以錐子均勻整理細褶。

※注意不可熨燙到完成線內側的細褶。

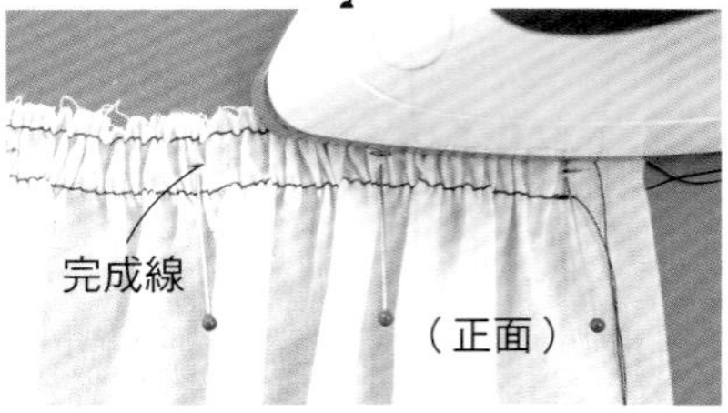
完成線
（正面）

⑨ 拿掉上側的珠針，熨燙縫份處的細褶。

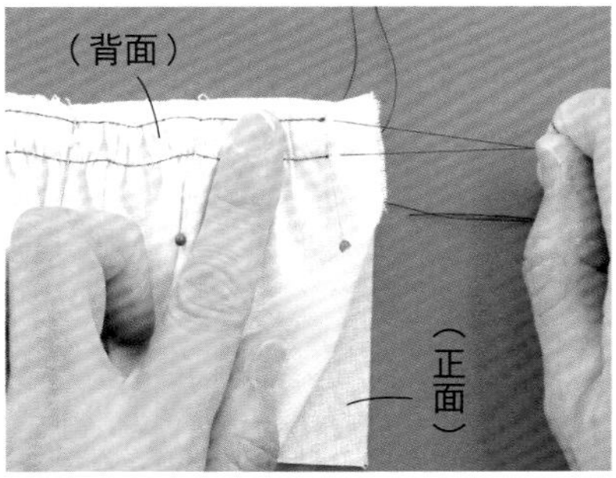
（背面）
（正面）

⑩ 表布和細褶正面相對疊合，以珠針固定合印記號，仔細調整車縫的尺寸。

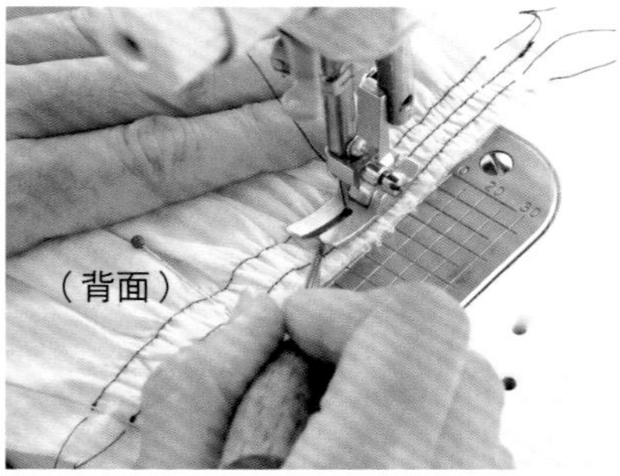
（背面）

11 避免車縫歪斜，使用錐子輔助完成線車縫。

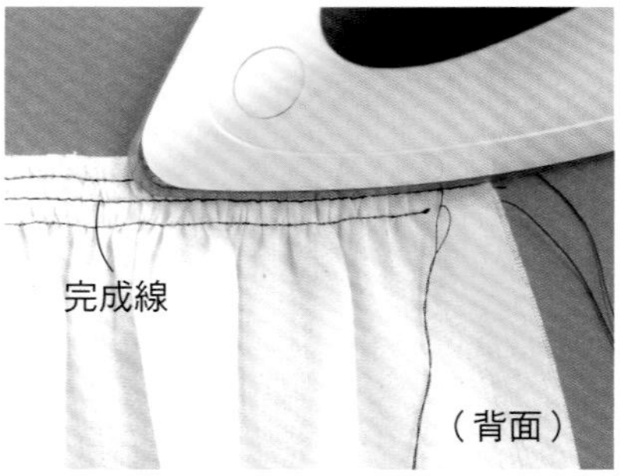
完成線
（背面）

12 縫份熨燙整理。

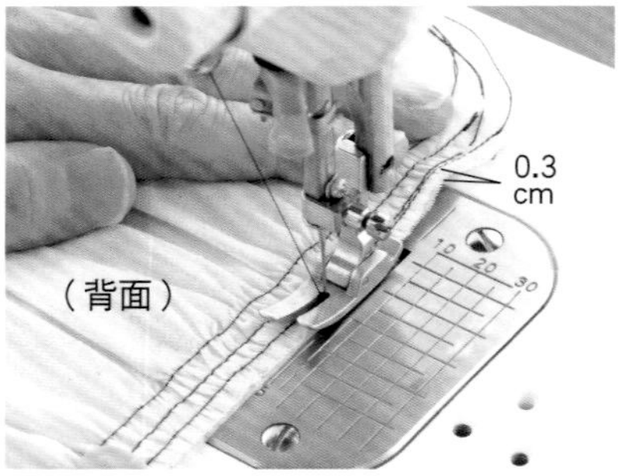
0.3
cm
（背面）

13 為了固定縫份，請從邊端0.3cm左右車縫壓線，或是拷克。

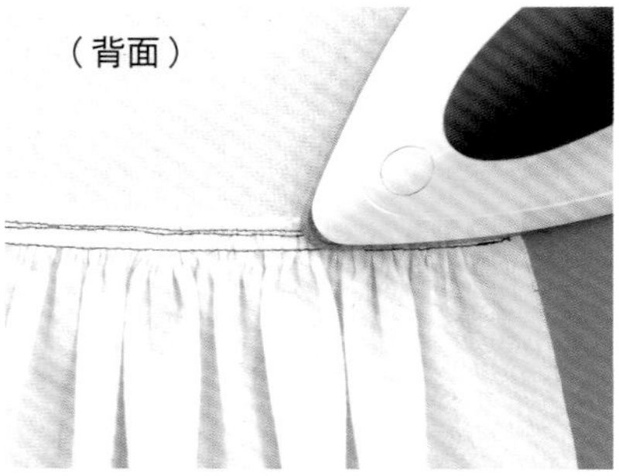
（背面）

4 拆下完成線內側粗針目車縫線，縫份倒向上側。

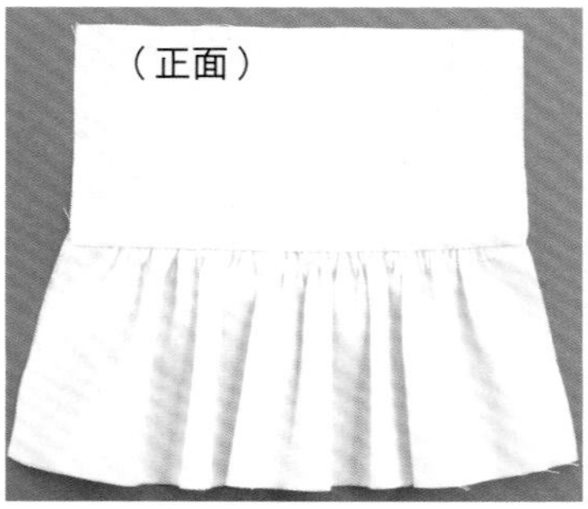
（正面）

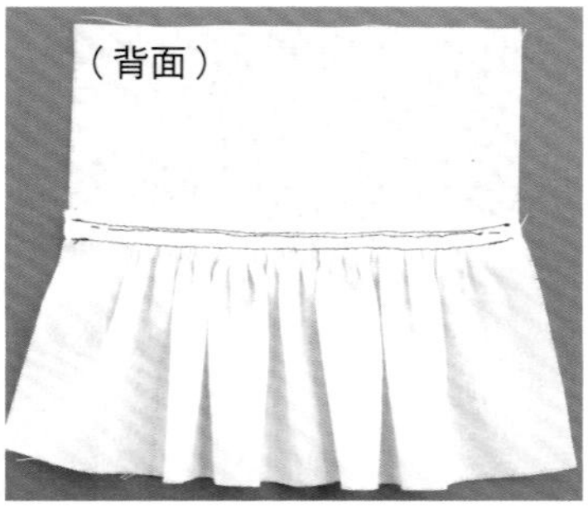
（背面）

完成

縫份車縫粗針目縫線時

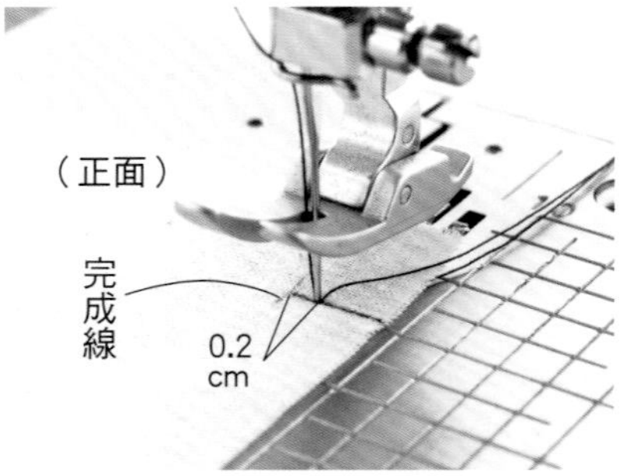
（正面）
完成線
0.2
cm

1 完成線靠近縫份側0.2cm以粗針目車縫。

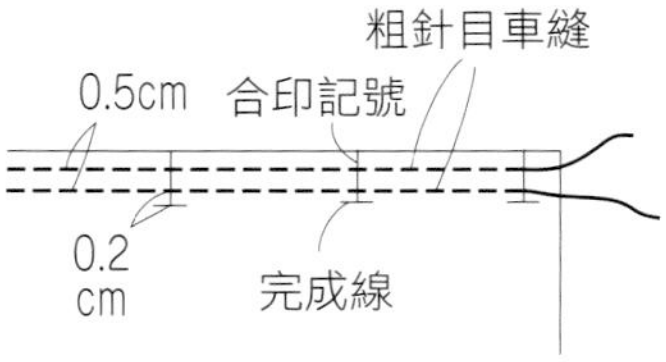
粗針目車縫
0.5cm
合印記號
0.2
cm
完成線

完成線外側車縫粗針目縫線的話，就不會在表面留下針孔。車縫時因為細褶不好固定，請以錐子輔助車縫前進。

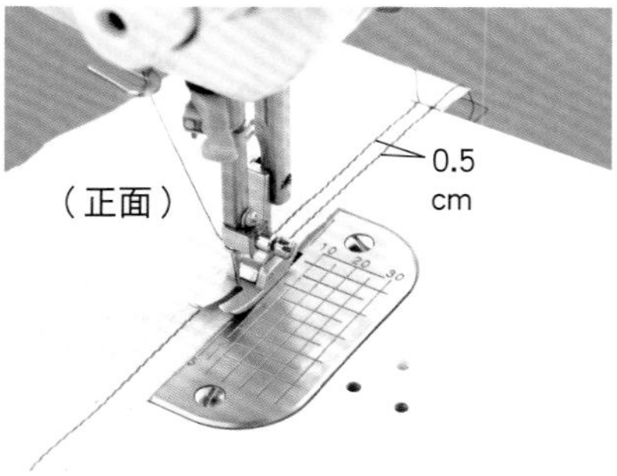
（正面）
0.5
cm

2 從步驟1縫線距離0.5cm處車縫第二條粗針目縫線。

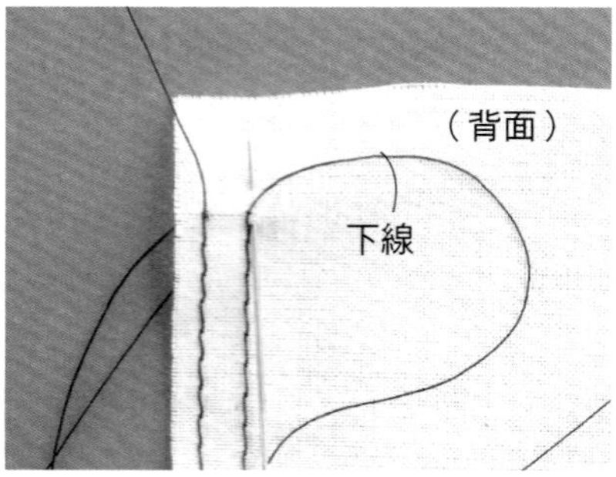
（背面）
下線

3 下線（內側）穿過縫針，半目回針縫。（粗針目車縫的兩側，共四個點）

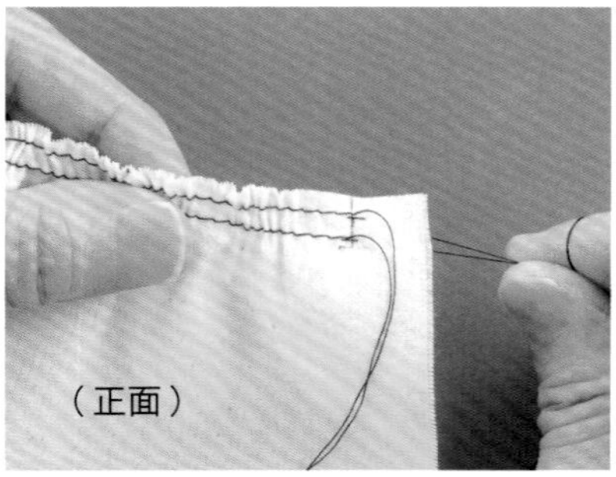
（正面）

4 抽拉下側2條縫線製作細褶。（一定要2條一起）

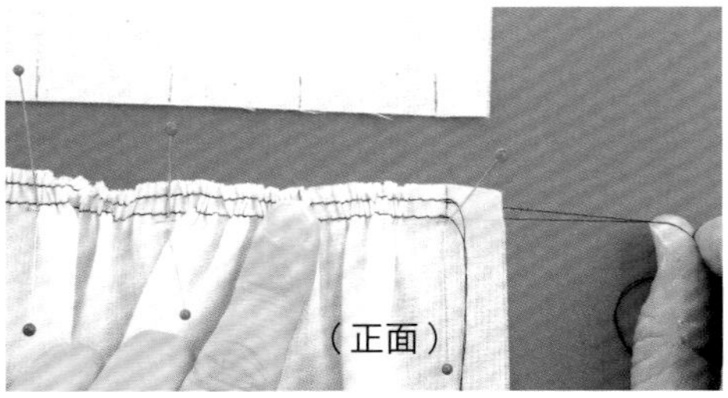
（正面）

5 放在熨燙台上，沿完成線上下固定珠針。搭配合印記號抽拉出相同長度，調節細褶分量。

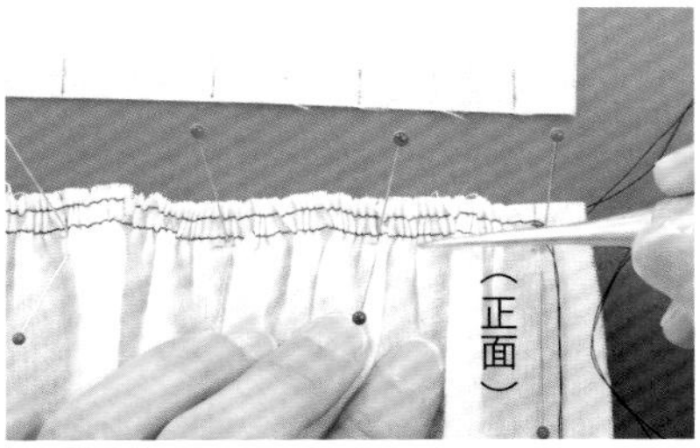
（正面）

6 以錐子均勻整理細褶。

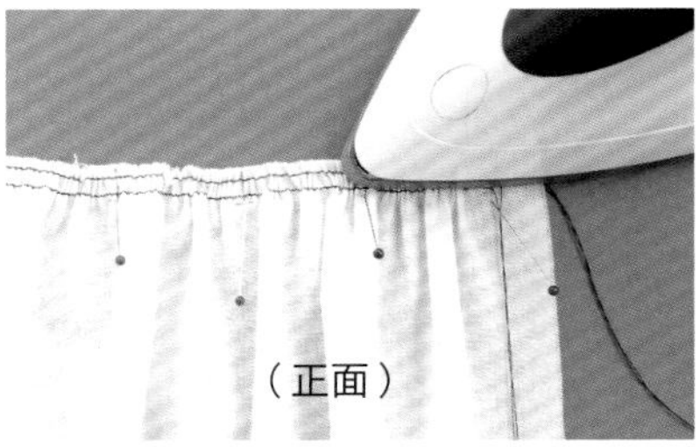
（正面）

7 拿掉上側的珠針，熨燙平整縫份處的細褶。

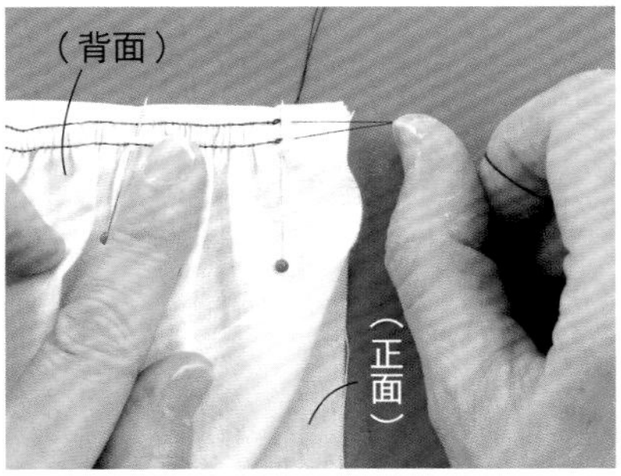
（背面）
（正面）

8 表布和細褶正面相對疊合，以珠針固定合印記號，仔細調整車縫的尺寸。

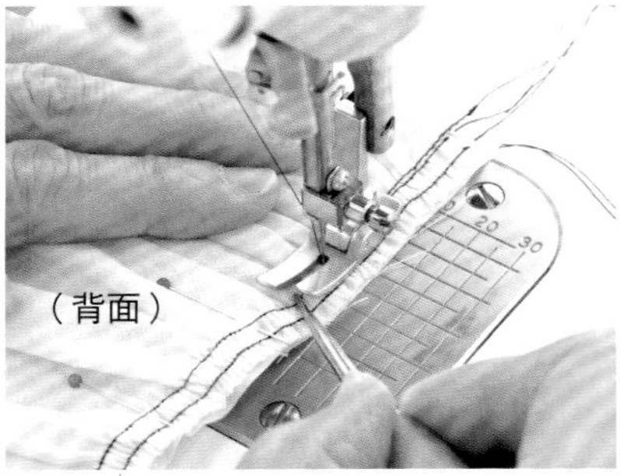
（背面）

9 避免車縫歪斜，使用錐子輔助完成線車縫。

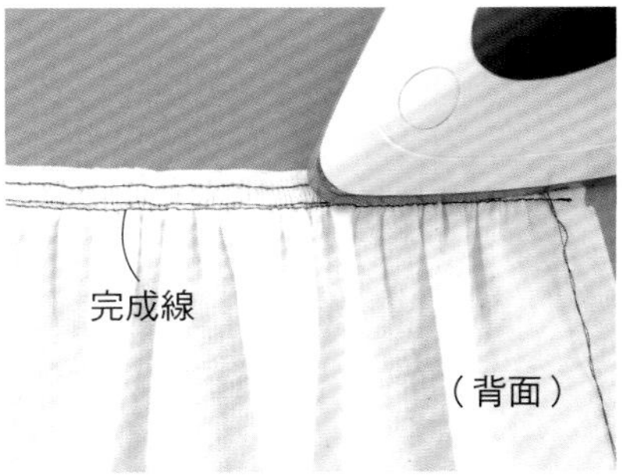
完成線
（背面）

10 縫份熨燙整理。

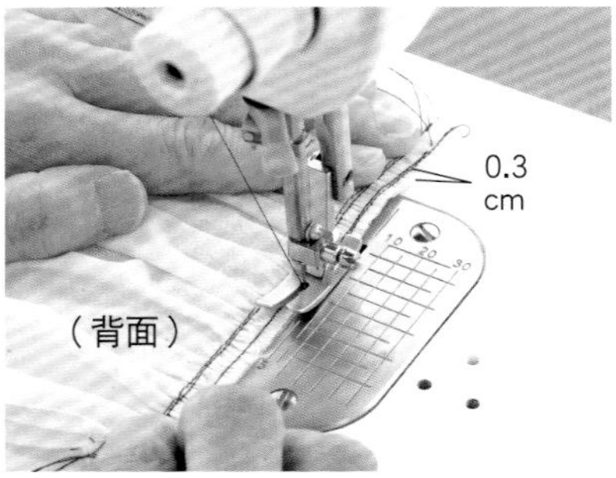
0.3
cm
（背面）

11 為固定縫份從邊端0.3cm處壓線車縫。

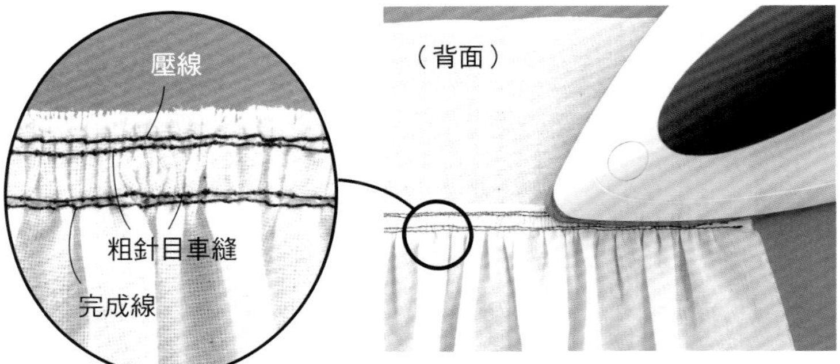
壓線
粗針目車縫
完成線
（背面）

12 縫份倒向上側。

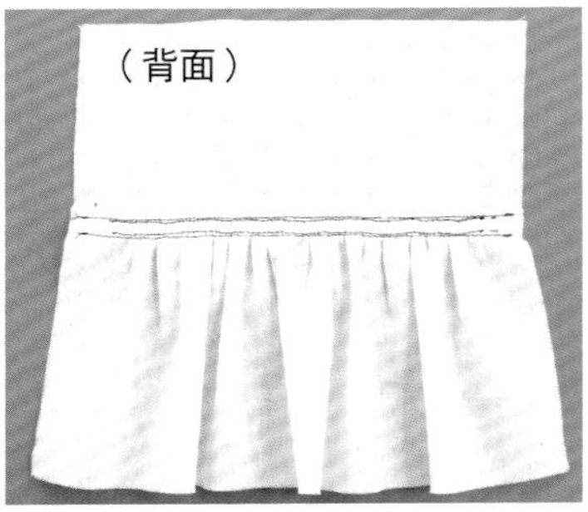
（背面）

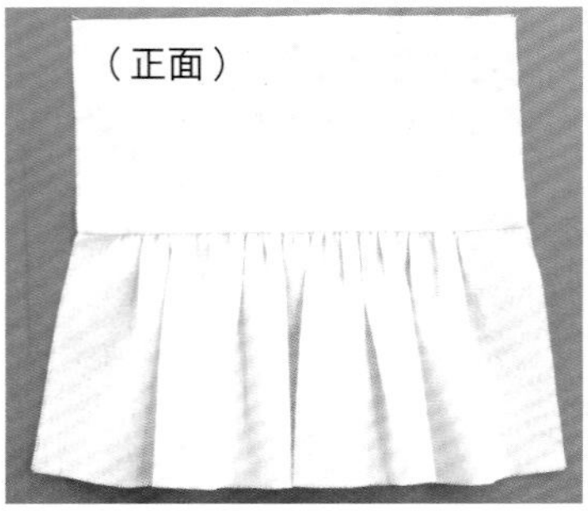
（正面）

完成

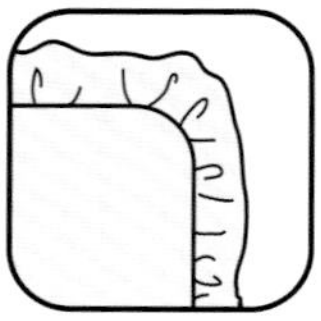

荷葉邊車縫方法

曲線接縫荷葉邊的車縫方法。避免荷葉邊接縫到曲線處時分量不夠，請務必確認保留多一點細褶分量。沿荷葉邊完成線上下側以粗針目縫線車縫製作。

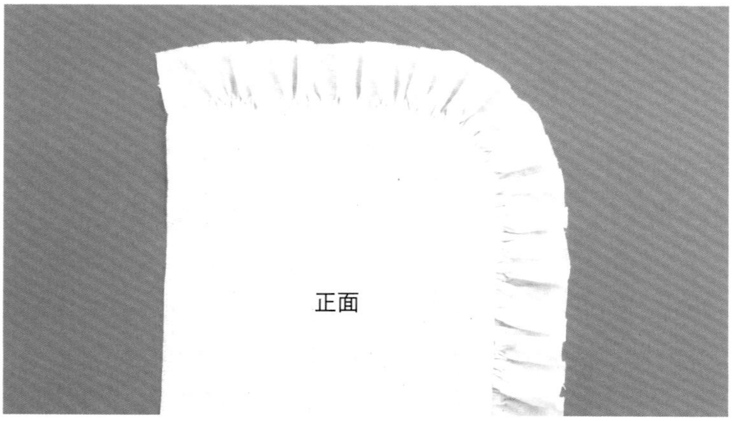
正面

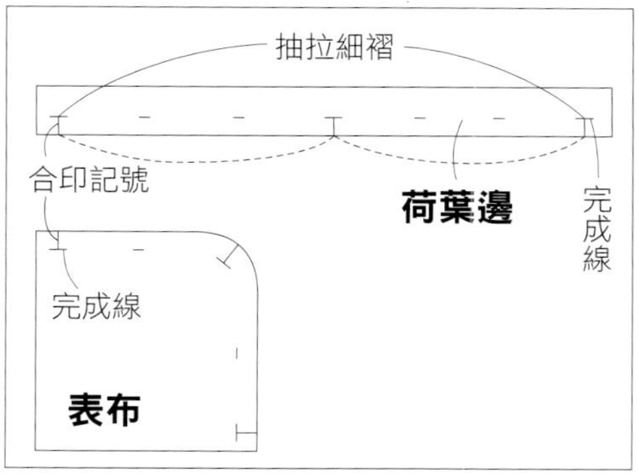
抽拉細褶
合印記號
荷葉邊
完成線
完成線
表布

1 裁剪布料，加上合印記號。

※上下縫線預留長一點開始車縫。

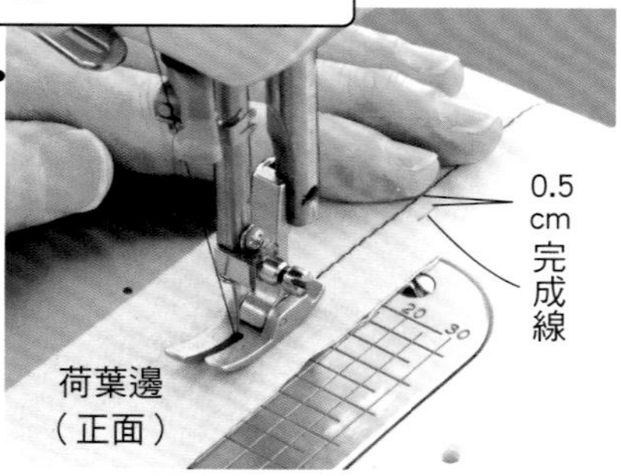
0.5
cm
完
成
線
荷葉邊
（正面）

2 完成線靠近縫份側0.5cm以粗針目車縫。

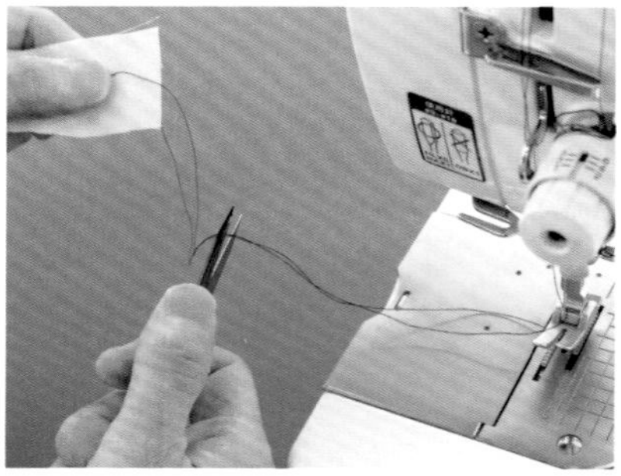

3 車縫完後預留長一些縫線後裁剪。

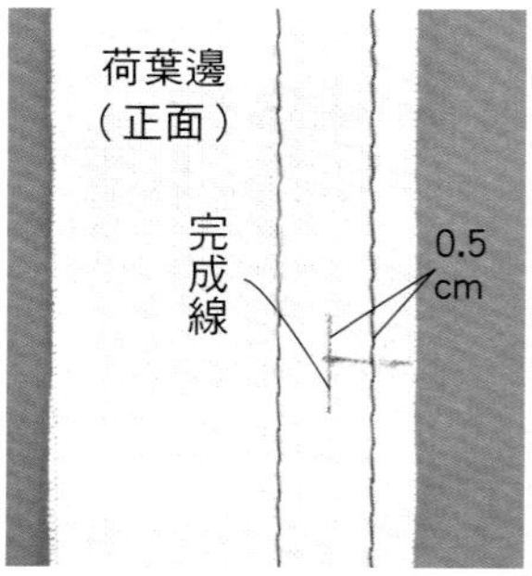
荷葉邊
（正面）
完
成
線
0.5
cm

4 沿完成線外側0.5cm以粗針目車縫。

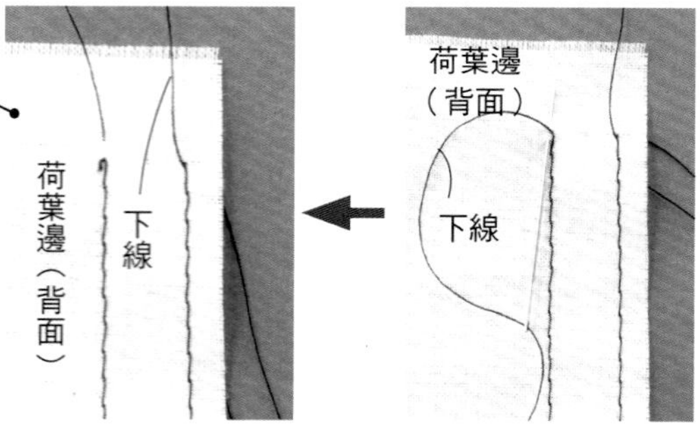
荷葉邊
（背面）
下線
荷
葉
邊
（背
面）
下
線

※下線半目回針縫，可以固定縫線，避免上下縫線脫落。

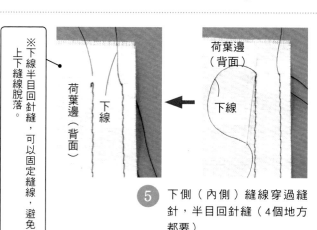

5 下側（內側）縫線穿過縫針，半目回針縫（4個地方都要）

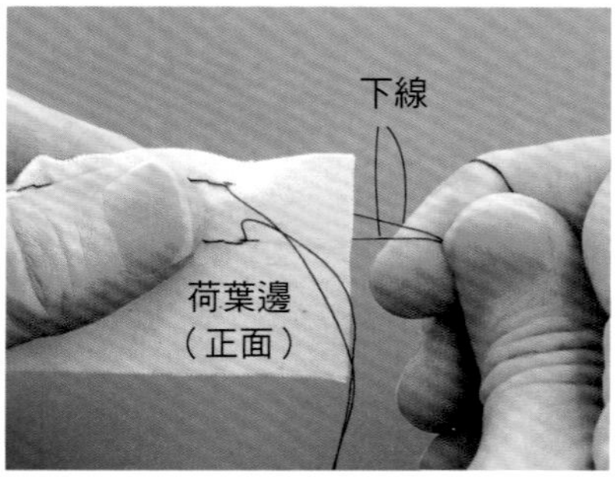
下線
荷葉邊
（正面）

6 抽拉下側2條縫線製作細褶。（一定要2條一起）

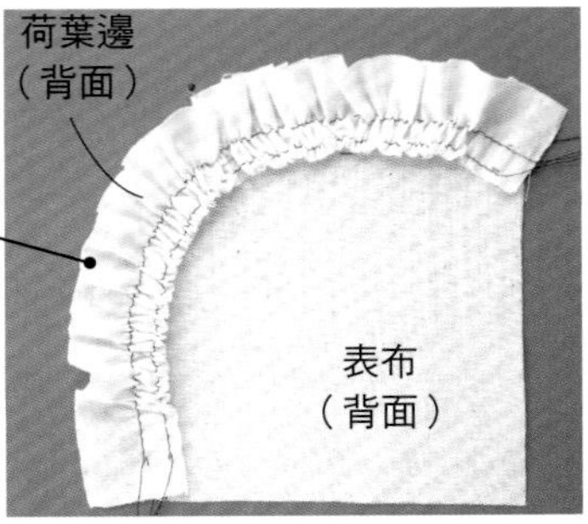
荷葉邊
（背面）
表布
（背面）

7 依照尺寸大約抽拉細褶。

※沿表布完成線重疊荷葉邊，確認尺寸是否合適。

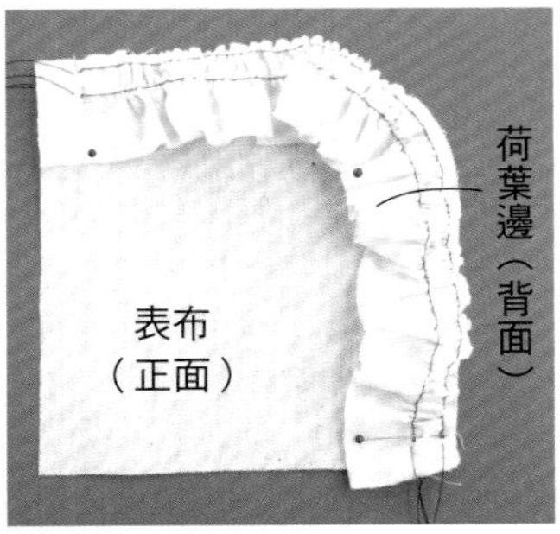
荷葉邊（背面）
表布
（正面）

8 表布和荷葉邊正面相對疊合，加上合印記號。

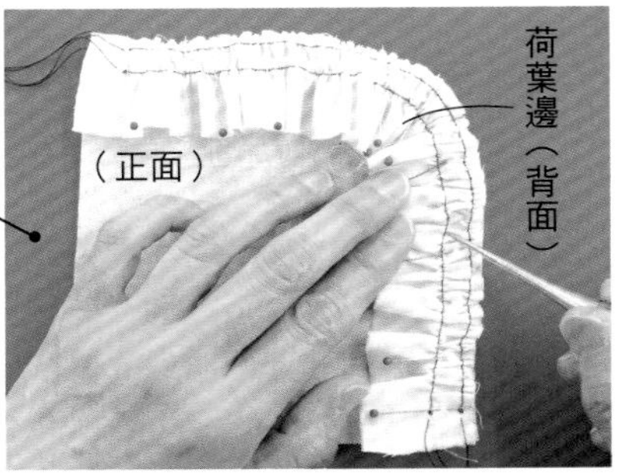
荷葉邊（背面）
（正面）

9 配合車縫尺寸各自抽拉兩條縫線，調整荷葉邊細褶分量。

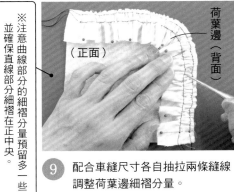

※注意曲線部分的細褶分量預留多一些，並確保直線部分細褶在正中央。

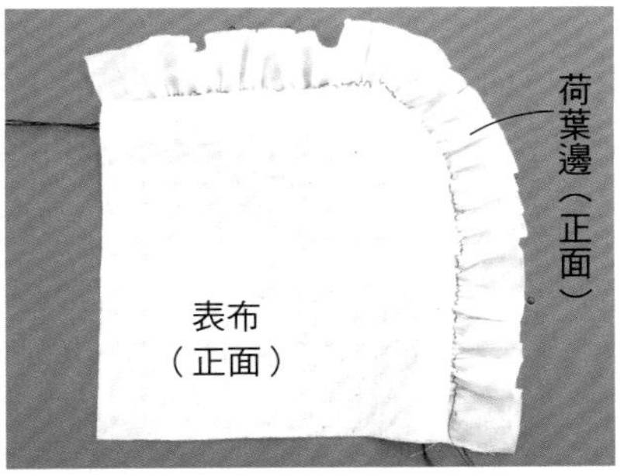
荷葉邊（正面）
表布
（正面）

10 珠針不要拔下，翻至正面，確認曲線部分的細褶分量是否足夠。

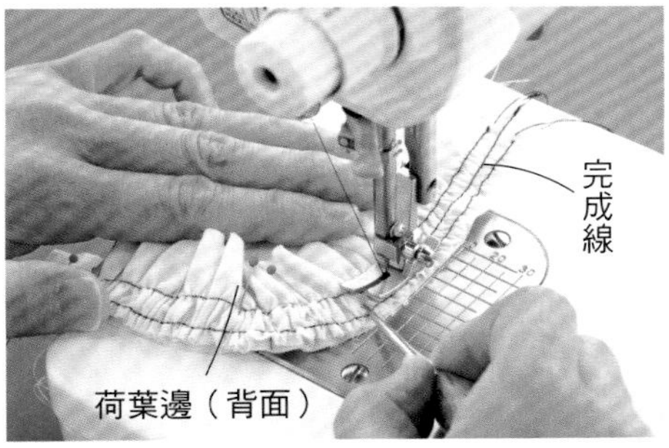
完成線
荷葉邊（背面）

11 避免細褶歪斜，使用錐子輔助，車縫完成線。（先將縫份處的細褶燙平，會比較好車縫。）

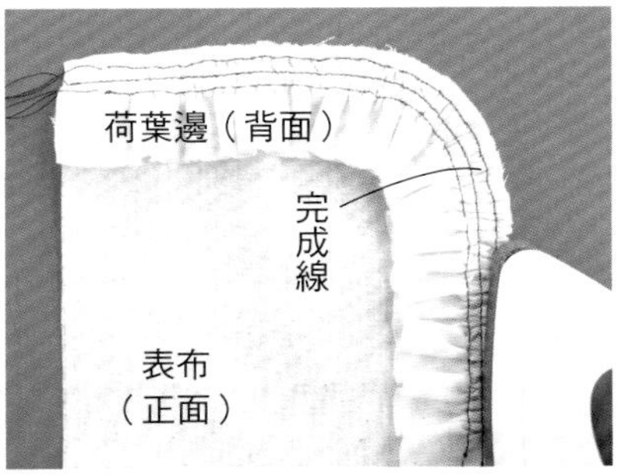
荷葉邊（背面）
完成線
表布
（正面）

12 熨燙縫份。

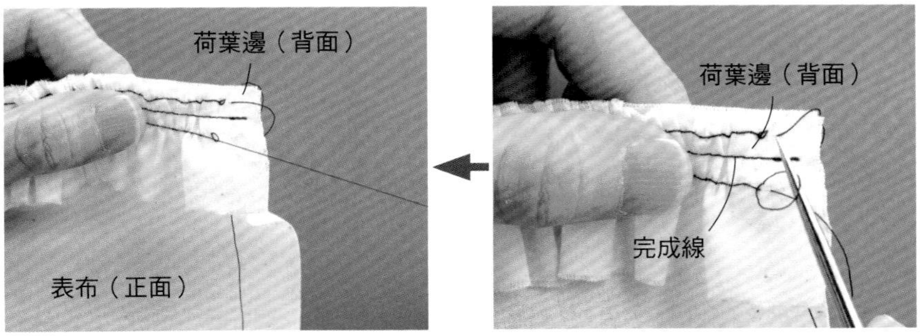
荷葉邊（背面）
完成線
荷葉邊（背面）
表布（正面）

13 拆下完成線內側的粗針目車縫線。

※請包夾厚紙熨燙，可以避免燙痕和製作出完整弧度。

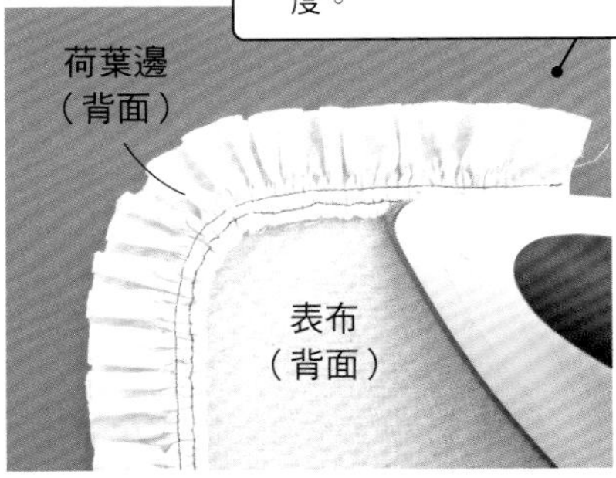
荷葉邊
（背面）
表布
（背面）

14 縫份倒向表布側，注意只需要熨燙縫份處的細褶。

若使用針孔會很明顯的布料

完成線外側粗針目車縫2條縫線。

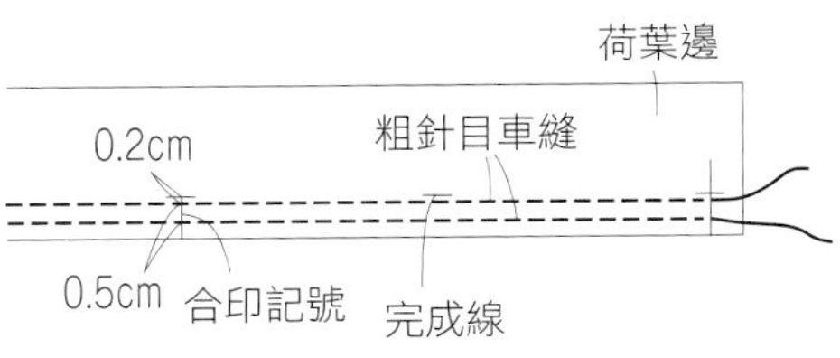
荷葉邊
0.2cm
粗針目車縫
0.5cm
合印記號
完成線

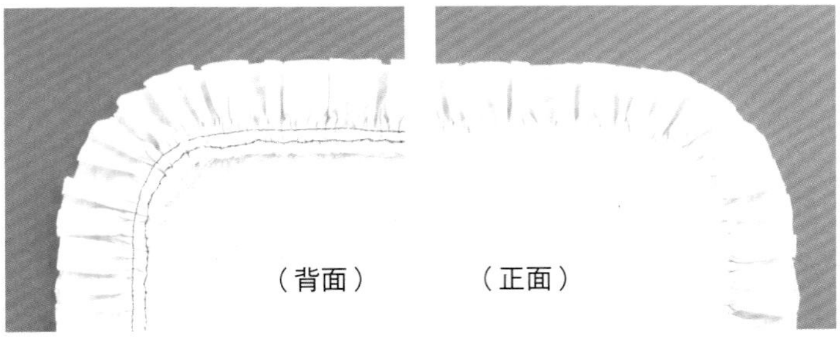
（背面）
（正面）

完成

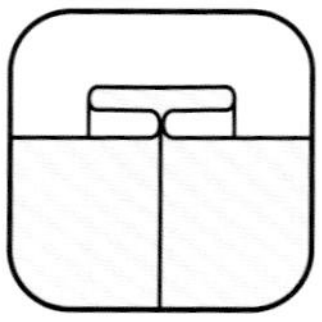

活褶車縫方法

設計了止縫點的活褶，將減少穿著時的對布料的負擔，以下將介紹兩種作法。

車縫方法1

車縫方法2

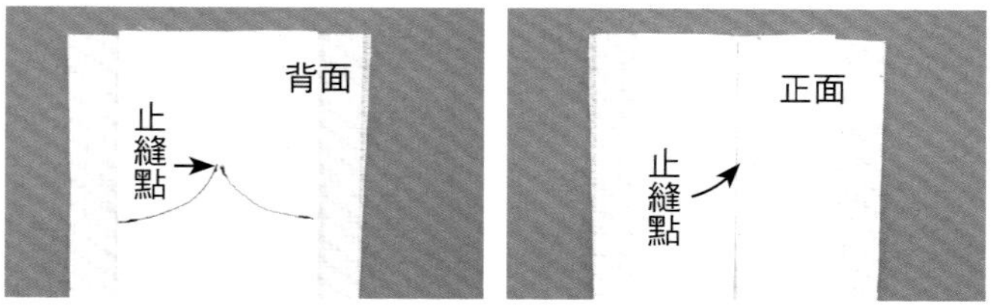

車縫方法1

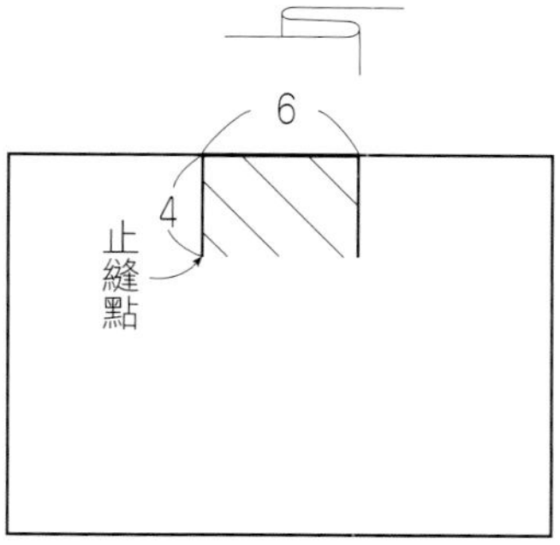

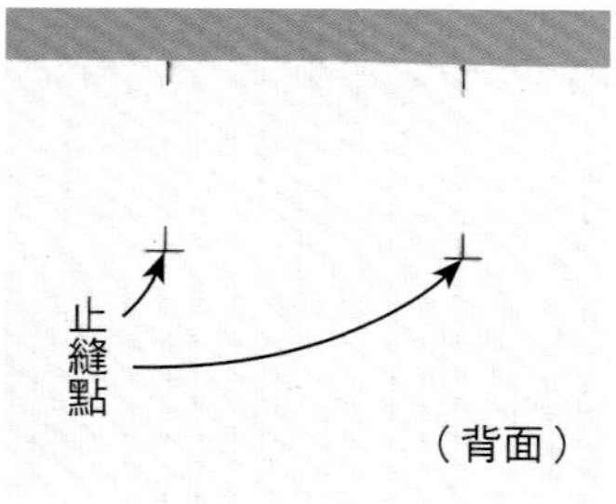

1 標記活褶的始縫與止縫點。

※若是無法標示記號的布料，可用線疏縫或使用有曲線的紙型。

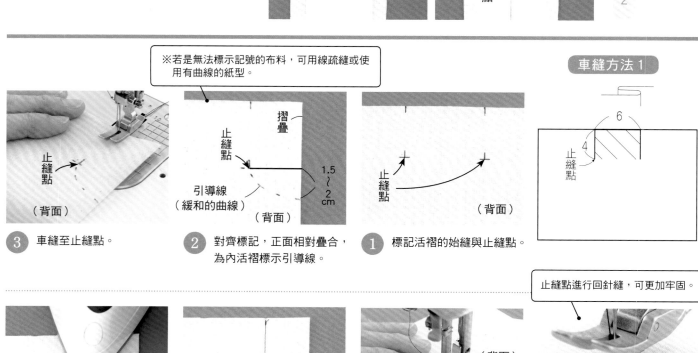

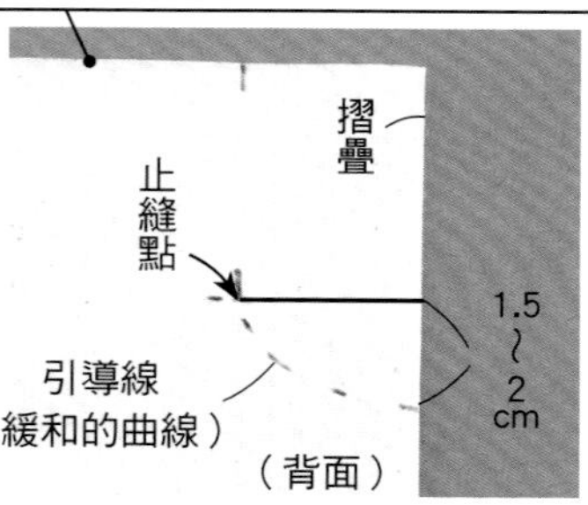

2 對齊標記，正面相對疊合，為內活褶標示引導線。

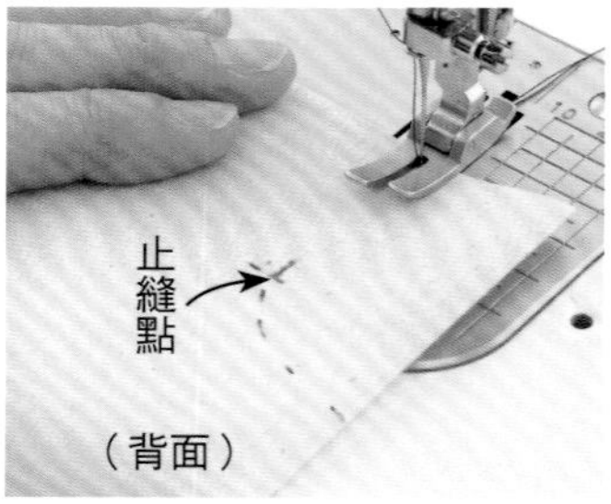

3 車縫至止縫點。

止縫點進行回針縫，可更加牢固。

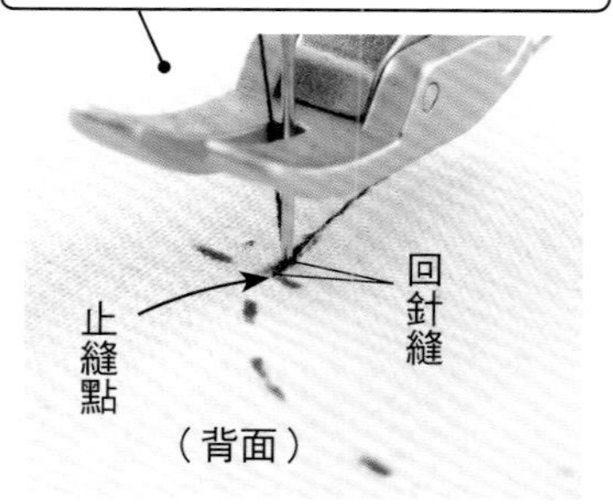

4 車縫至止縫點後進行回針縫。

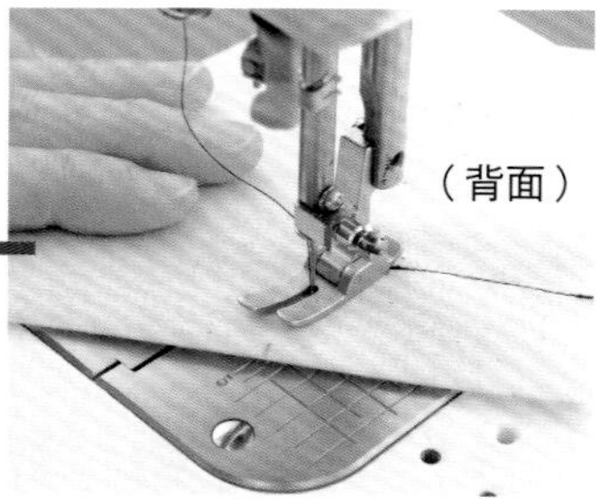

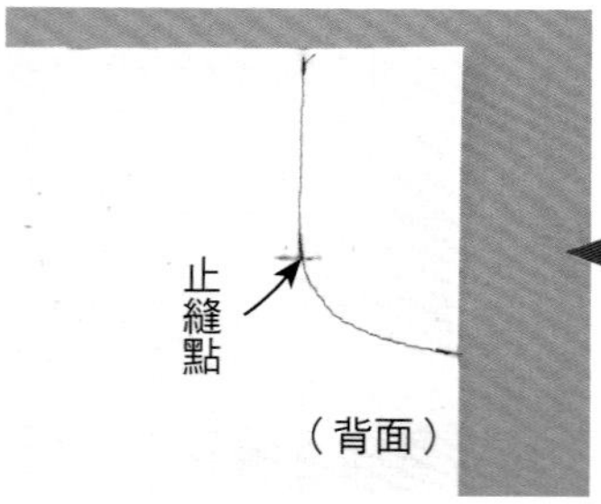

5 在止縫點後沿著引導線的曲線進行車縫。

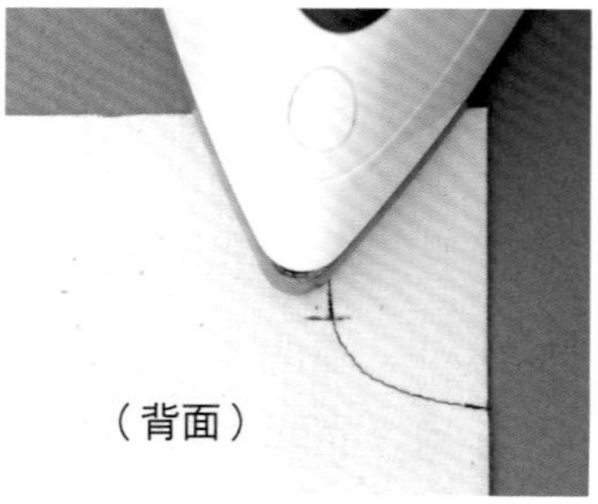

6 整燙縫線。

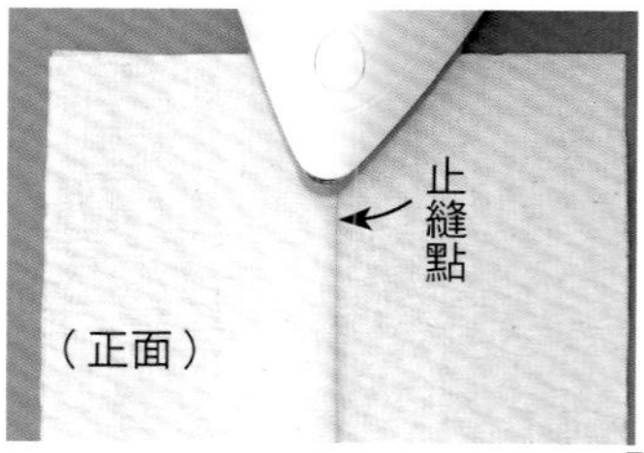

7 熨燙至活褶的止縫點，於熨燙時可以於上方加上墊布，避免汙損。

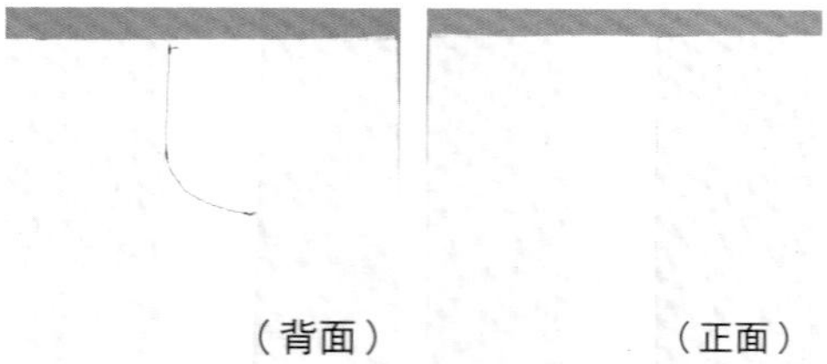

完成

車縫方法2

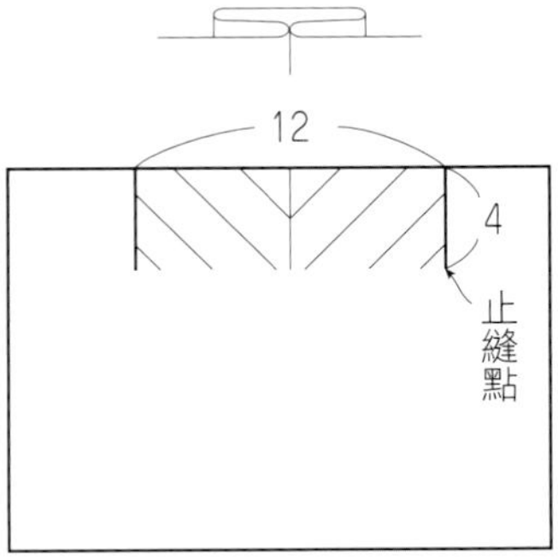

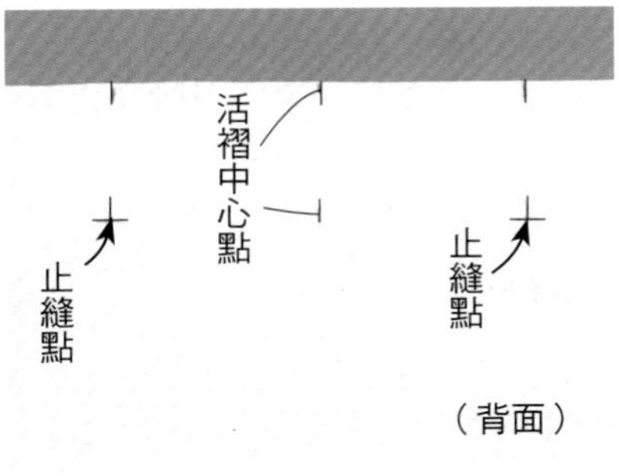

1 活褶始縫和止縫點、和中心點作上合印記號。

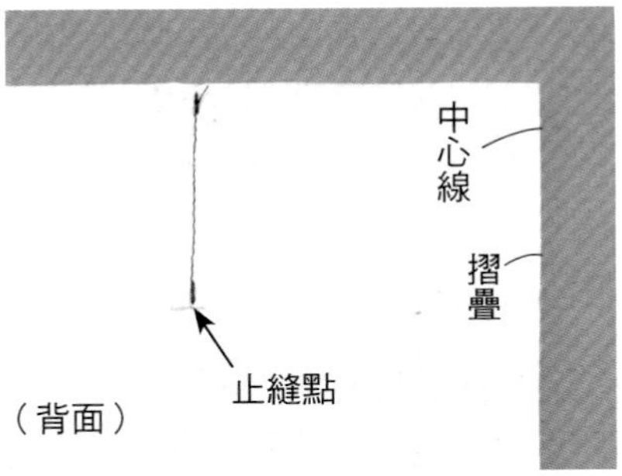

2 沿合印記號正面相對摺疊，車縫至止縫點。熨燙縫線使其安定。

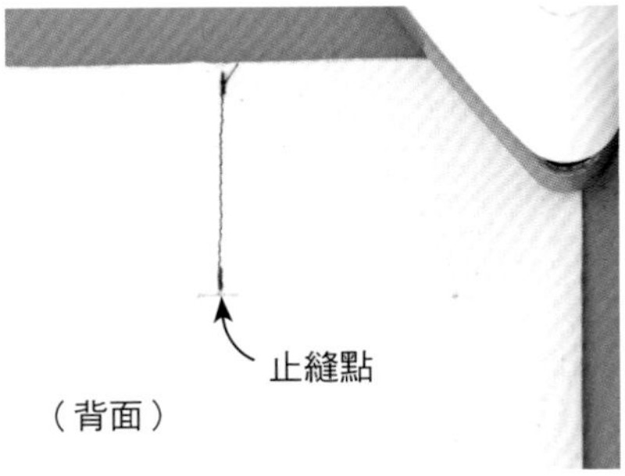

3 褶山（活褶中心線）熨燙製作記號。

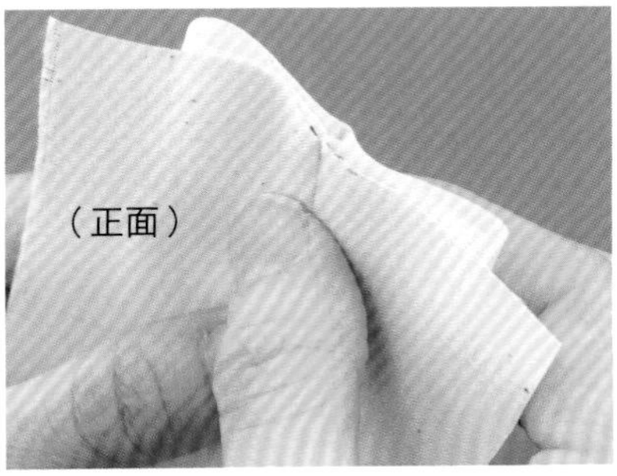

4 燙開縫份，對齊中心線摺疊活褶。

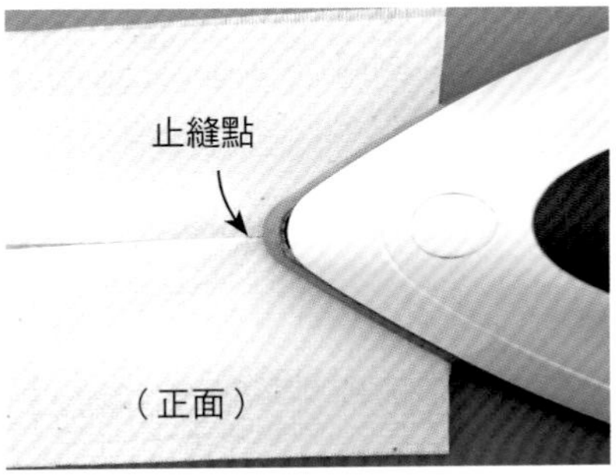

5 車縫至止縫點。

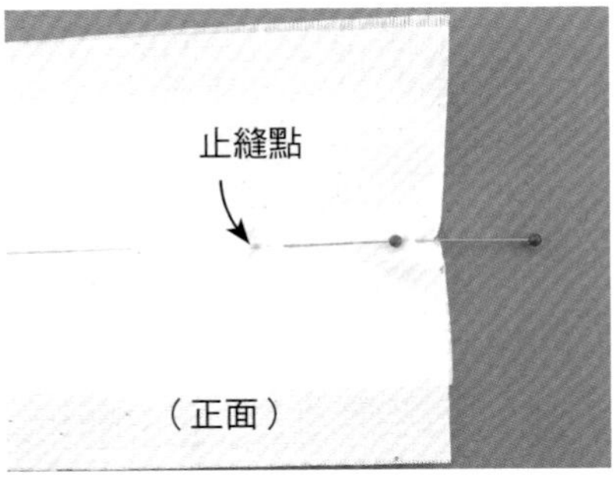

6 注意左右活褶位置，對齊縫線和中心線，以珠針固定。

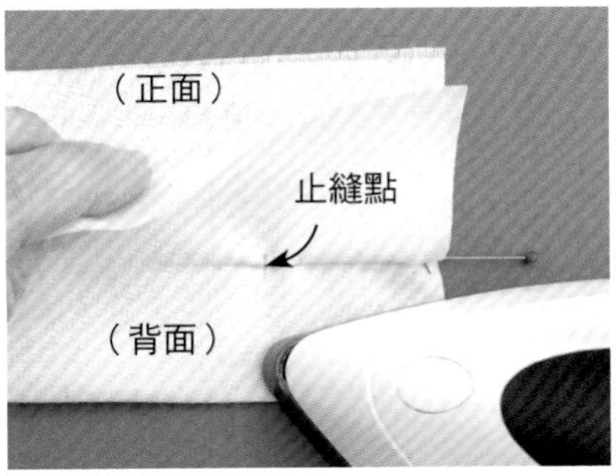

7 內活褶熨燙至止縫點前側（另一邊也一樣）。

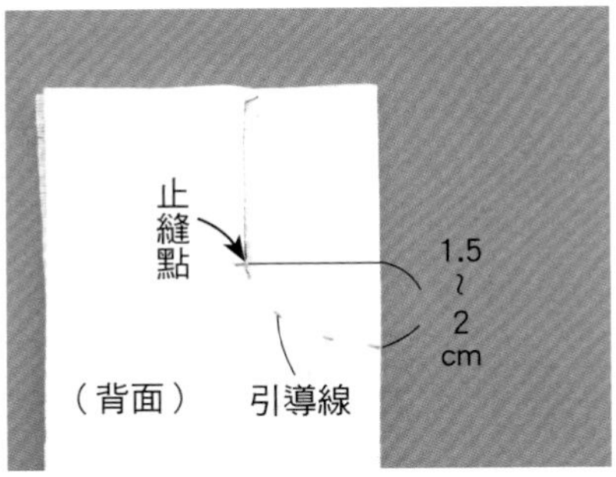

8 依內活褶熨燙引導線作上記號。

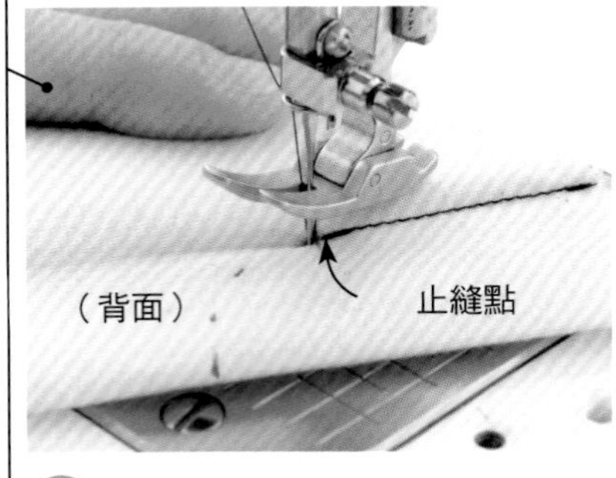

9 從止縫點空一針後插入縫針，對照引導線車縫曲線。

※車縫止縫點下側的曲線，可以減輕布料一開始就從止縫點車縫的壓力。

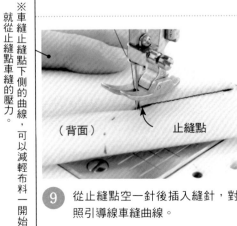

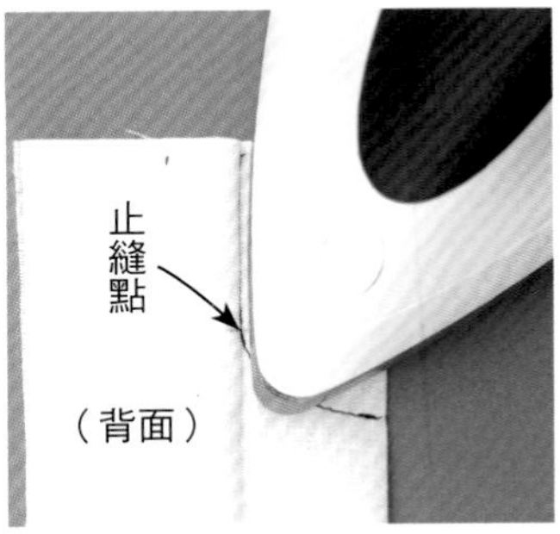

10 依步驟9使用熨斗熨燙縫線使其安定。

※另一側也依相同方法處理。

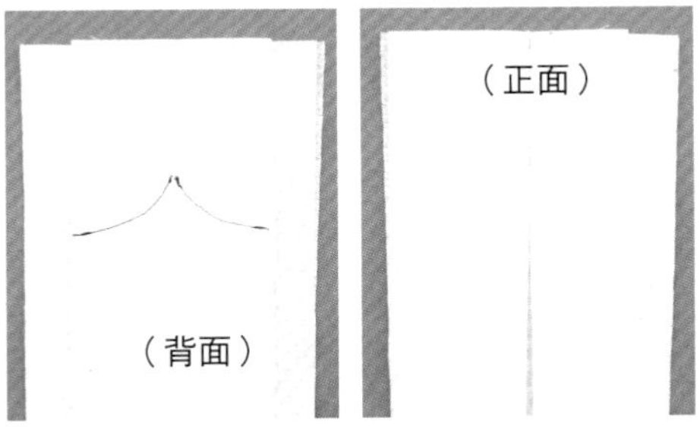

完成

副料縫製方法

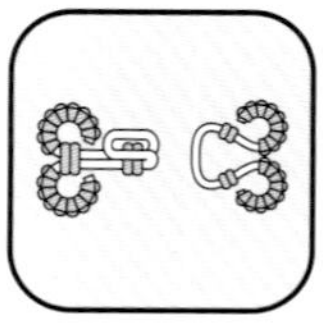

小鉤釦縫製方法

通常使用在連身裙、裙子拉鍊上方、或是夾克等款式。先找到鉤釦位置固定會比較容易縫上。

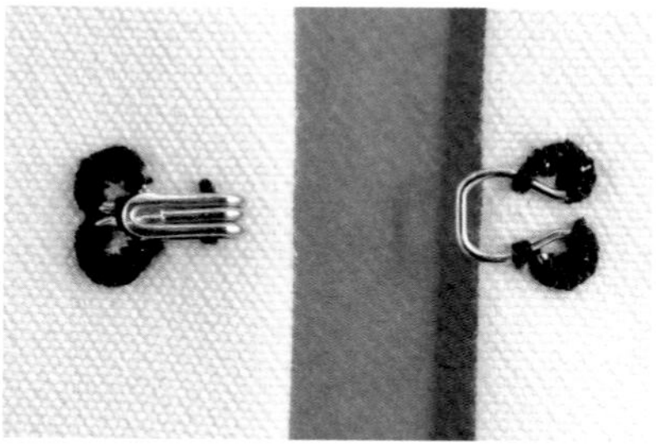

小鉤釦縫製位置

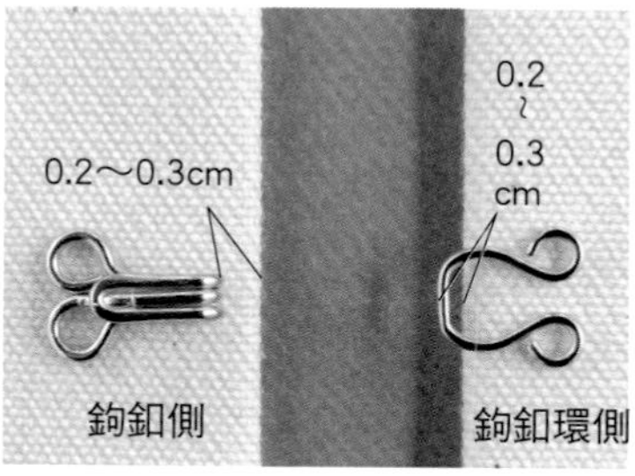
0.2～0.3cm
0.2
~
0.3
cm
鉤釦側
鉤釦環側

鉤釦側

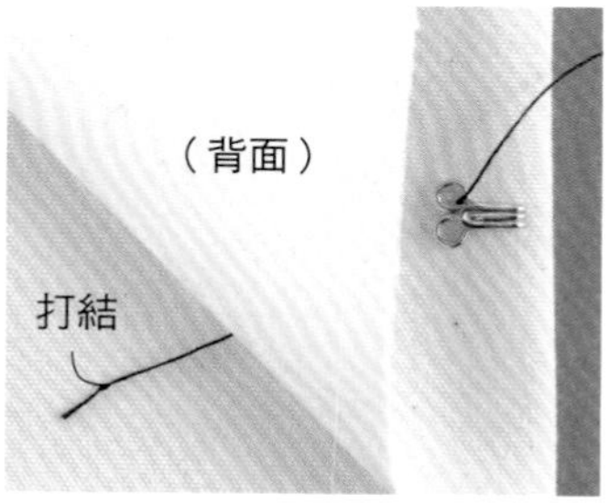
（背面）
打結

1 從內側鉤釦孔背面穿出縫線。

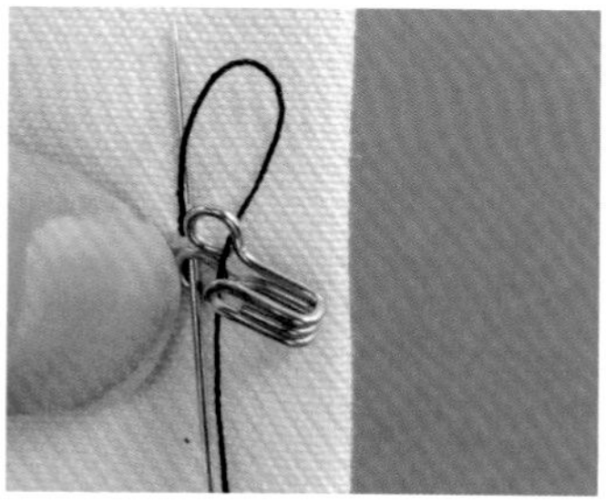

2 穿過兩個鉤釦孔中。

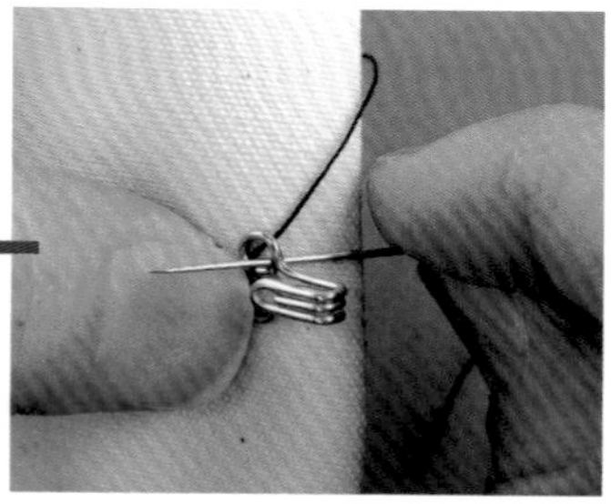

3 上孔穿入縫針，再穿入下孔之間。

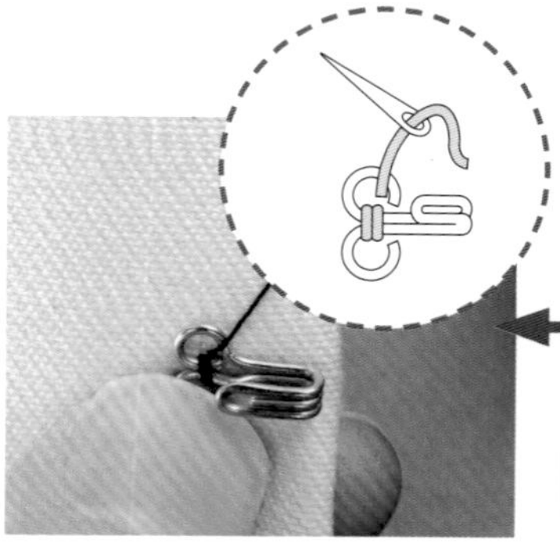

鉤釦固定位置。

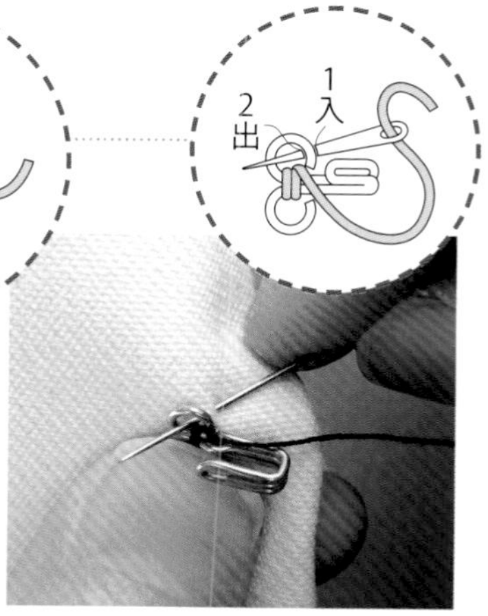
1
入
2
出

4 從孔外向孔內側穿針。

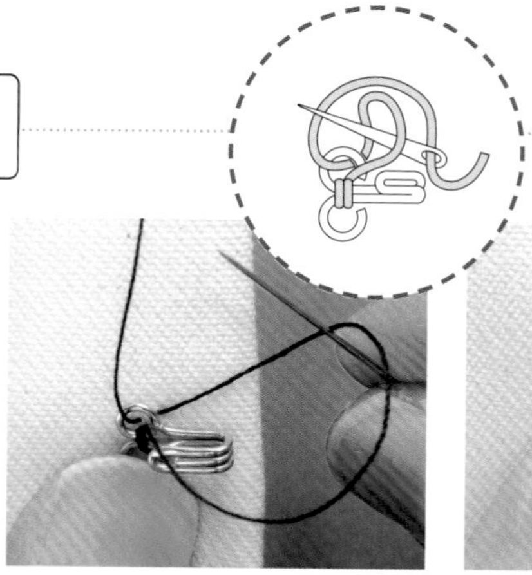

5 再拉縫線之前，從線環下側開始穿過上側後拉縫線。

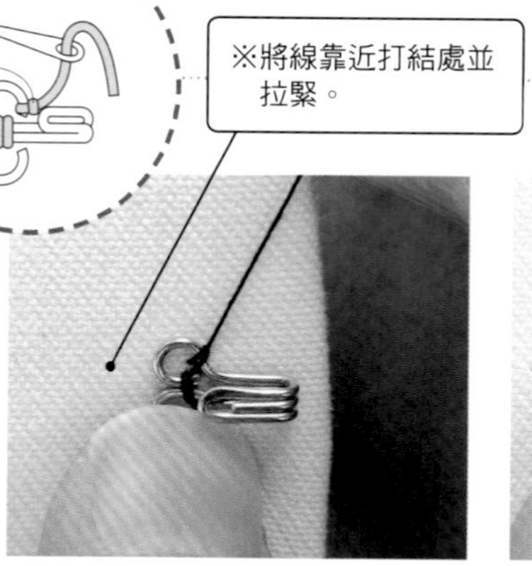
※將線靠近打結處並拉緊。

6 壓住靠近打結側的縫線後拉緊縫線。

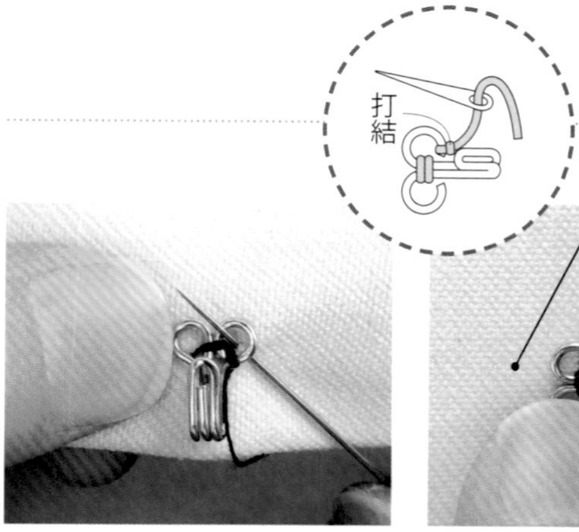
打
結

7 依照步驟 4 至 6 縫製一圈。

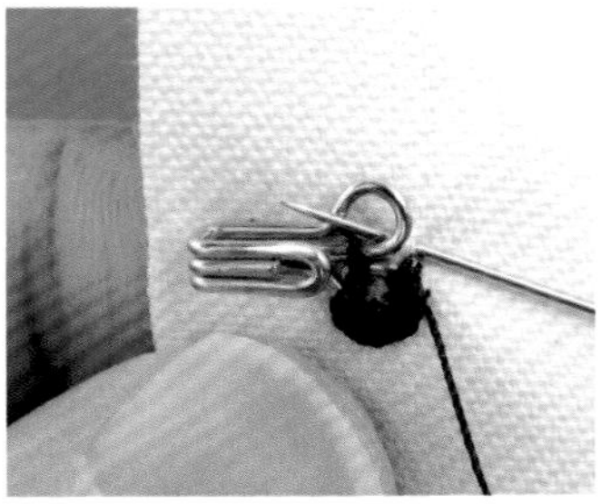

8 另一側也依相同方法製作。

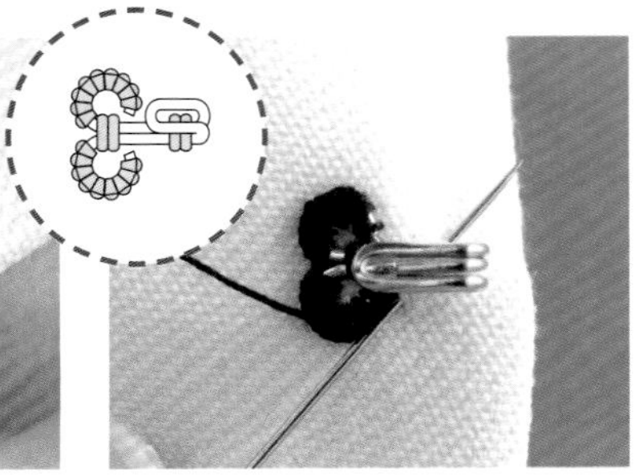

9 縫製完成後縫針穿過鉤釦前側。

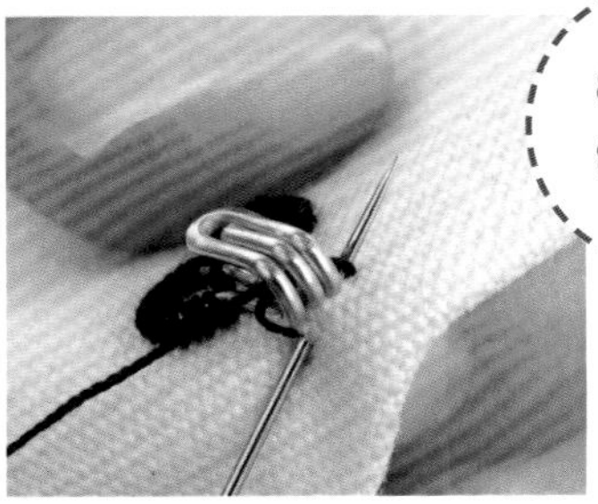

10 穿過鉤釦前側2次固定。

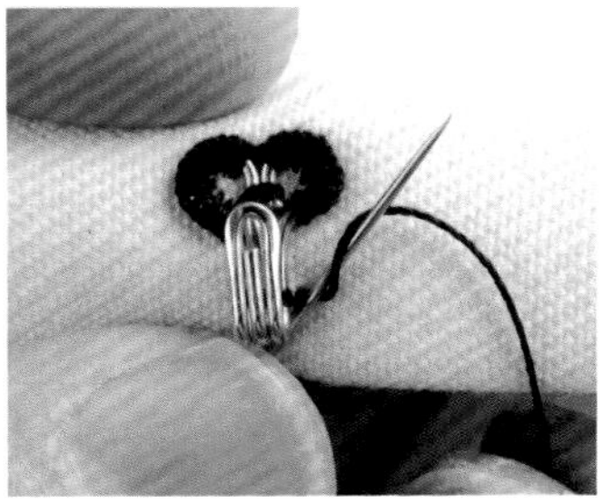

11 打結。

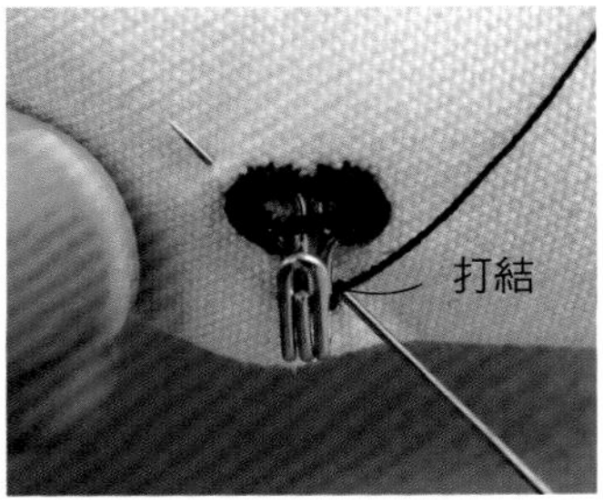

12 從打結處穿針，再如圖所示由遠側出針。

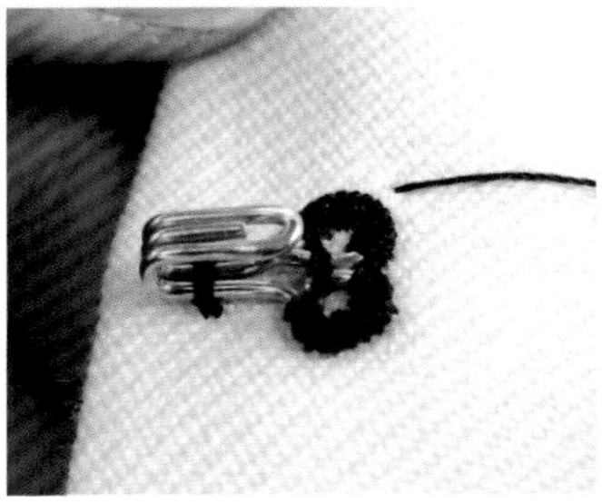

13 壓住布料，拉緊縫線，將打結拉進布料內側。

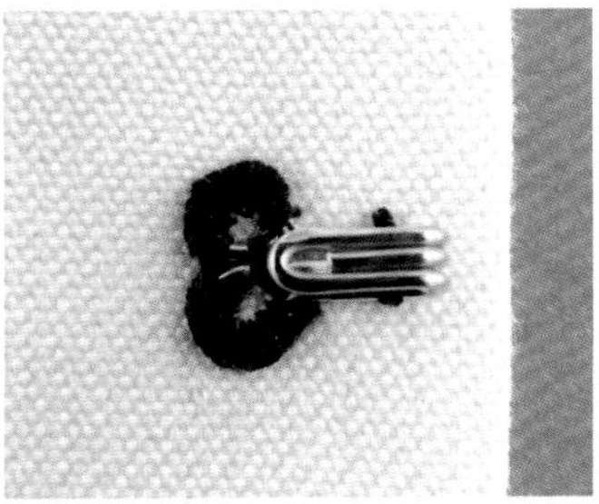

完成

裁剪多餘縫線，完成。

鉤釦環側

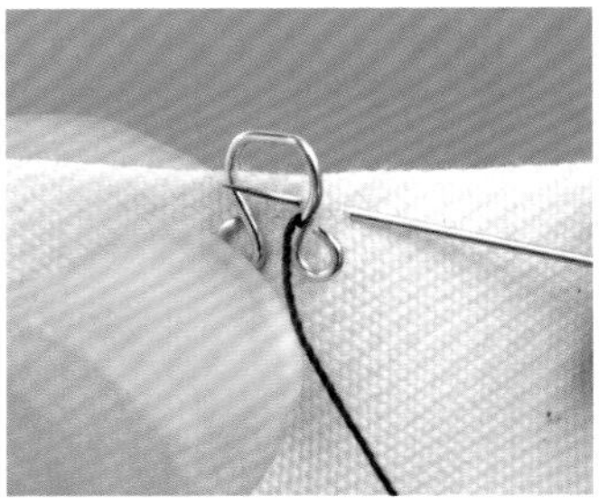

1 從背面鉤釦環內側開始出針，沿著鉤釦環孔連著布料縫製兩次固定。

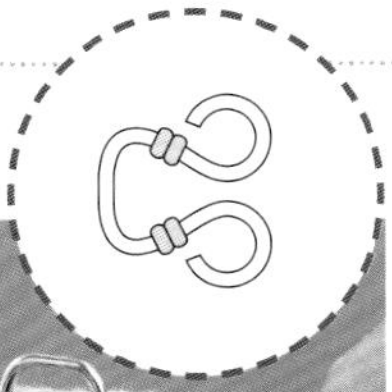

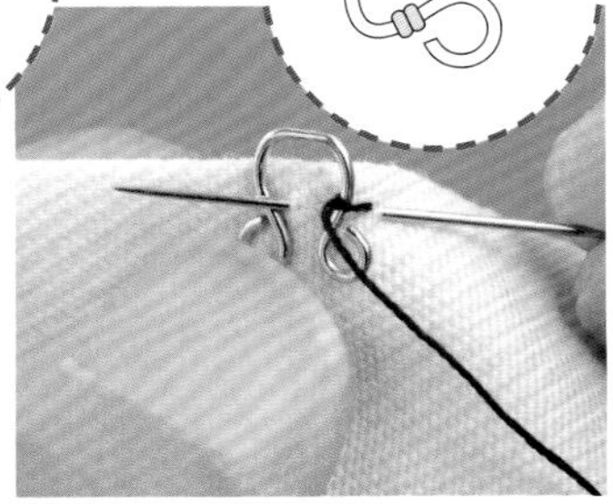

2 另一側鉤釦環孔也依相同方法製作。

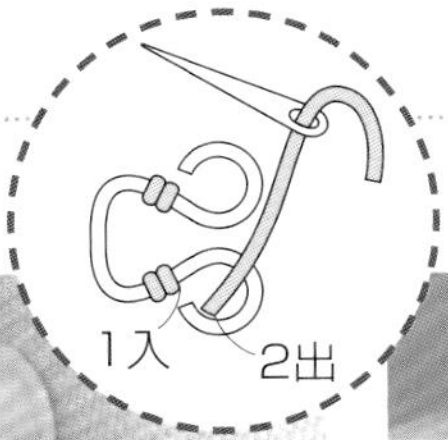

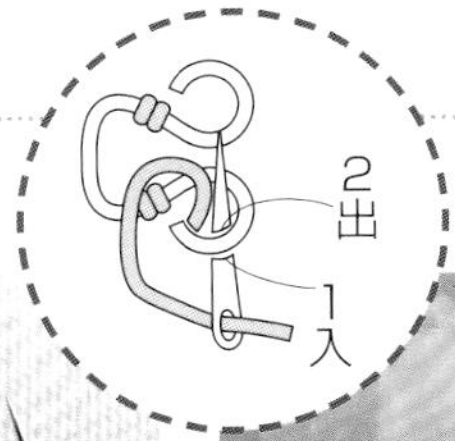

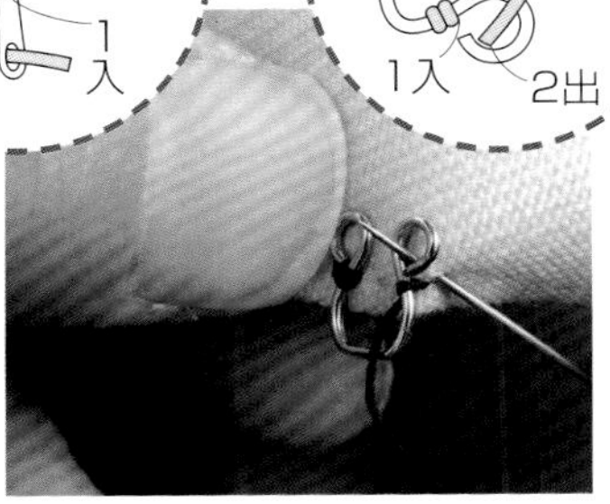

3 縫針由內側穿入，再由孔外側往內側穿入。

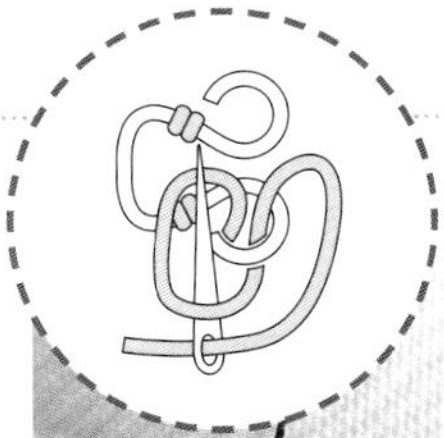

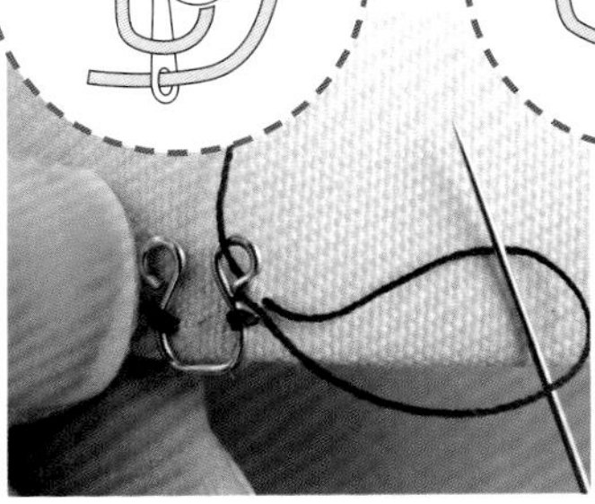

4 縫線拉出之前，縫針從線環下側開始穿過上側後，在孔外側打結後拉緊縫線。

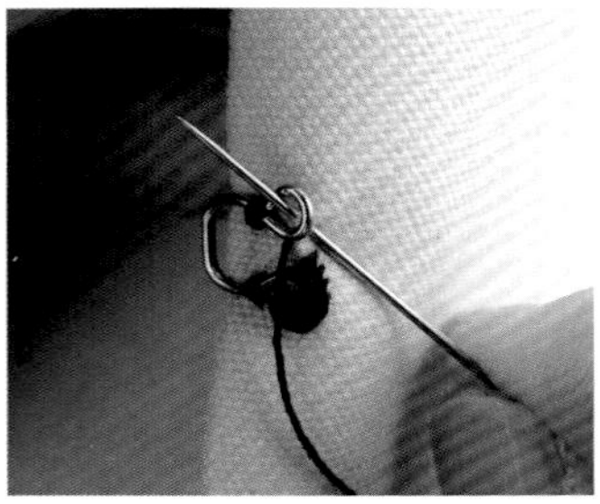

5 依照步驟3至4另一側也依相同方法縫製。

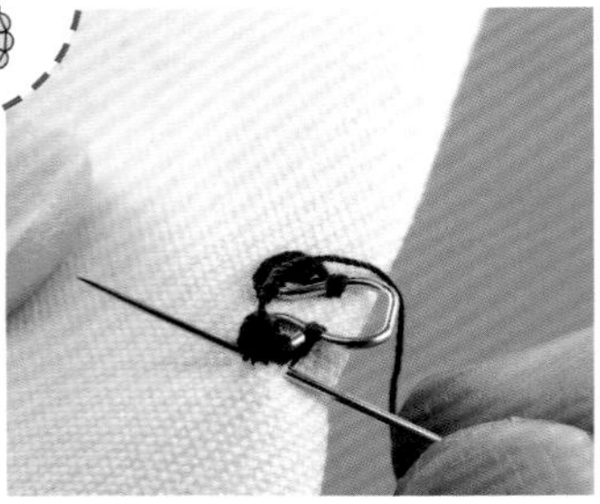

6 縫製完成後縫針穿過鉤釦環孔拉出。

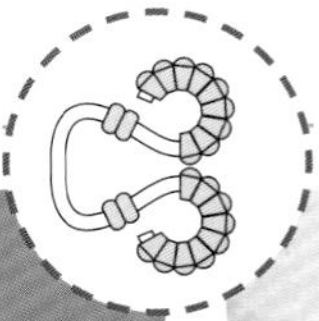

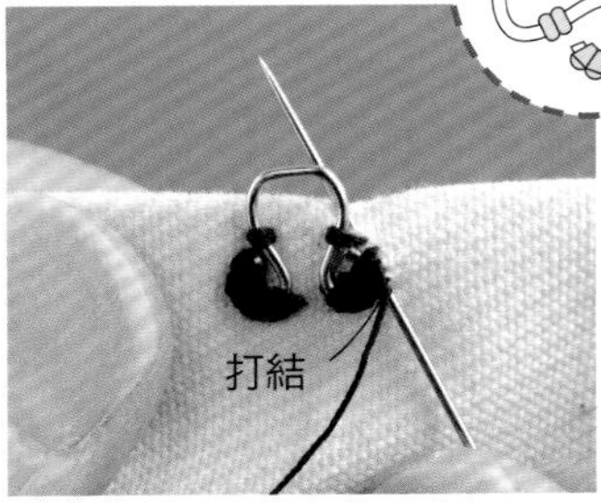

7 打結，將打結拉進布料內側。

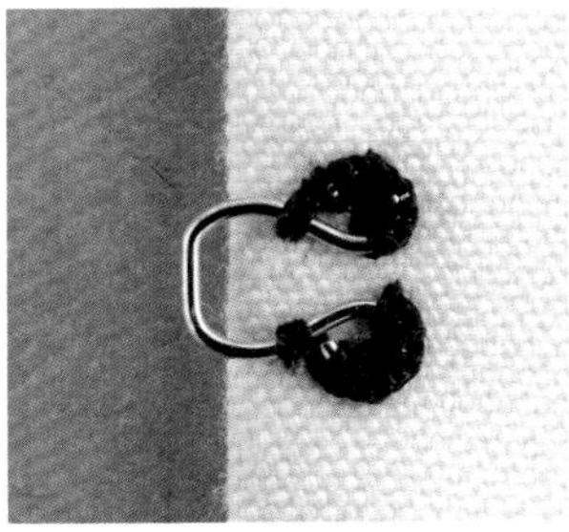

完成

裁剪多餘縫線，完成。

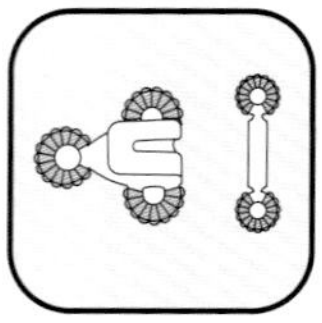

大鉤釦縫製方法

裙子或褲子腰頭常常使用的縫製方法，請注意這種鉤釦必須有重疊份才能使用。

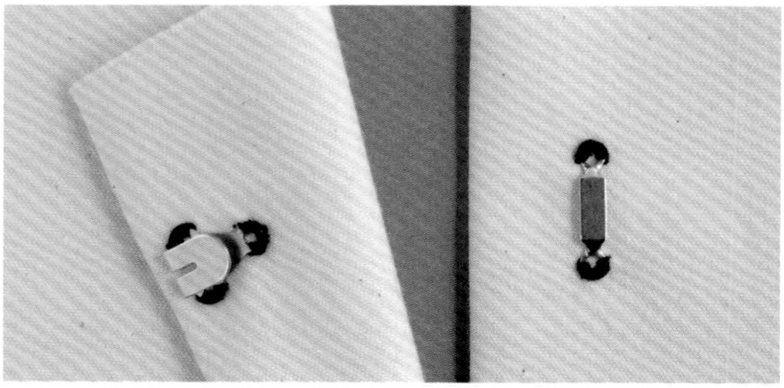

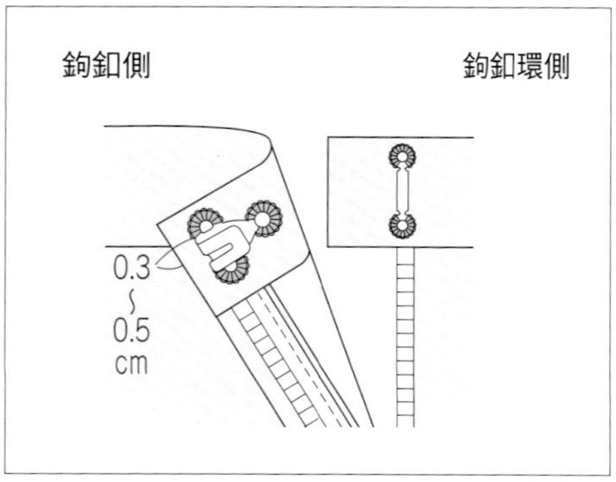
鉤釦側
鉤釦環側
0.3
～
0.5
cm

大鉤釦縫製位置（腰帶）

首先決定鉤釦的位置，配合鉤釦決定釦環的位置。

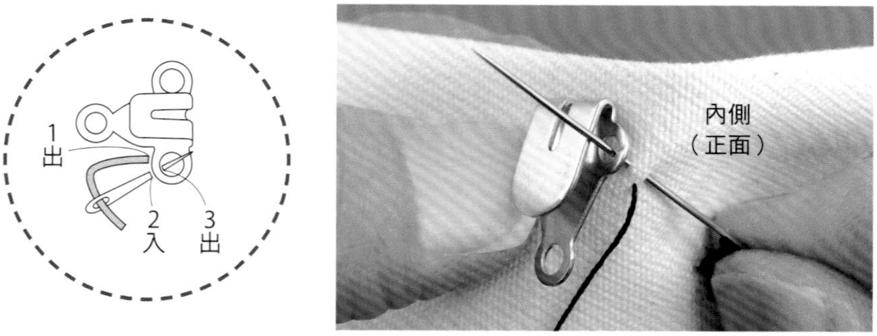
1
出
2
入
3
出
內側
（正面）

鉤釦環側

1 從布料背面鉤釦外側拉出縫線，再從孔外側往內側穿針。

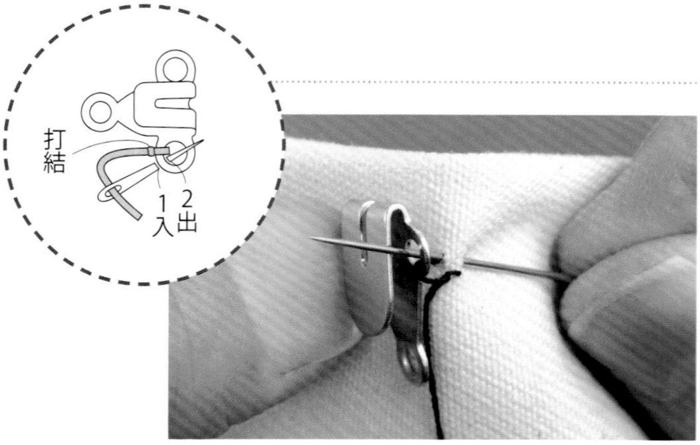
打結
1
入
2
出

3 重複步驟 1 至 3 後即完成。

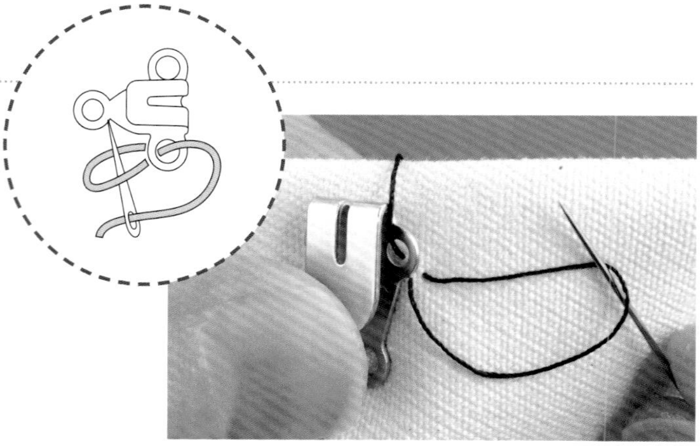

2 縫線全部拉出之前，從線環下往上穿過縫針，沿鉤釦外側並排般打結後拉緊縫線。

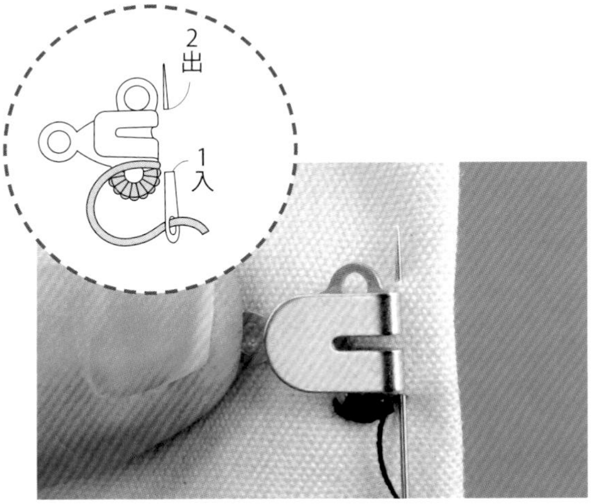

4 完成一個鉤釦孔後，將縫針穿過對面鉤釦孔外側。

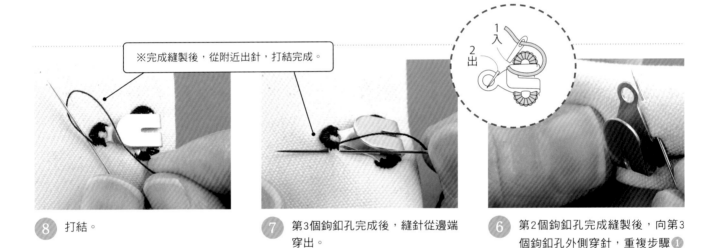

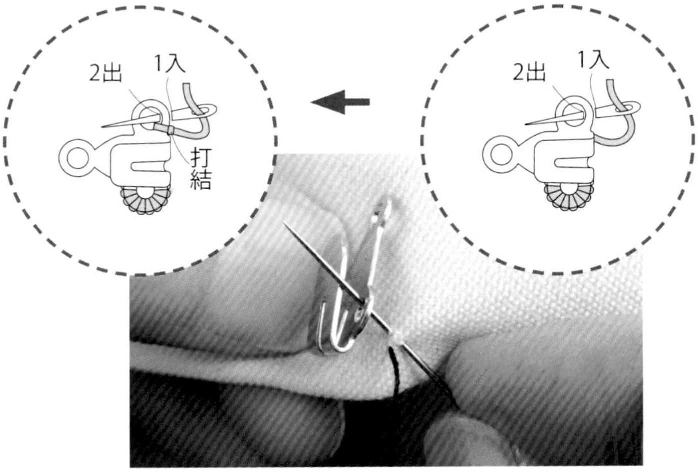

5 從孔外側往內側穿針，重複步驟❶至❷後即完成。

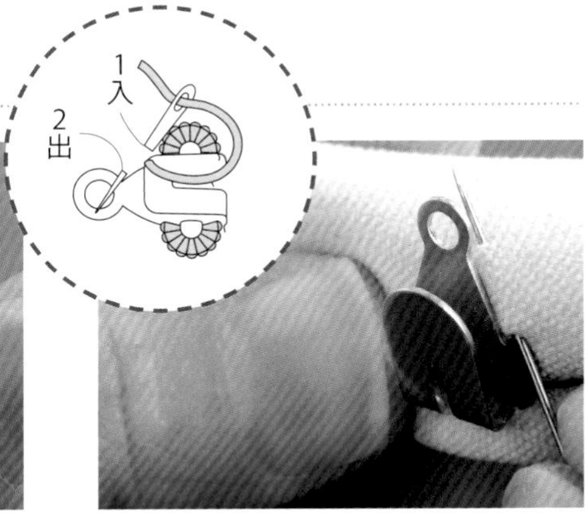

6 第2個鉤釦孔完成縫製後，向第3個鉤釦孔外側穿針，重複步驟❶至❷後即完成。

※完成縫製後，從附近出針，打結完成。

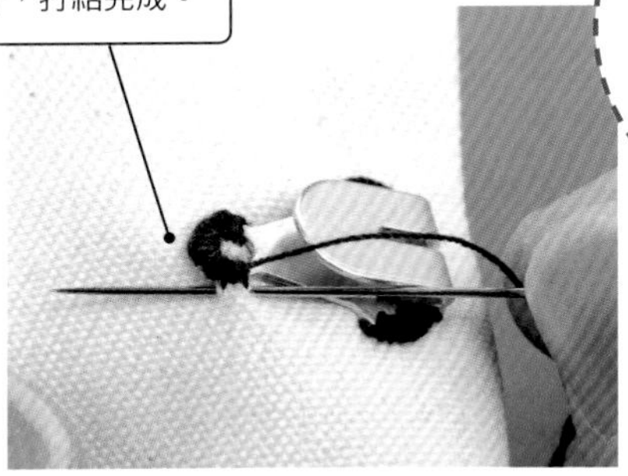

7 第3個鉤釦孔完成後，縫針從邊端穿出。

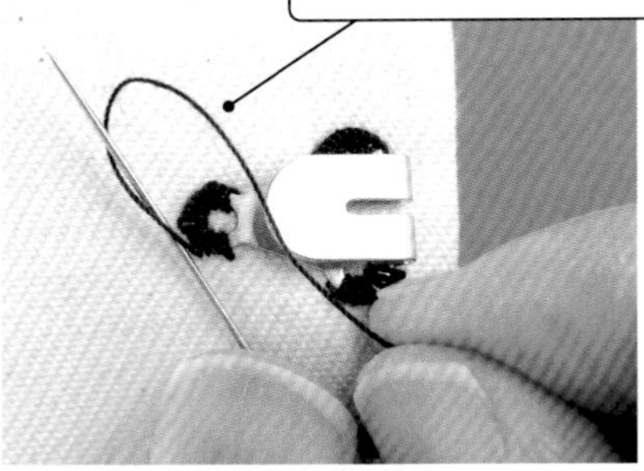

8 打結。

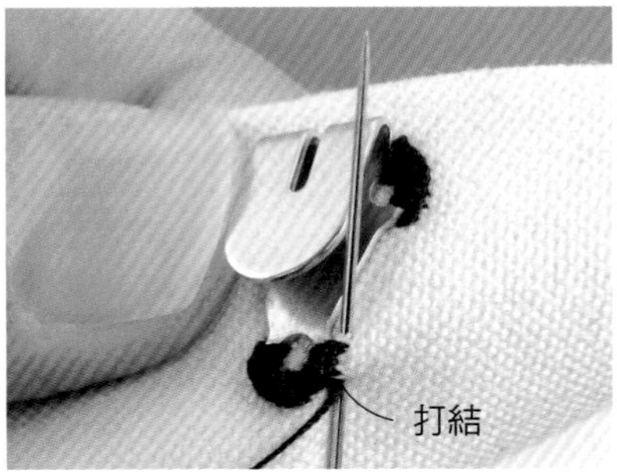

9 打結後，從附近插針後再出針。

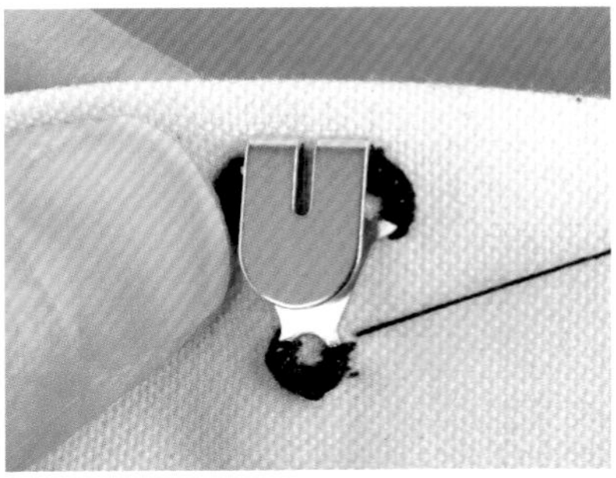

10 手指緊壓打結處，拉緊縫線，將打結拉進布料內側。

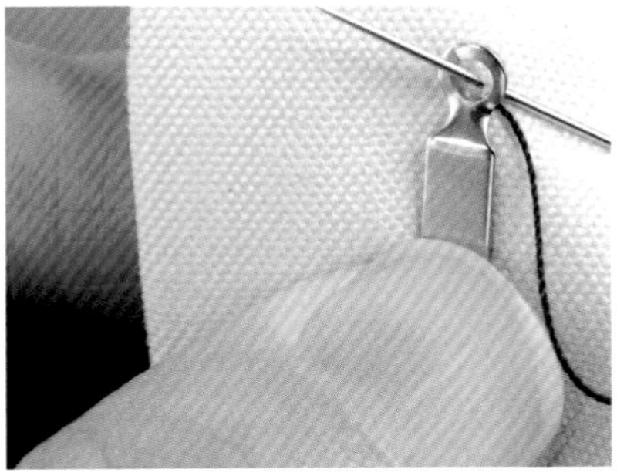

完成

鉤釦環側

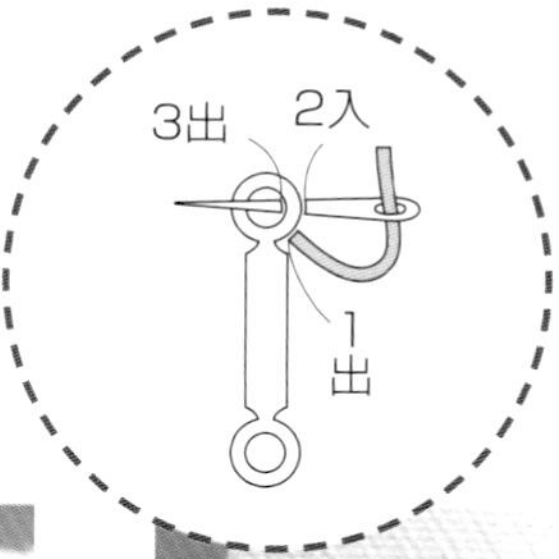

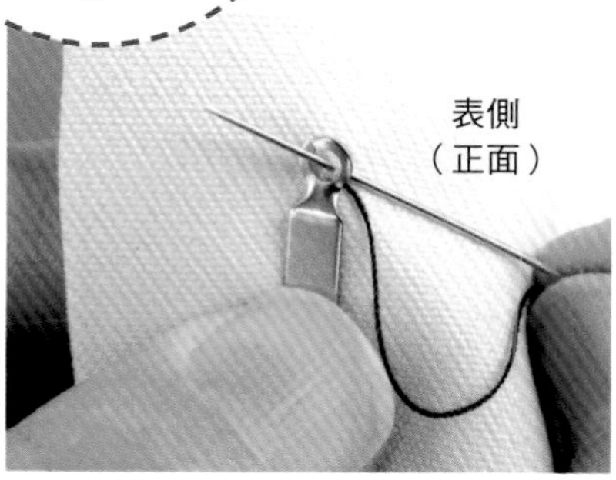

1 從布料背面鉤釦外側拉出縫線，再從孔外側往內側穿針。

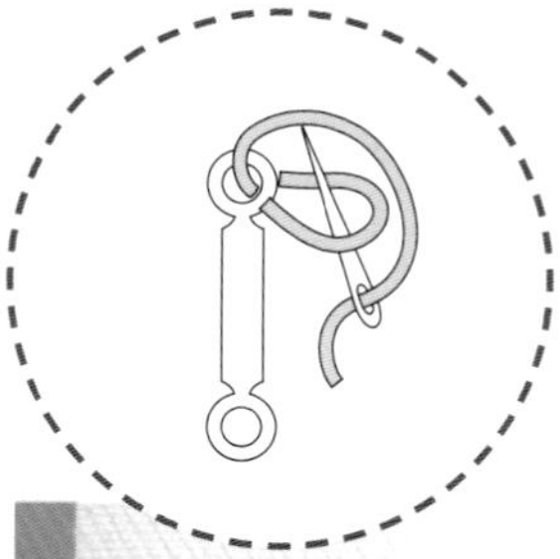

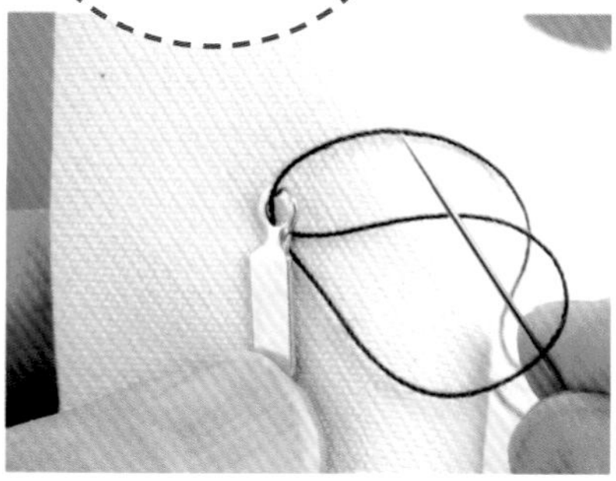

2 縫線全部拉出之前，從線環下往上穿過縫針，沿鉤釦外側並排般打結後拉緊縫線。

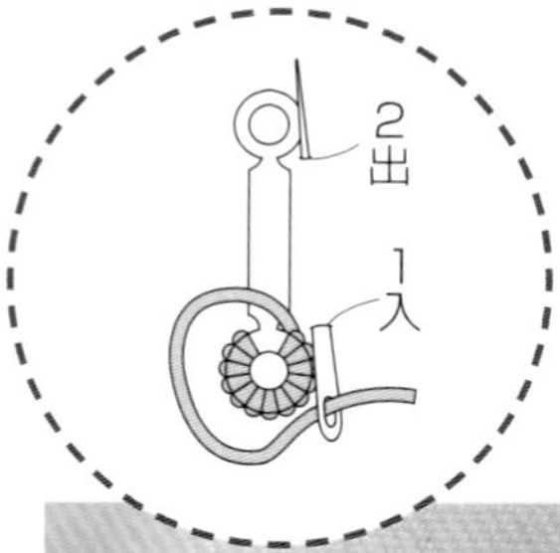

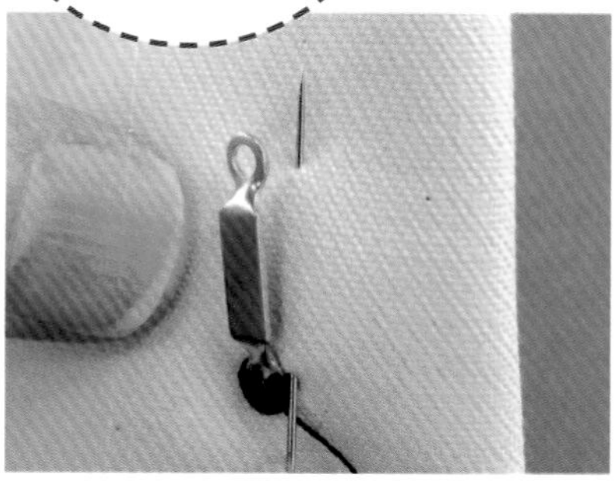

3 完成一個鉤釦孔後，將縫針穿過對面鉤釦孔外側。

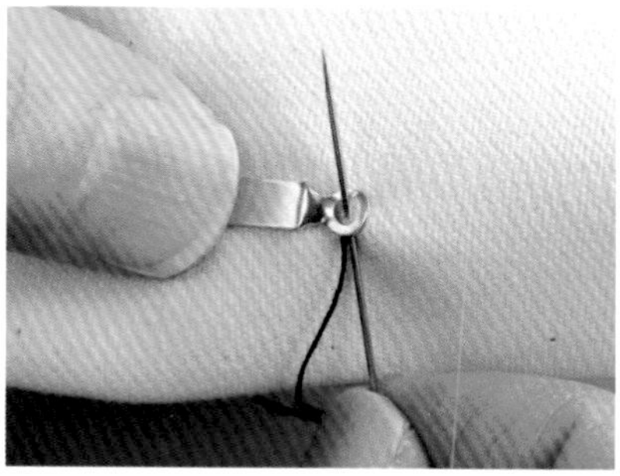

4 從孔外側往內側穿針，重複步驟❶至❷後完成所有孔的縫製。

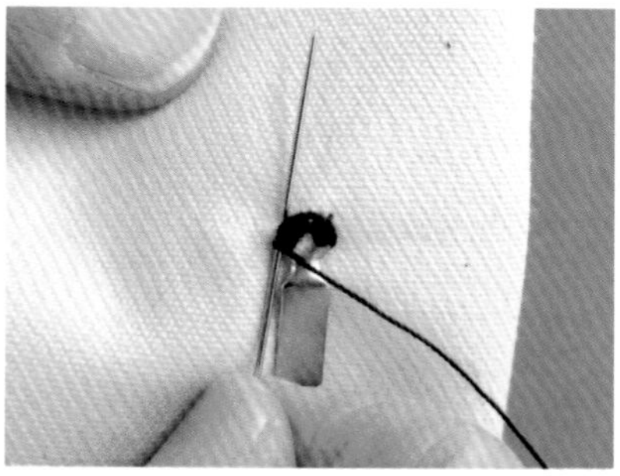

5 完成後縫針從釦孔邊端穿針。

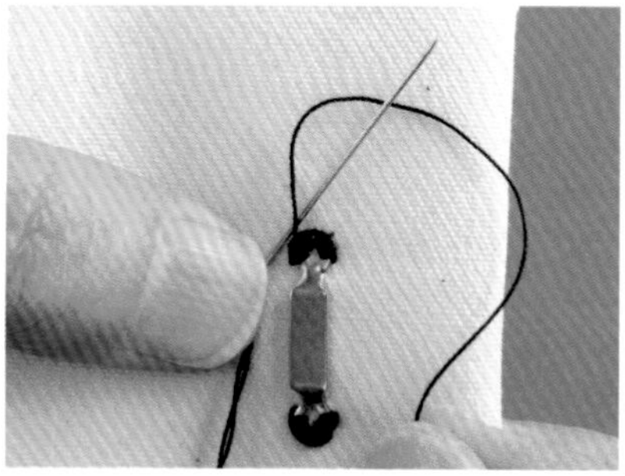

6 打結。

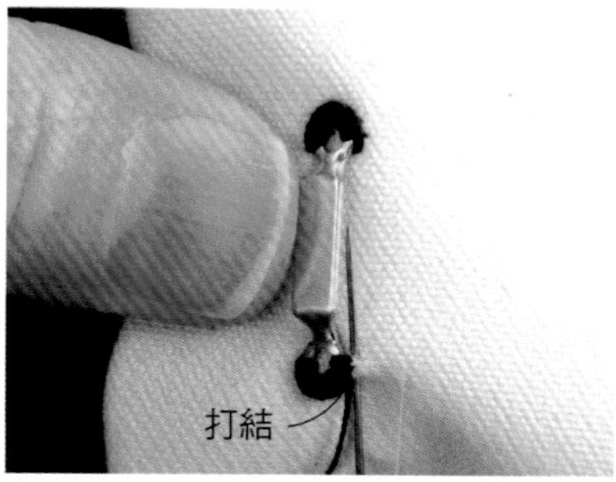

7 打結後，從附近插針後再出針。

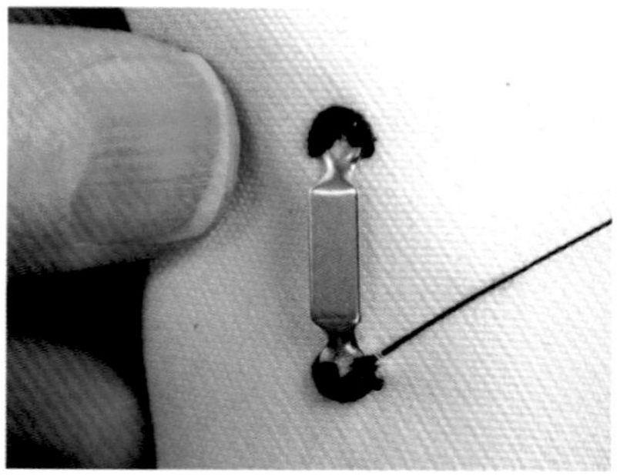

8 手指緊壓打結處，拉緊縫線，將打結拉進布料內側。

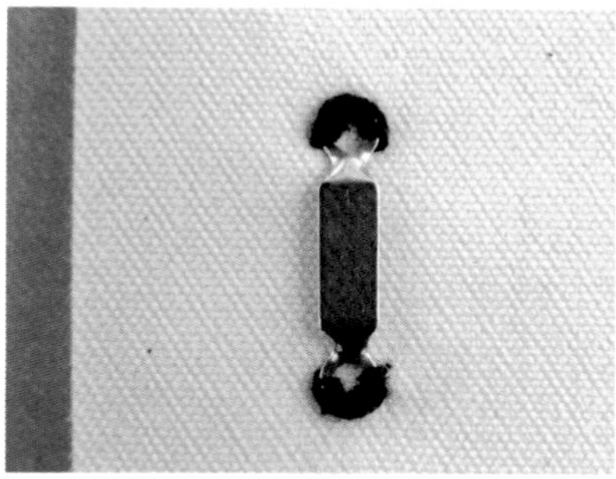

完成

暗釦縫製方法

一般凸側請重疊至上側，凹側縫至下側。使用和表布相似的裡布包捲暗釦，不但不會太明顯又顯設計感。

暗釦縫製位置

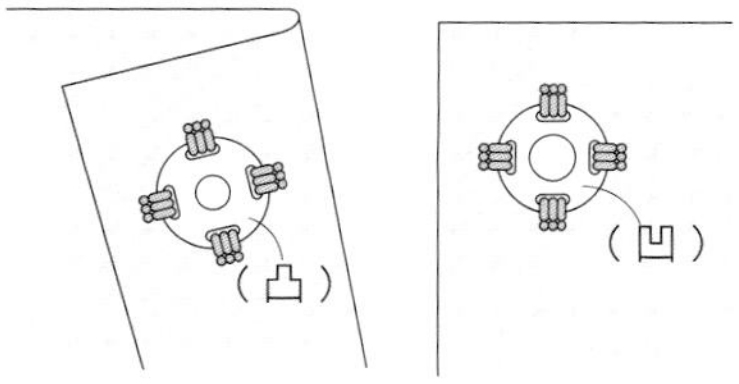
（凸）
（凹）

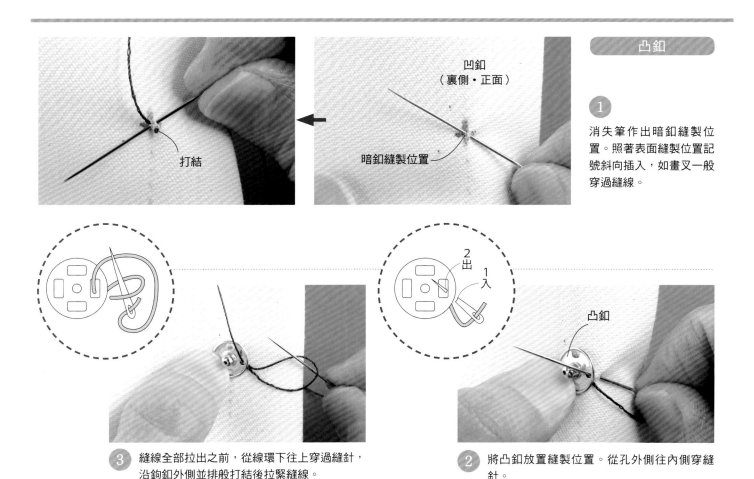

凸釦

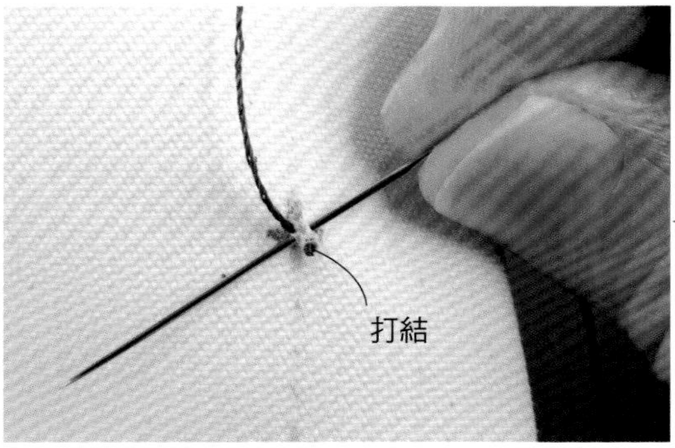
打結

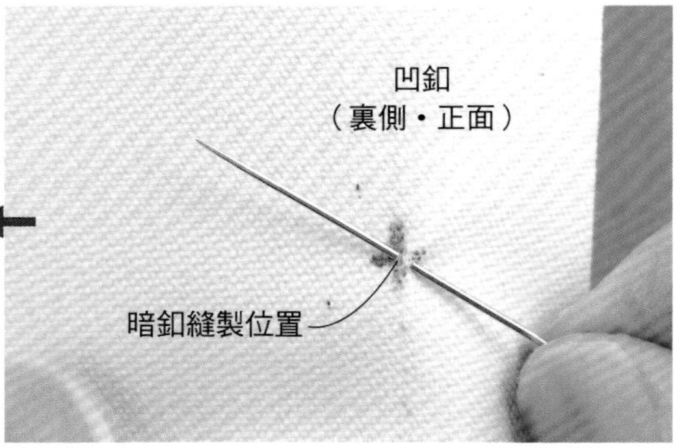
凹釦
（裏側・正面）
暗釦縫製位置

1 消失筆作出暗釦縫製位置。照著表面縫製位置記號斜向插入，如畫叉一般穿過縫線。

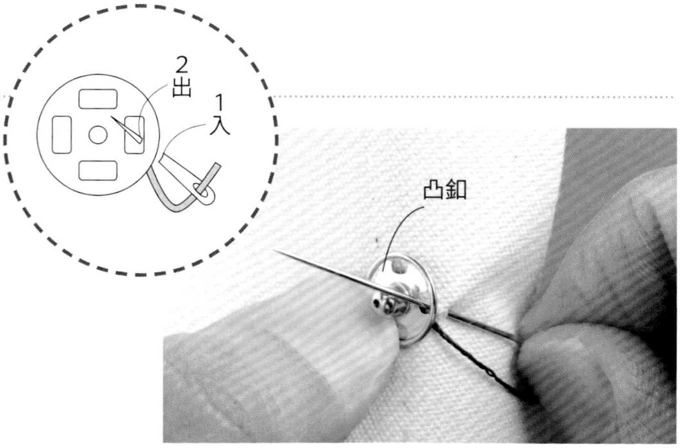
2
出
1
入
凸釦

2 將凸釦放置縫製位置。從孔外側往內側穿縫針。

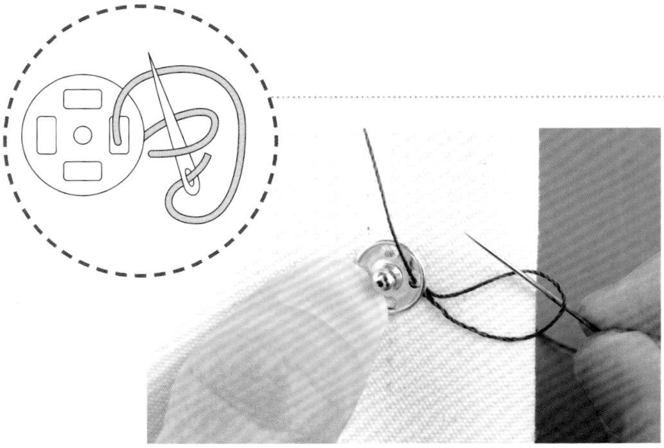

3 縫線全部拉出之前，從線環下往上穿過縫針，沿鉤釦外側並排般打結後拉緊縫線。

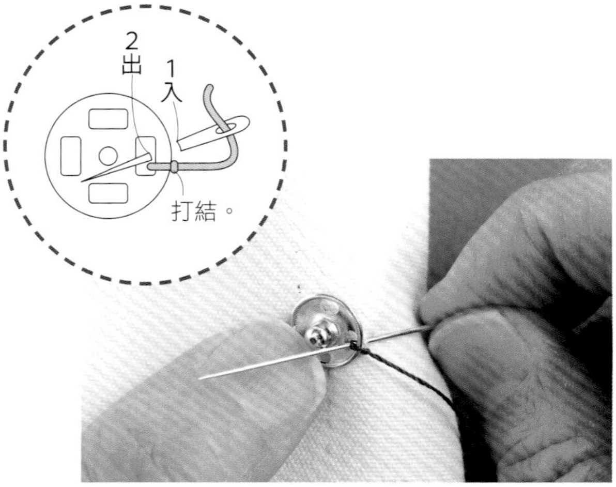
2
出
1
入
打結。

4 重複❷至❸縫製周邊。

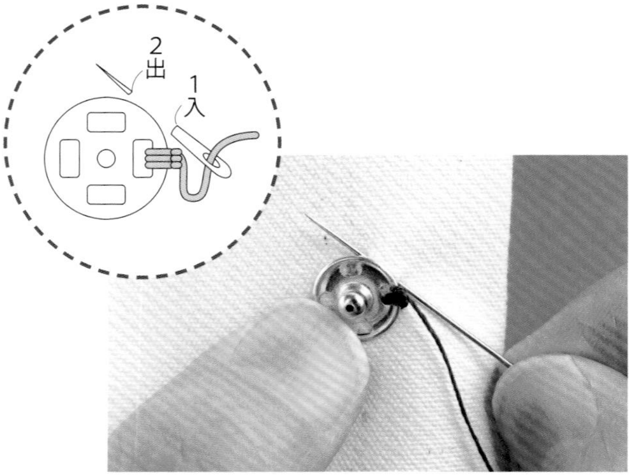
2
出
1
入

5 第一個釦孔結束後，從旁邊的釦孔外側開始穿針縫製。

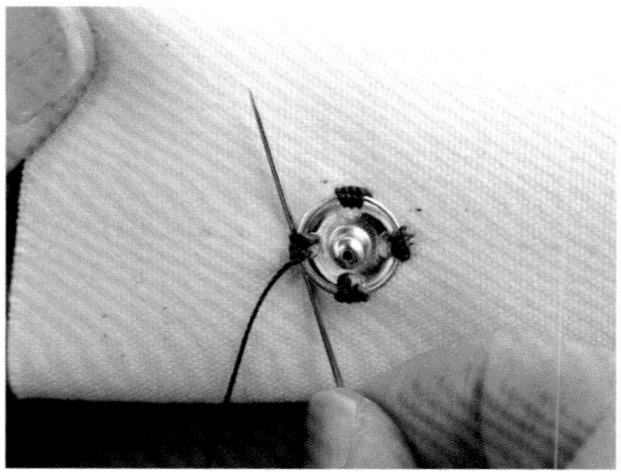

6 四個釦孔全部縫製完成之後，縫針穿出洞孔。

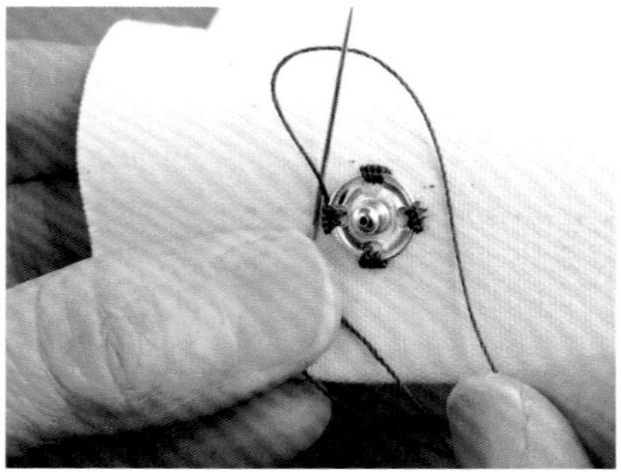

7 打結。

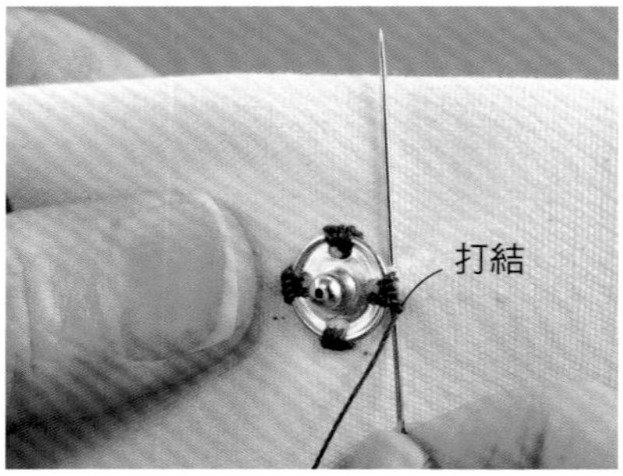
打結

8 打結後，從附近插針後再出針。

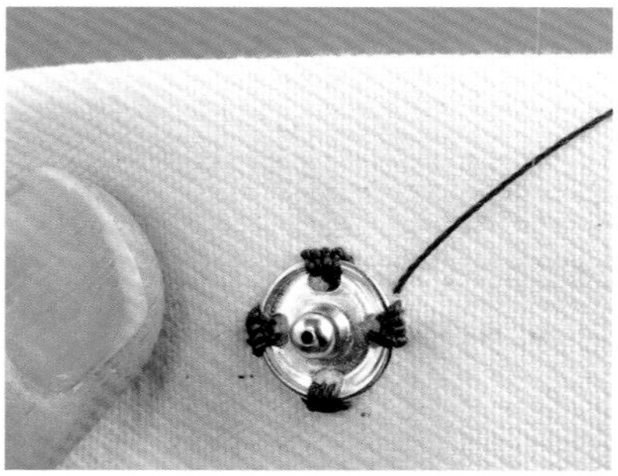

9 手指緊壓打結處，拉緊縫線，將打結拉進布料內側。裁剪縫線。

完成

凹釦

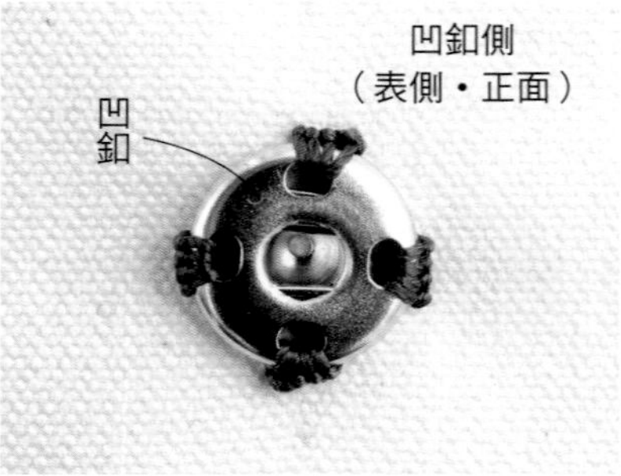
凹釦側
（表側・正面）
凹釦

凹釦和凸釦的所有洞孔都要縫製。

凹釦

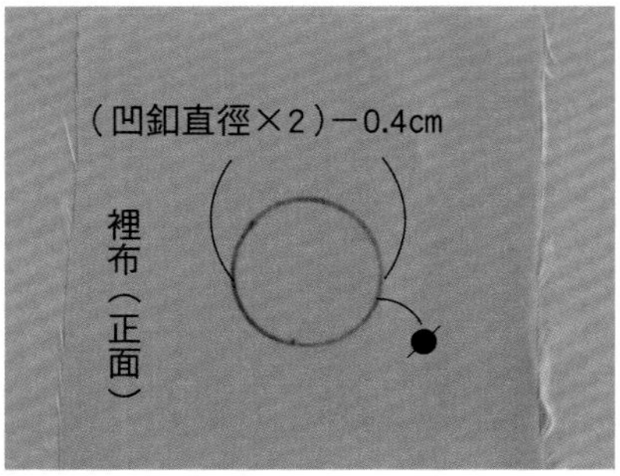

1 裡布畫上（凹釦直徑×2）－0.4cm的圓。（※圓形尺寸請依照使用暗釦尺寸調整）

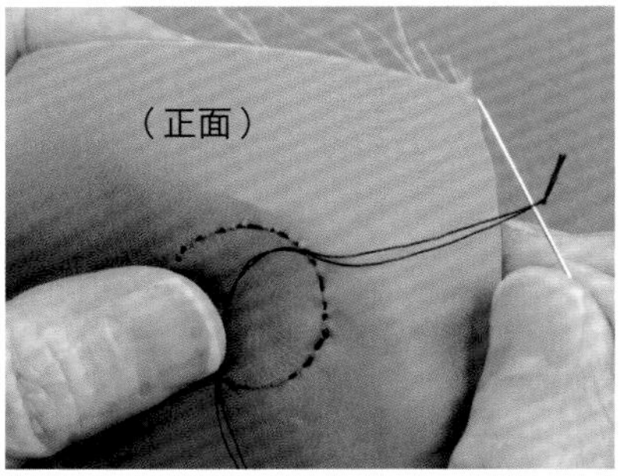

2 使用兩條縫線細針目手縫，最後沿縫線邊端打結穿過。

使用裡布包捲暗釦時

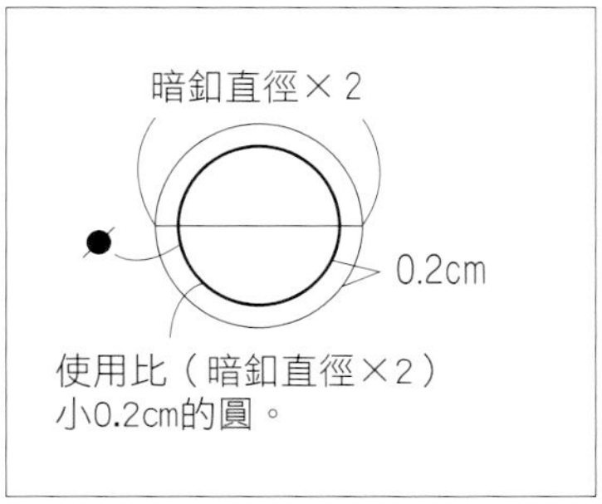

包捲暗釦的裡布尺寸

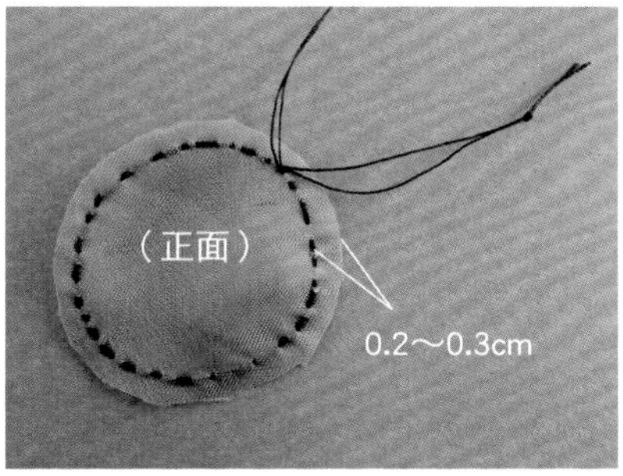

3 縫份裁剪0.2至0.3cm。

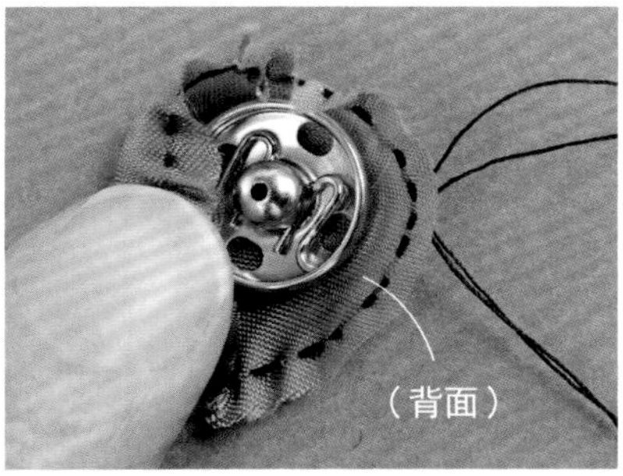

4 凹釦凹的那面重疊裡布。

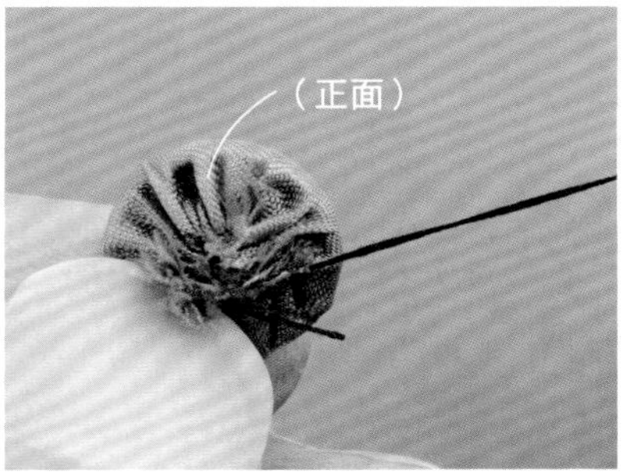

5 拉緊縫線，包捲暗釦。

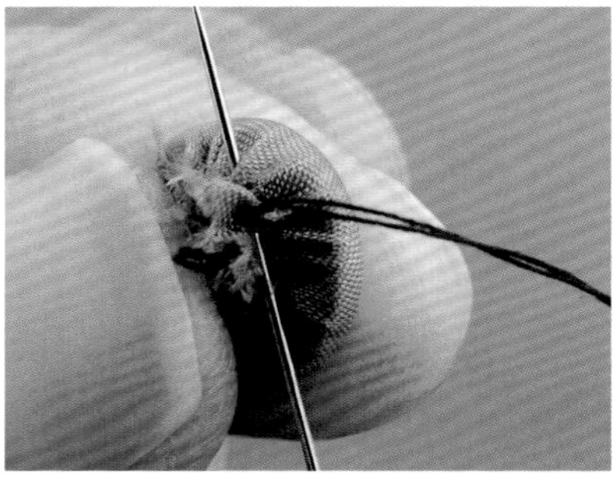

6 重複穿針繞過縫線處。

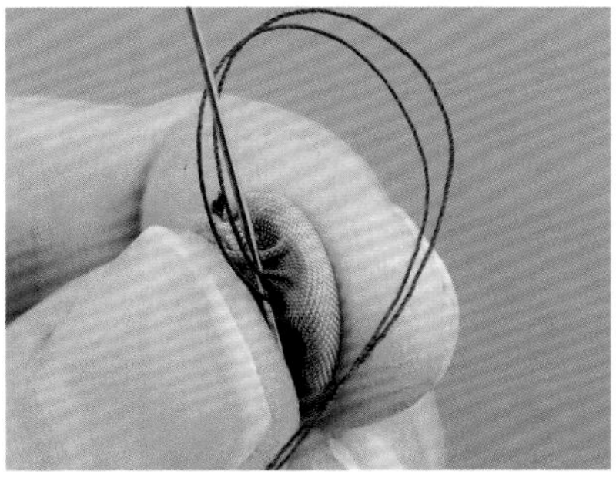

7 打結。

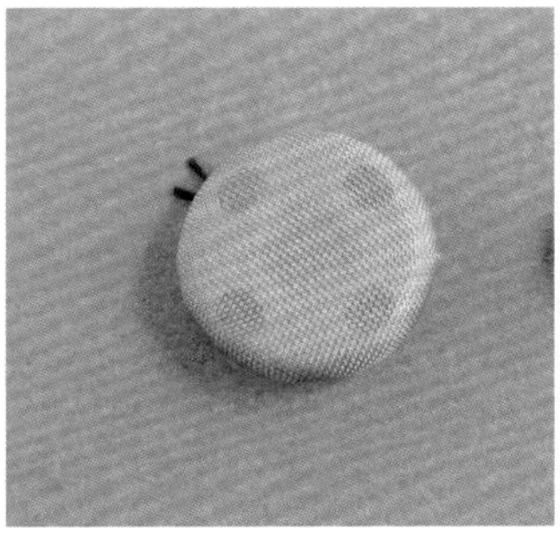

完成

凸釦

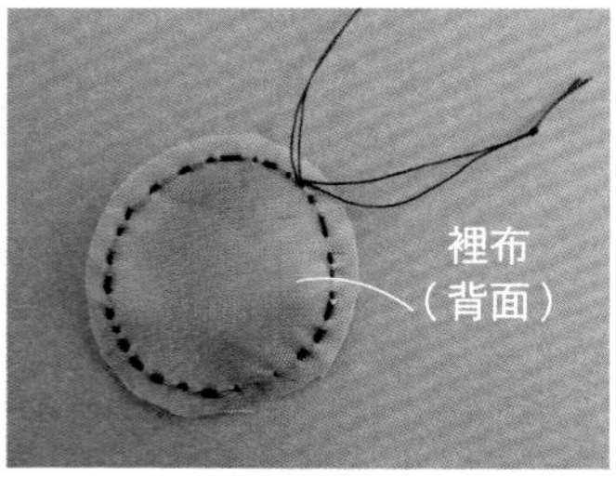

1 裡布畫上（凸釦直徑×2）－0.4cm的圓。同凹釦步驟1至3準備裡布。

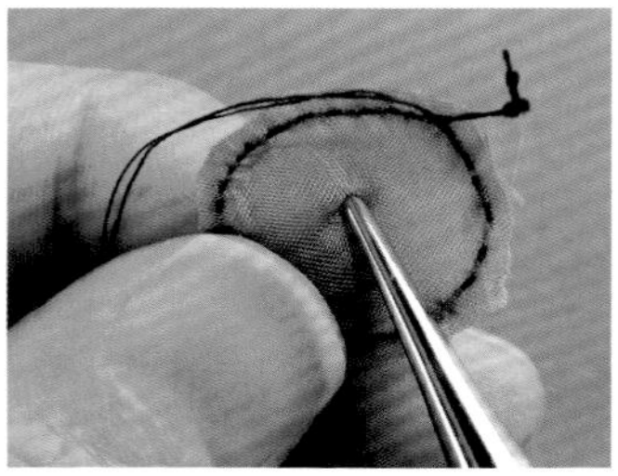

2 使用錐子穿孔。

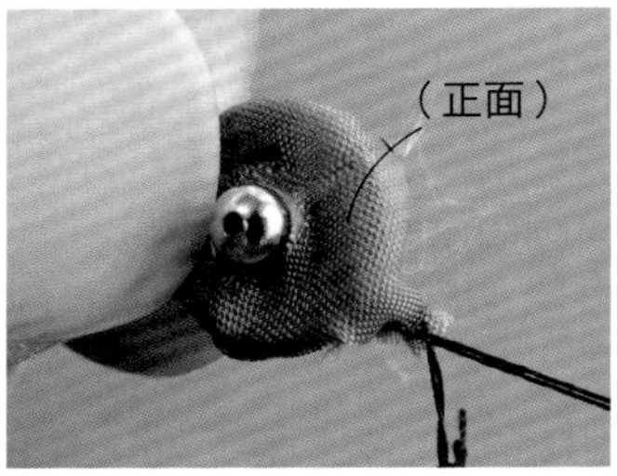

3 凸釦從步驟2的孔穿出，再拉緊縫線完全包捲。

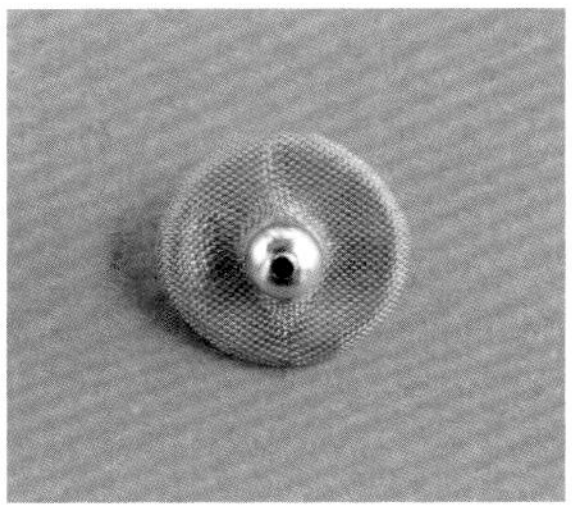

4 重複穿針繞過縫線處，打結即完成。

鈕眼製作方法

鈕眼尺寸和縫製位置

一般服裝於前襟使用，在上前片製作鈕眼。女性用右前片開鈕眼、左前側縫製鈕子。

鈕眼尺寸決定方法(★)

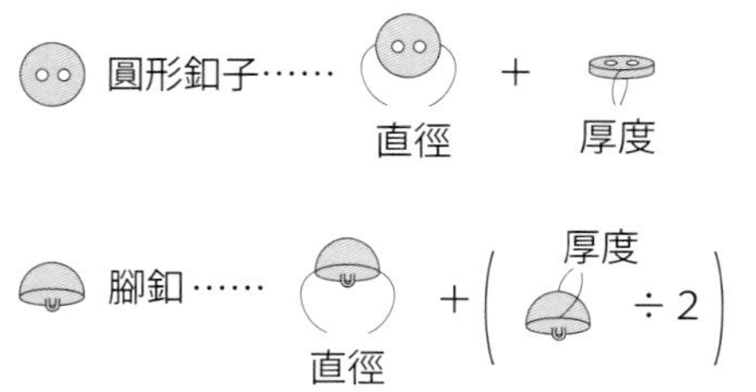

圓形鈕子……
直徑
＋
厚度
腳釦……
直徑
＋
厚度
÷ 2

使用橫和直鈕眼時

台領款式襯衫、立領款式等常常是領子使用橫開鈕眼，前襟使用直開鈕眼。

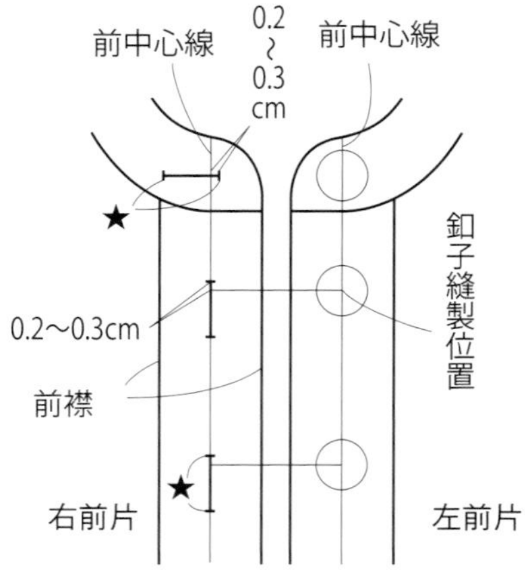

前中心線
0.2〜0.3cm
前中心線
★
鈕子縫製位置
0.2〜0.3cm
前襟
★
右前片
左前片

使用直鈕眼時

一般上衣前貼邊款式、或前端剪接片，常常使用到直開鈕眼。

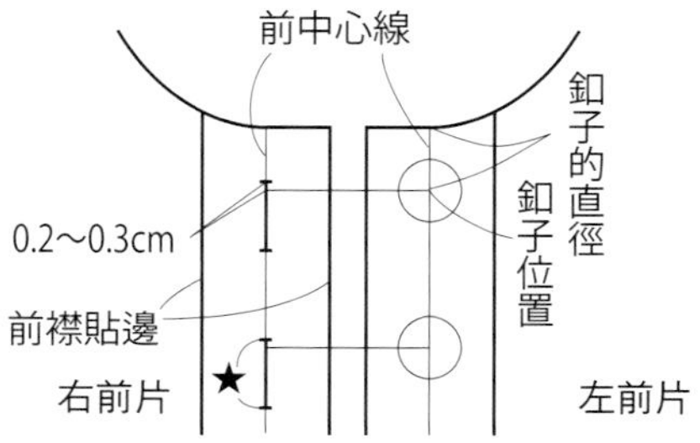

前中心線
鈕子的直徑
鈕子位置
0.2〜0.3cm
前襟貼邊
★
右前片
左前片

使用橫鈕眼時

一般夾克外套、襯衫、袖口或是腰帶等，常常會使用到橫向鈕洞。

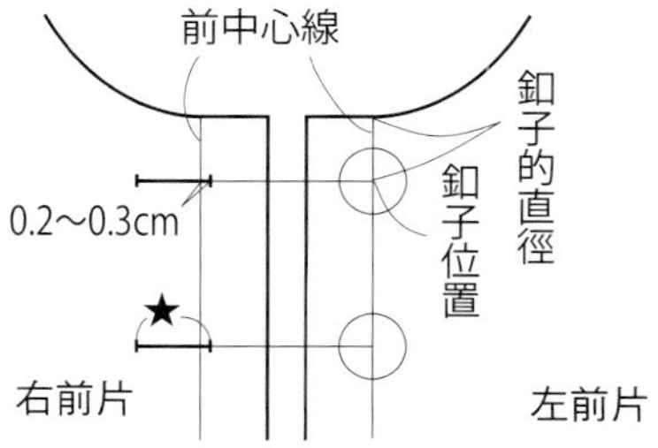

前中心線
鈕子的直徑
鈕子位置
0.2〜0.3cm
★
右前片
左前片

鈕子縫線（過蠟方法）

過蠟的縫線，會讓縫線更有張力，不容易散開。使用鈕眼專用縫線，所需要縫線長大約為鈕眼大小的30倍。

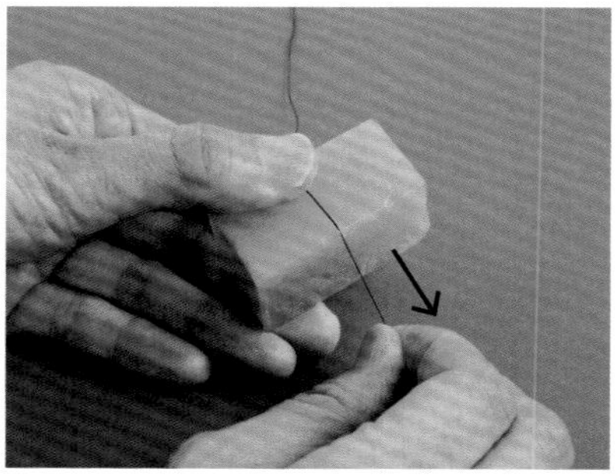

1 準備比鈕眼多30倍長度的縫線過蠟。

2 以白紙包夾縫線，如圖所示一邊壓燙一邊拉縫線。（白紙可以吸收多餘的蠟）

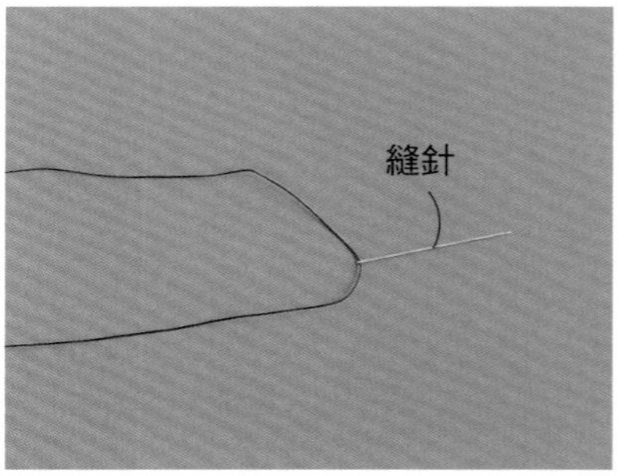

縫針

3 穿過縫針使用。

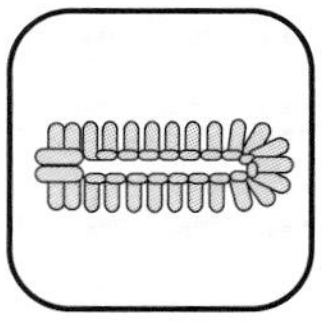

單頭固定的平釦眼

襯衫前襟、袖口布等使用頻率很高，常使用橫開釦眼。決定好釦子尺寸後，先使用碎布剪牙口、試作釦眼。確認釦子可以固定後，再開始開釦眼。

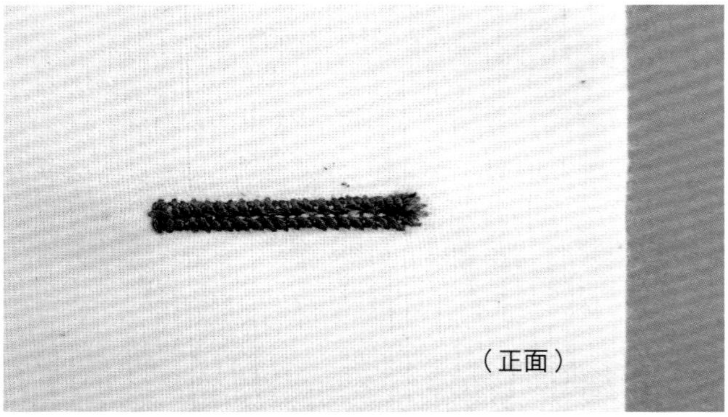

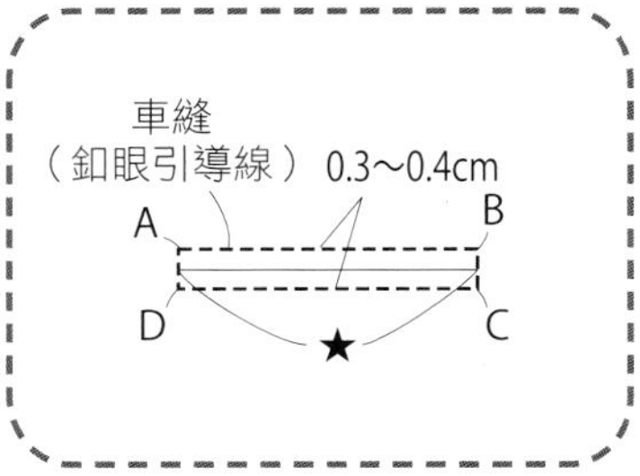

★＝釦眼尺寸（請參考P.84）

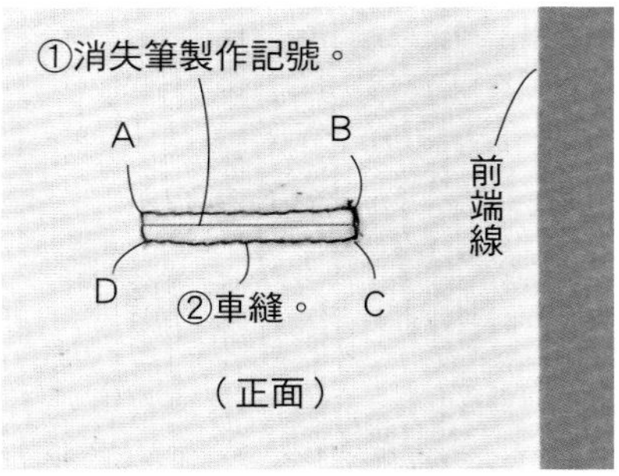

1 以消失筆畫上釦眼縫製位置，周圍車縫。（釦眼引導線）

縫製順序

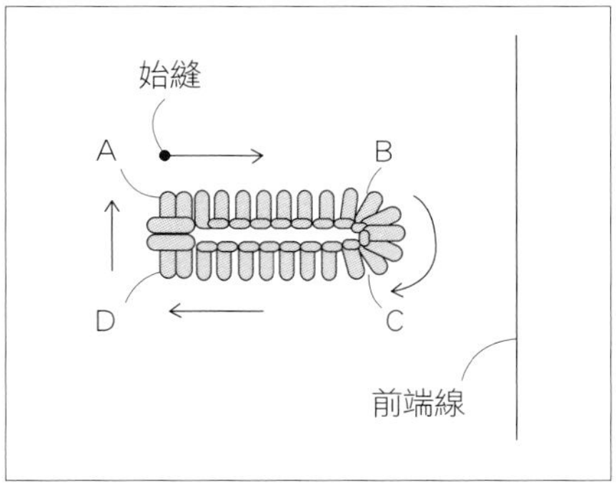

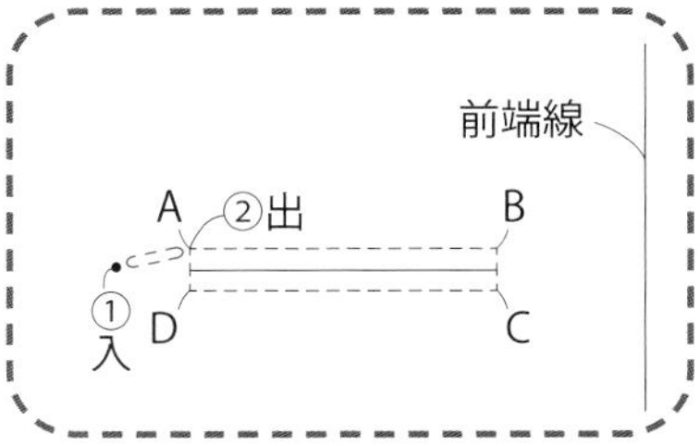

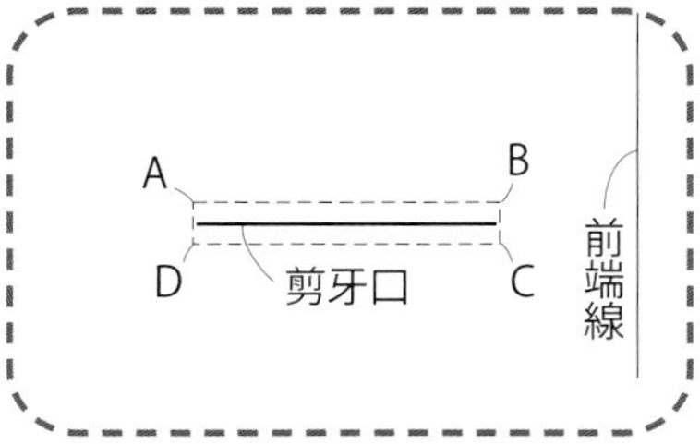

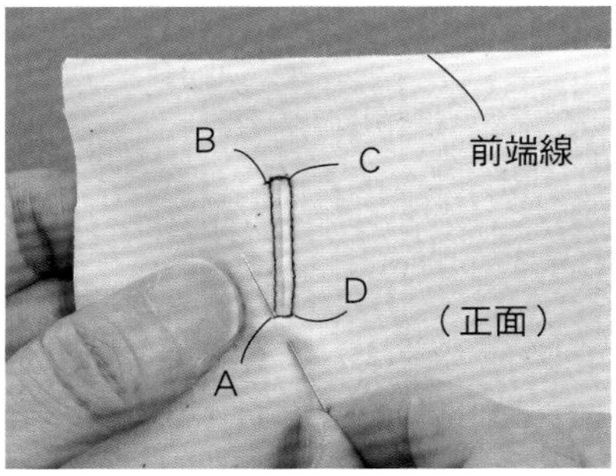

3 縫線一條打結後，釦眼縫製處附近穿過兩片布料，從始縫（A）出針。

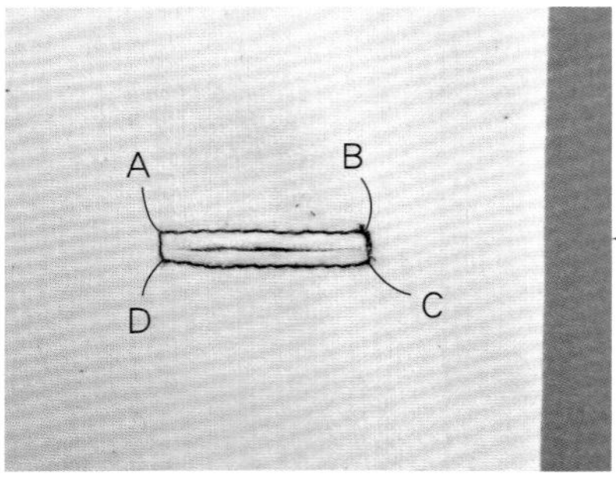

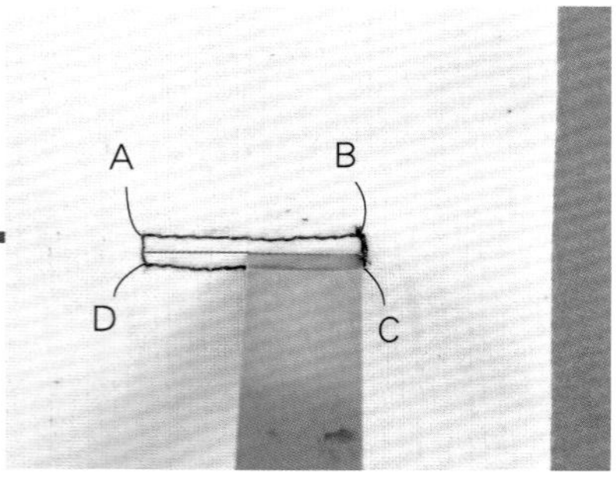

2 釦眼縫製處使用裁刀切出牙口。

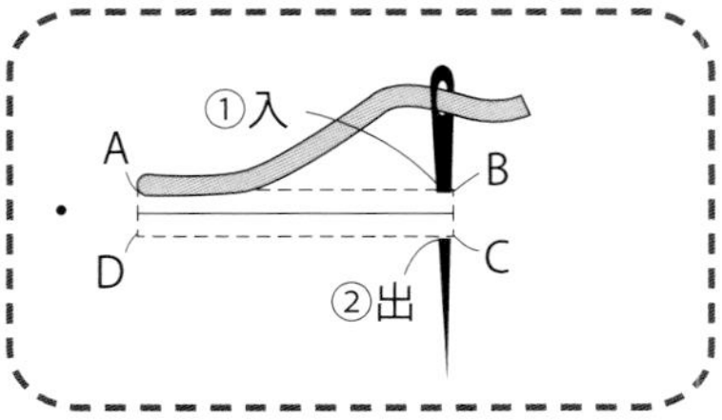

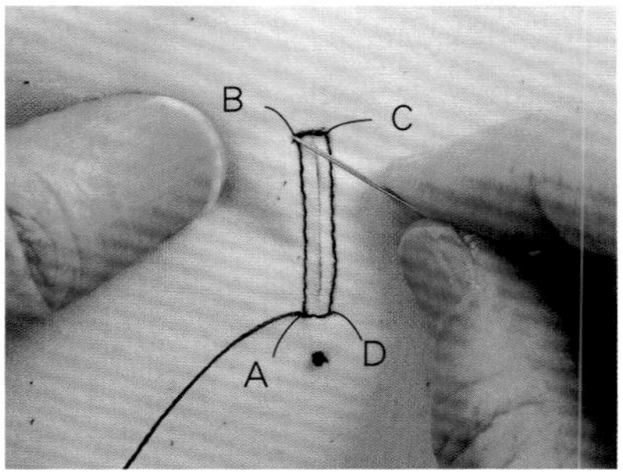

4 釦眼引導線上穿過縫線。

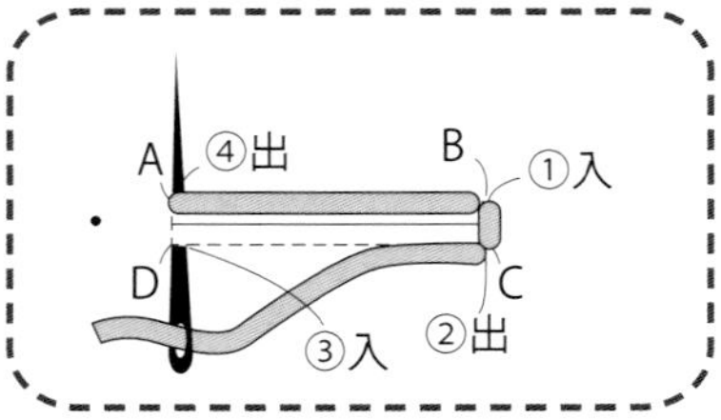

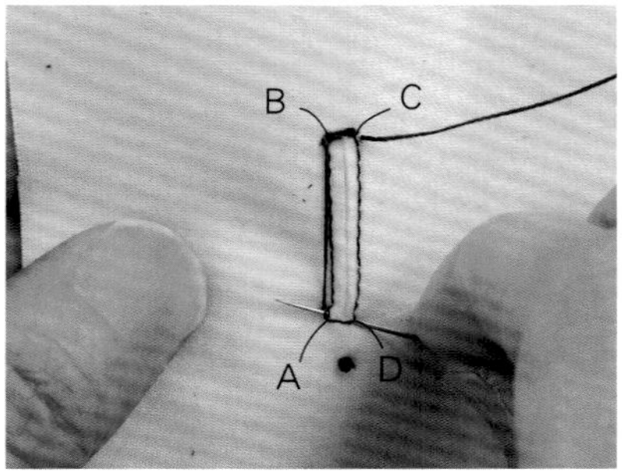

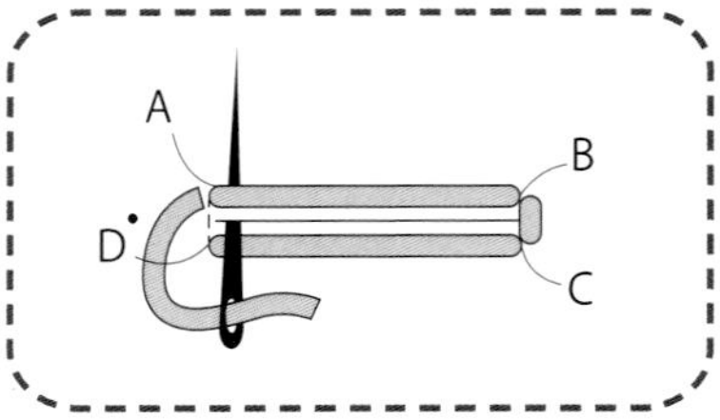

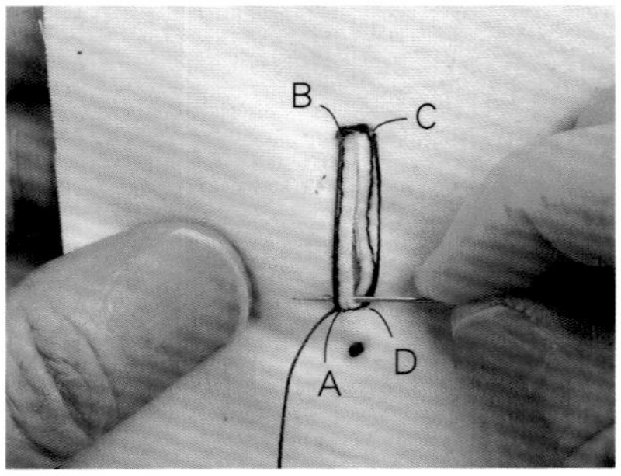

5 從開孔處入針，從內側往釦眼引導線邊端出針。

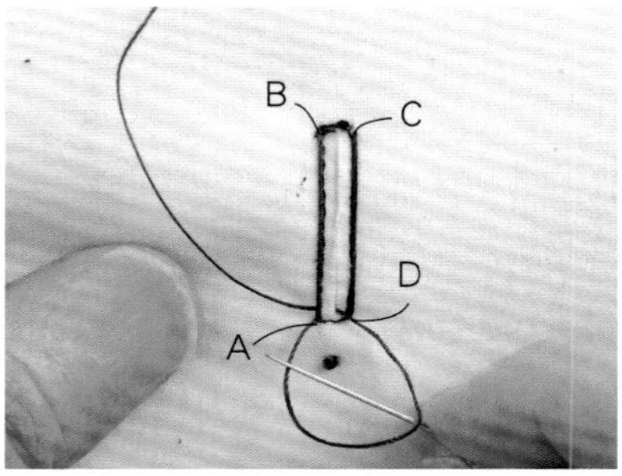

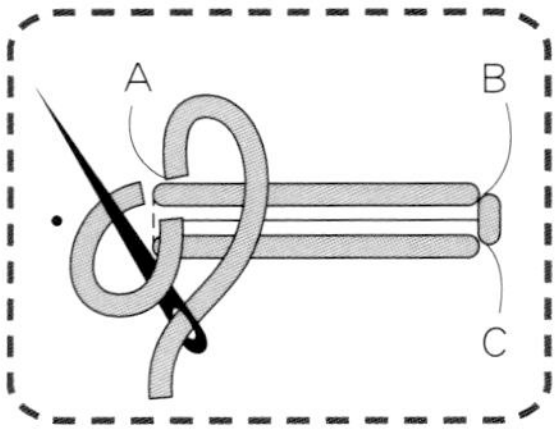

6 在拉出全部縫線前，從線環出針。

※縫線稍稍往上拉緊，可以製作出整齊排列的縫線。

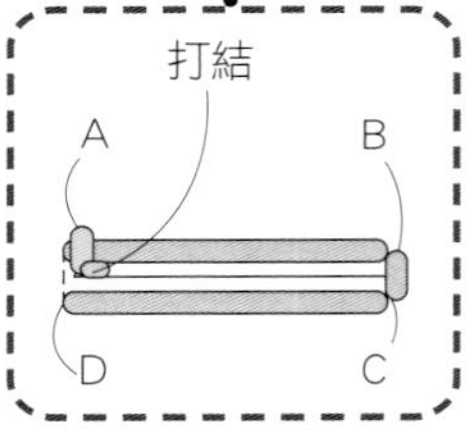

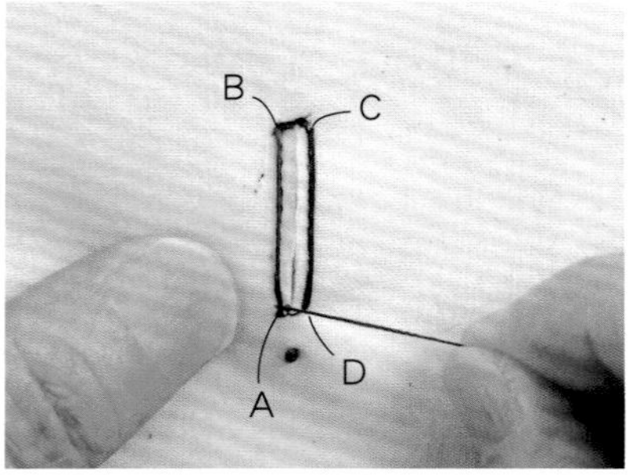

7 打結必須靠近開孔邊端並排一般，提起打結的縫線稍稍往上拉緊即可。

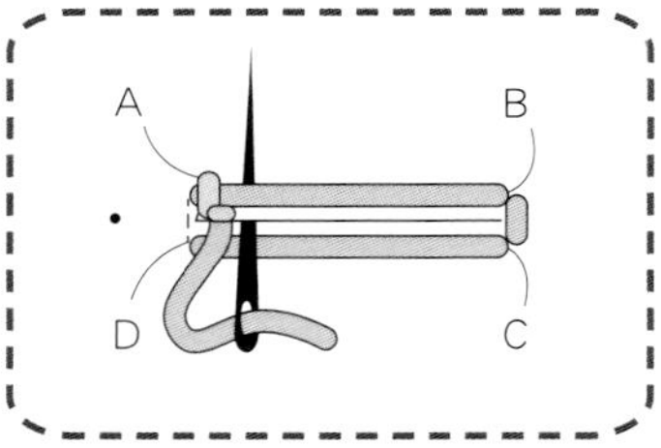

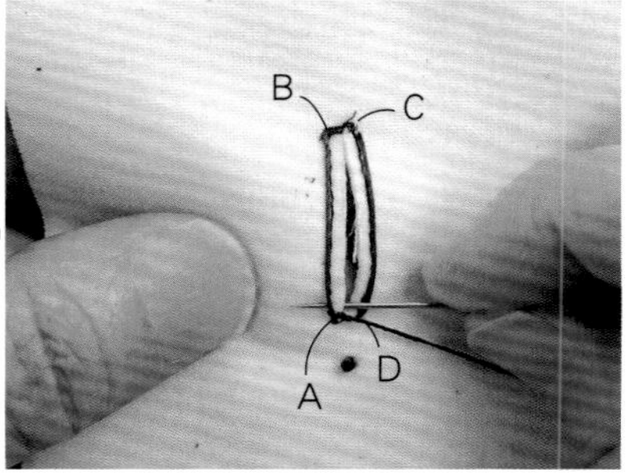

※注意縫線寬度必須一致，才能製作出整齊釦眼。

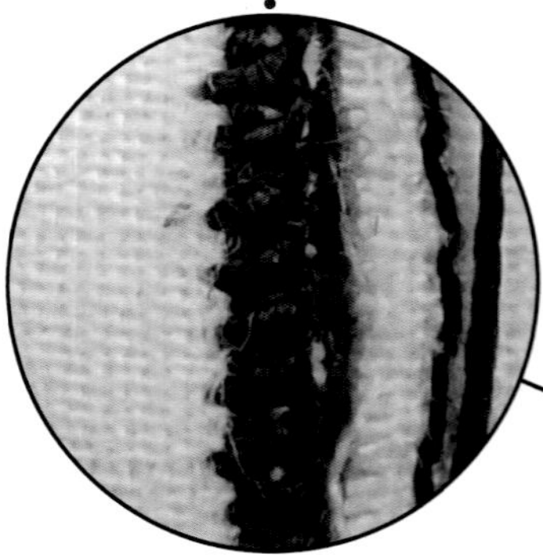

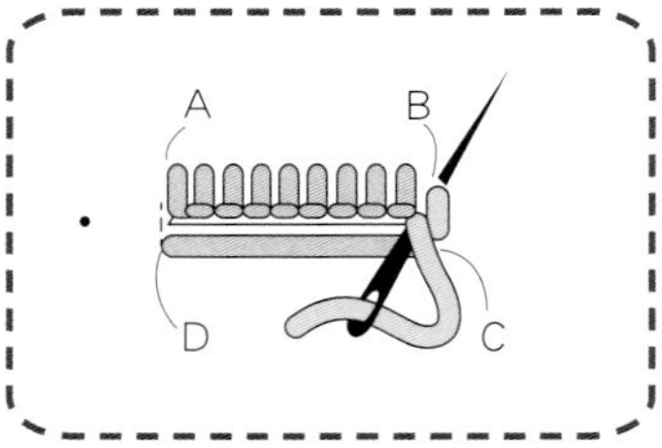

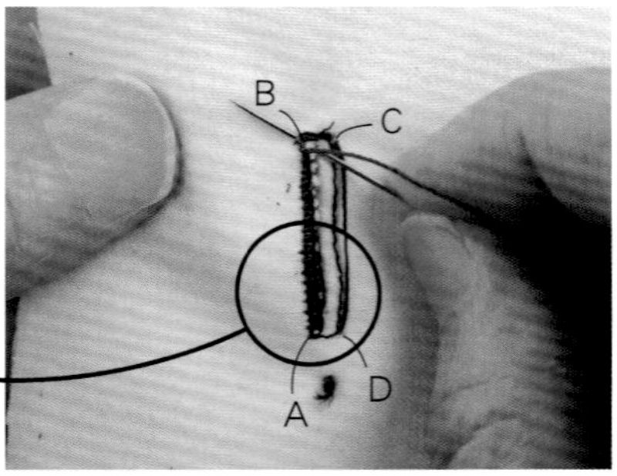

8 重複步驟5至7，A至B釦眼洞上端全部縫製完成。

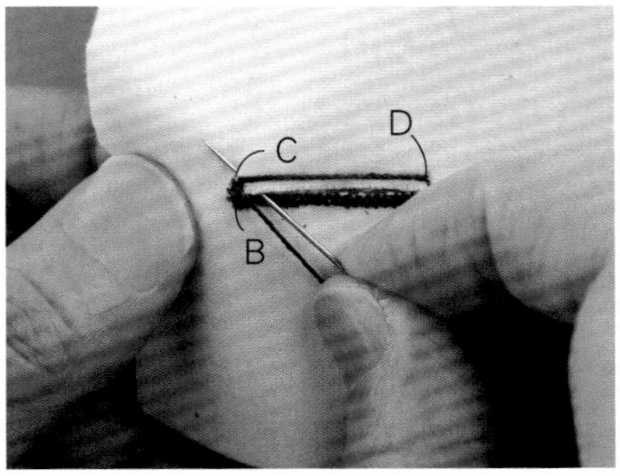

9 沿B至C釦眼邊緣製作繞邊縫。

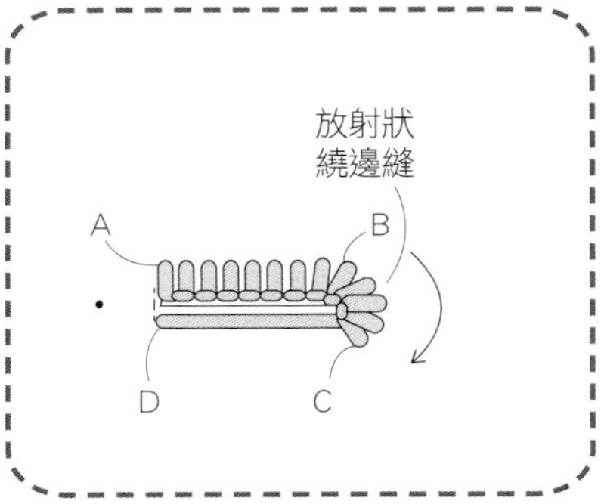

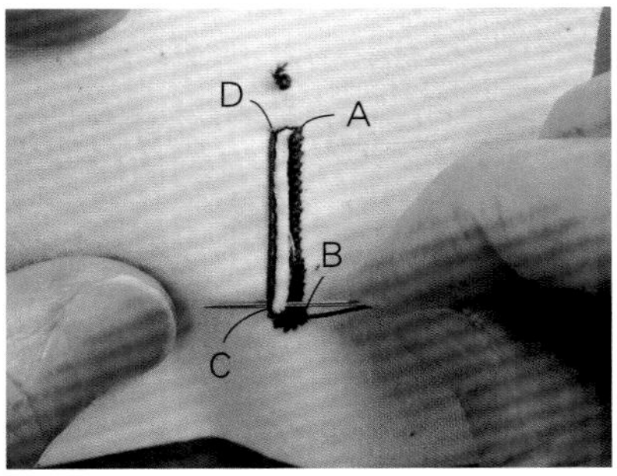

10 依C至D開孔邊端全部繞邊縫。

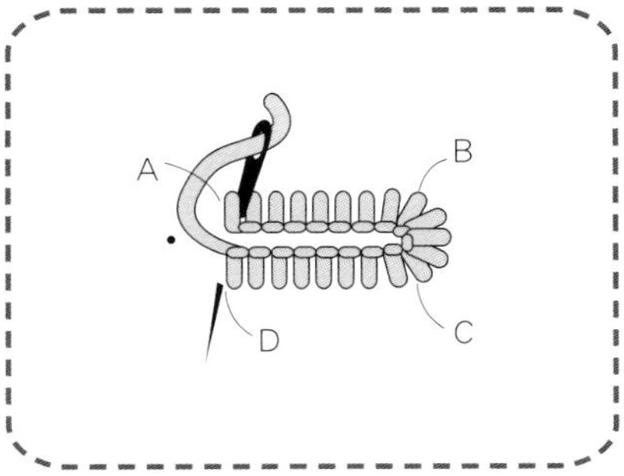

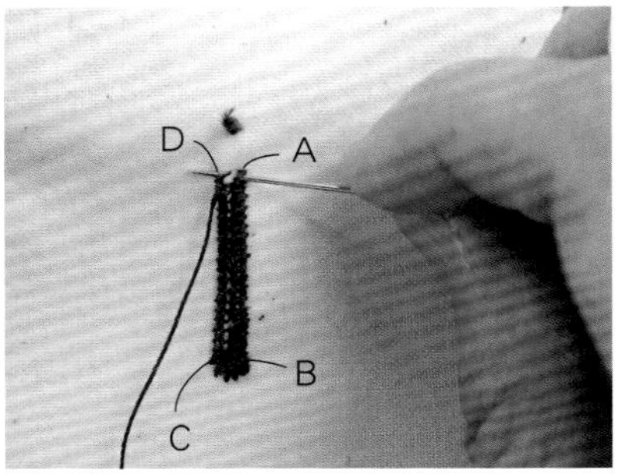

11 繞過A始縫處拉緊縫線。

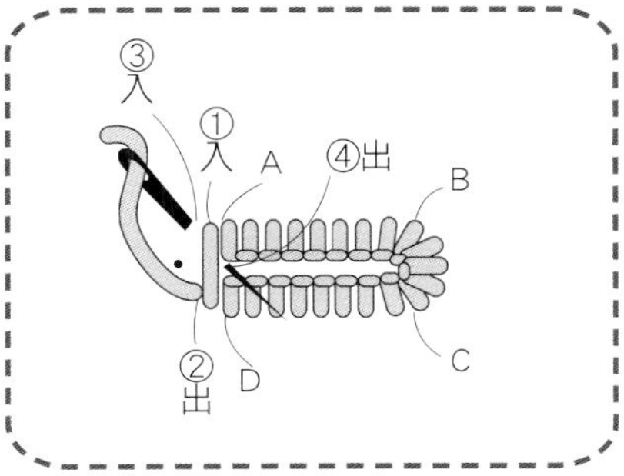

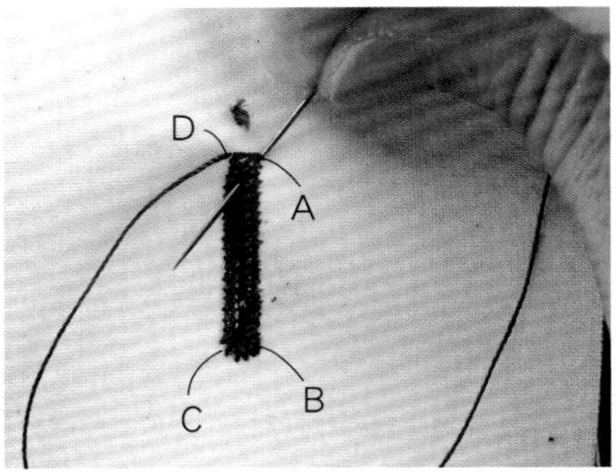

12 繞過A至D兩次縫線，從釦眼洞出針。

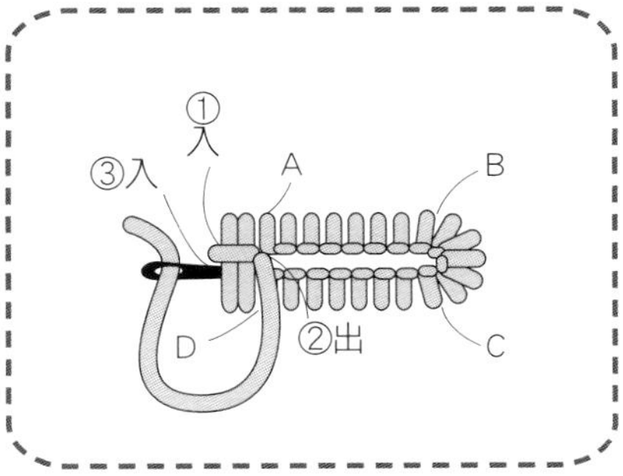

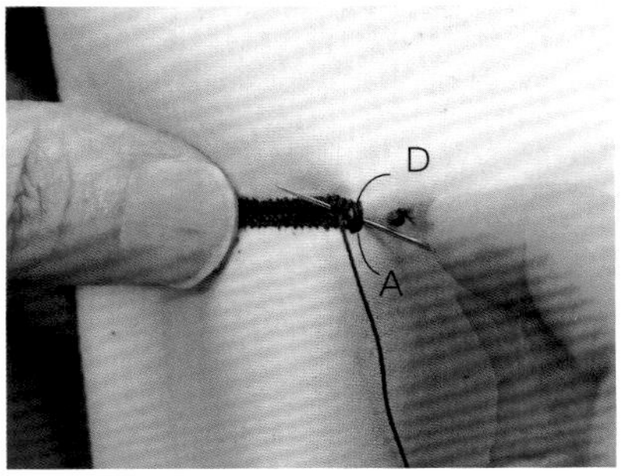

13 止縫處繞2次縫線出針。

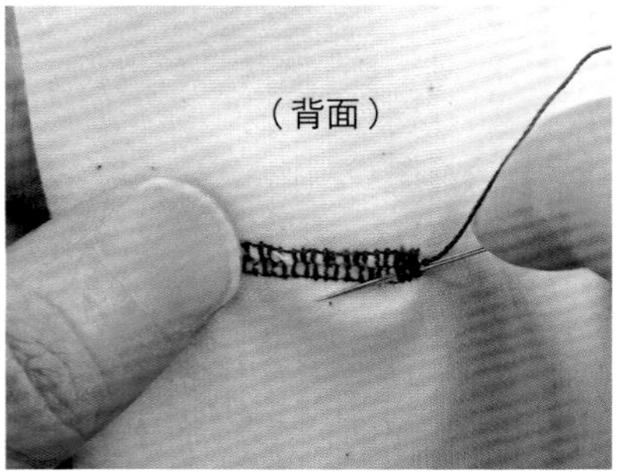

14 翻正背面，縫針穿過縫線。

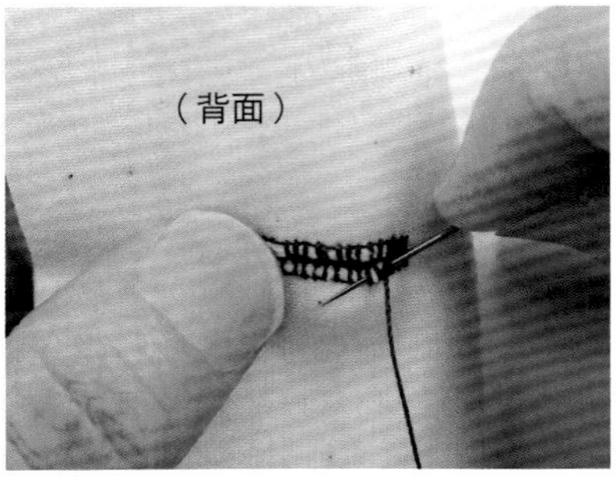

15 回針縫後切斷縫線。

16 翻至正面，裁剪打結處即完成。

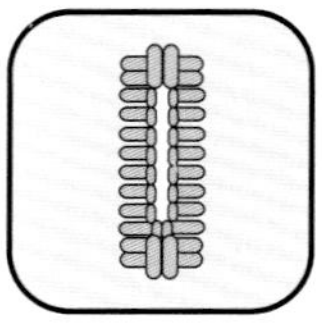

兩頭固定的平釦眼

常常使用在襯衫釦。釦眼尺寸取決於釦子直徑＋厚度。兩頭固定的平釦眼常常搭配直開釦眼。請仔細研究底下的作法。

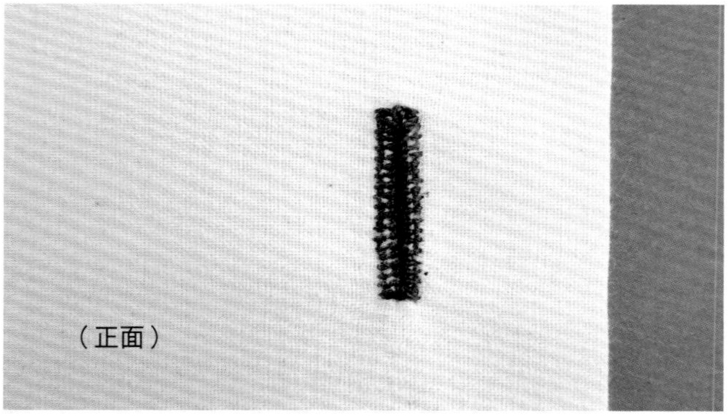

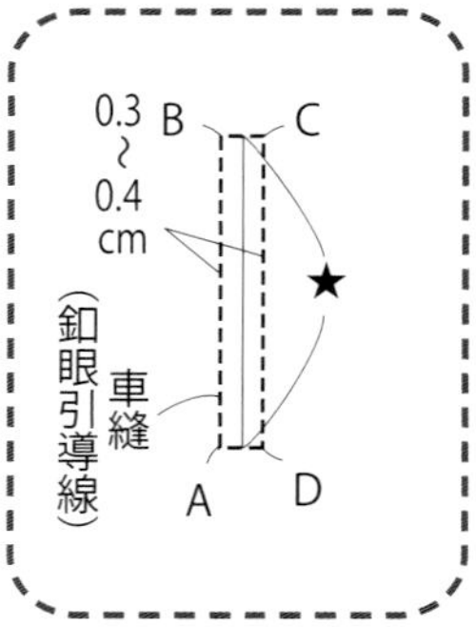

★＝釦眼尺寸
（請參考P.84）

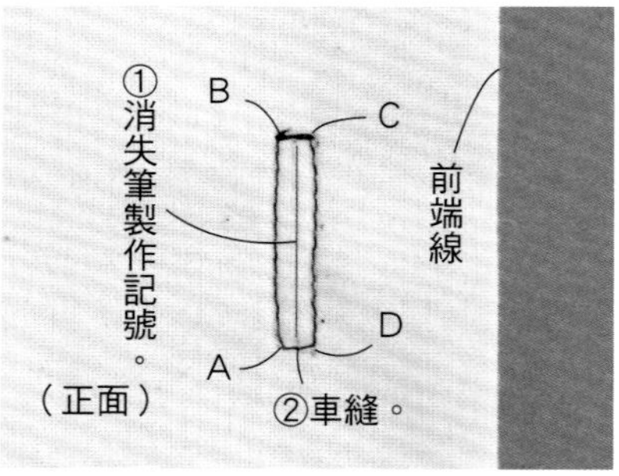

1 以消失筆畫上釦眼縫製位置，周圍車縫。（釦眼引導線）

縫製順序

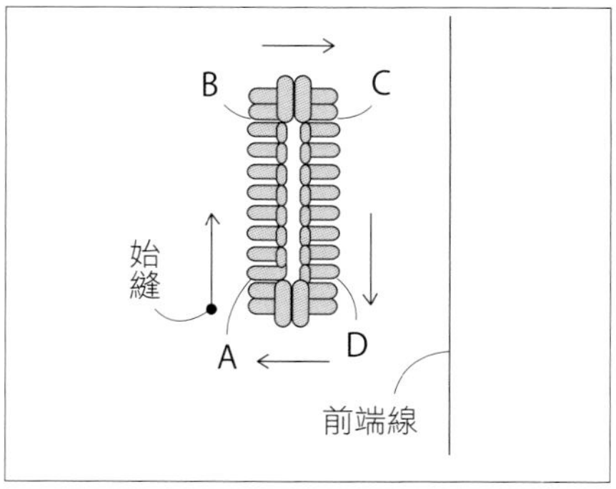

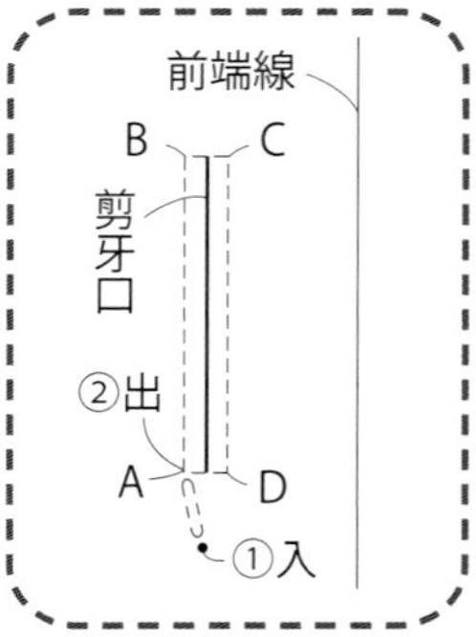

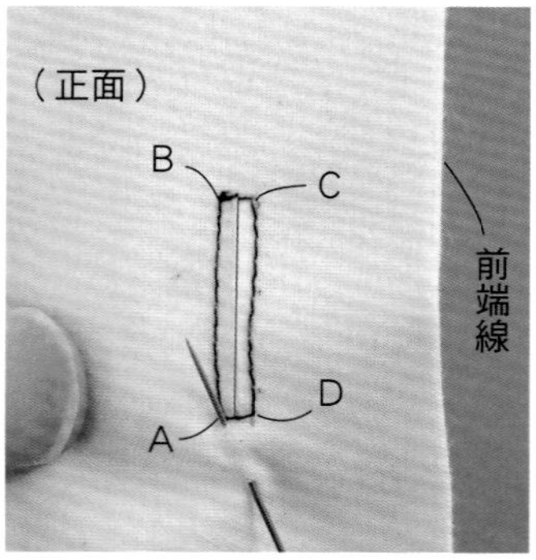

3 縫線一條打結後，釦眼縫製處附近穿過兩片布料，從始縫（A）出針。

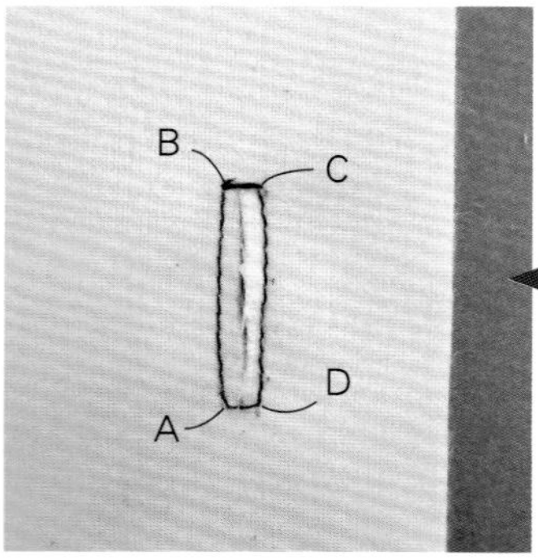

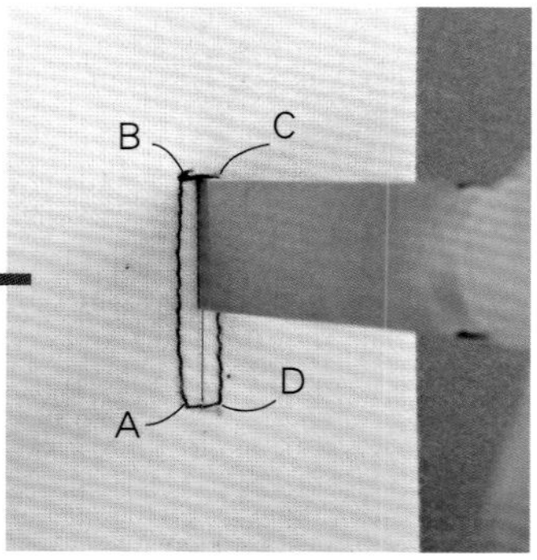

2 釦眼縫製處使用裁刀切出牙口。

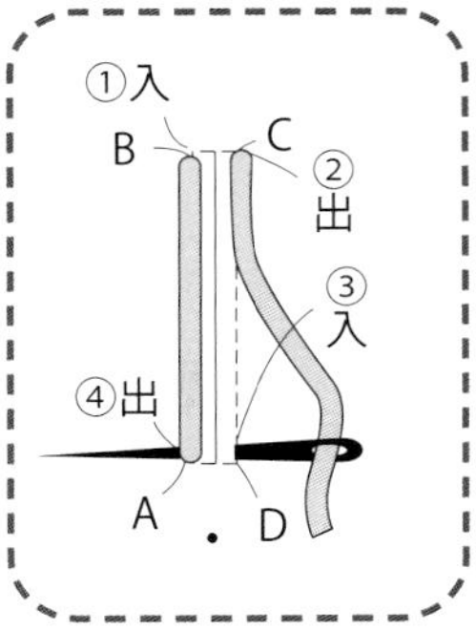

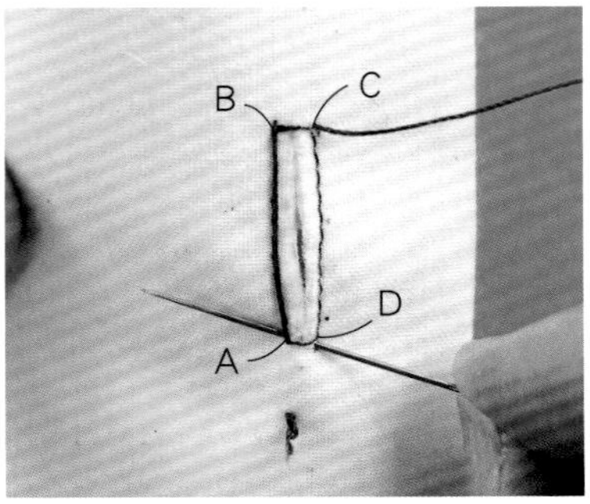

4 鈕眼引導線上穿過縫線。

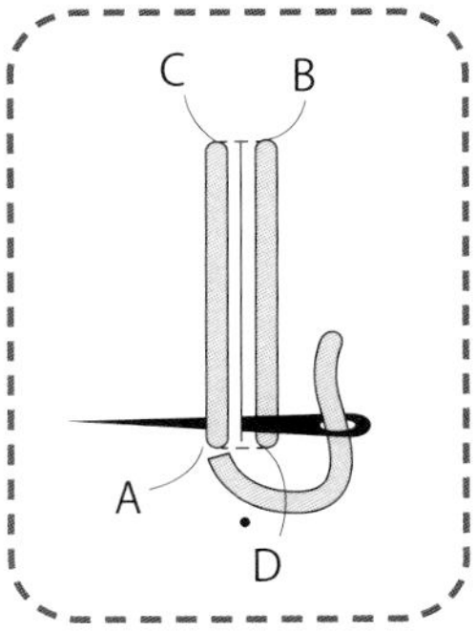

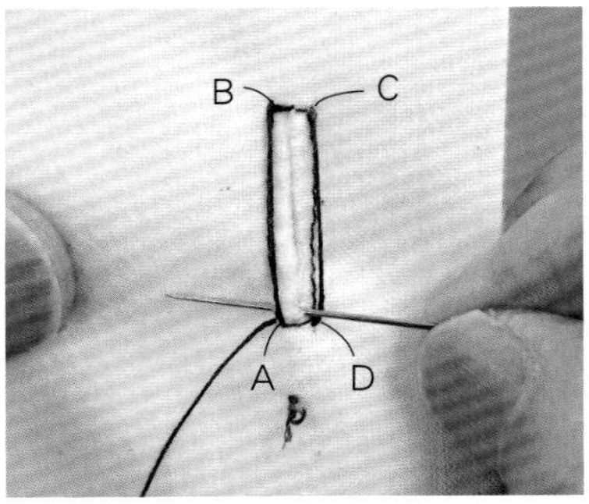

5 在拉出全部縫線前，從線環出針。

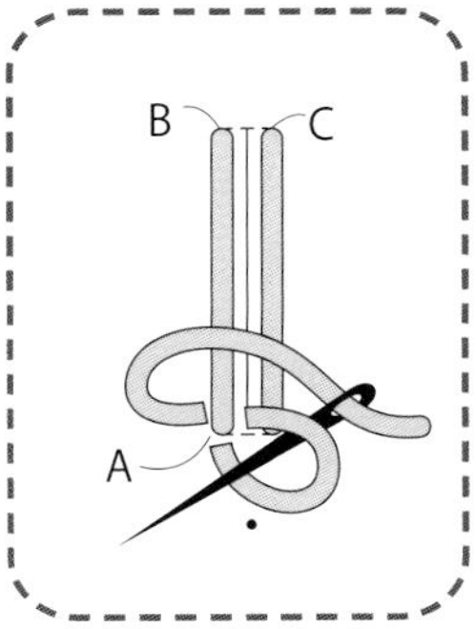

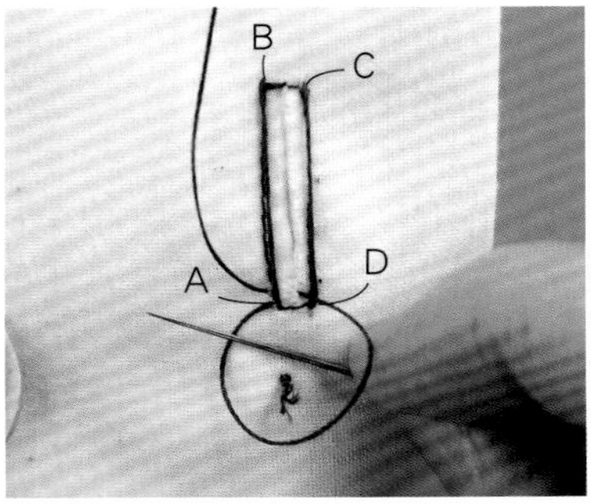

6 從開孔處入針，從內側往釦眼縫線邊端出針。

※縫線稍稍往上拉緊，可以製作出整齊排列的縫線。

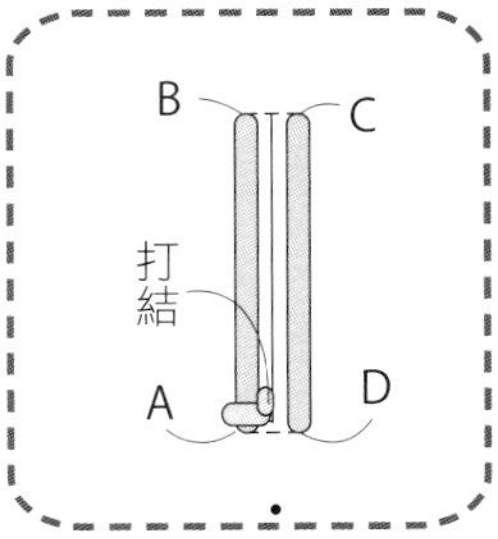

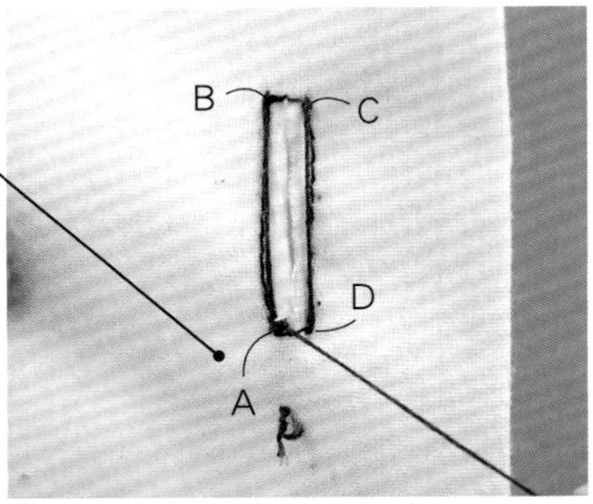

7 打結必須靠近開孔邊端並排一般，提起打結的縫線稍稍往上拉緊即可。

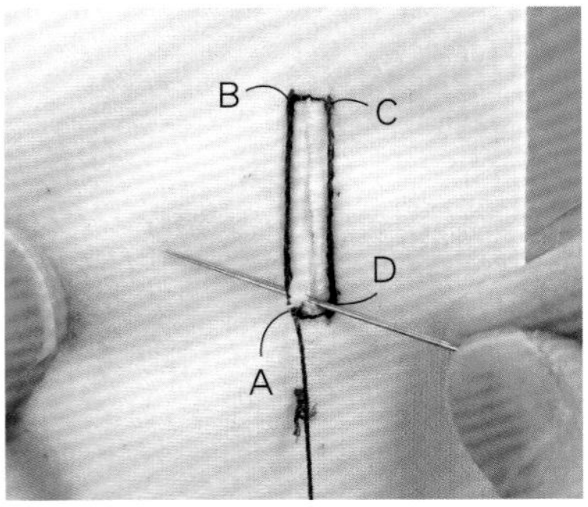

8 重複步驟5至7，A至B釦眼洞上端全部縫製完成。

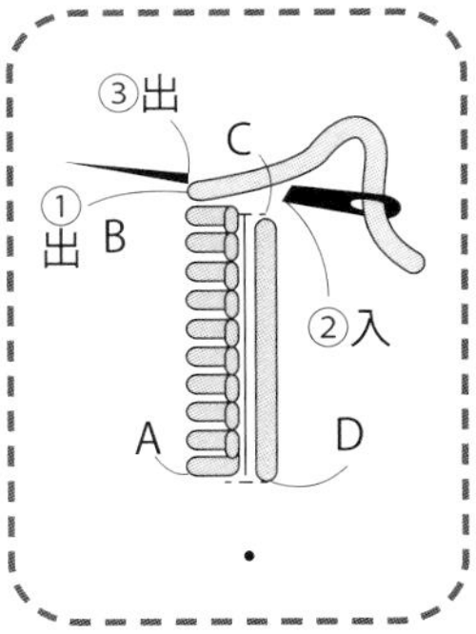

※注意縫線寬度必須一致，才能製作出整齊釦眼。

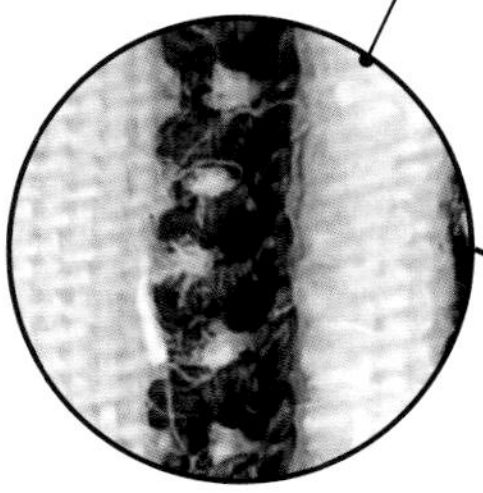

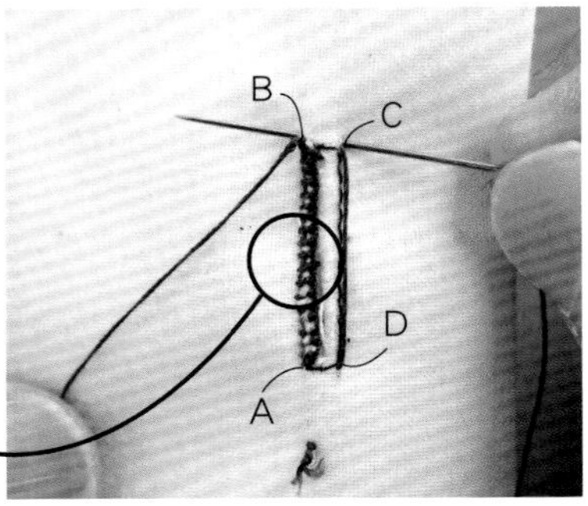

9 繞邊縫全部完成後，從開孔邊出針。沿C至B繞2次縫線。

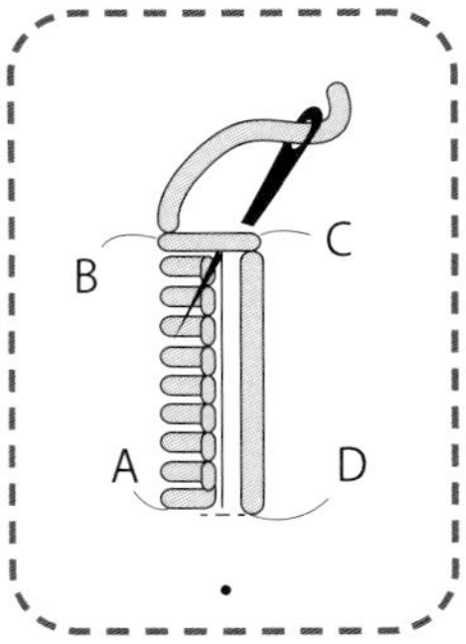

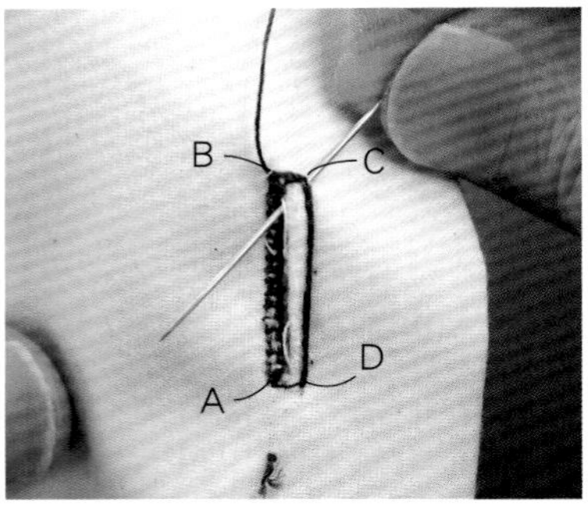

10 開孔邊出針。

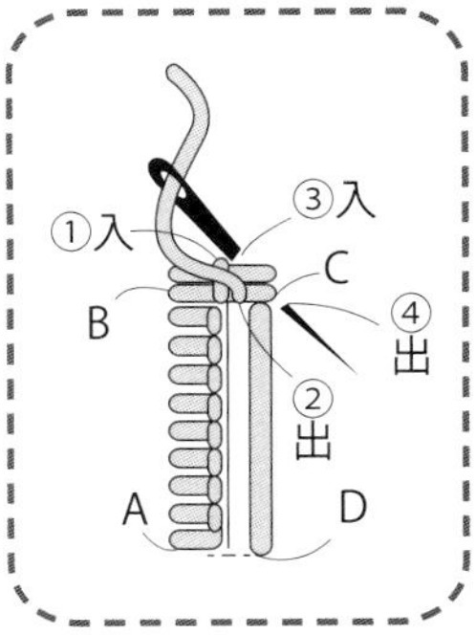

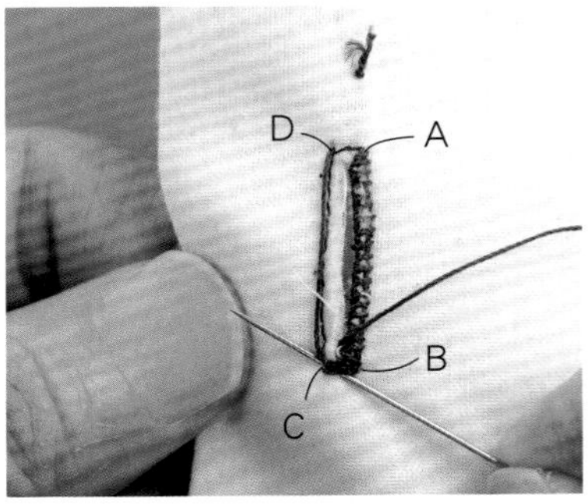

11 止縫處繞2次縫線，C處出針。

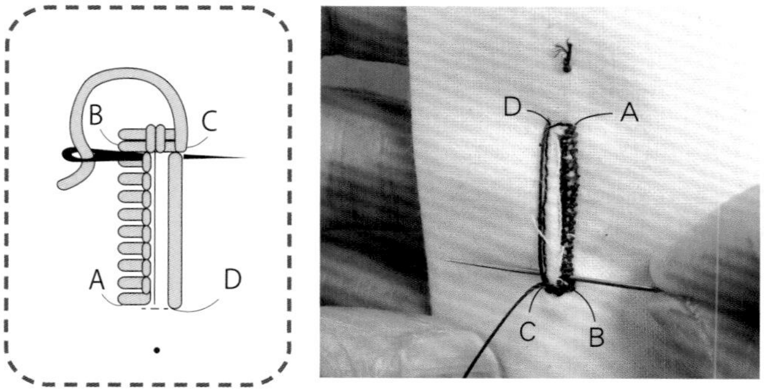

12 最後B處打結，從C處出針。

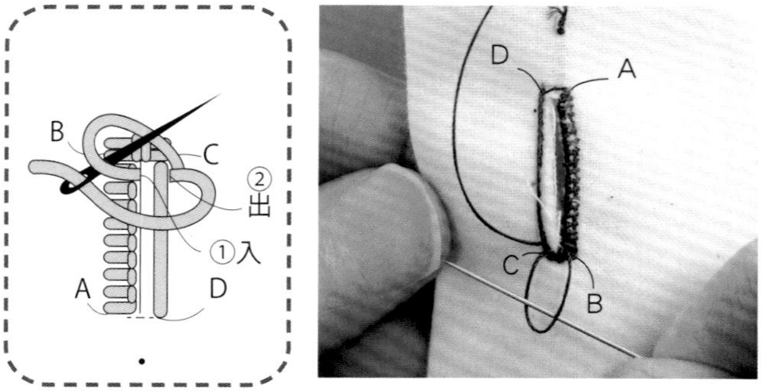

13 在拉出全部縫線前，從線環出針。

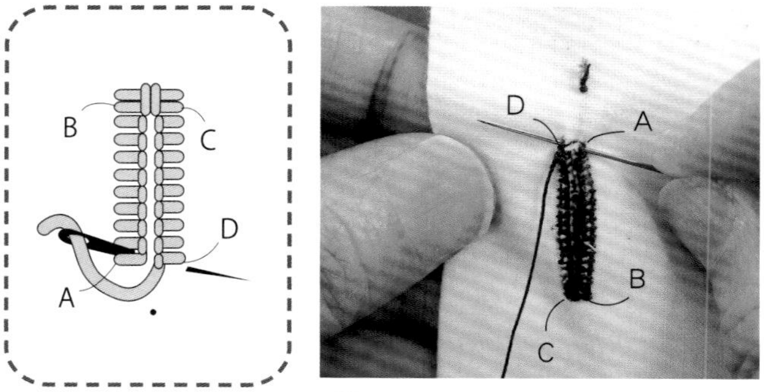

14 從C至D繞邊縫，縫針穿過始縫A處，拉緊縫線。

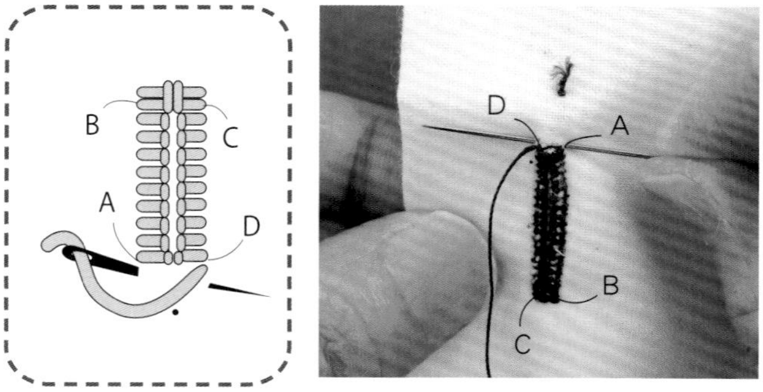

15 A至D繞2次縫線固定。

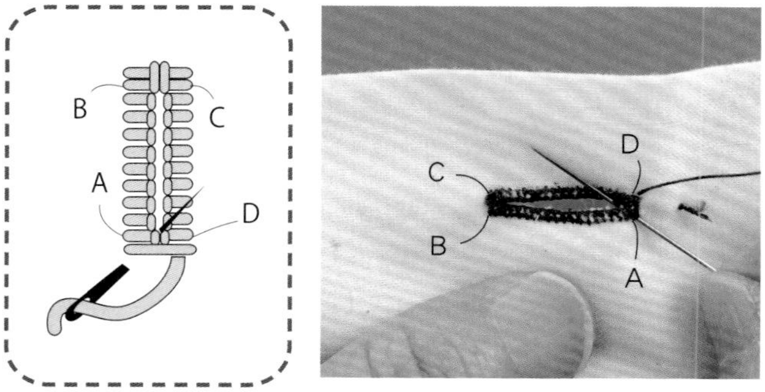

16 開孔邊端出針。

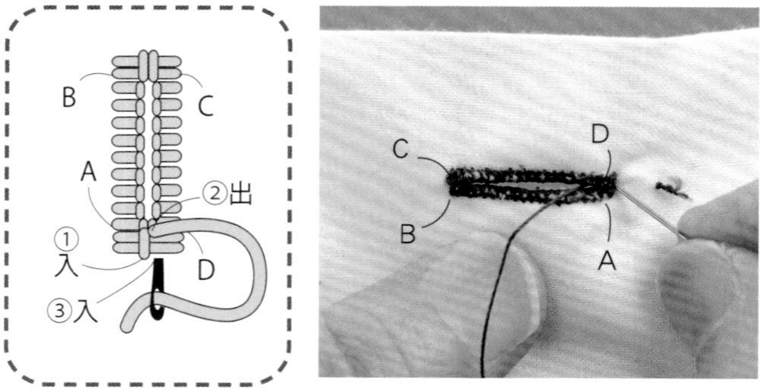

17 止縫處繞2次縫線固定。

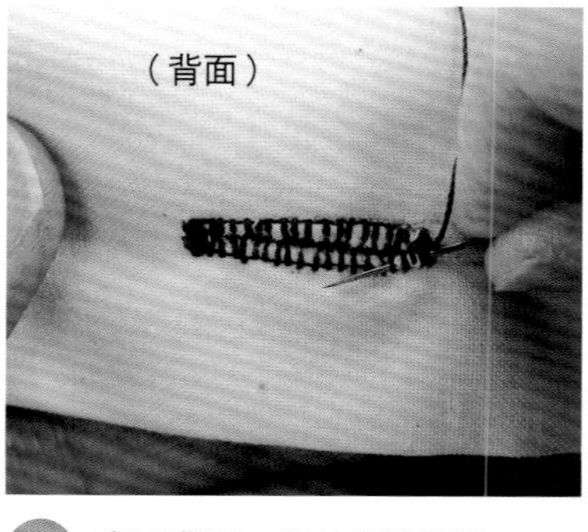

18 翻至背面，縫針穿過縫線。

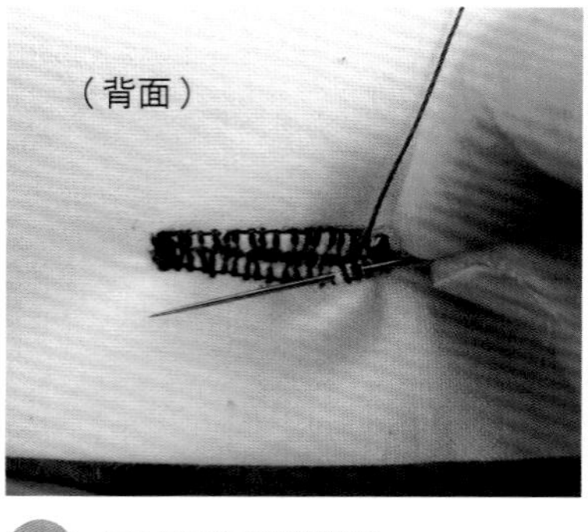

19 回針縫後切斷縫線。

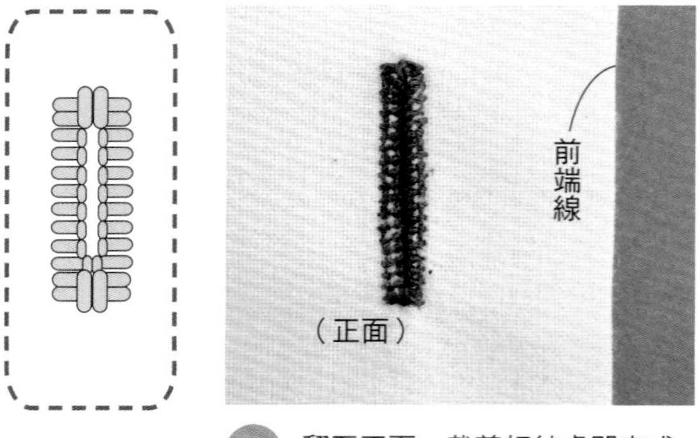

20 翻至正面，裁剪打結處即完成。

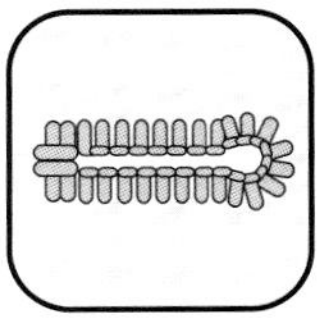

鳳眼釦眼

使用在西裝、大衣等。常搭配腳釦一起縫製。先確認釦子大小再來決定釦眼的尺寸。厚實布料比較適合鳳眼釦眼款式。

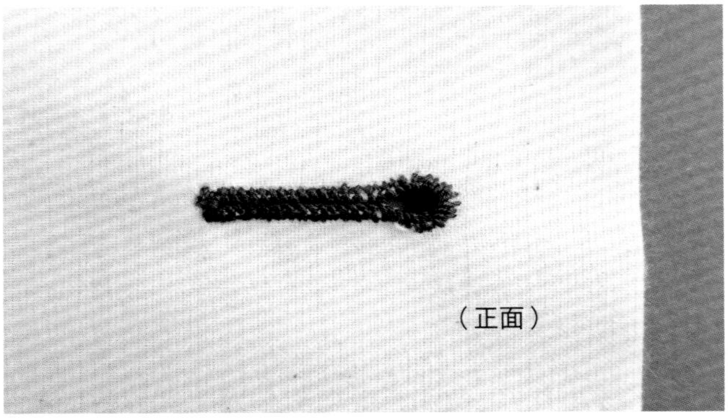
（正面）

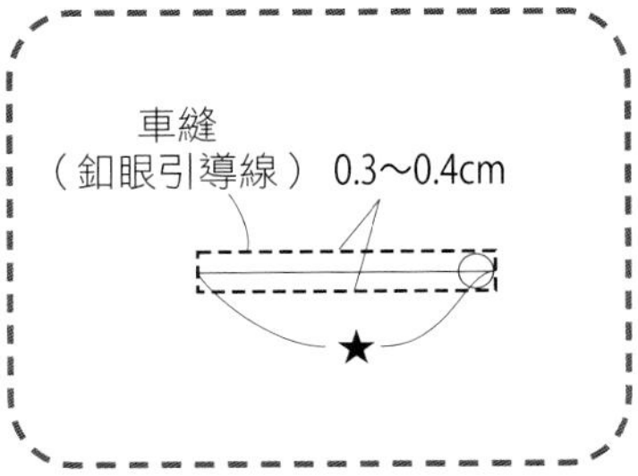
車縫
（釦眼引導線）
0.3～0.4cm
★

★＝釦眼尺寸
（請參考P.84）

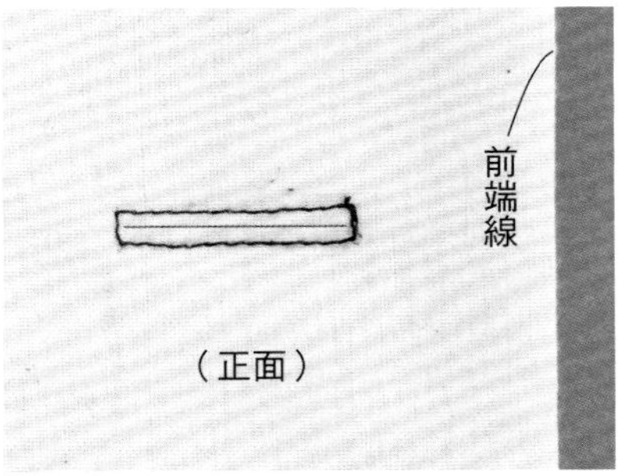
前端線
（正面）

1 以消失筆畫上釦眼縫製位置，周圍車縫。（釦眼引導線）

縫製順序

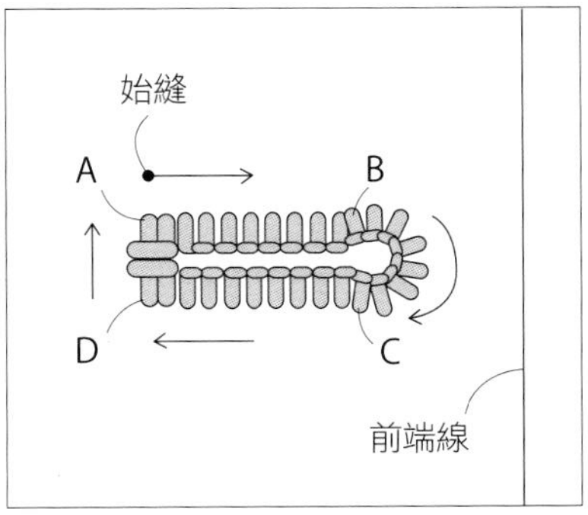
始縫
A
B
C
D
前端線

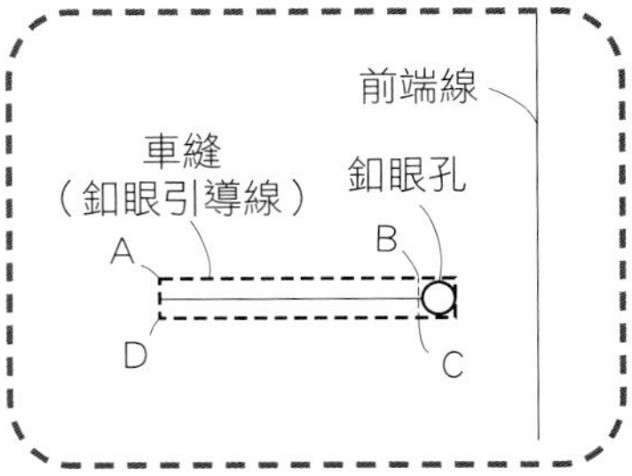
前端線
車縫
（釦眼引導線）
釦眼孔
A
B
C
D

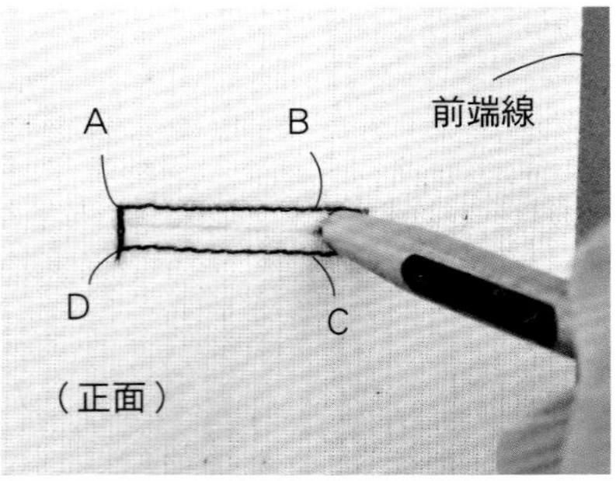
A
B
前端線
C
D
（正面）

2 使用開孔器在前端線處開釦眼孔。

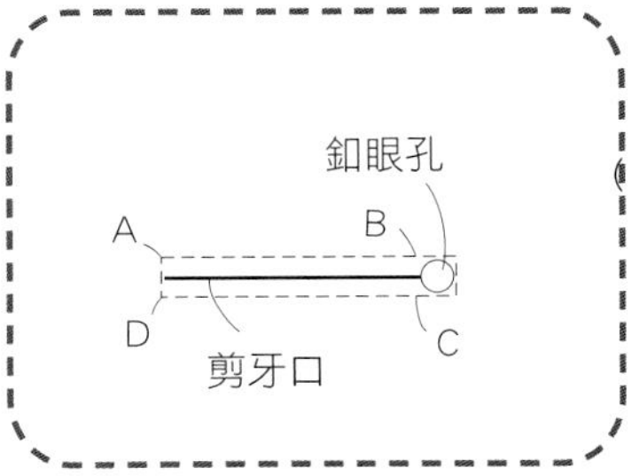
釦眼孔
A
B
C
D
剪牙口

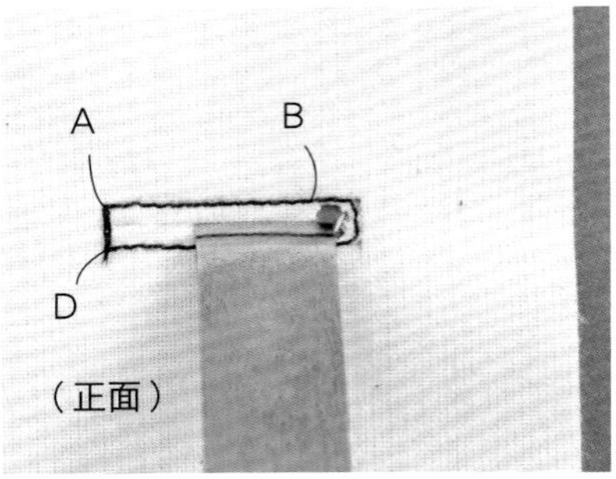
A
B
D
（正面）

3 釦眼縫製處使用裁刀切出牙口。

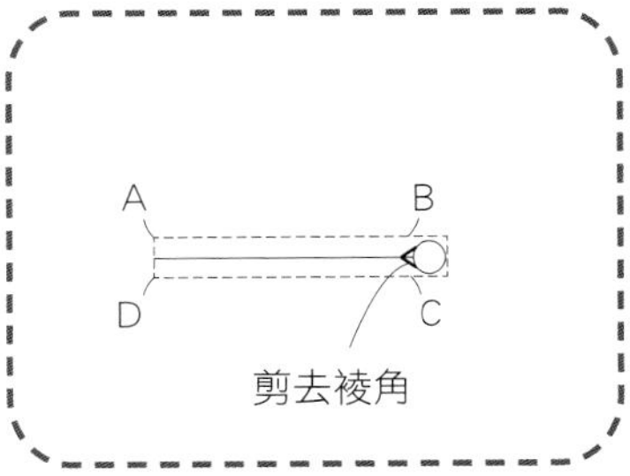
A
B
D
C
剪去稜角

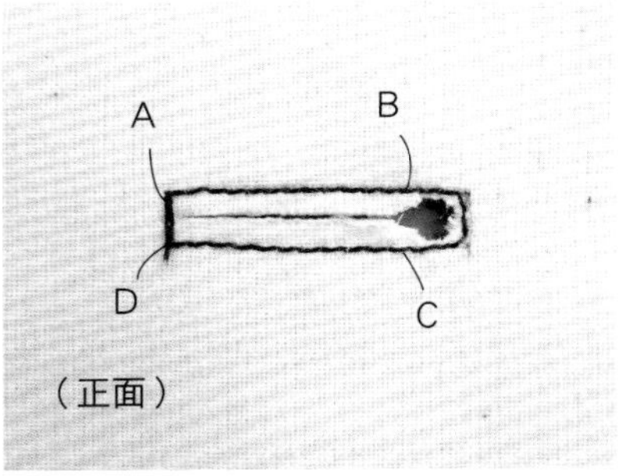
A
B
D
C
（正面）

4 釦眼孔和開口牙口的邊角裁剪。

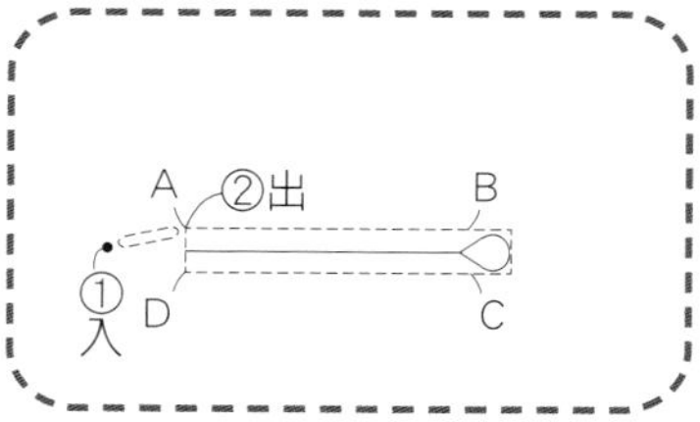

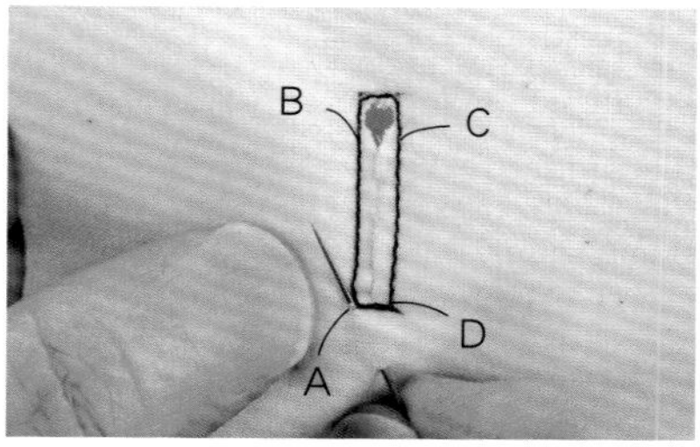

5 縫線一條打結後，縫針沿釦眼縫製處附近穿過兩片布料，從始縫處（A）出針。

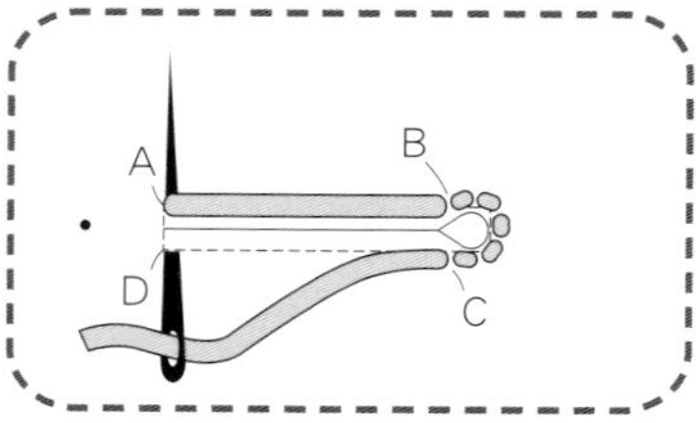

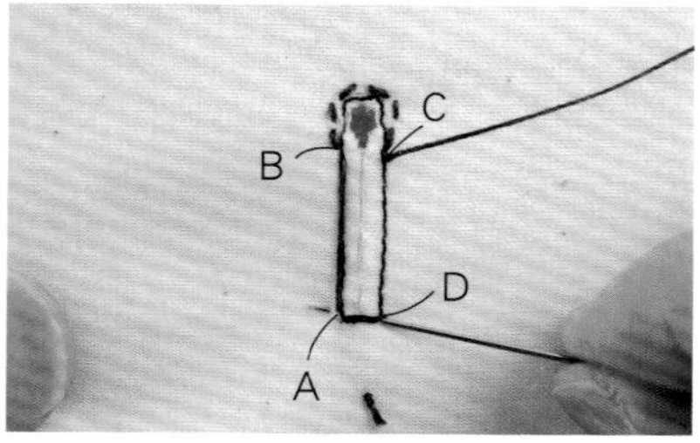

6 釦眼引導線上穿過縫線。沿開釦眼孔周圍細針目手縫。

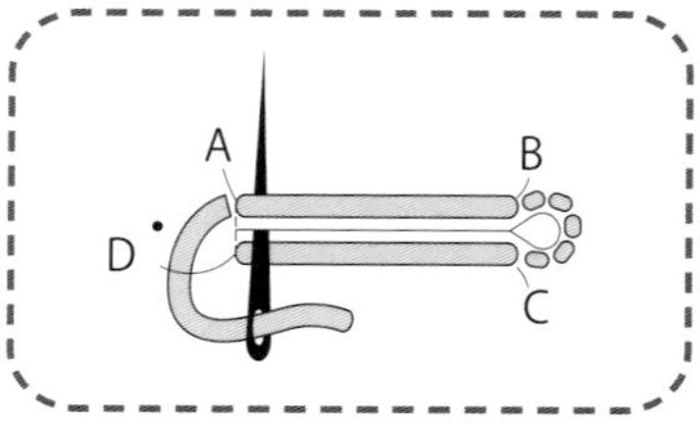

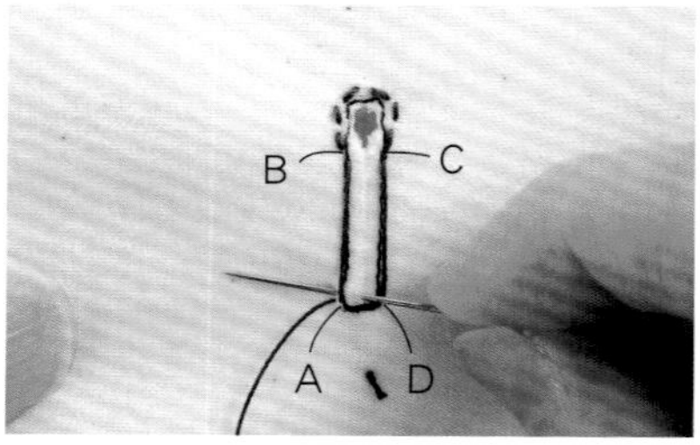

7 從開孔處入針，從內側往釦眼引導線邊端出針。

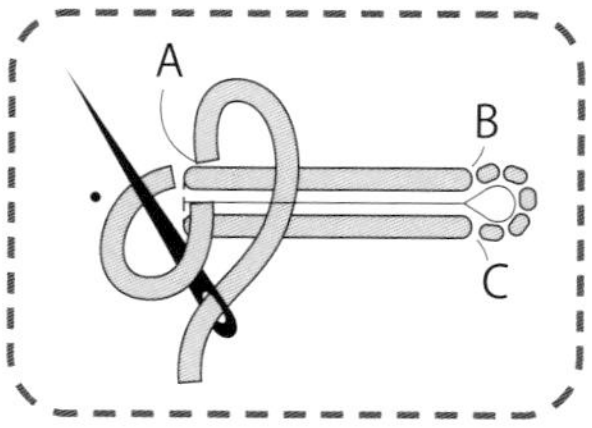

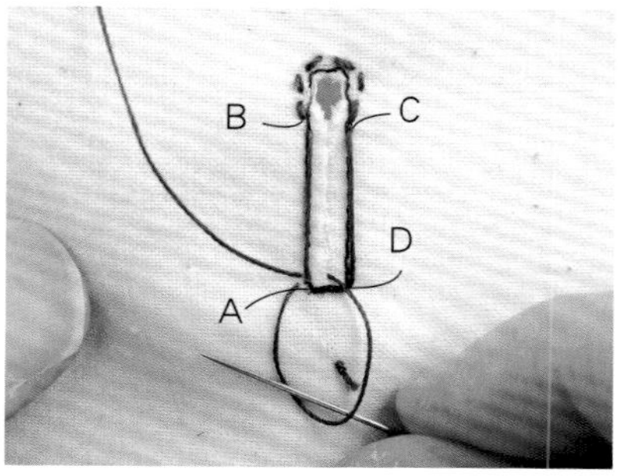

8 在拉出全部縫線前，從線環出針。

※縫線稍稍往上拉緊，可以製作出整齊排列的縫線。

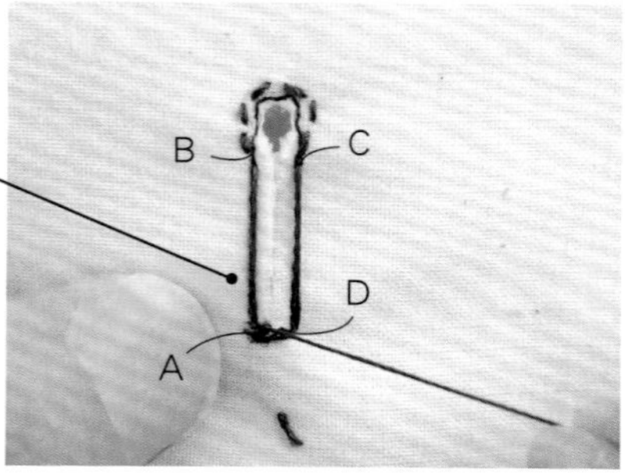

9 打結必須靠近開孔邊端並排一端，提起打結的縫線稍稍往上拉緊即可。

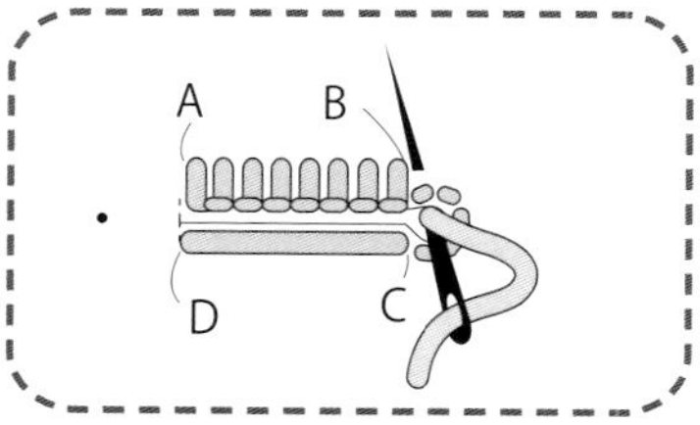

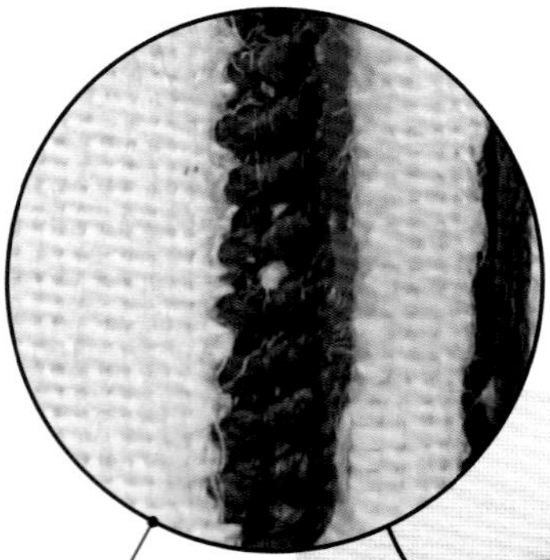

※注意縫線寬度必須一致，才能製作出整齊釦眼。

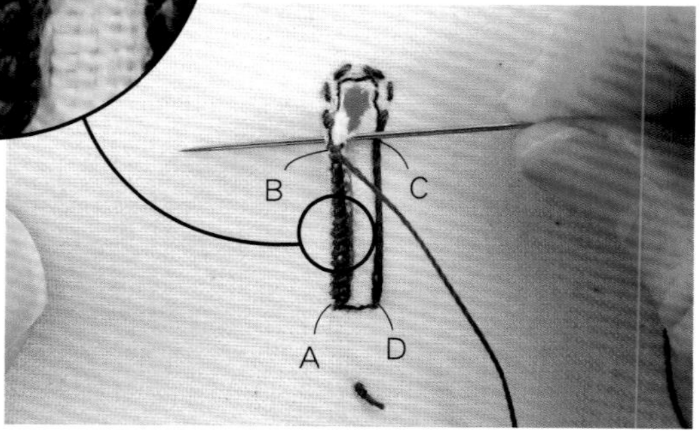

10 重複步驟7至9，A至B釦眼洞上端全部手縫完成。

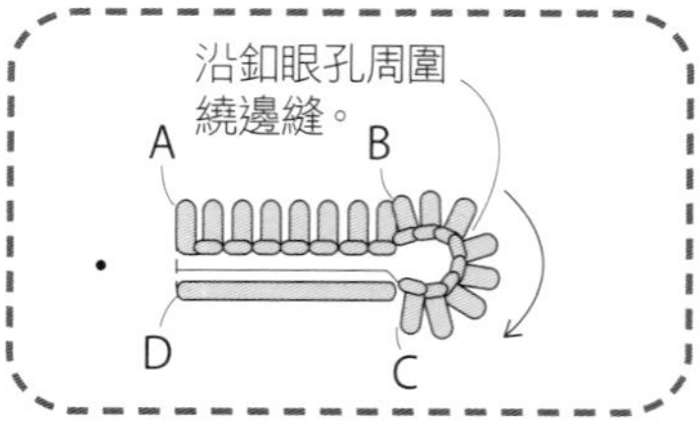

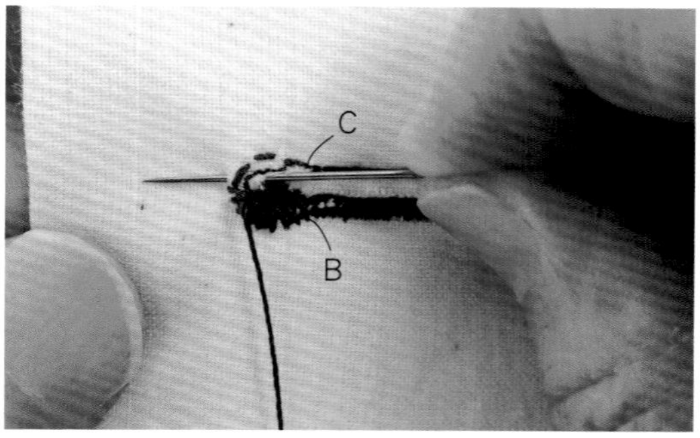

11 B至C呈圓形放射狀繞邊縫。

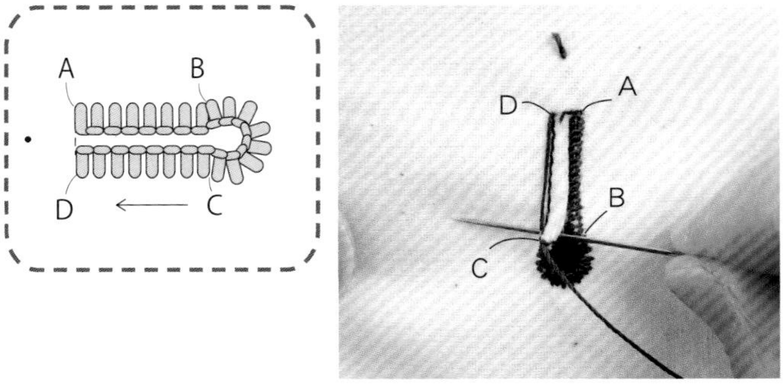

12 C至D依照同樣方法繞邊縫。

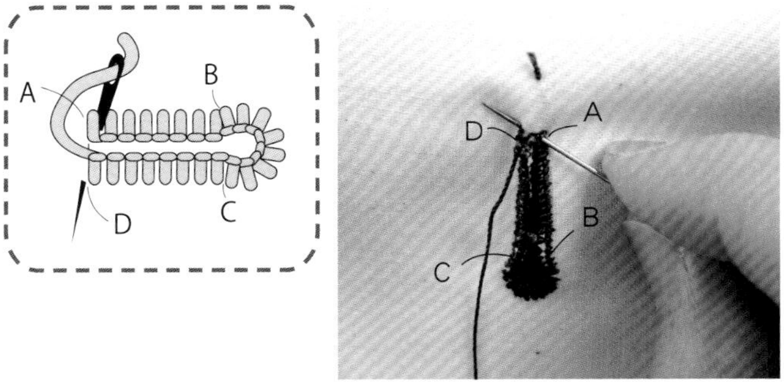

13 縫針穿入始縫A處拉緊縫線。

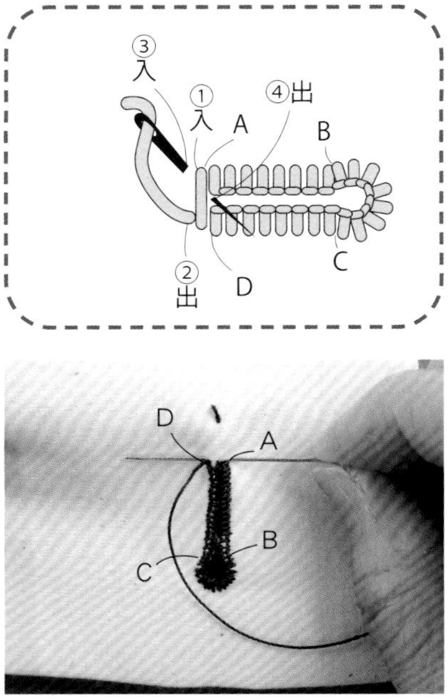

14 A至D繞縫2次，從開孔處出針。

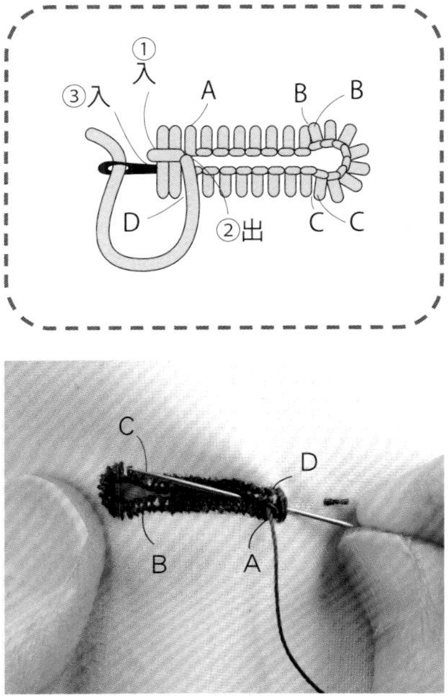

15 止縫處繞2次縫線固定。

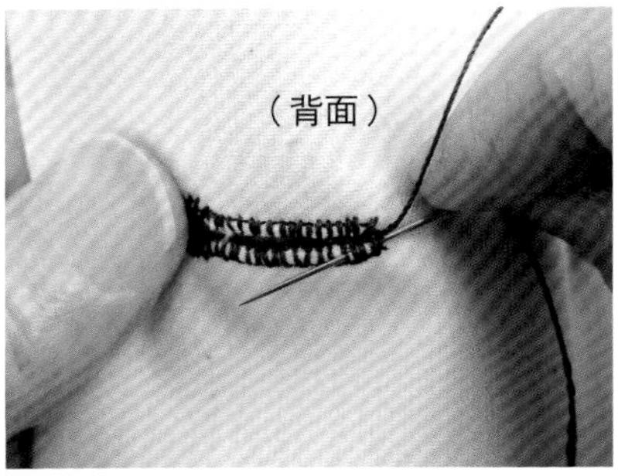

16 翻至背面，縫針穿過縫線。

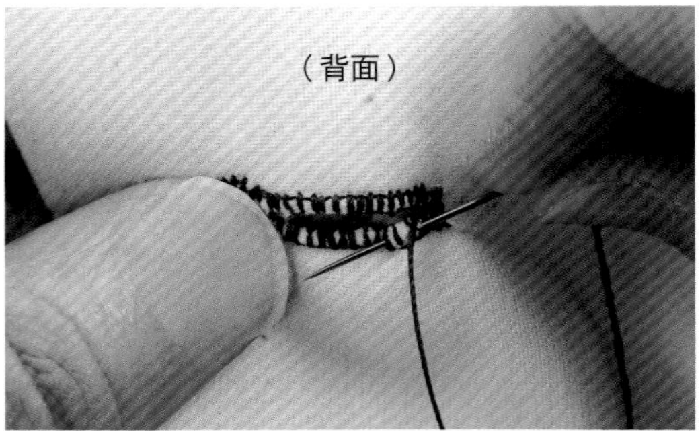

17 回針縫後切斷縫線。

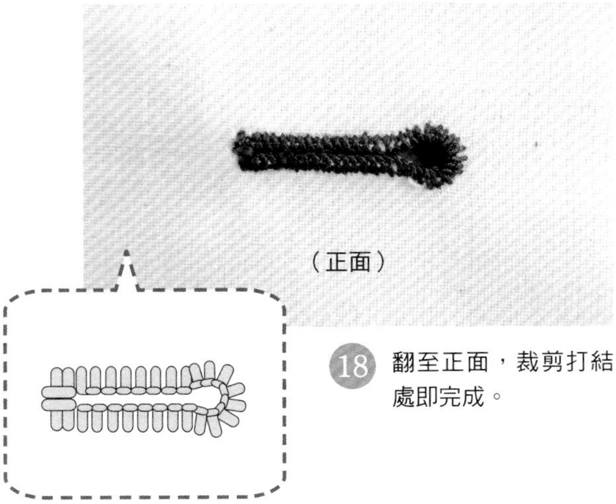

18 翻至正面，裁剪打結處即完成。

鈕環製作・縫製方法

使用圓鬆緊帶製作鈕環，作法同布製鈕環。袖口或是前襟也會使用，不過這次以最常使用的後身片開叉為示範範本。

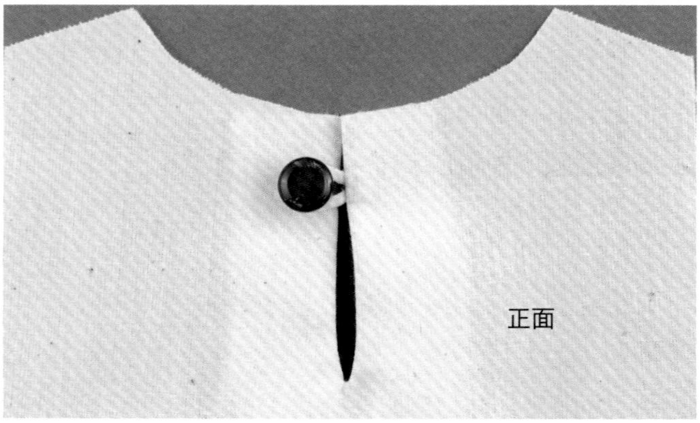
正面

合印記號的作法

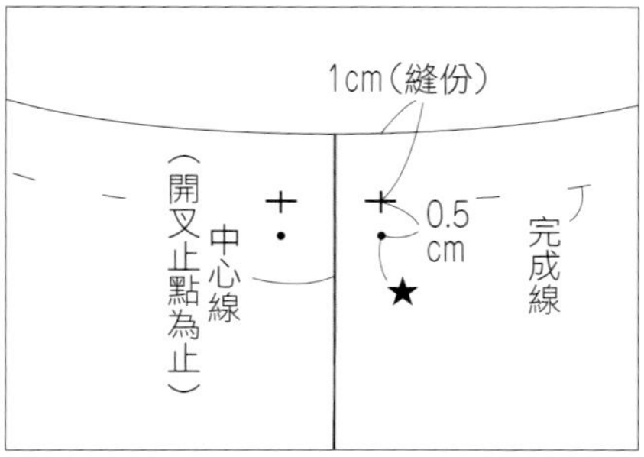
1cm（縫份）
（開叉止點為止）
中心線
0.5
cm
★
完成線

使用消失筆在完成線合印位置、鈕環位置、中心線均需作上合印記號。注意表面不要留下記號痕跡。

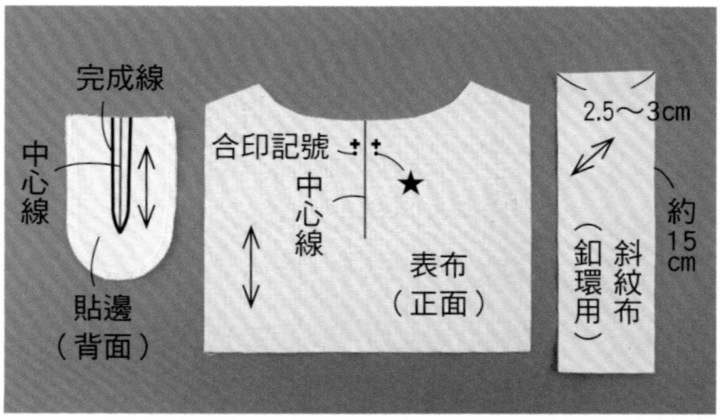
完成線
中心線
貼邊
（背面）
合印記號
中心線
表布
（正面）
2.5～3cm
約15cm
斜紋布
（鈕環用）

1 裁剪布片，作上合印記號（使用斜紋布製作時，請預留比鈕環長度更長一點的分量）。

鈕環位置

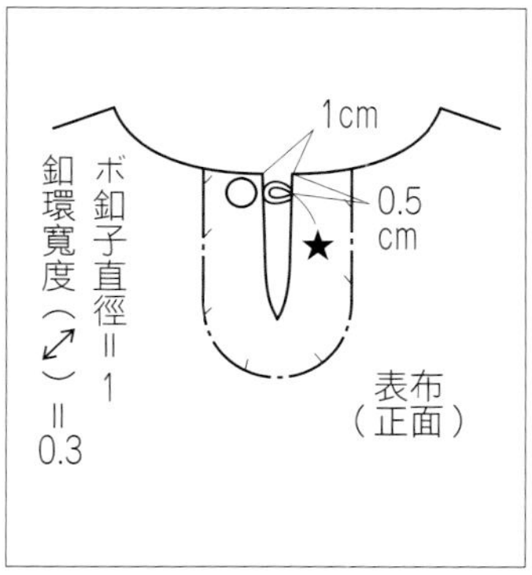
1cm
0.5
cm
★
鈕環寬度（⤢）＝0.3
ボ鈕子直徑＝1
表布
（正面）

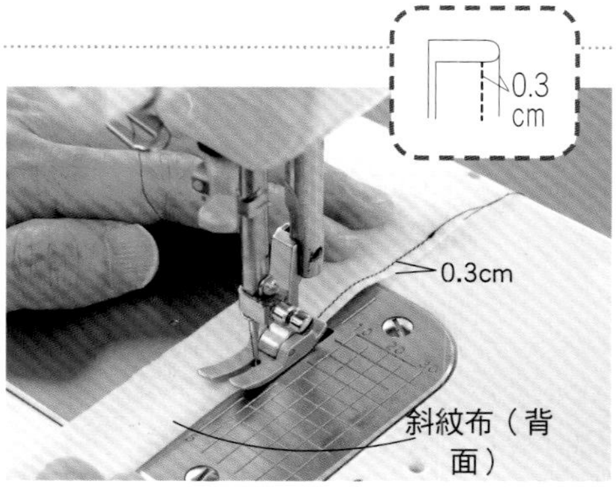
0.3
cm
0.3cm
斜紋布（背面）

2 斜紋布對摺，從摺線0.3cm處細針目車縫。

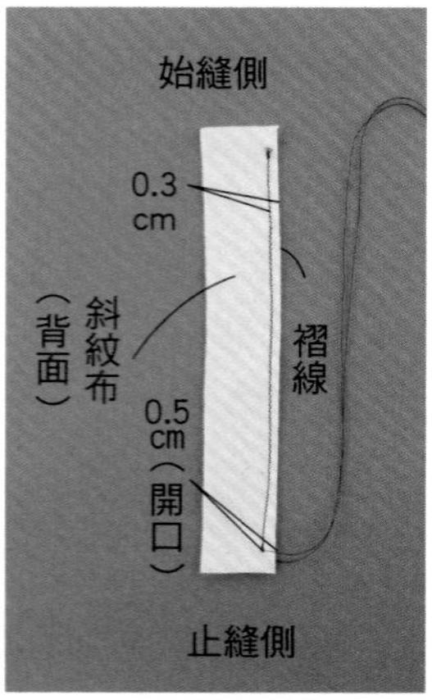
始縫側
0.3
cm
斜紋布
（背面）
摺線
0.5
cm
（開口）
止縫側

3 縫到止縫側（開口）時寬度要寬一點再回針縫，方便反摺。比起斜紋布長度，縫線要預留更長的長度。

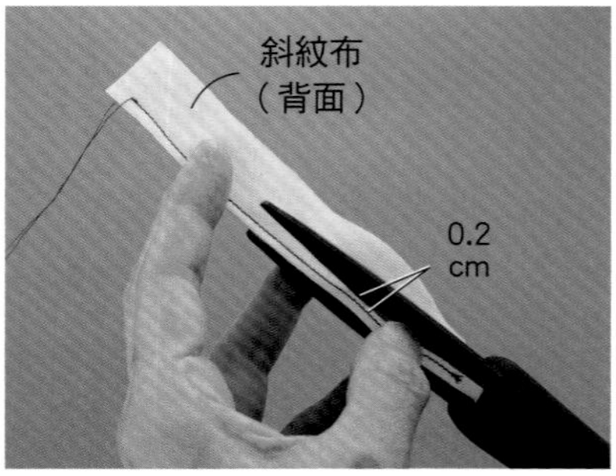
斜紋布
（背面）
0.2
cm

4 縫份裁剪成0.2cm寬度。

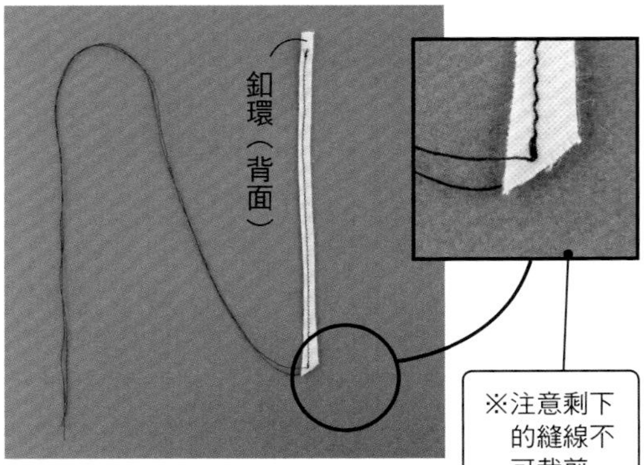
釦環（背面）
※注意剩下的縫線不可裁剪。

5 返口邊端斜向裁剪。

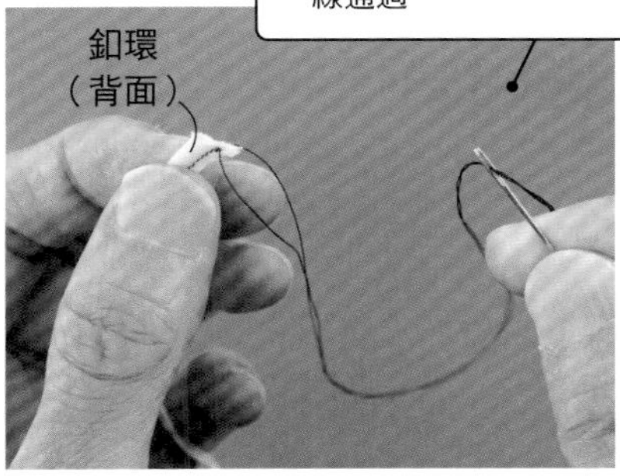
※使用針孔大的縫針（刺繡針等）方便縫線通過。
釦環（背面）

6 剩下的縫線穿過縫針。

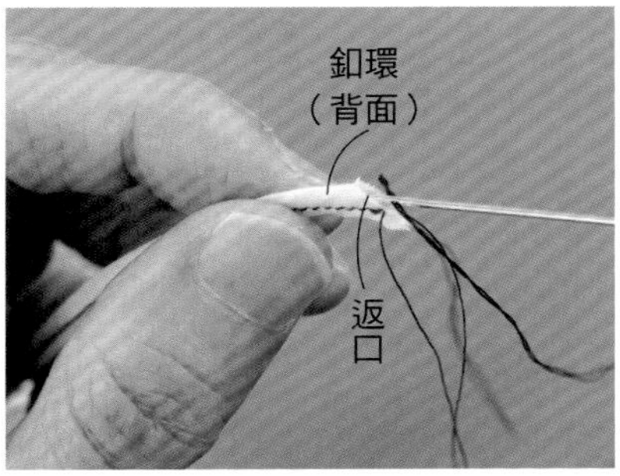
釦環（背面）
返口

7 從針孔側穿過釦環布。

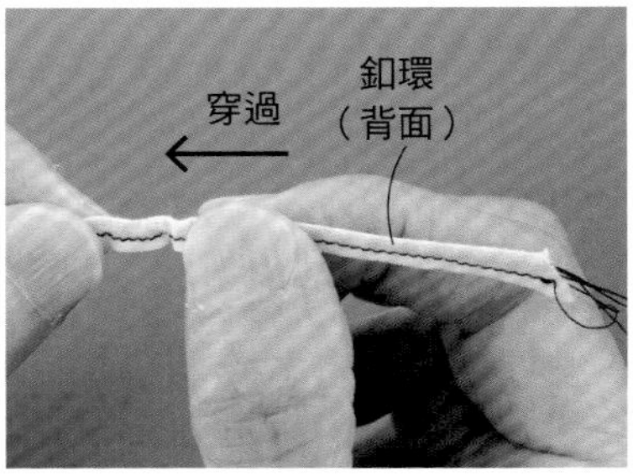
穿過
釦環（背面）

8 從釦環內側慢慢將縫針穿出。

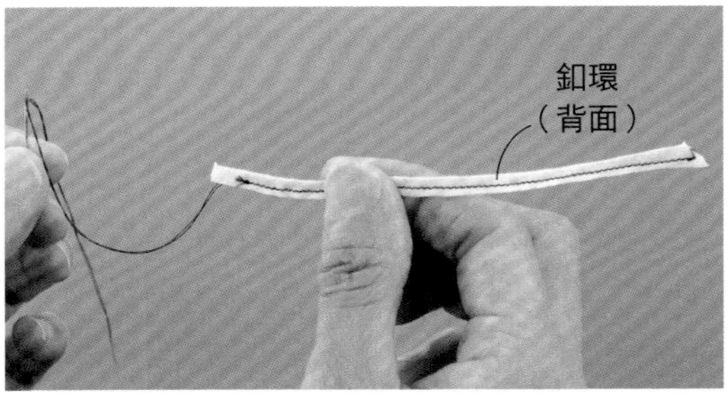
釦環（背面）

9 最後將縫針拿出來。

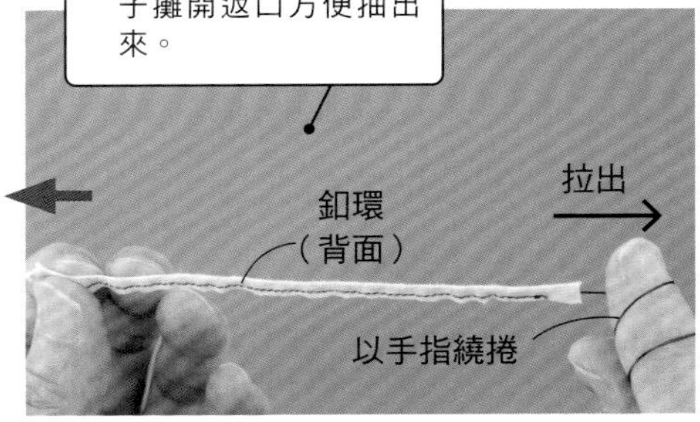
※拉縫線之前，先以錐子攤開返口方便抽出來。
拉出
釦環（背面）
以手指繞捲

10 以手指繞捲縫線，另一手壓住返口縫份拉線。

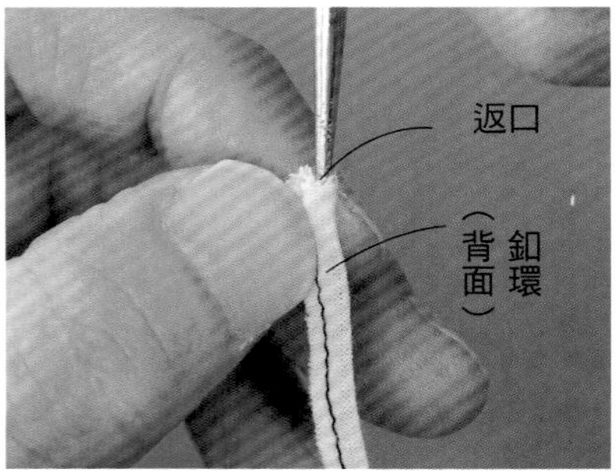
返口
釦環（背面）

不易拉出時，返口插入錐子，整理布條並慢慢拉出縫線。

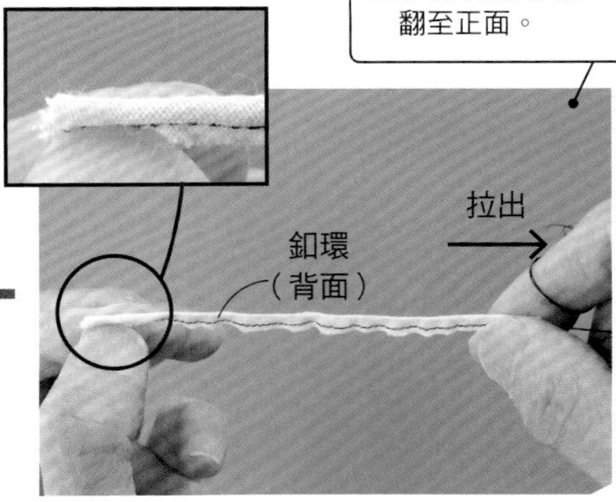
※手壓住縫份側，慢慢翻至正面。
拉出
釦環（背面）

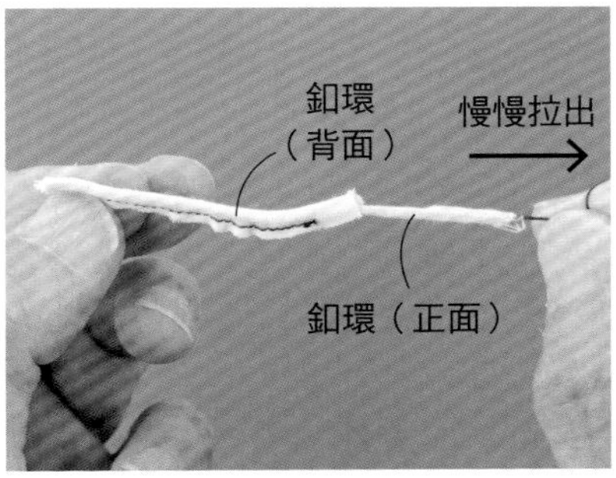
釦環（背面）
慢慢拉出
釦環（正面）

手壓住縫份側拉出縫線，慢慢將布翻至正面。若拉太緊會導致斷線，請特別留意。

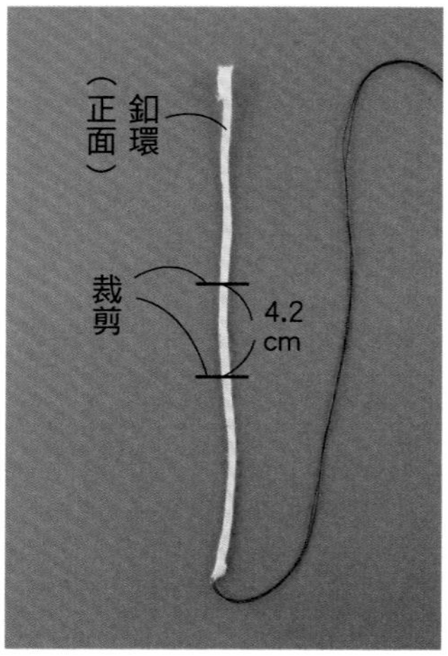
釦環
（正面）
裁剪
4.2
cm

11 翻至正面，請選擇較整齊部分裁剪成需要的釦環數量（圖中為一個的分量）。

決定釦環的長度

（釦子直徑×2）＋釦子厚度＋（布環的縫份×2）＝釦環長度

※釦子直徑1cm、厚度0.2cm、布環的縫份1cm時

（1cm × 2 ）＋　0.2cm＋（1cm × 2 ）＝4.2cm

↓

釦環長度4.2cm

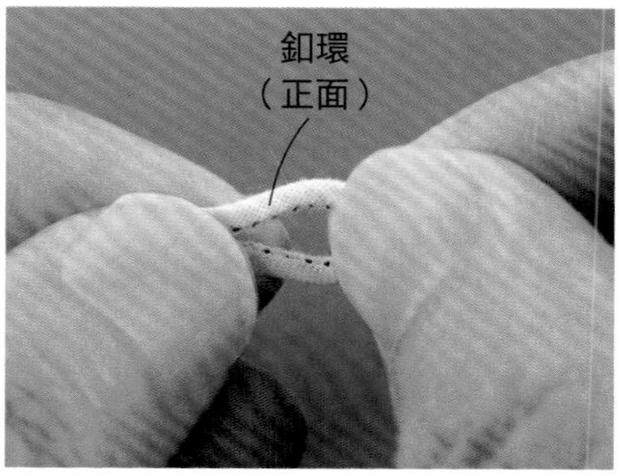
釦環
（正面）

12 整理裁剪下來的釦環。

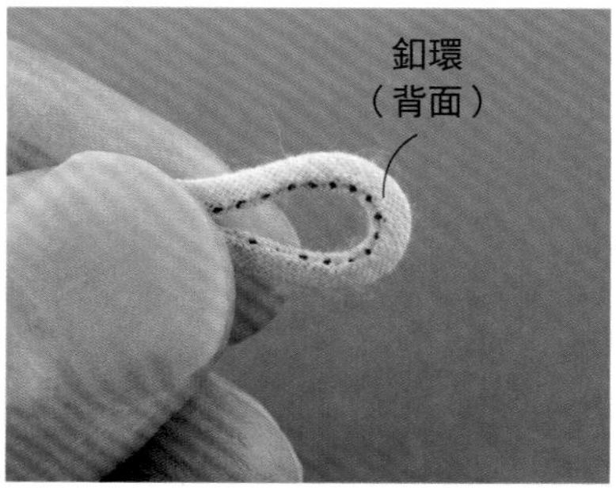
釦環
（背面）

將縫線整理至內側。

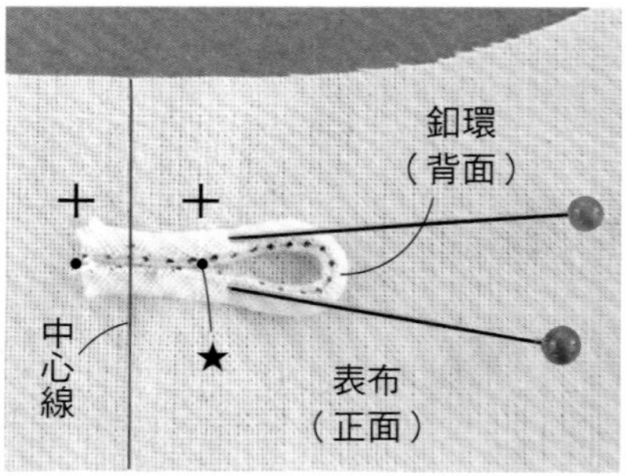
釦環
（背面）
中心線
★
表布
（正面）

13 對齊★中心以珠針固定。

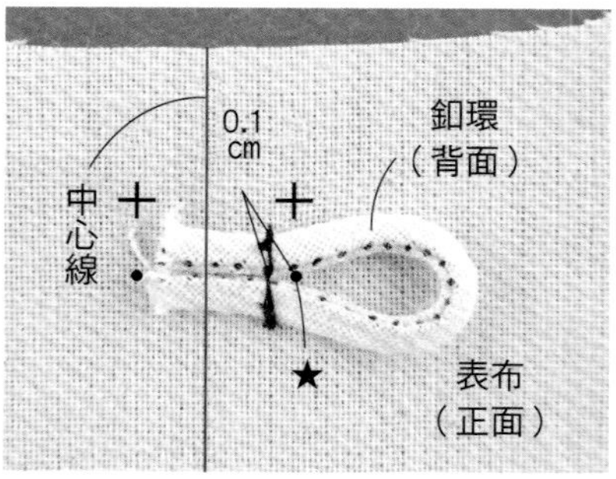
0.1
cm
釦環
（背面）
中心線
★
表布
（正面）

14 縫份疏縫固定。

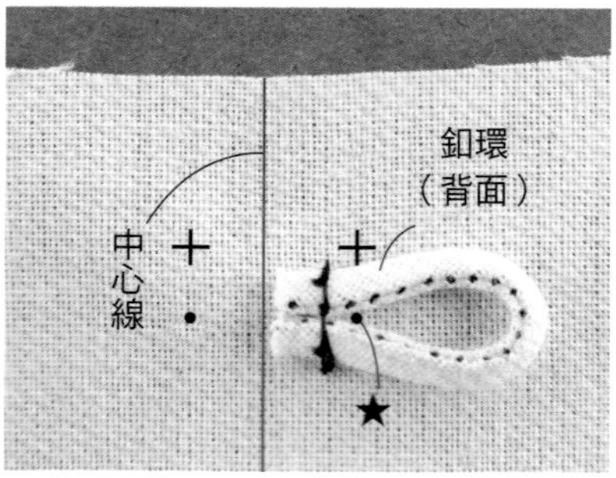
釦環
（背面）
中心線
★

15 縫份不要重疊中心線裁剪。

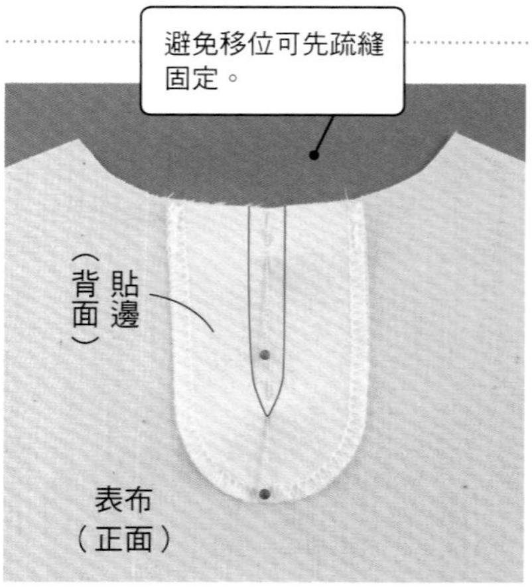
避免移位可先疏縫
固定。
貼邊
（背面）
表布
（正面）

16 表布和貼邊正面相對疊合，對齊中心線以珠針固定。

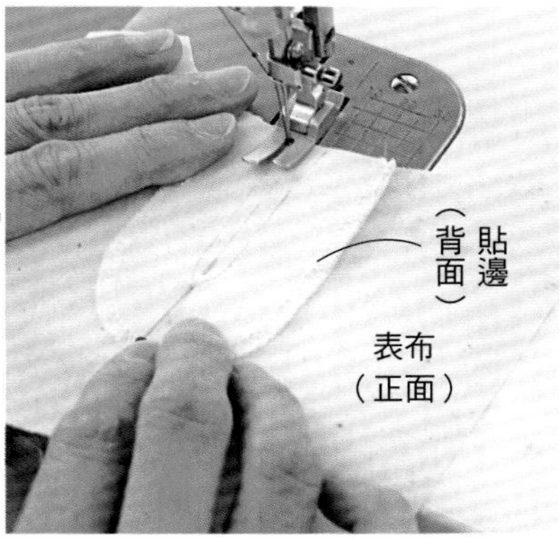
貼邊
（背面）
表布
（正面）

17 以細針目車縫開叉處。

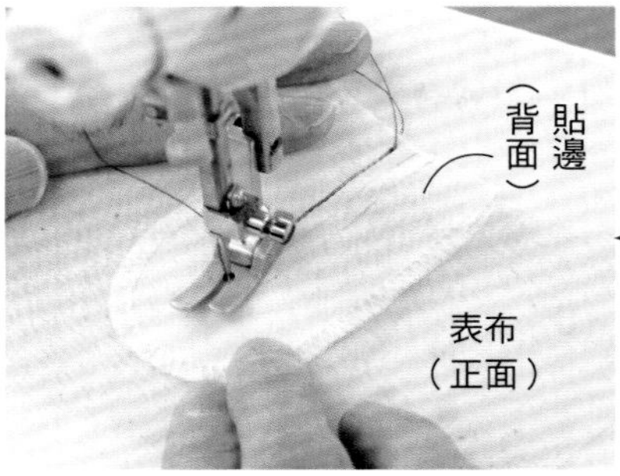
貼邊
（背面）
表布
（正面）

18 曲線處要比直線的縫線更細。

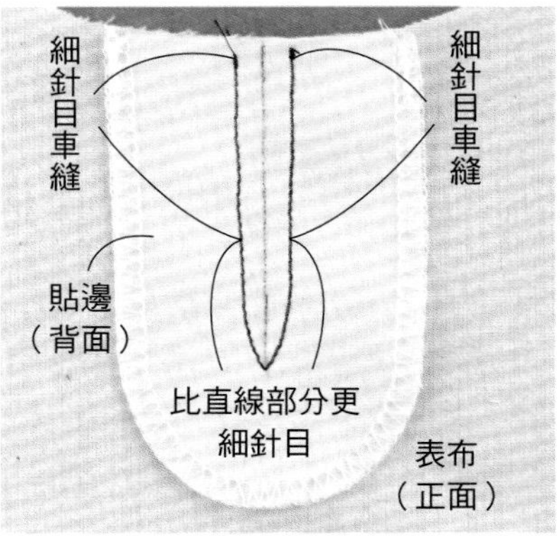
細針目車縫
細針目車縫
貼邊
（背面）
比直線部分更
細針目
表布
（正面）

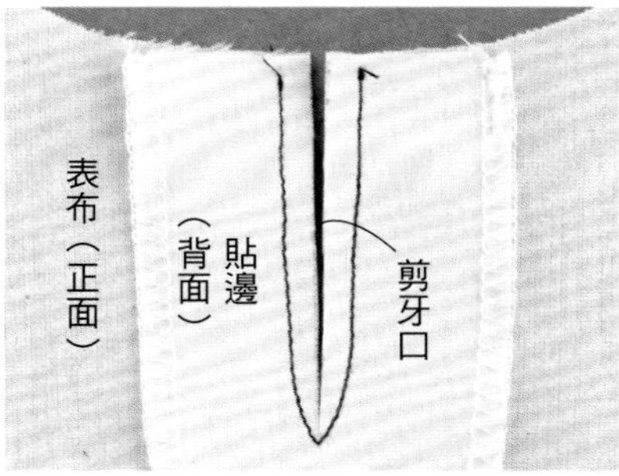
表布（正面）
貼邊（背面）
剪牙口

19 沿中心線裁剪至車縫線邊緣。

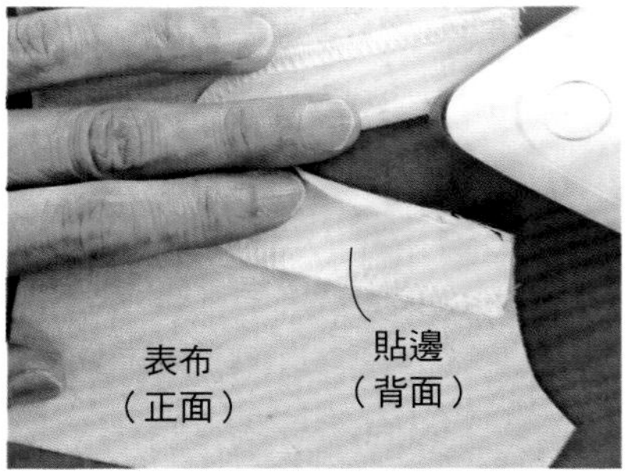
表布
（正面）
貼邊
（背面）

20 縫份熨燙摺疊至貼邊側。

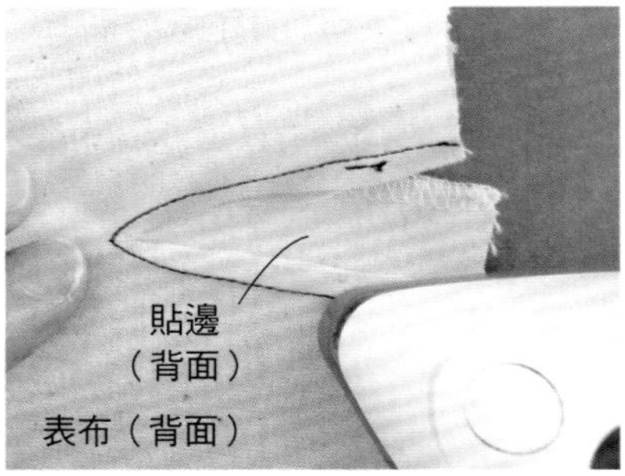
貼邊
（背面）
表布（背面）

21 攤開貼邊，縫份倒向貼邊側。

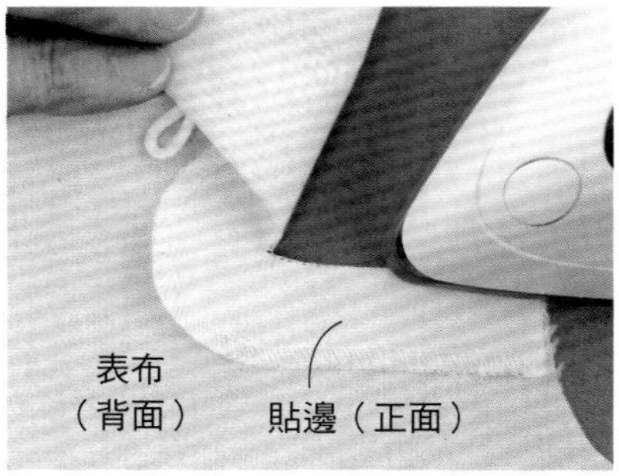
表布
（背面）
貼邊（正面）

22 翻至正面整理。

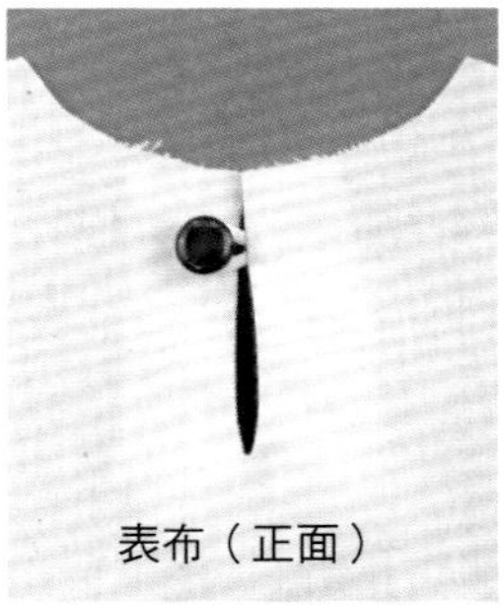
表布（正面）

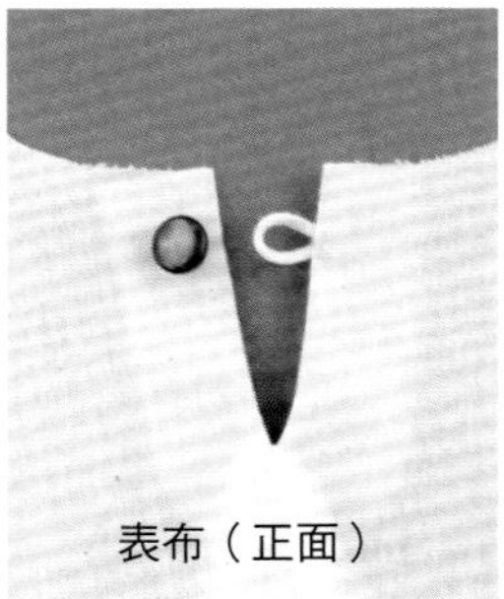
表布（正面）

配合布環位置縫上釦子。

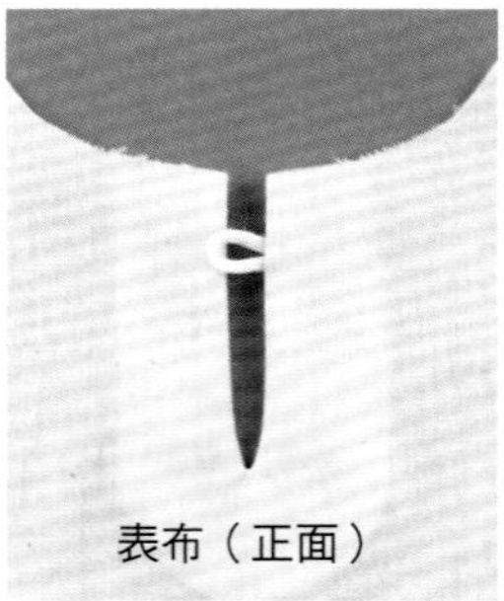
表布（正面）

完成

鈕釦縫製方法

釦子縫製位置請參考P.84。

使用縫線

依照釦子大小、重量、布料厚度決定釦子的縫線。
有釦子專用的縫線，運用在上衣或長衫等輕薄布料時，請選用30號；
外套或大衣等厚布料請選用20號。使用細線時請2股一起用。

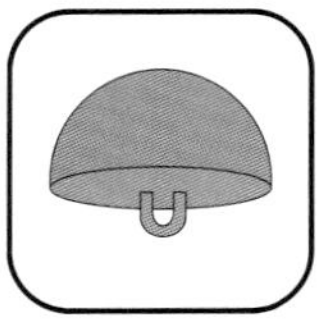

有釦腳鈕釦縫製方法

有釦腳鈕釦有其一定的形狀和方向性，請特別注意。有釦腳的鈕釦基本上不用作線腳，依照厚度會縫製較短的線腳。

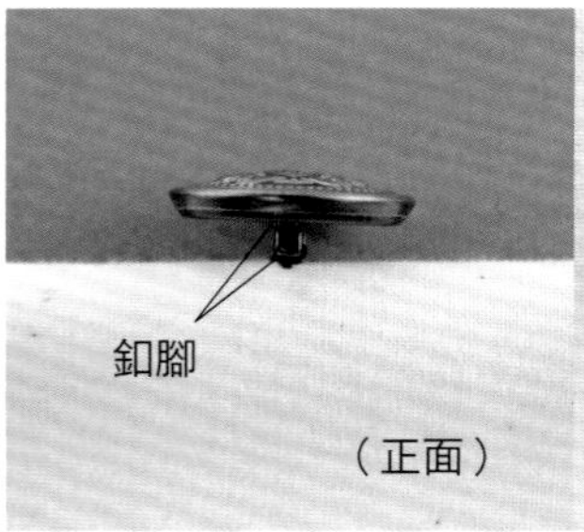
釦腳
（正面）

（正面）

鈕釦縫製方法

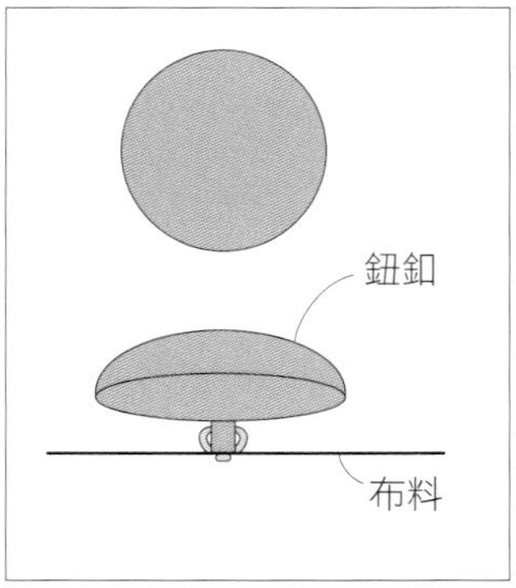
鈕釦
布料

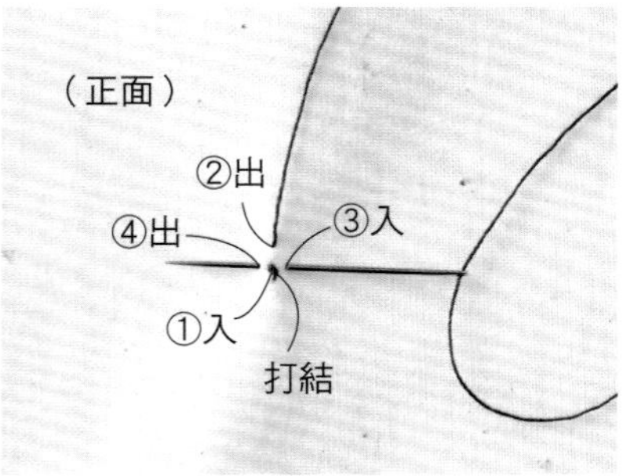
（正面）
②出
③入
④出
①入
打結

1 從表面入針，挑縫鈕釦位置的布料。

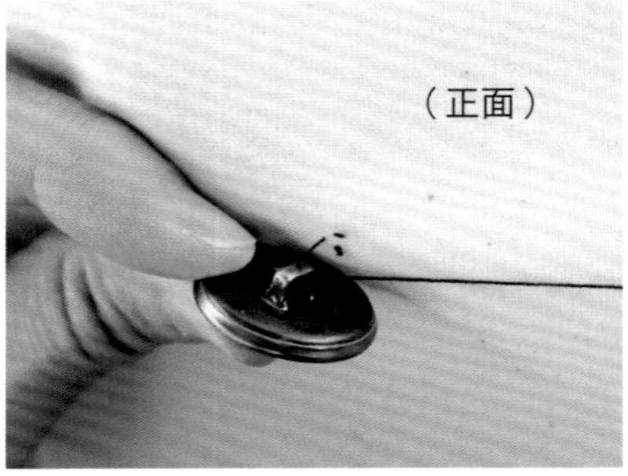
（正面）

2 縫線穿過鈕釦釦腳洞，從內側出針。

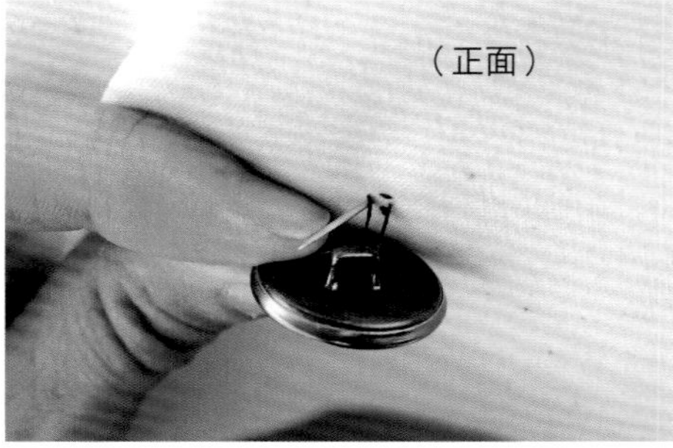
（正面）

3 從表面出針，釦腳入針。

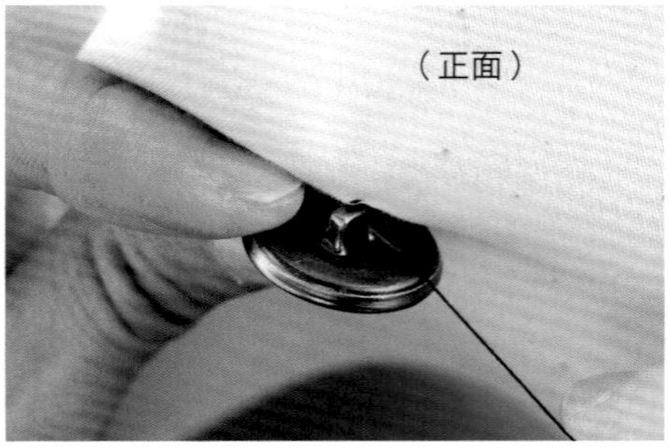
（正面）

4 依步驟2至3重複纏繞縫線3至4次。

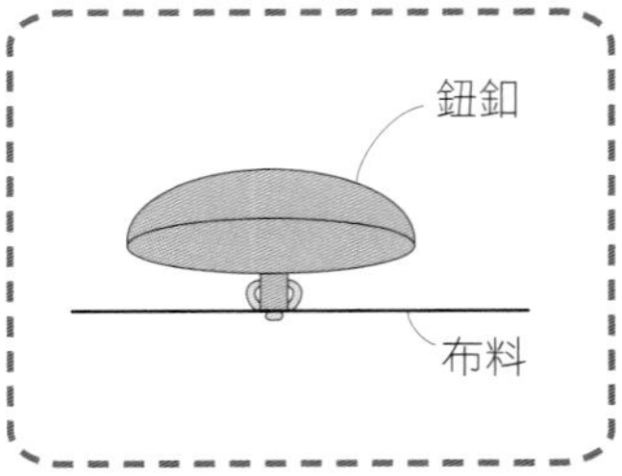
鈕釦
布料

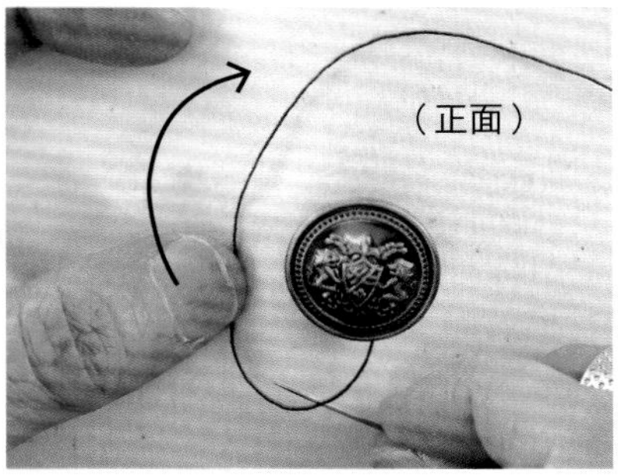
（正面）

6 以縫線製作線環，從下面通過後將針拉緊。

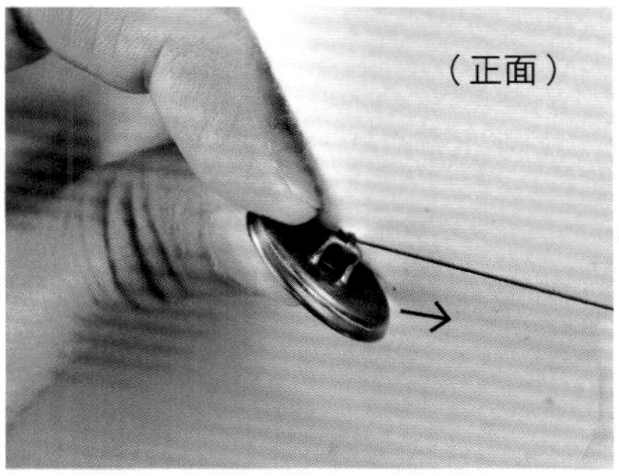
（正面）

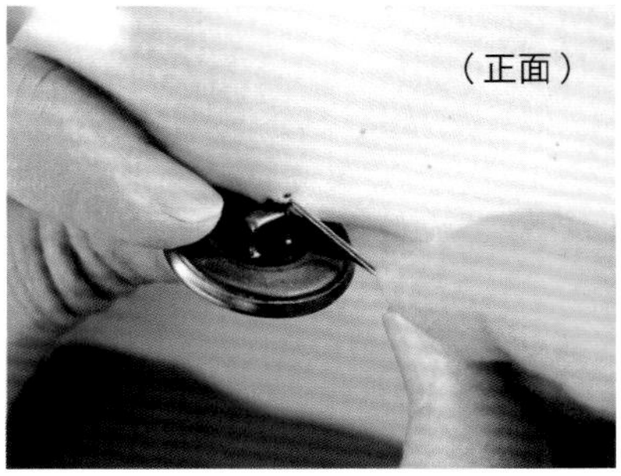
（正面）

7 根部穿針2至3次，內側出針。

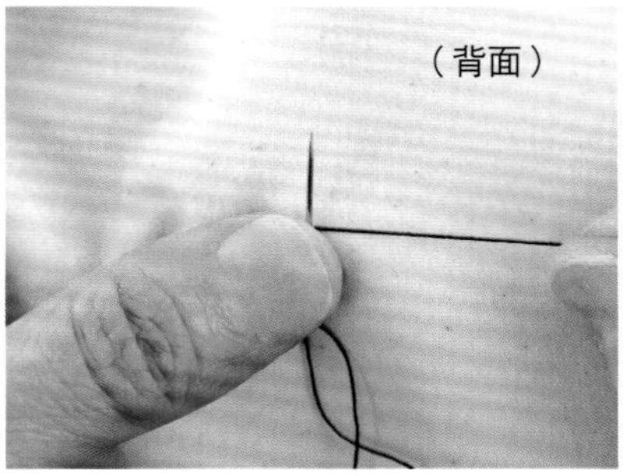
（背面）

8 打結。

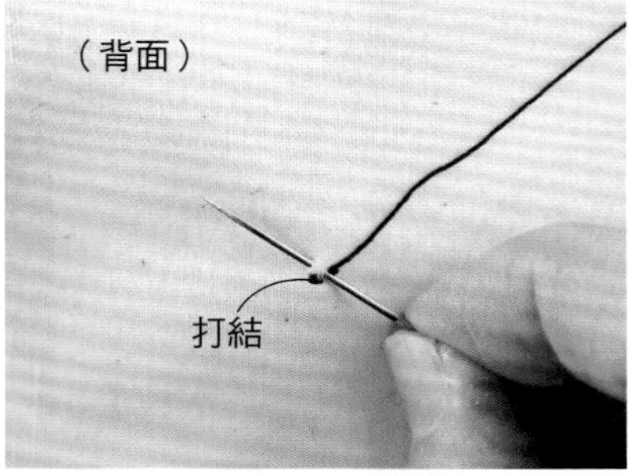
（背面）
打結

9 從打結處側邊穿針，通過布料後由另一側出針。

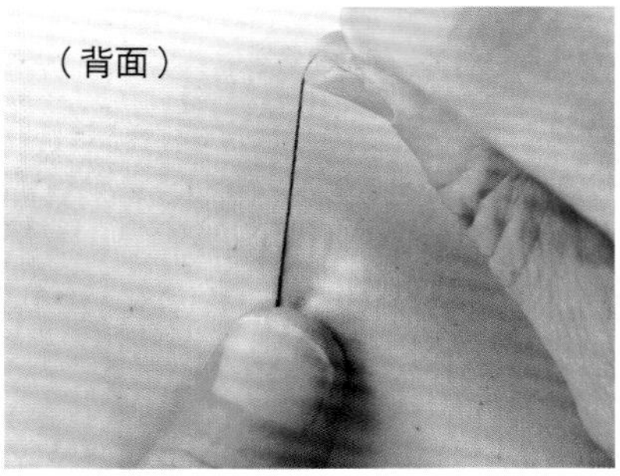
（背面）

10 用手指壓住打結，拉緊縫線。將結拉進布料之間，裁剪縫線。

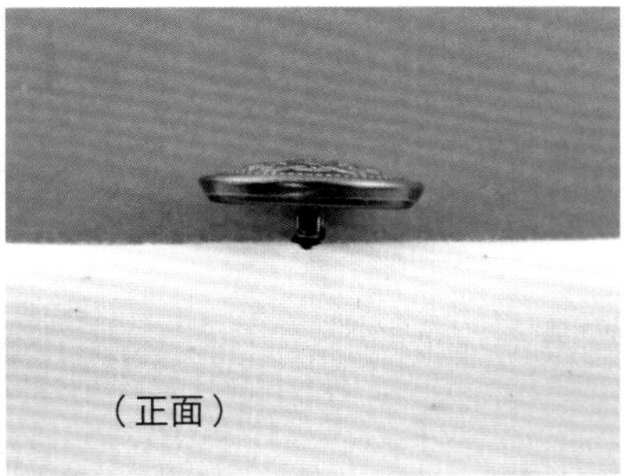
（正面）

（正面）

完成

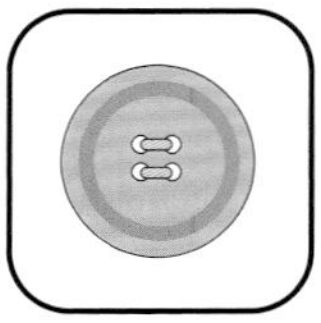

四孔釦縫製方法

一般襯衫或連身裙常常運用到的作法。堅固的縫製可讓釦子穩固，扣上釦子時看起來更加整齊。

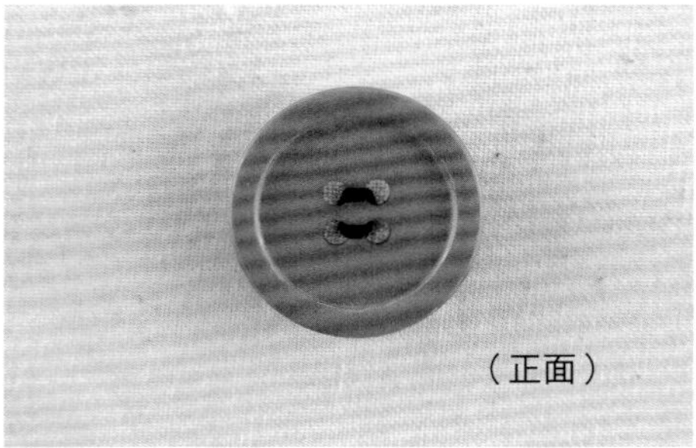
（正面）

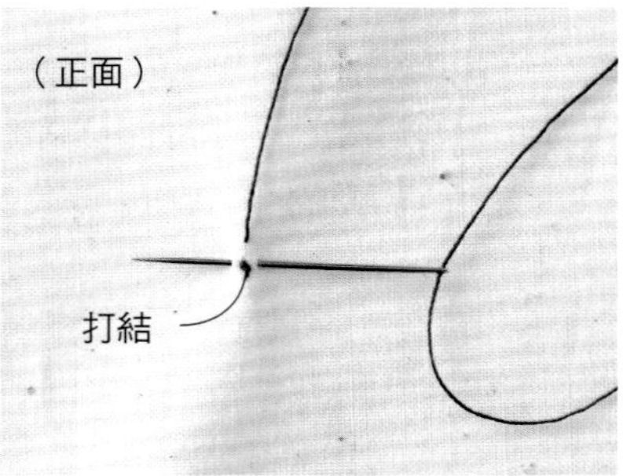
（正面）
打結

1 從表面入針，挑縫縫製釦子處布料。

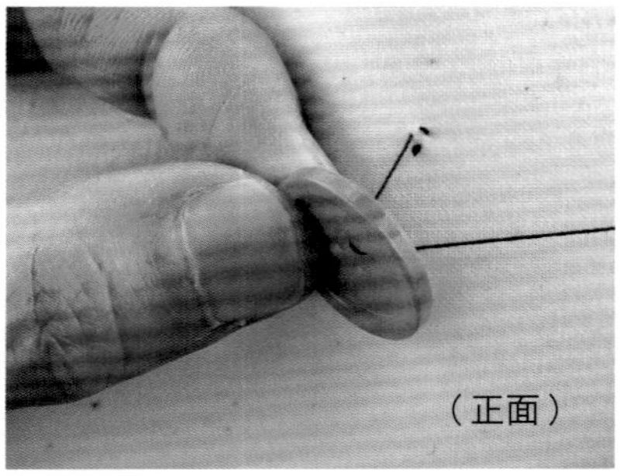
（正面）

2 穿過上面的釦孔。

鈕釦縫製方法

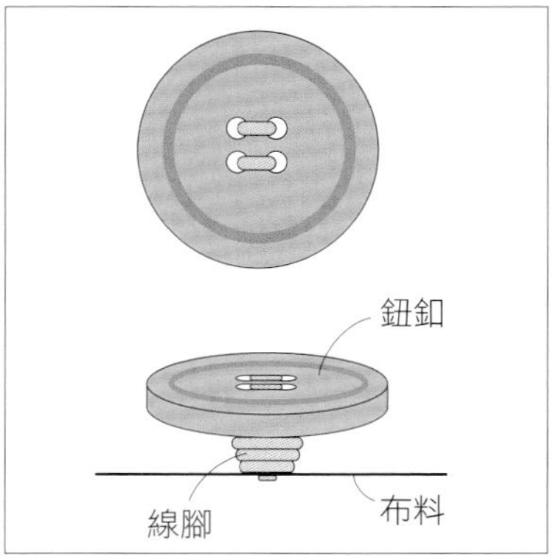
鈕釦
線腳
布料

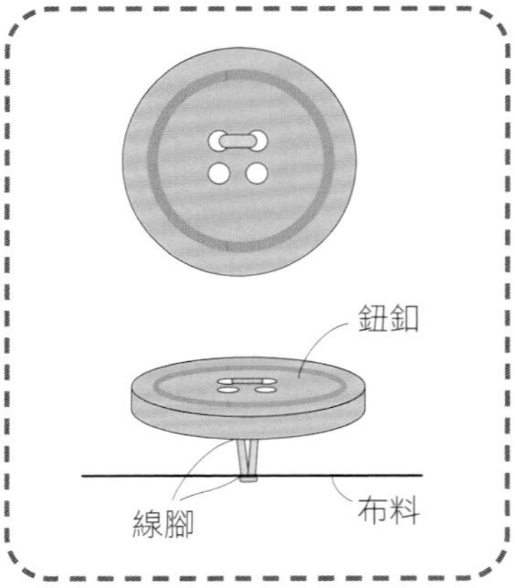
鈕釦
線腳
布料

3 縫針從布料背面出針，記住布料和釦子預留分量，要比布料厚度再多一點。（線腳）

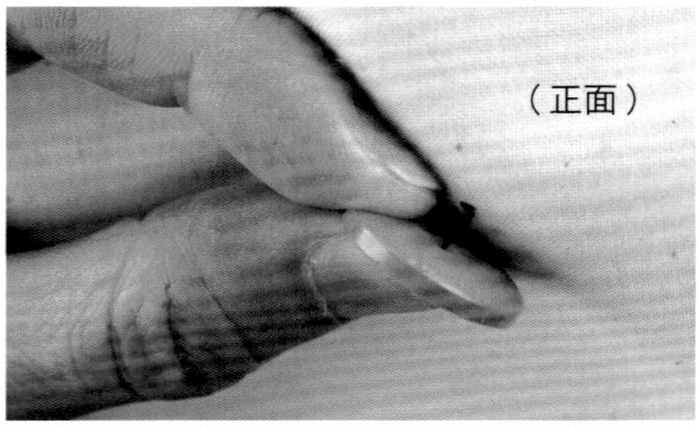
（正面）

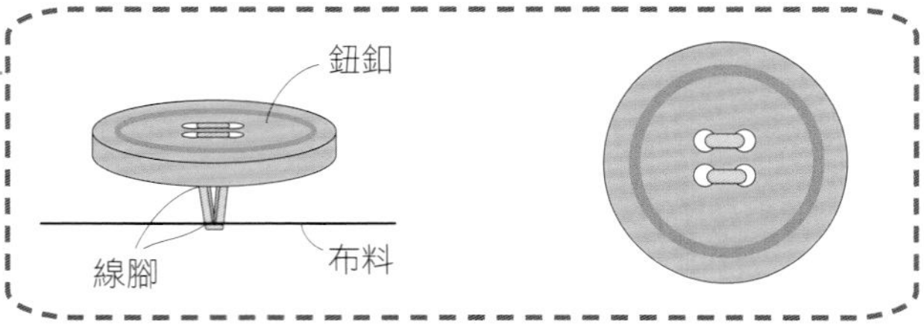
鈕釦
線腳
布料

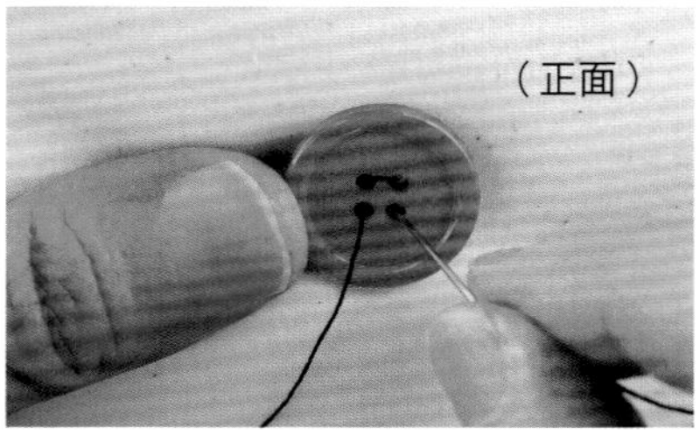
（正面）

4 從表面出針，穿過下面釦孔。

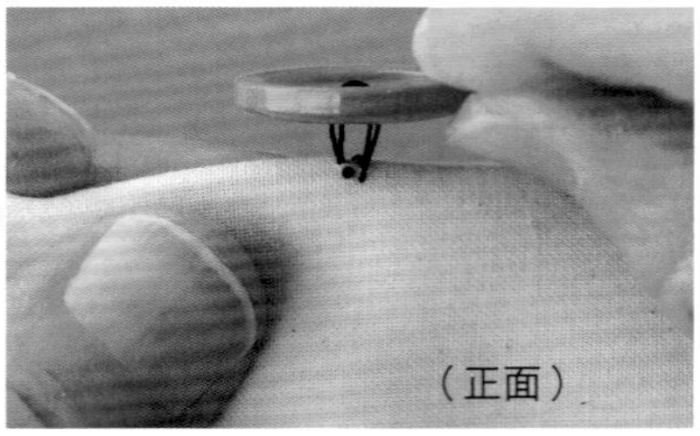
（正面）

※注意纏繞時縫線不要纏在一起。

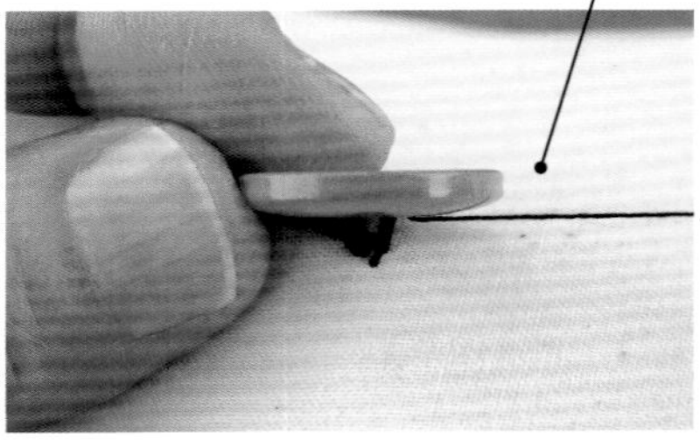

5 重複❷至❹穿過2至3回縫線後，從釦子和布料中間出針。

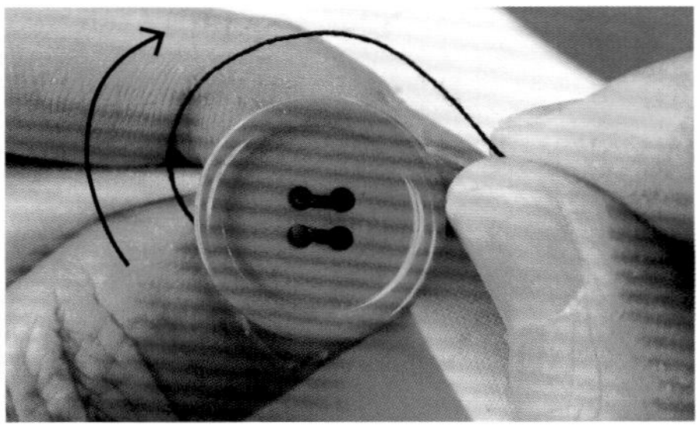

6 縫線一圈一圈繞過釦子和布料中間縫線，拉緊後製作釦腳。

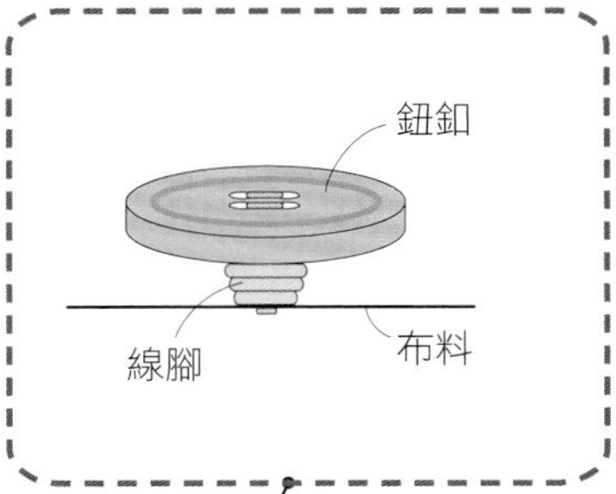
鈕釦
線腳
布料

※均勻繞過縫線，注意不要有空隙。

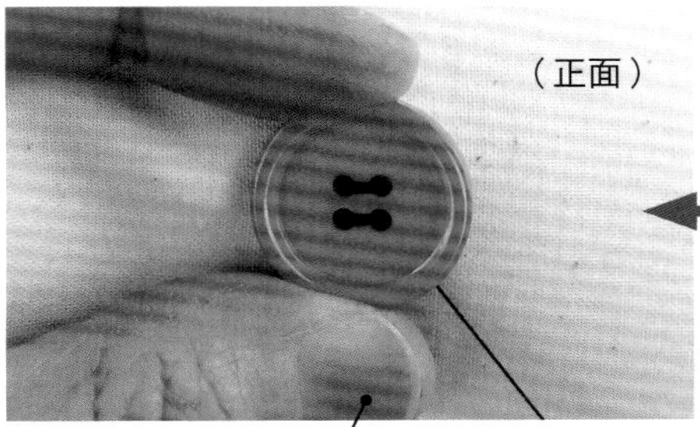
（正面）

※繞捲時請注意方向要一致。

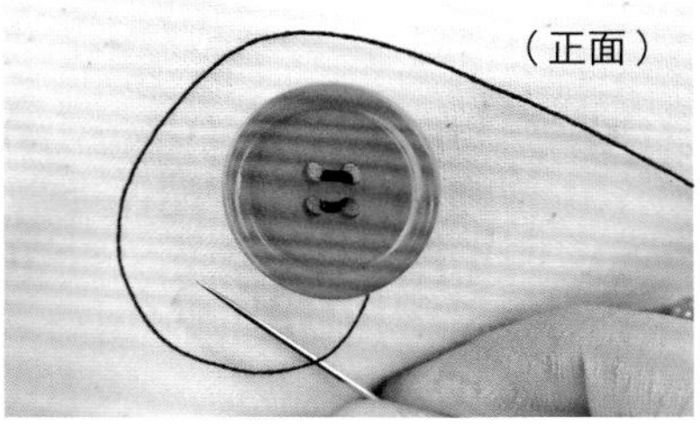
（正面）

7 製作線環，縫針從底下穿過。記住包捲縫線務必拉緊。

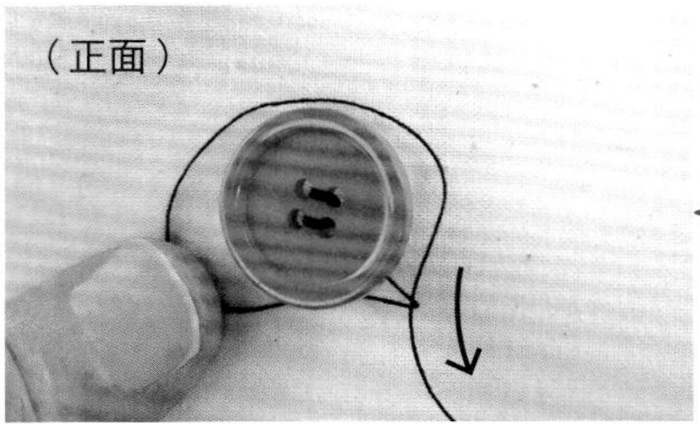
（正面）

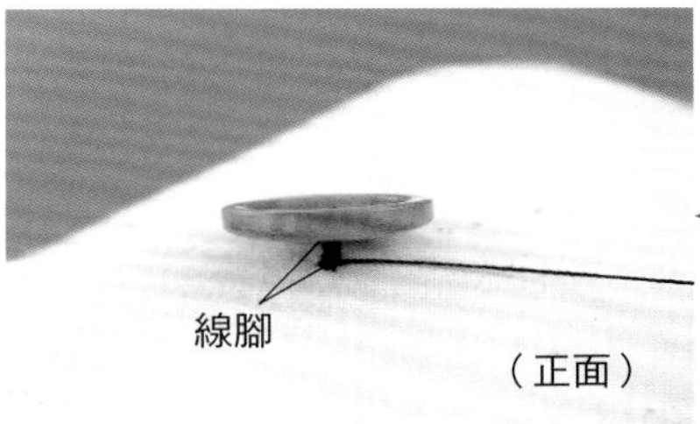
線腳
（正面）

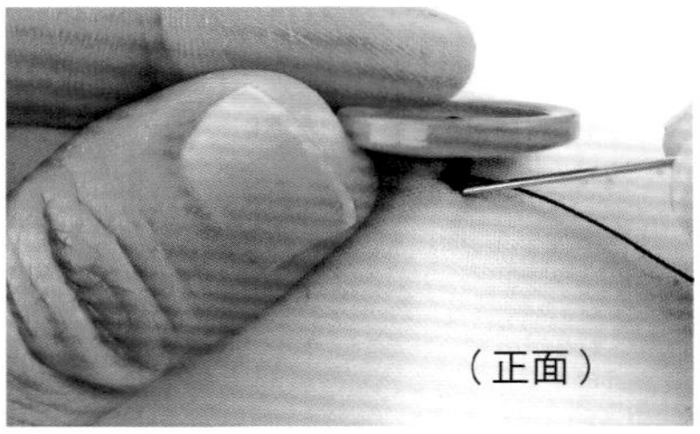
（正面）

8 從線腳回針縫2至3次。

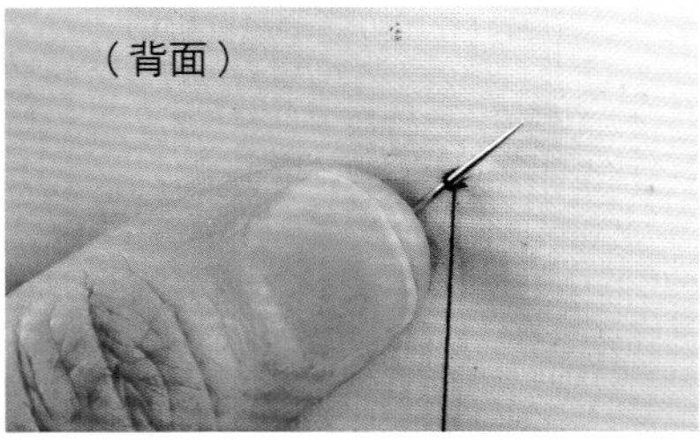
（背面）

9 打結。

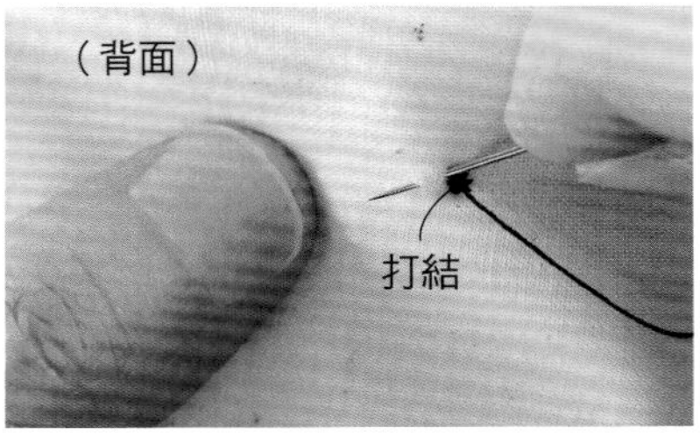
（背面）
打結

10 打結後從旁邊穿針，穿過布料之間，如圖所示出針。

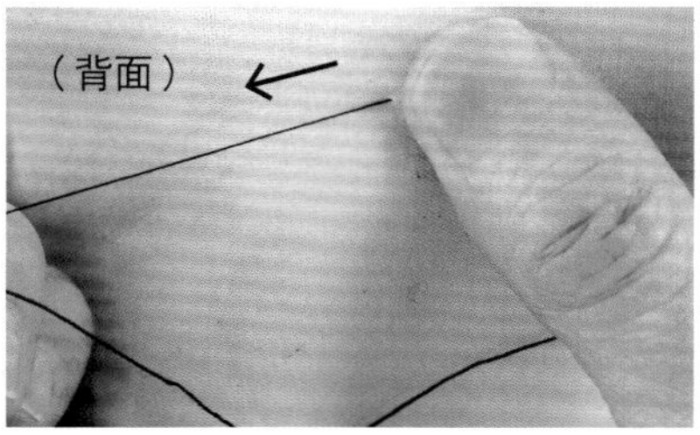
（背面）

11 手指緊緊按住打結處布料後，拉緊縫線。將打結拉進布料之間後，裁剪縫線。

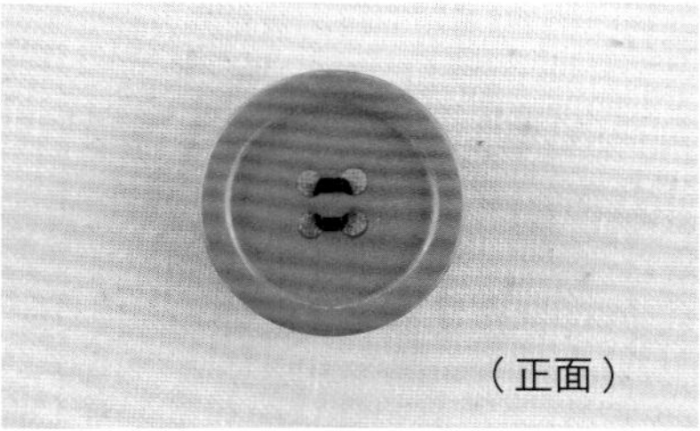
（正面）

線腳
（正面）

完成

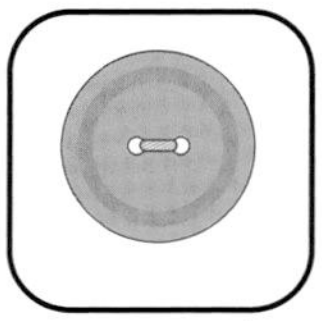

二孔釦縫製方法（背後縫製力釦）

介紹可以補強鈕釦牢度，縫製力釦的方法。像是西裝或是外套這種款式，厚度較厚、鈕釦也較大較重，容易損傷布料或縫線。這時如果搭配縫製力釦，來分散布料或是縫線的負擔，作品完成度也會比較高。

（正面）

鈕釦縫製方法

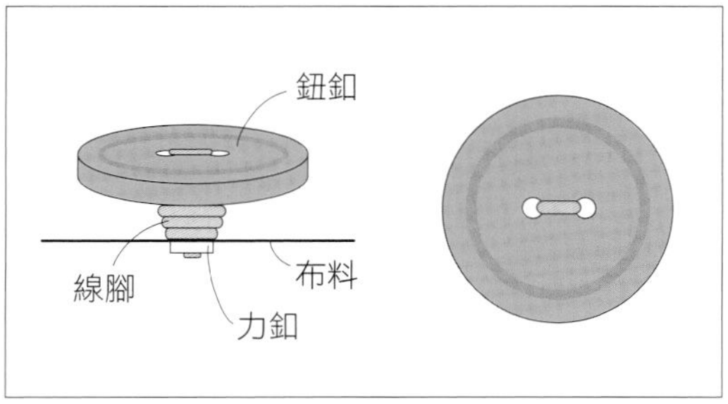
鈕釦
線腳
布料
力釦

使用的鈕釦

力釦通常使用平釦、直徑0.8至1cm的小鈕釦。顏色種類從黑色到透明都有，請配合表布顏色選擇。除了二孔也有四孔釦。

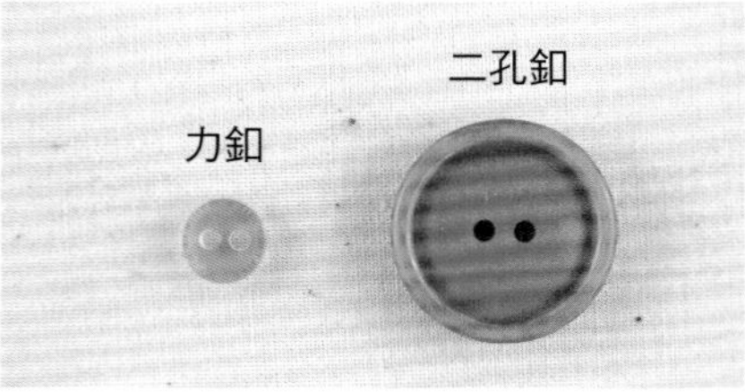
二孔釦
力釦

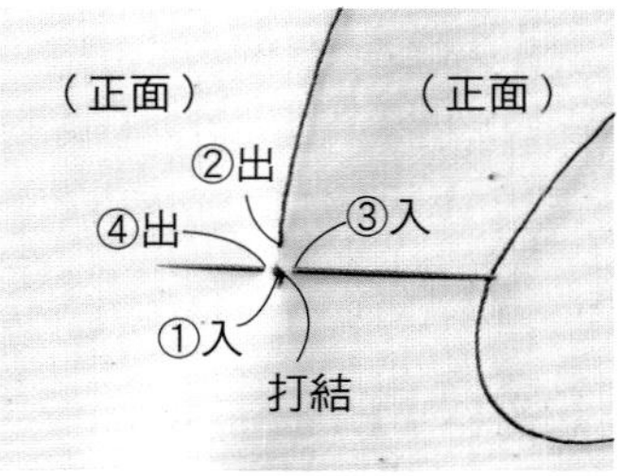
（正面）
（正面）
②出
④出
③入
①入
打結

1 從表面入針，挑縫縫製釦子處布料。

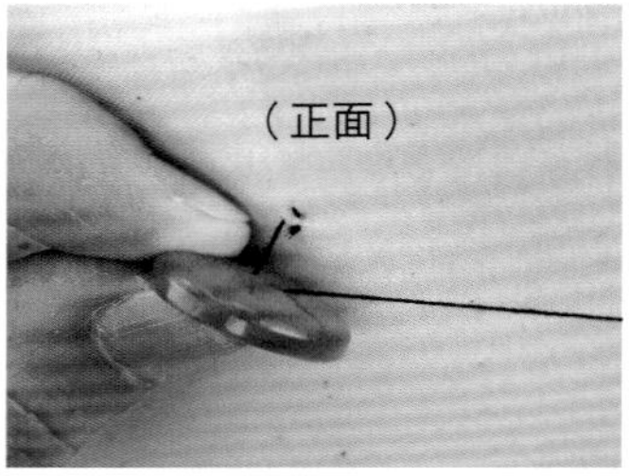
（正面）

2 穿過上面的釦孔。

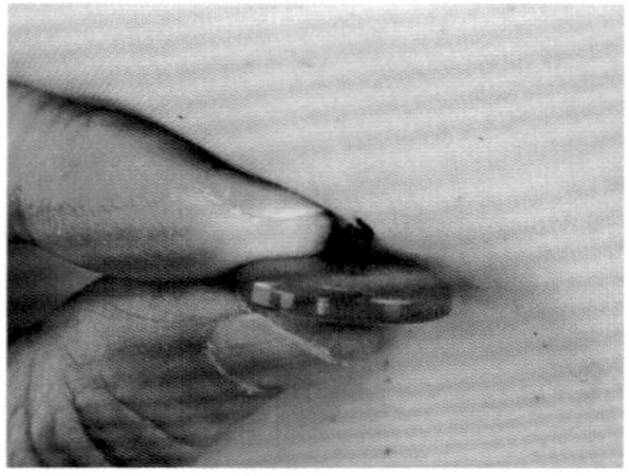

3 縫針從布料背面出針，布料和釦子的預留分量，要比布料厚度再多一點。（線腳）

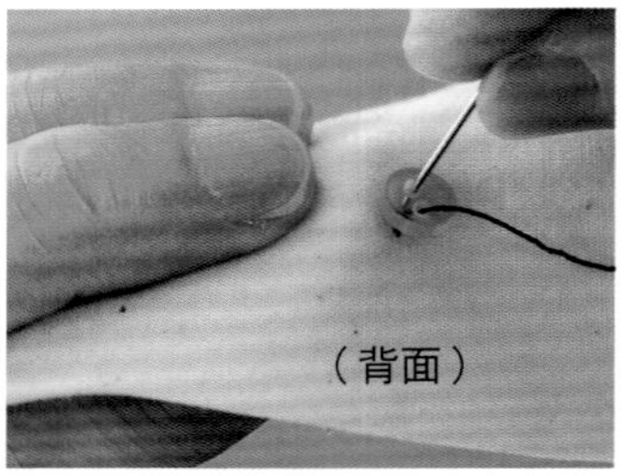
（背面）

4 內側出針穿過力釦孔。

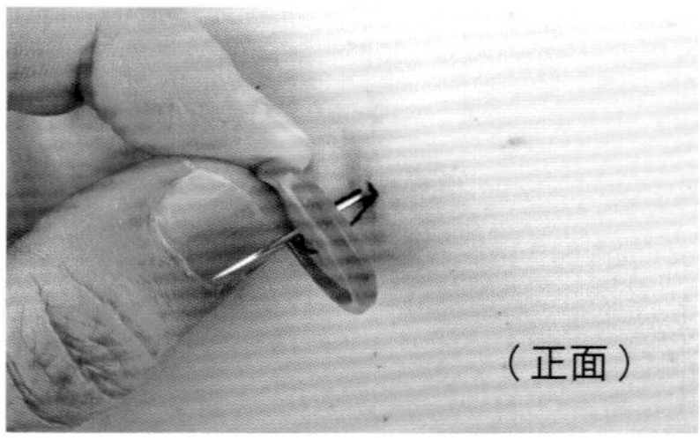
（正面）

5 從表面出針，再穿入釦孔。

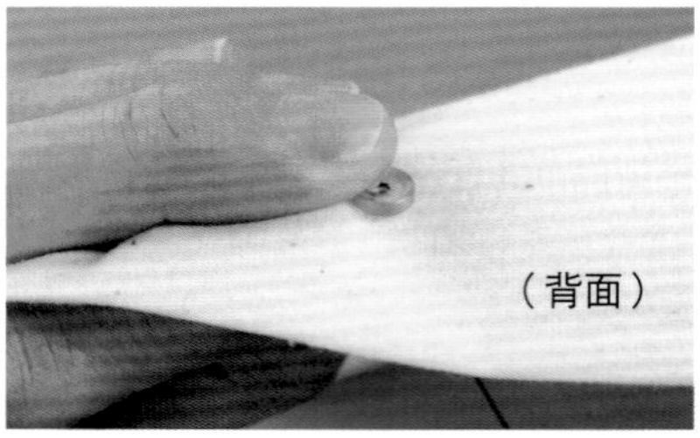
（背面）

6 縫製時注意力釦要緊貼布料，並拉緊縫線。

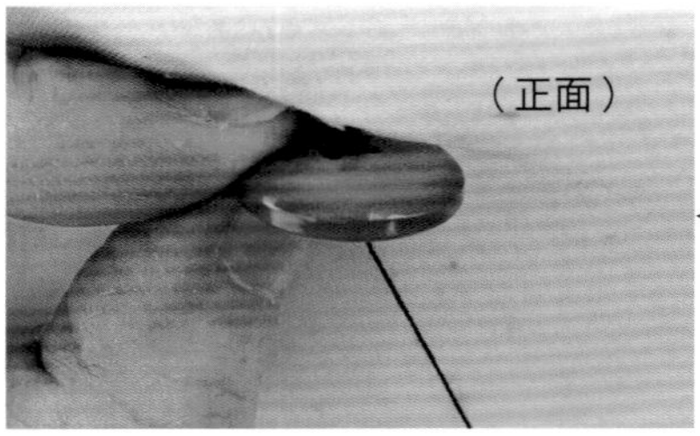
（正面）

要確保布料和鈕釦之間有充足空隙。

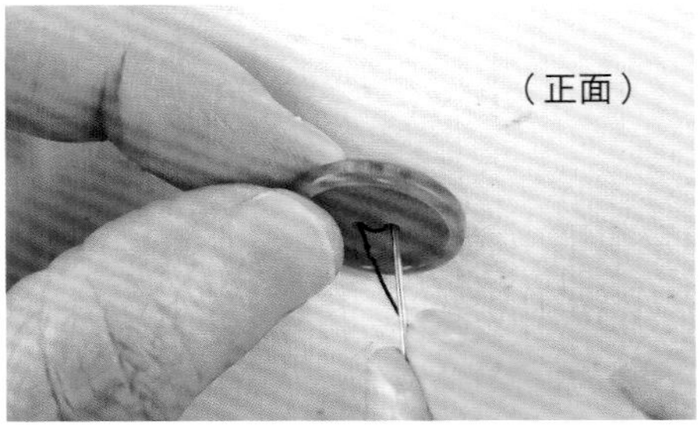
（正面）

7 依照②至⑥步驟，重複3至4次，讓縫線穿過鈕釦和力釦固定。

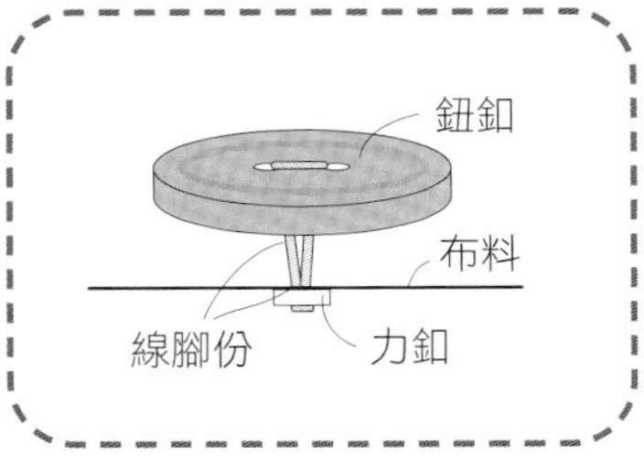
鈕釦
布料
線腳份
力釦

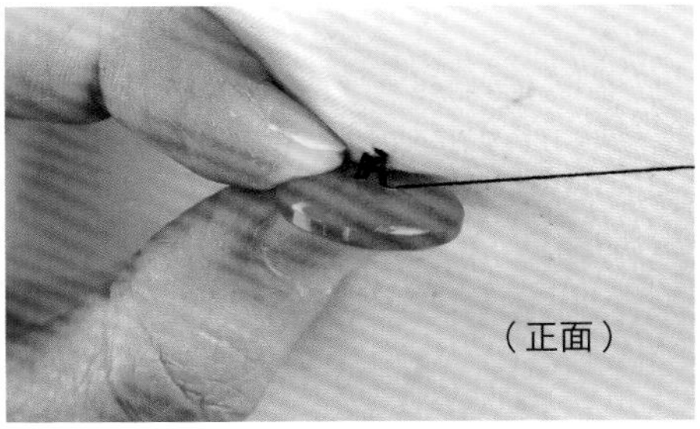
（正面）

8 穿出布料和鈕釦之間。

※注意力釦側的縫線一定要拉緊。

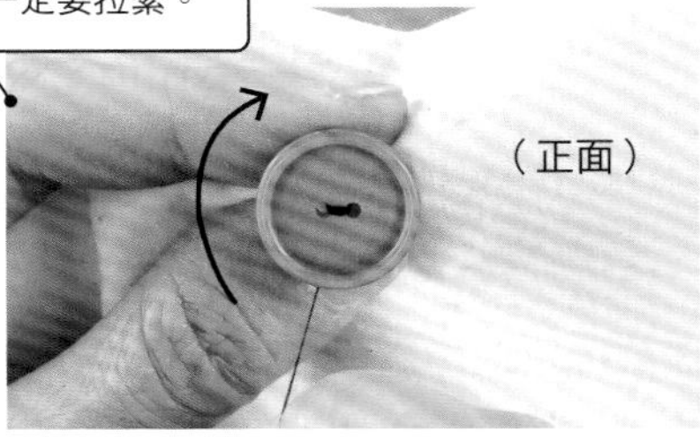
（正面）

9 布料和鈕釦之間縫線，從鈕釦側往布料包捲後拉緊縫線。製作線腳。

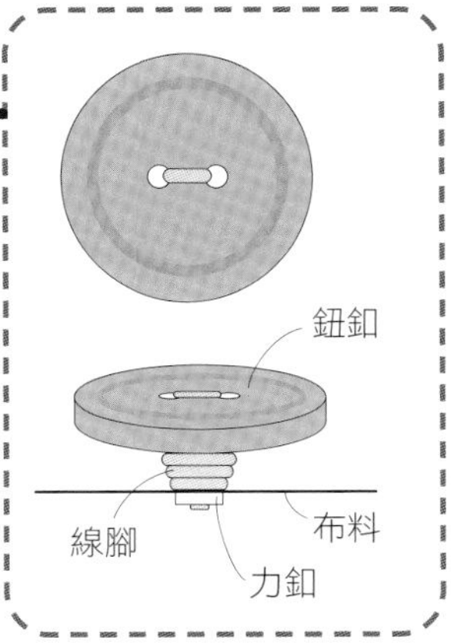
鈕釦
線腳
布料
力釦

※注意從上到下側包捲不可以有空隙。

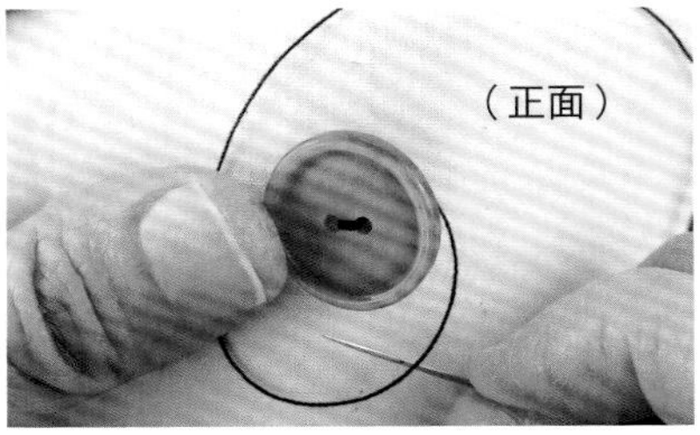
（正面）

10 注意包捲製作線環時，針從下通過務必拉緊。

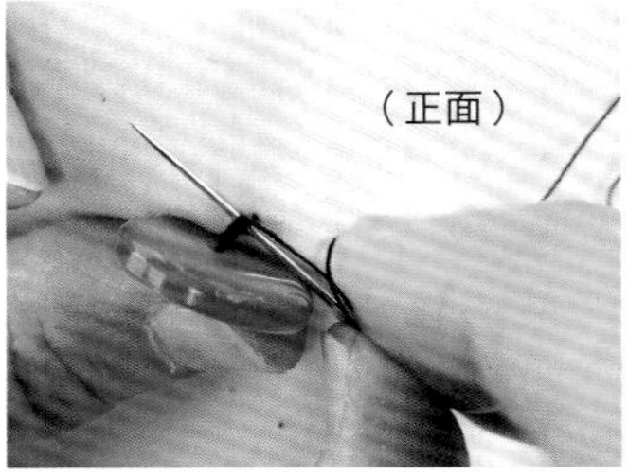
（正面）

11 線腳根部2至3次回針縫。

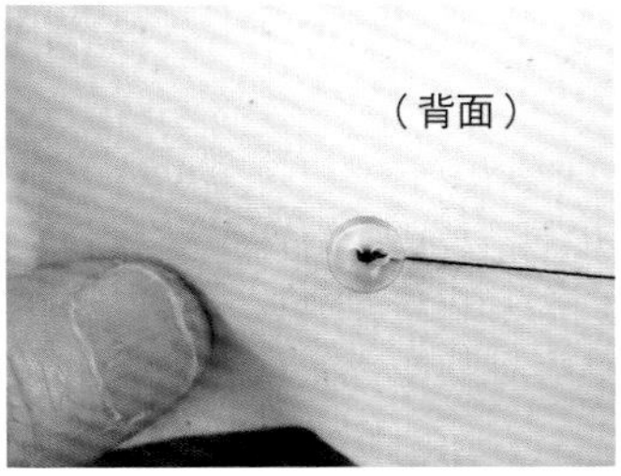
（背面）

12 從內側力釦和布料出針。

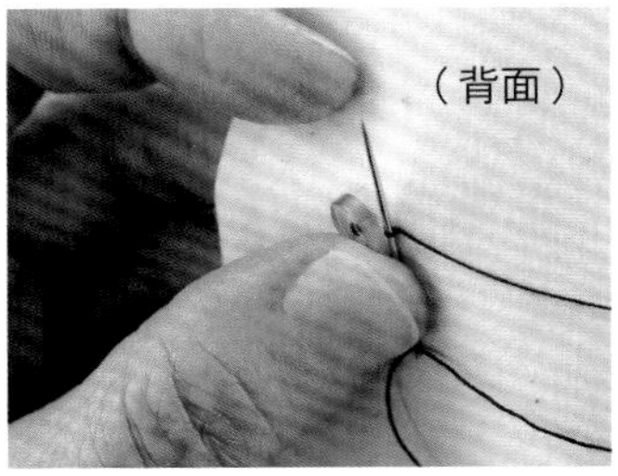
（背面）

13 打結。

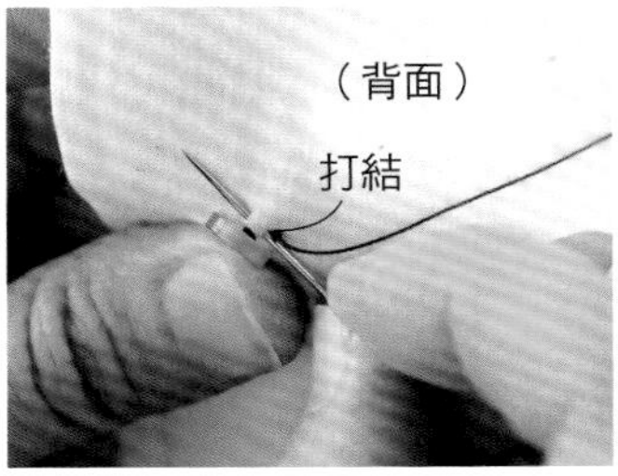
（背面）
打結

14 打結後從旁邊穿針，穿過布料之間，如圖所示出針。

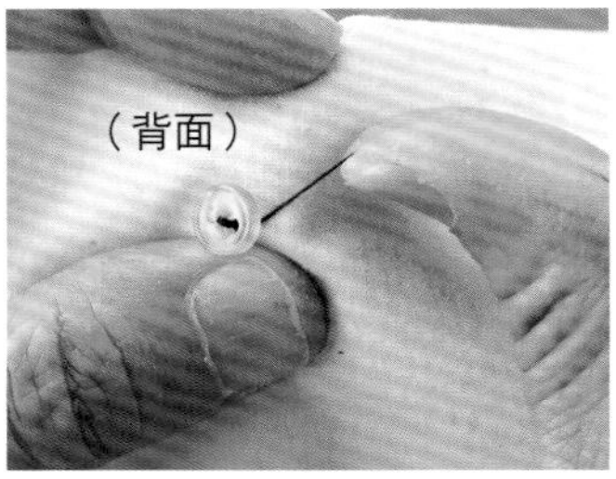
（背面）

15 手指緊緊按住打結處布料後拉緊縫線。將打結拉進布料之間後，裁剪縫線。

線腳
（正面）

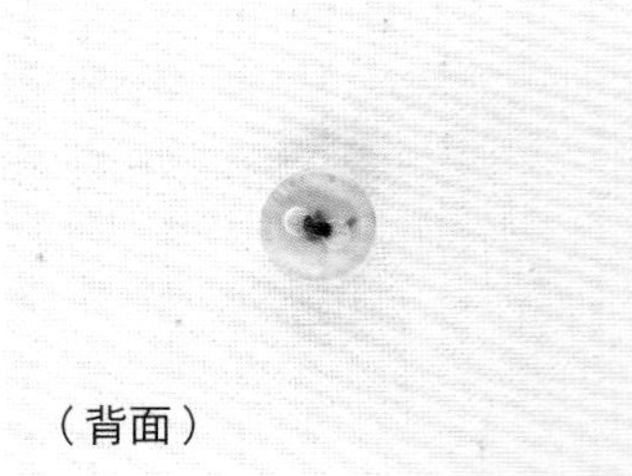
（背面）

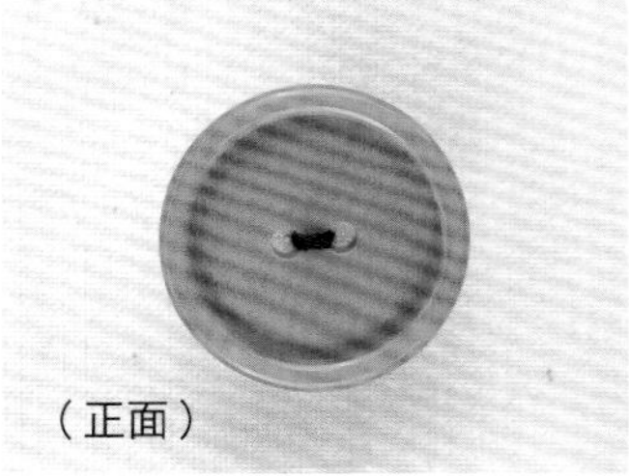
（正面）

完成

拉鍊縫製方法

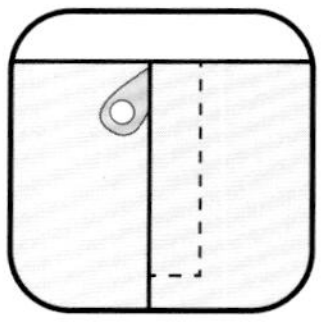

拉鍊縫製方法

依照需要的長度，重新調整拉鍊下止位置。隱形拉鍊可以直接在止點回針縫固定。請參考裙子或連身裙的車縫方法。以下將介紹於後中心開叉的縫製方法。

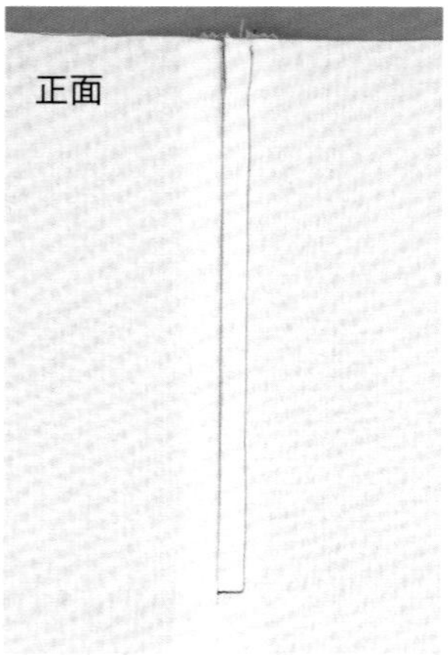
正面

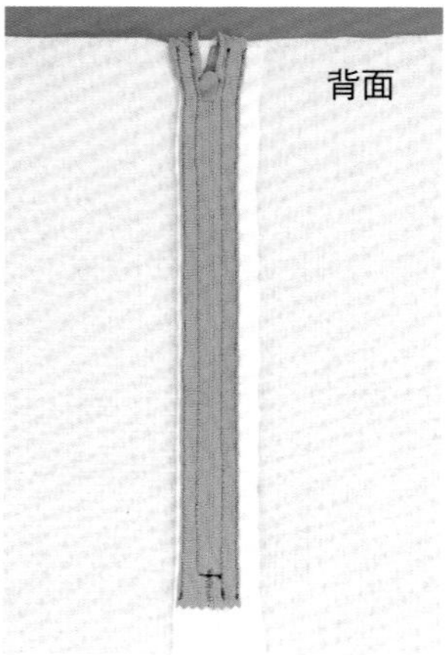
背面

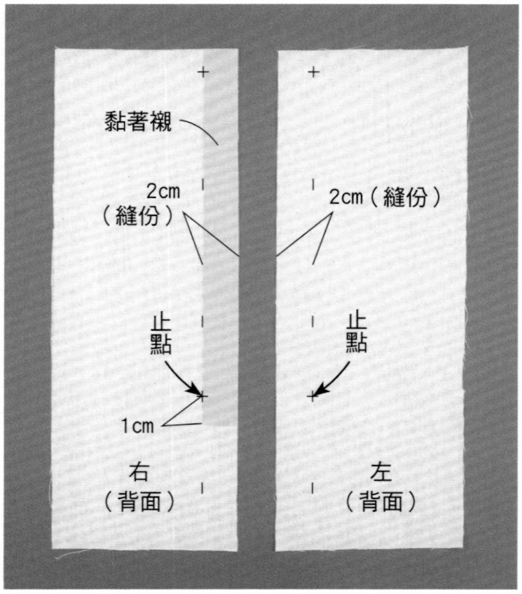
黏著襯
2cm（縫份）
2cm（縫份）
止點
止點
1cm
右（背面）
左（背面）

1 加上縫份後裁剪，右內側縫份需貼上黏著襯。

使用的拉鍊

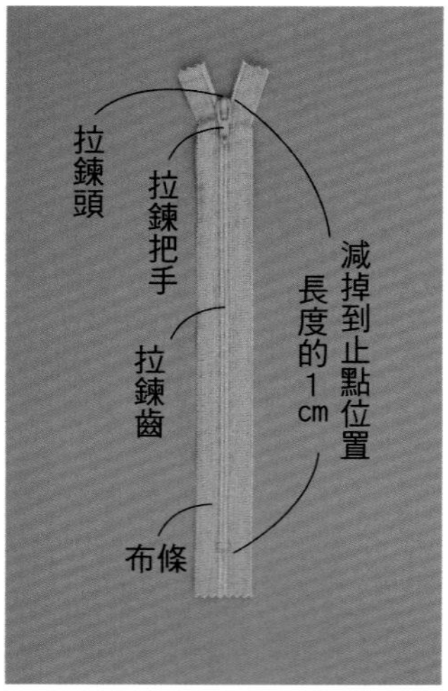
拉鍊頭
拉鍊把手
拉鍊齒
布條
減掉到止點位置長度的1cm

使用的拉鍊長度為「到止點位置長度－1cm」。

製圖

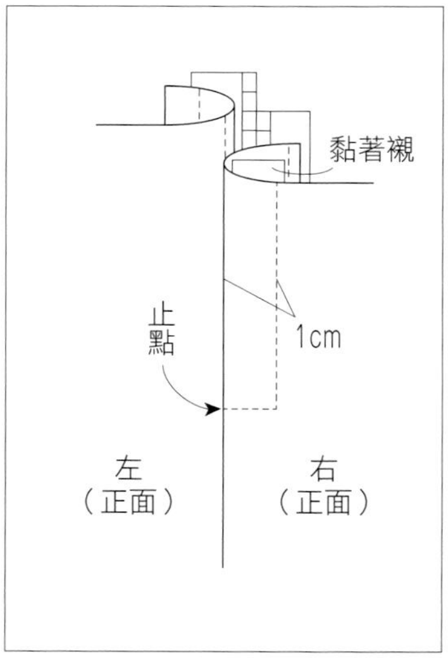
黏著襯
止點
1cm
左（正面）
右（正面）

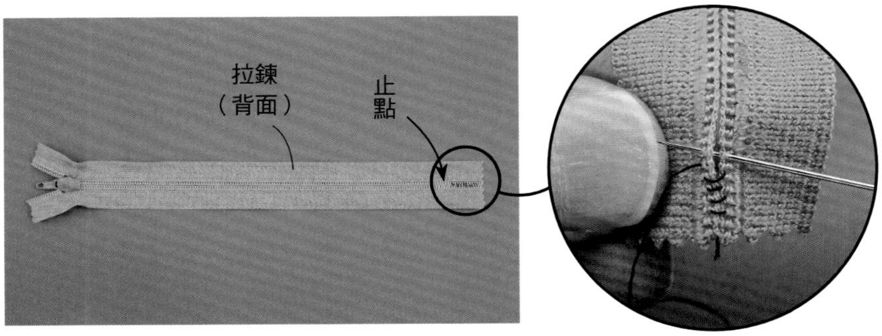

② 手縫拉鍊止點下方處。

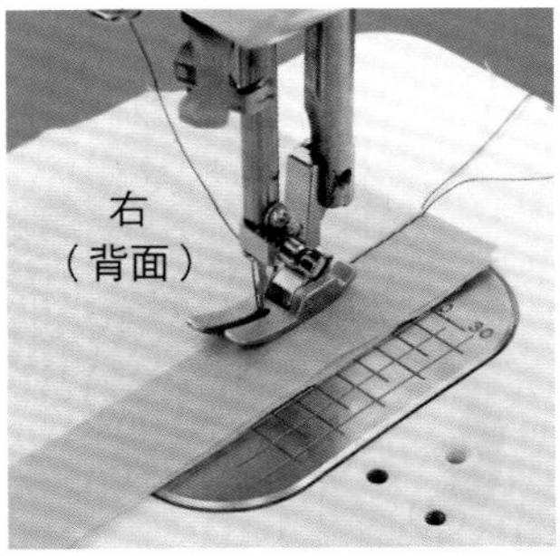

③ 左右正面相對疊合，以粗針目車縫至止點為止。

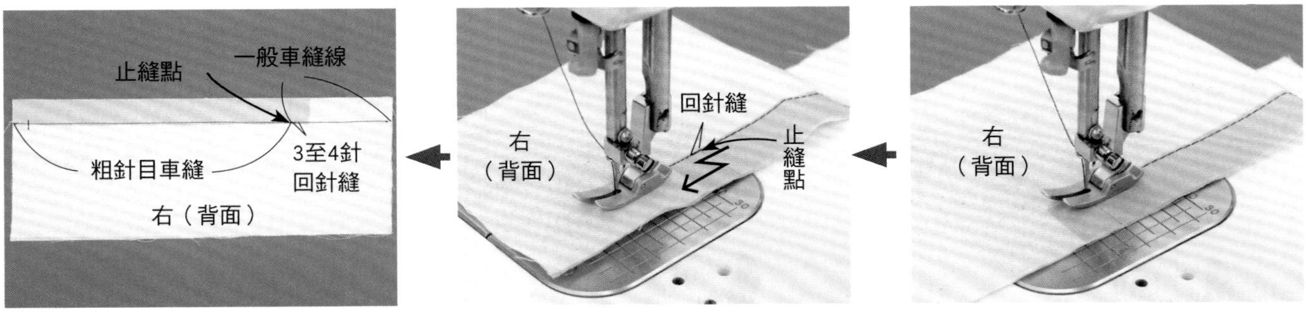

④ 止縫點位置恢復成一般車縫線，3至4針回針縫後車縫至下側。

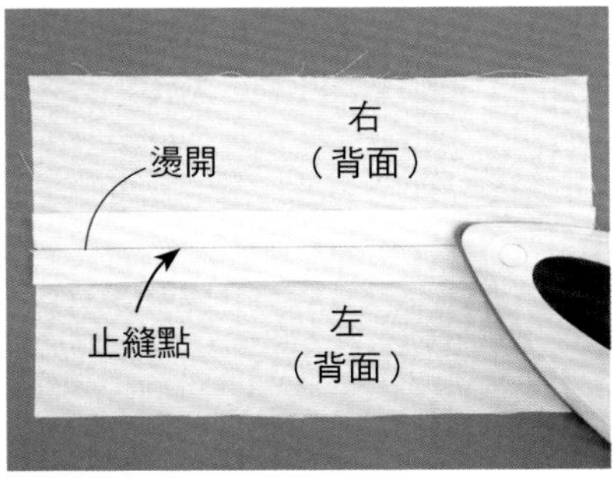

⑤ 燙開縫份。

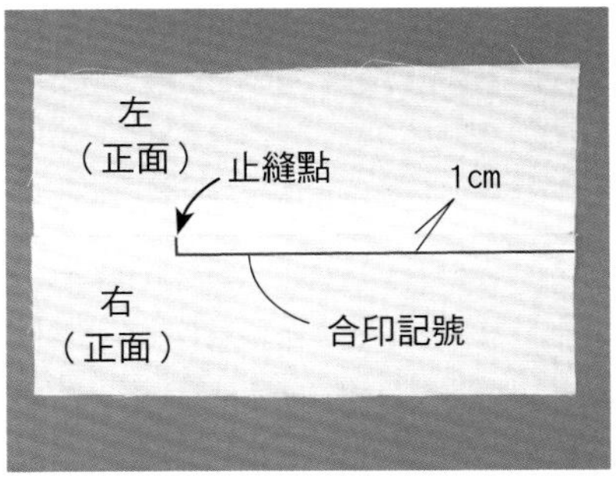

⑥ 以消失筆在右側布料畫上車縫線記號

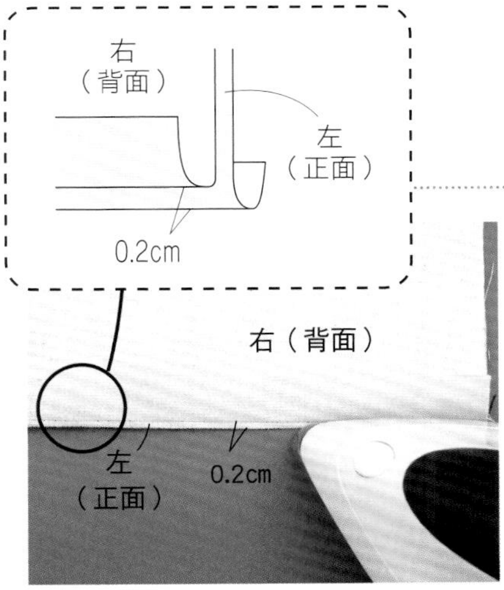

⑦ 比起左側縫份止縫點多摺疊0.2cm。

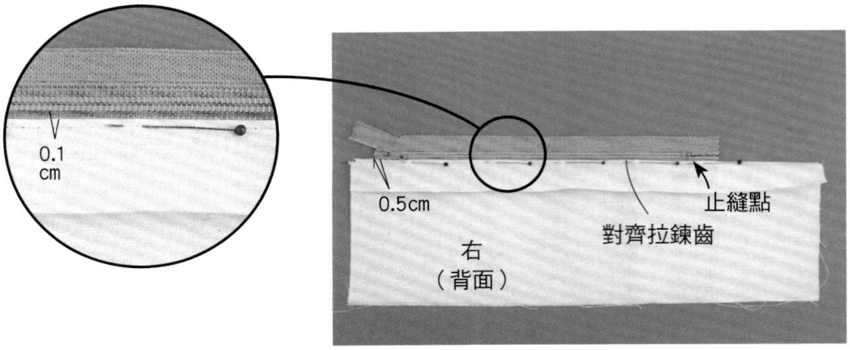

⑧ 以珠針固定拉鍊（疏縫固定也可以）。

拉鍊縫製方法

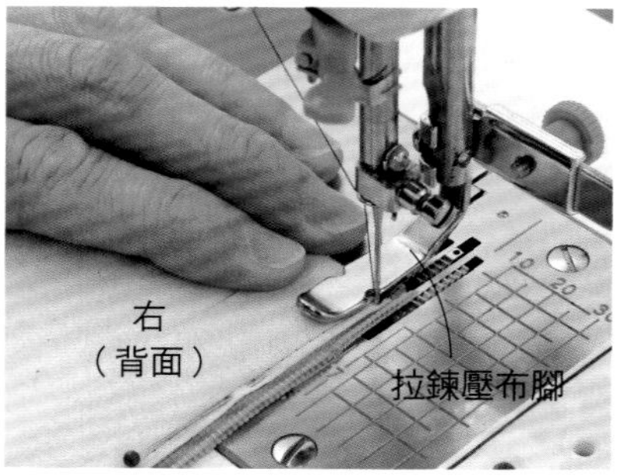

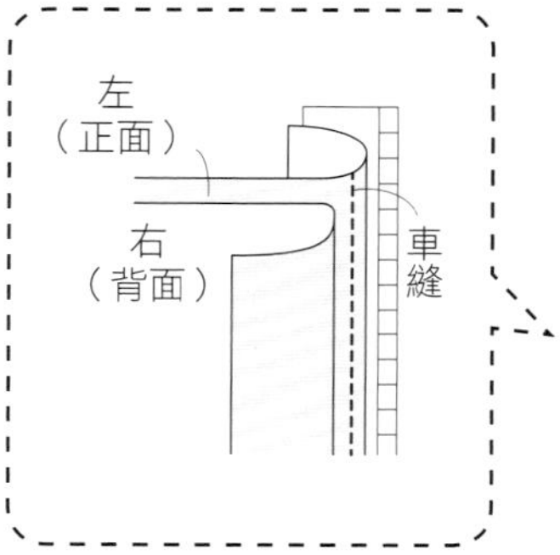

9 拉鍊拉到最下面，換上拉鍊專用壓布腳車縫拉鍊。

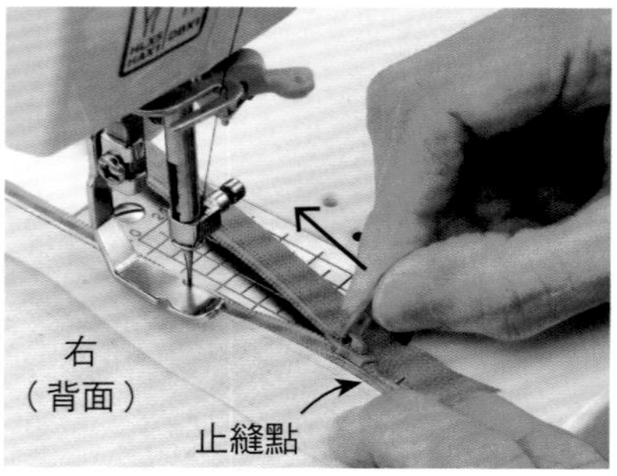

10 車縫至止縫點前側，車縫針不要拔起，抬起壓布腳，將拉鍊拉合。

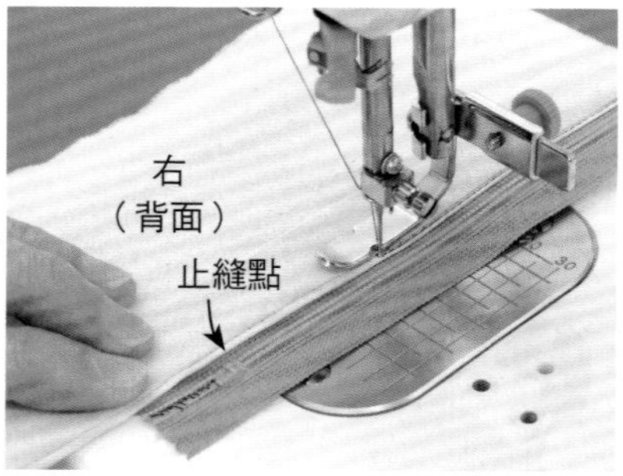

11 拉合拉鍊後，車縫至下側。

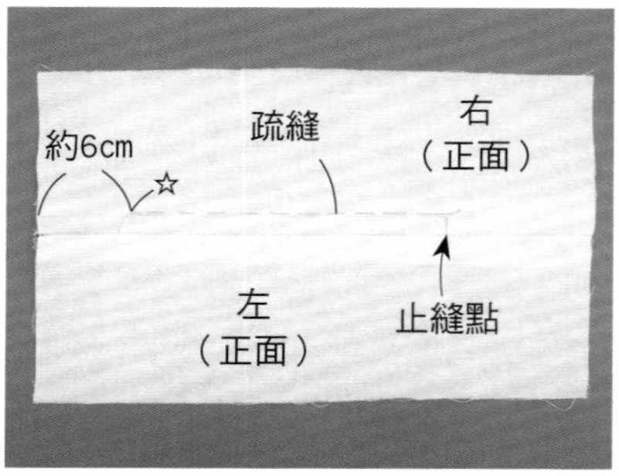

12 布料翻至正面，壓線位置記號0.1至0.2cm外側開始，車縫至☆號處為止。

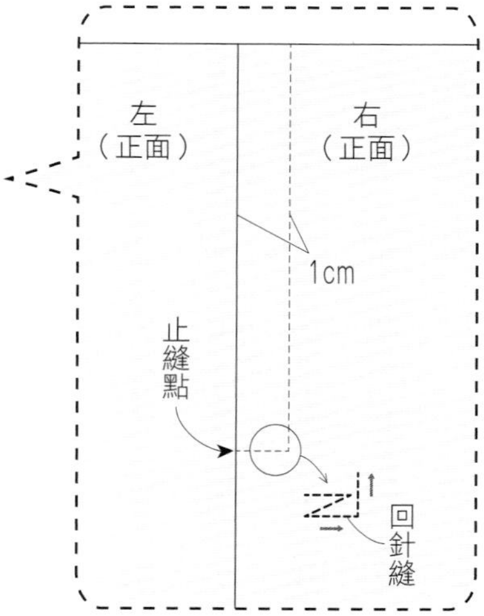

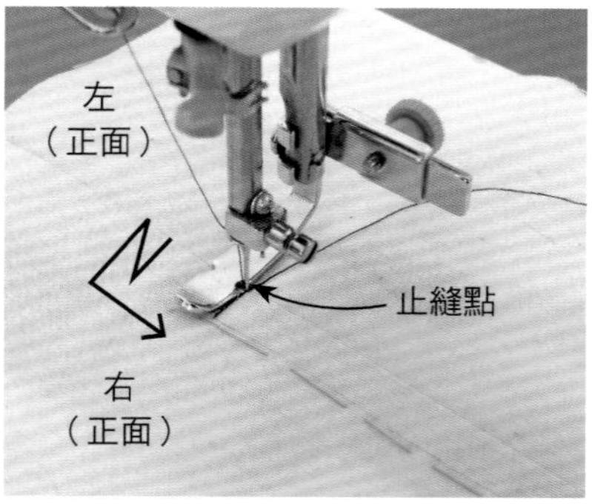

13 止縫處回針縫。

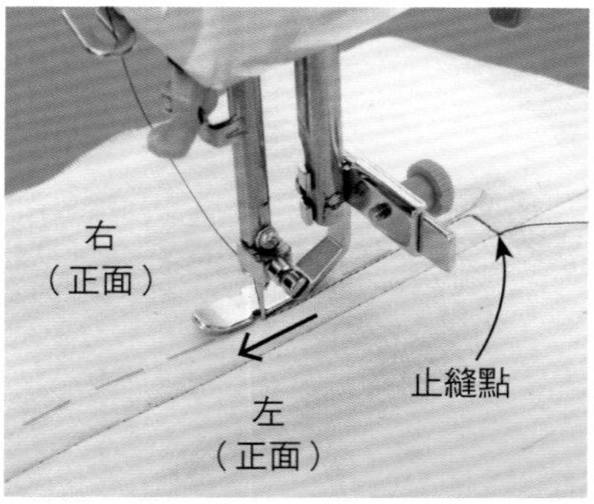

14 止縫點側往上車縫拉鍊固定。

拉鍊縫製方法

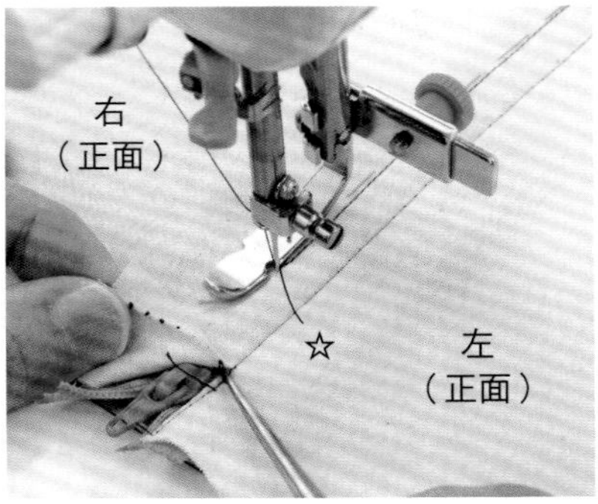
右
（正面）
☆
左
（正面）

15 車縫至☆位置，車縫針不要拔起，先拆掉10cm左右的粗針目縫線。

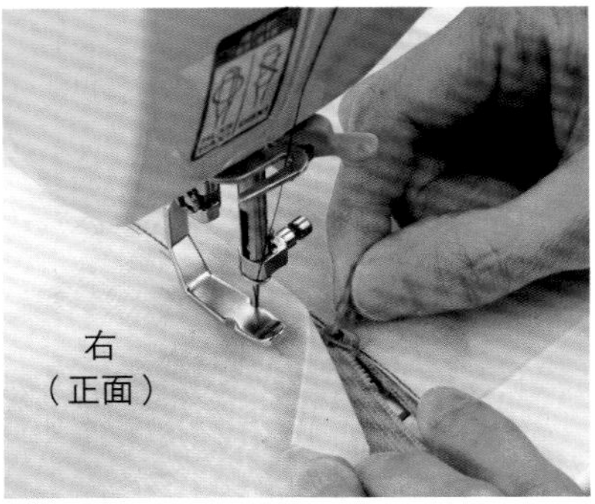
右
（正面）

16 車縫針不要拔起，將拉鍊往下拉開到底。

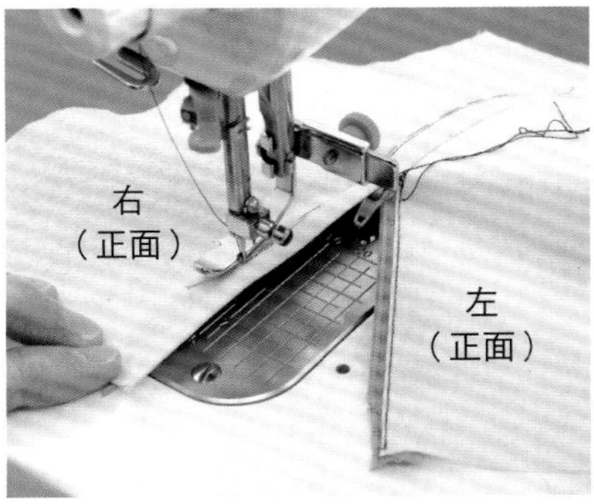
右
（正面）
左
（正面）

17 放下壓布腳，注意拉鍊和布料要完全密合，車縫至上側。

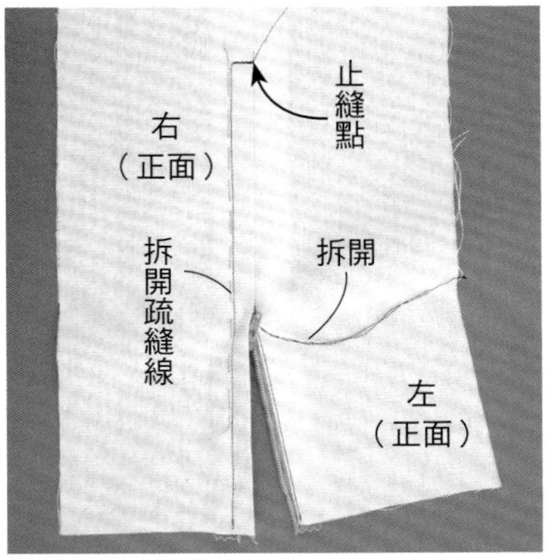
止縫點
右
（正面）
拆開疏縫線
拆開
左
（正面）

18 拆開至止縫點的疏縫線。

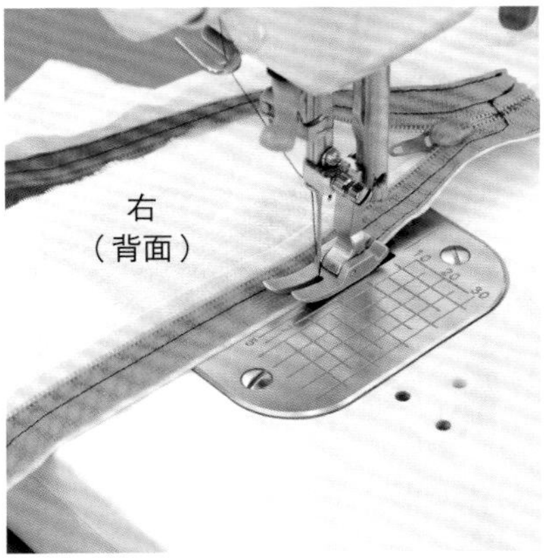
右
（背面）

19 車縫拉鍊布條固定至縫份，這是為了穩定拉鍊。

如果拉鍊頭太厚時

拉鍊頭太厚，導致拉上時扯到布料導致移位，可以將壓線寬度如下圖所示再寬一點，就可避免此情況。

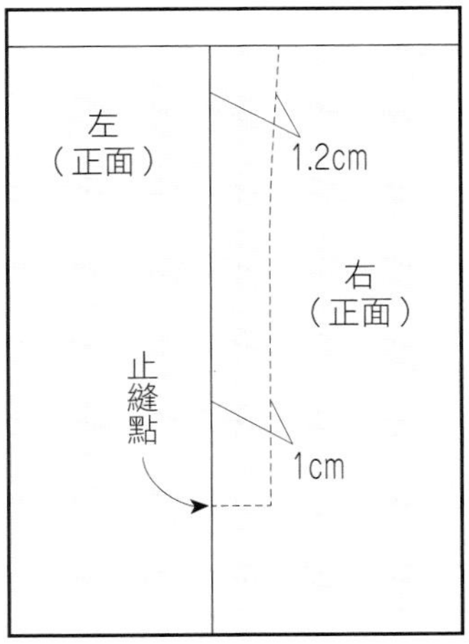
左
（正面）
1.2cm
右
（正面）
止縫點
1cm

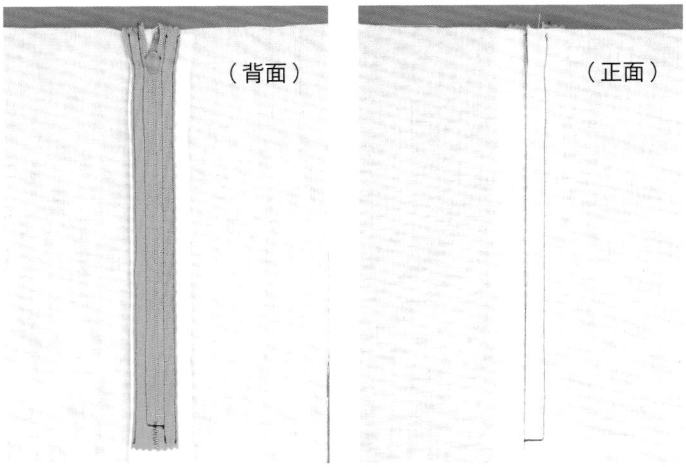
（背面）
（正面）

完成

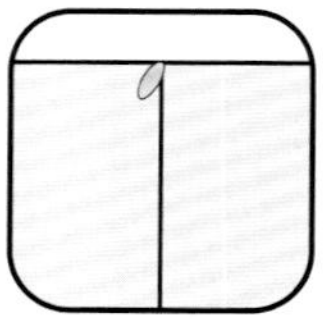

隱形拉鍊縫製方法

隱形拉鍊的拉鍊齒不會露出來，是不會影響服裝整體設計的款式。請準備到止縫點長度再長3至3.5cm左右的樣式，最後再調整拉鍊下止位置即可。這次介紹的是後中心拉鍊的作法。

正面

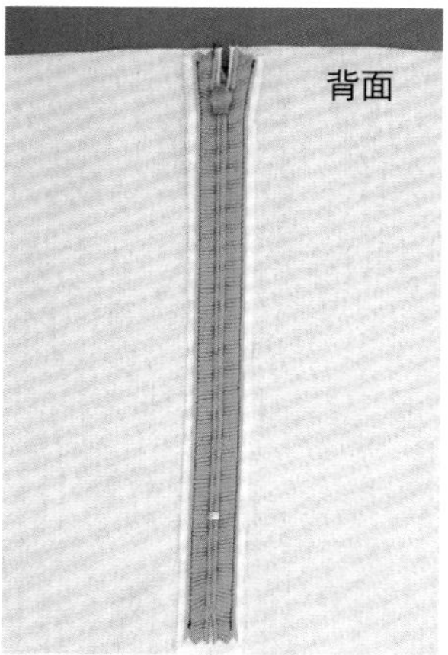
背面

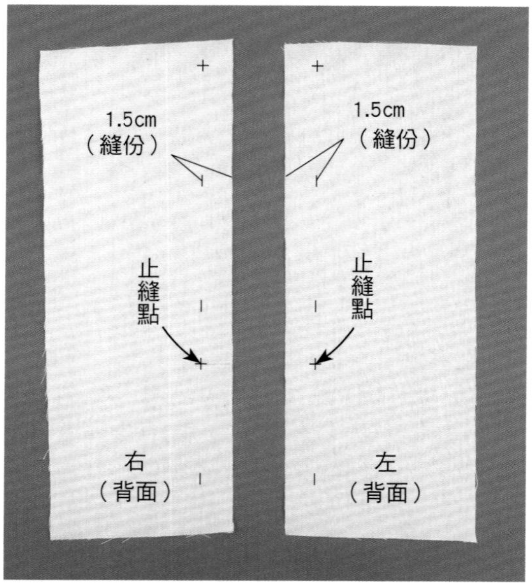
1.5cm
（縫份）
1.5cm
（縫份）
止縫點
止縫點
右
（背面）
左
（背面）

1 加上縫份裁剪。

使用拉鍊

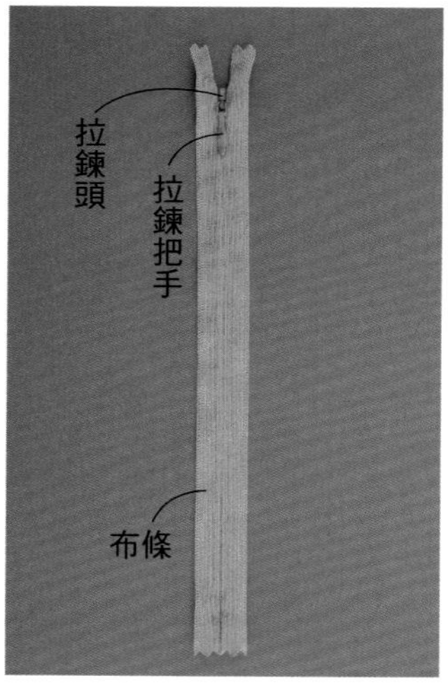
拉鍊頭
拉鍊把手
布條

隱形拉鍊看不到拉鍊齒的為表面。

製圖

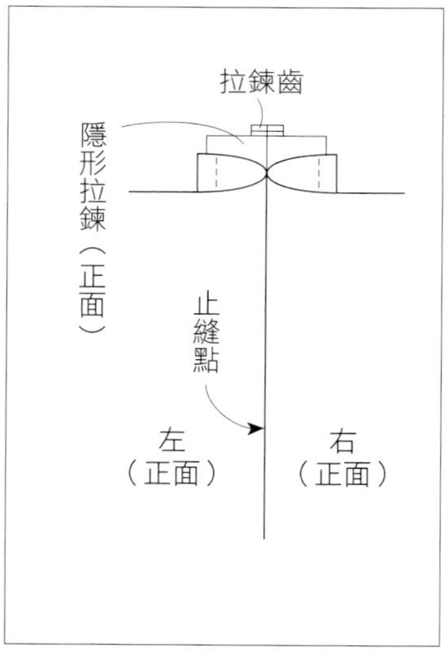
拉鍊齒
隱形拉鍊（正面）
止縫點
左
（正面）
右
（正面）

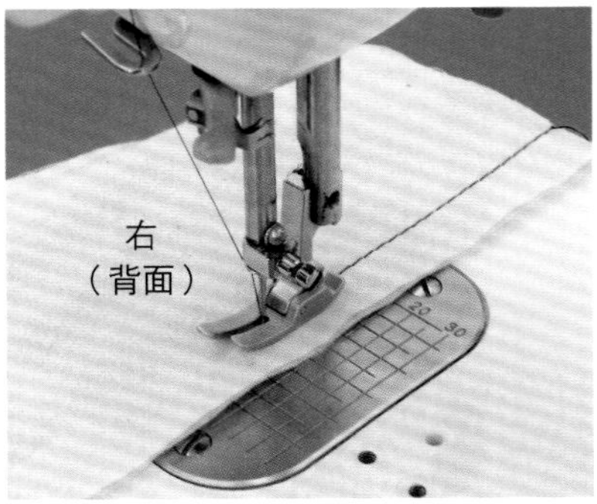
右
（背面）

2 左右正面相對疊合，粗針目車縫至止縫點。

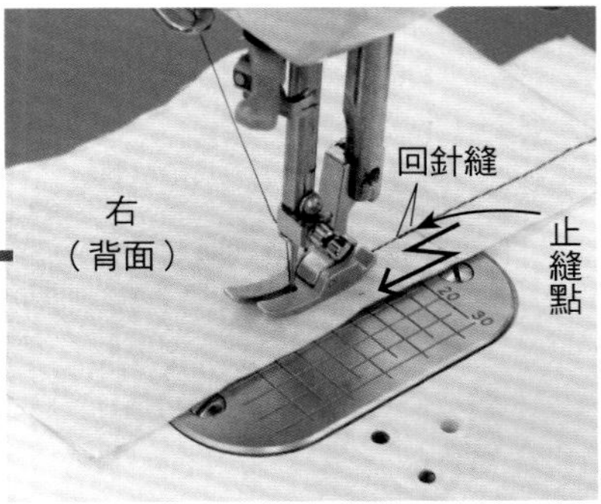
回針縫
右
（背面）
止縫點

3 到止縫點處後恢復普通針目，3至4針回針縫後車縫至下側。

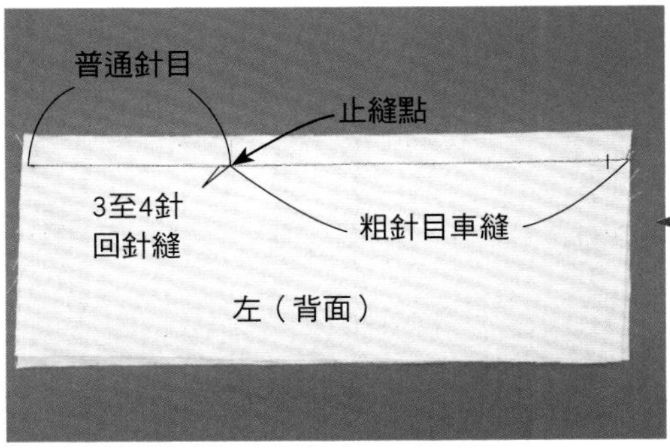
普通針目
止縫點
3至4針
回針縫
粗針目車縫
左（背面）

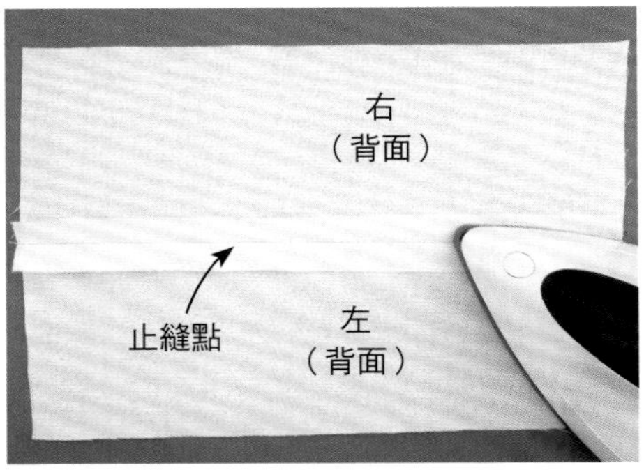
右
（背面）
止縫點
左
（背面）

4 燙開縫份。

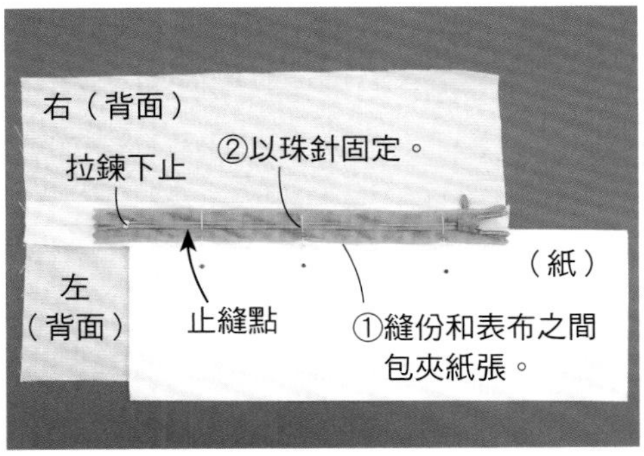
右（背面）
拉鍊下止
②以珠針固定。
左
（背面）
止縫點
（紙）
①縫份和表布之間
包夾紙張。

5 拉鍊下止下降至止縫點下側，隱形拉鍊中心和縫線對齊，以珠針固定縫份。

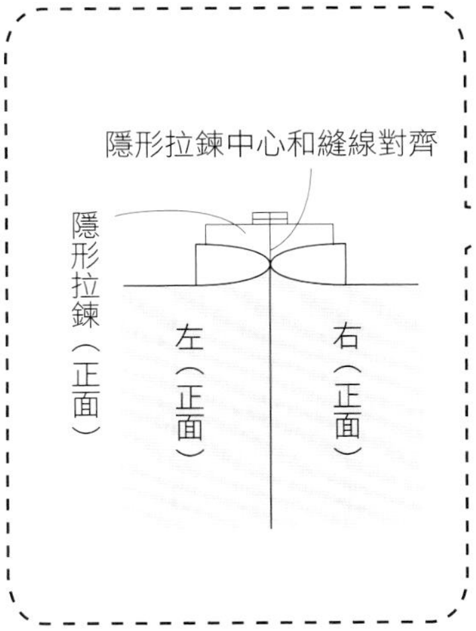
隱形拉鍊中心和縫線對齊
隱形拉鍊（正面）
左（正面）
右（正面）

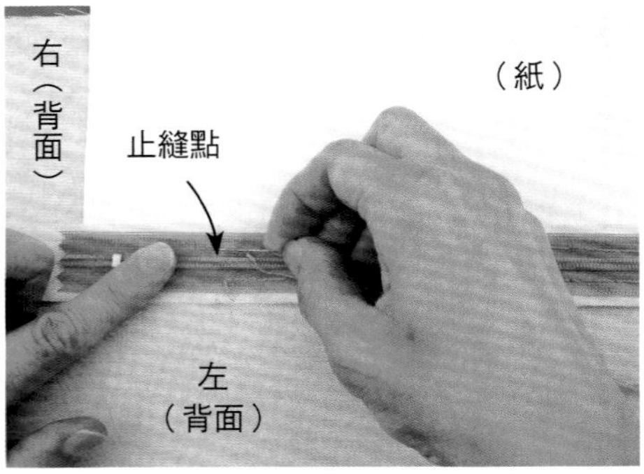
右（背面）
（紙）
止縫點
左
（背面）

6 隱形拉鍊固定至縫份上（中途部分需回針縫，車縫至止縫點處回針縫）

※縫份之間夾上紙張，疏縫時就不會挑到表布。

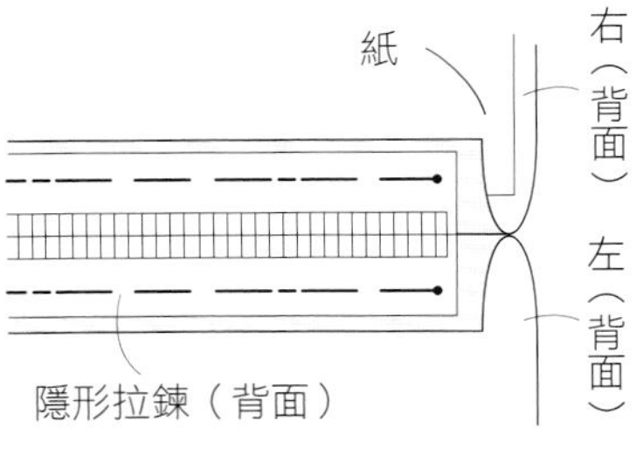
紙
右（背面）
左（背面）
隱形拉鍊（背面）

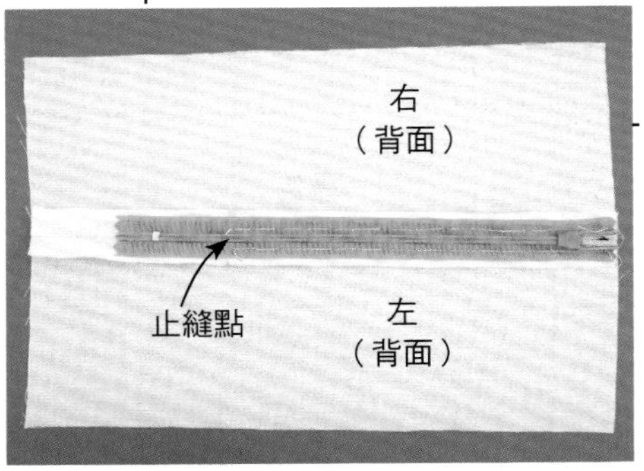
右
（背面）
止縫點
左
（背面）

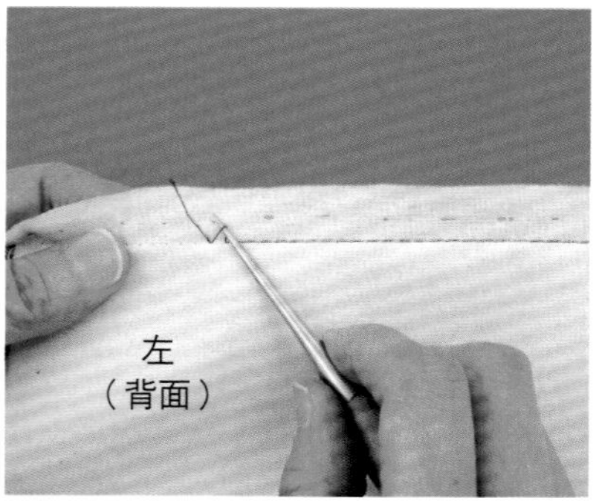
左
（背面）

7 拆開止縫點上側粗針目車縫線。

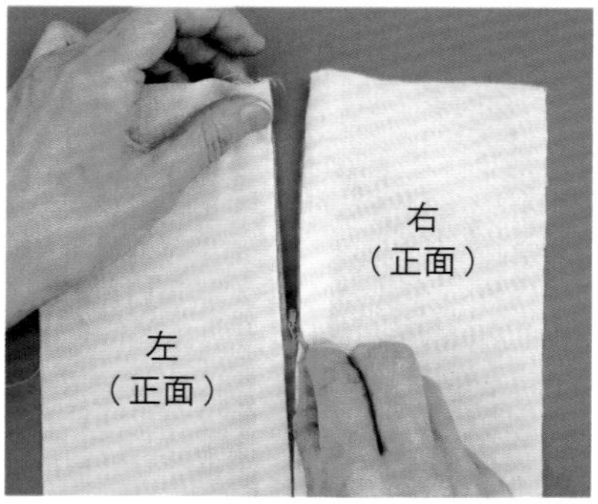
右
（正面）
左
（正面）

8 拉鍊往下拉開。

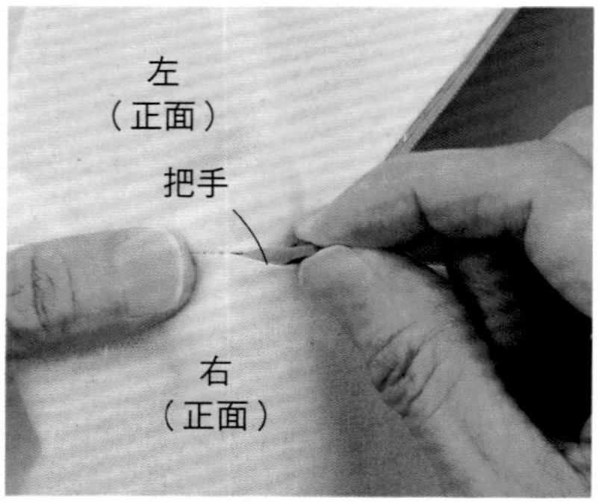
左
（正面）
把手
右
（正面）

9 為了將拉鍊頭拉至止縫點下側，把手從布料和拉鍊之間通過。

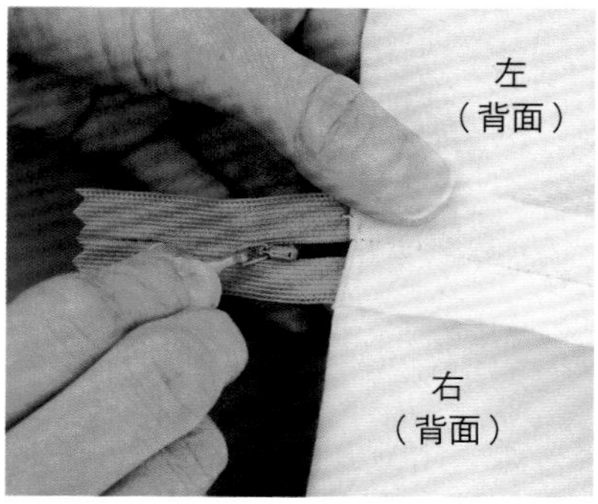
左
（背面）
右
（背面）

10 將拉鍊頭拉至下側。

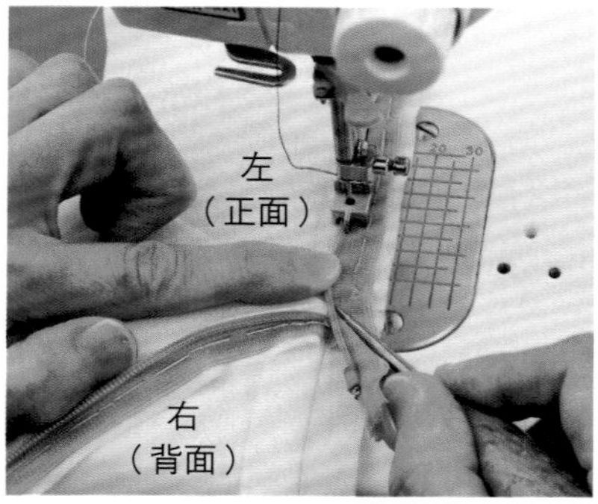
左
（正面）
右
（背面）

11 換上隱形拉鍊專用壓布腳車縫拉鍊。專用壓布腳有溝槽，車縫時一邊稍稍扶起拉鍊齒邊端一邊車縫。

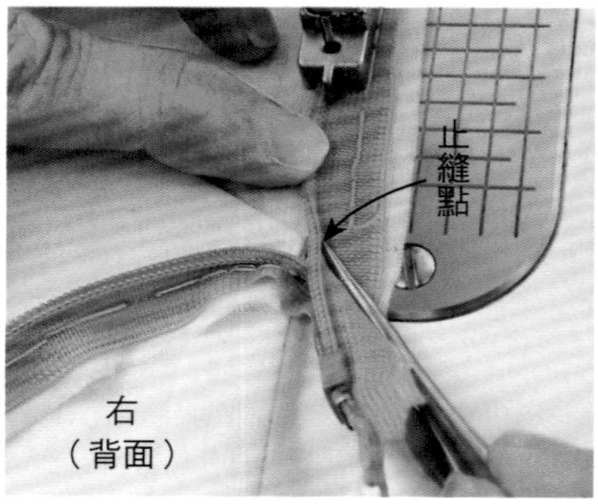
止
縫
點
右
（背面）

以錐子固定於止點。車縫完成後，需回針縫。（注意不可以超過止縫點）

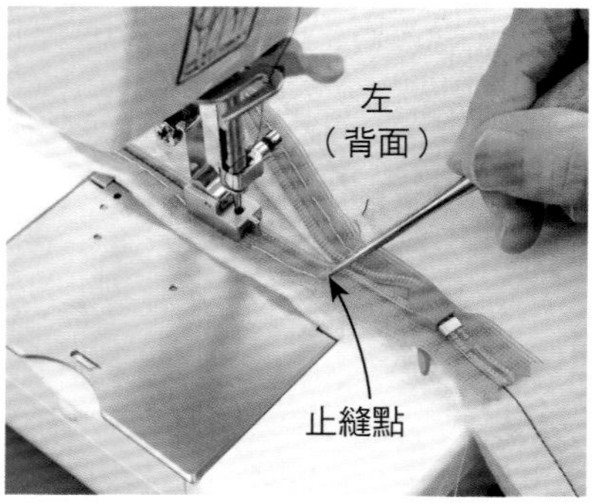
左
（背面）
止縫點

12 另一側也依相同作法，車縫至止縫點。

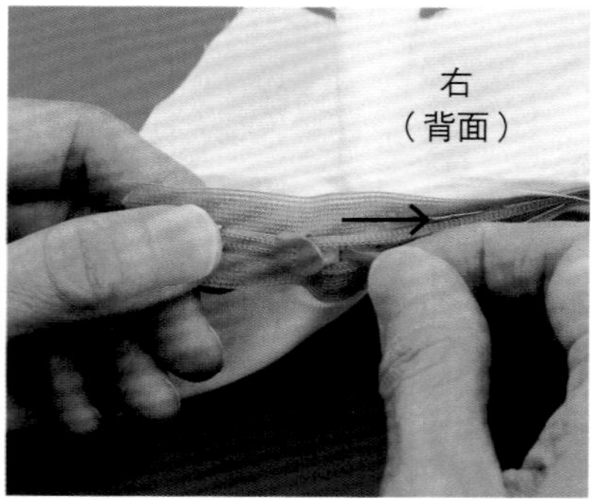
右
（背面）

13 把手朝上側，表側需露出把手。

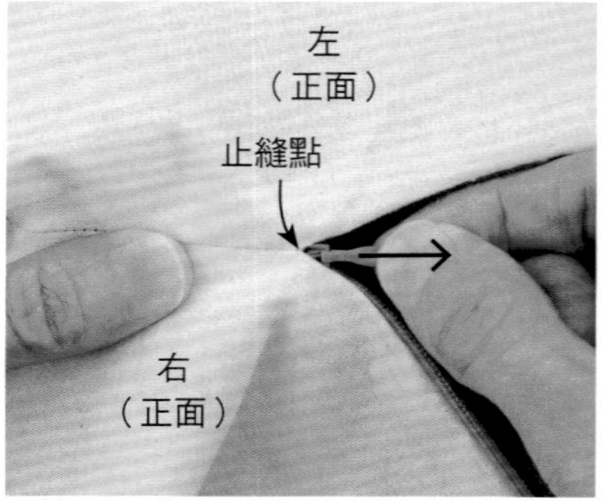
左
（正面）
止縫點
右
（正面）

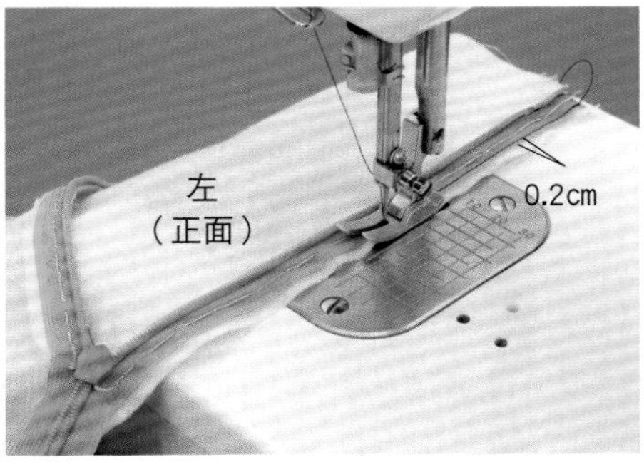

14 換成一般的壓布腳，沿布條邊端車縫固定。

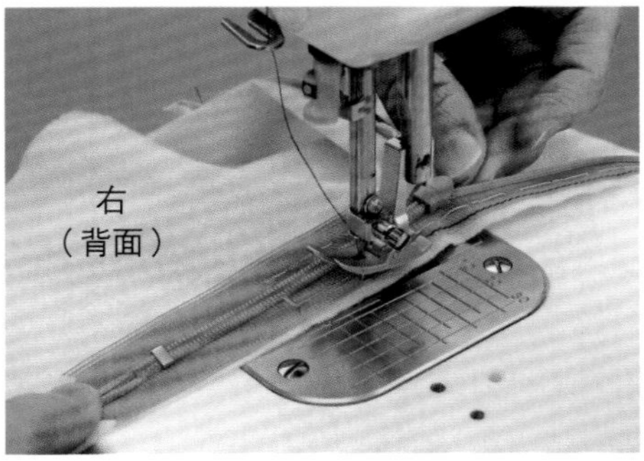

15 車縫到一半，將拉鍊頭拉至最上方，車縫至下側。

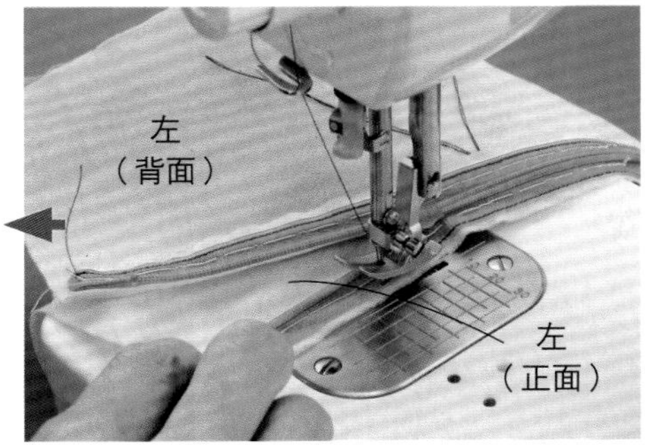

16 另一側也依相同方法固定布條。

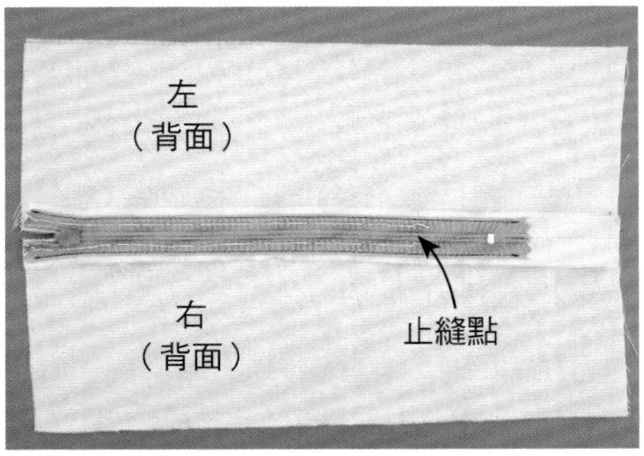

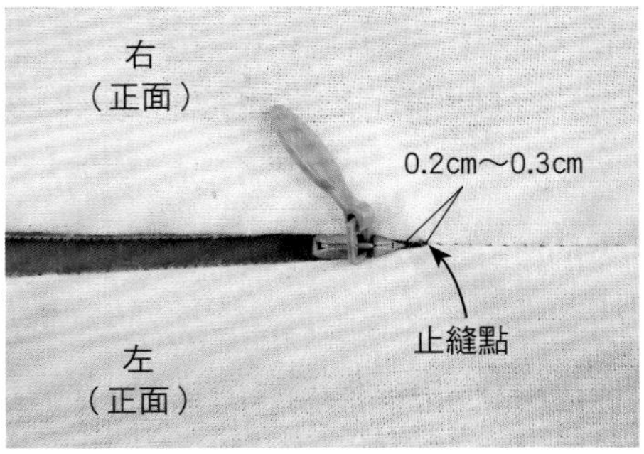

17 將拉鍊頭拉至止縫點上方0.2至0.3cm處。

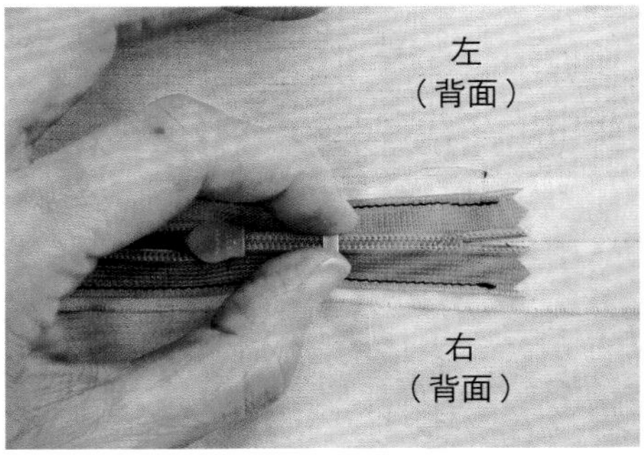

18 翻至背面，拉鍊下止拉至拉鍊頭側。

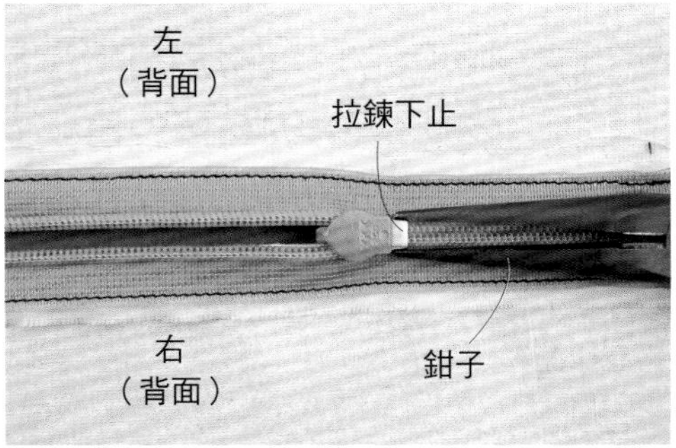

19 以鉗子固定拉鍊下止。

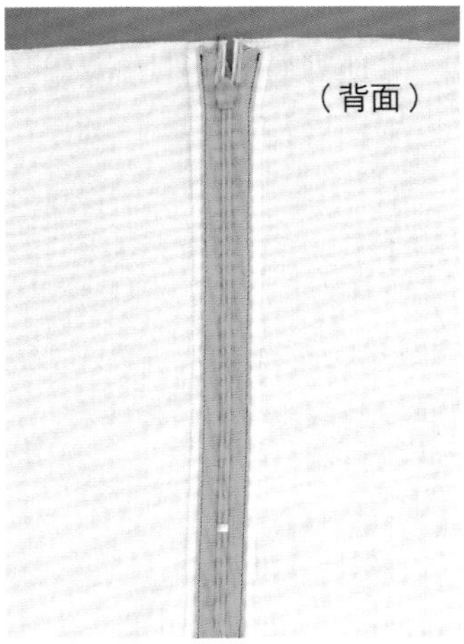

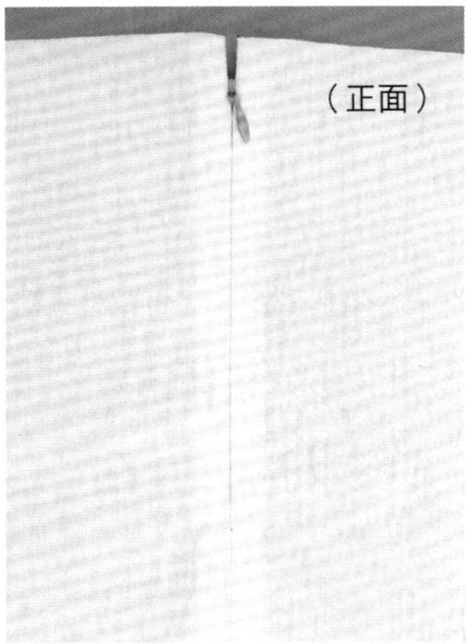

完成

開式拉鍊縫製方法

開式拉鍊

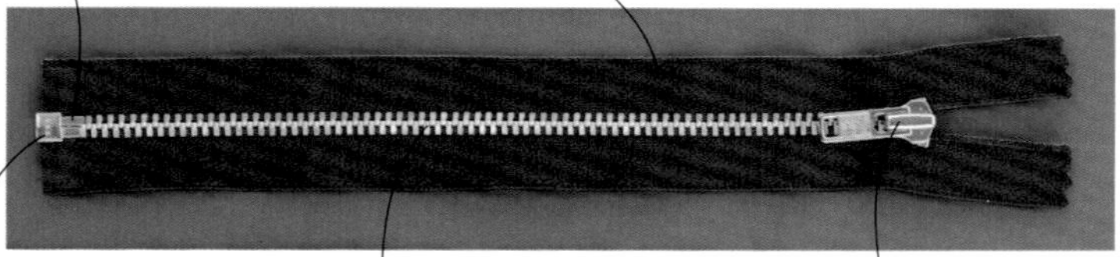

插棒
布條
箱子
拉鍊齒
拉鍊頭

依照種類，拉鍊齒和布條材質都有不同款式，請使用前先確認清楚。

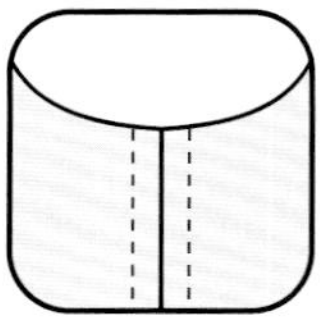

隱藏拉鍊齒縫製方法

縫份需預先拷克的作法。常使用在西裝或厚外套，有時也會搭配滾邊方法製作。

背面

正面

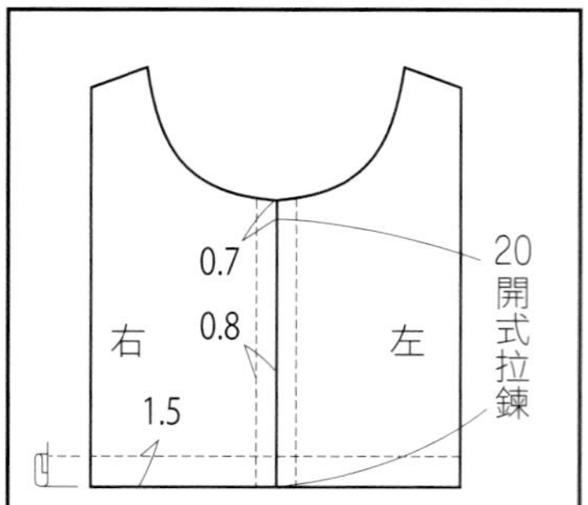

0.7
0.8
右
左
1.5
20
開式拉鍊
黏著襯

拉鍊位置

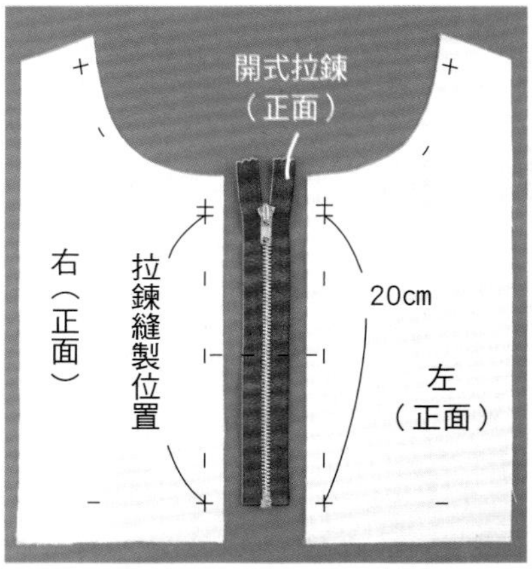
開式拉鍊
（正面）
右（正面）
拉鍊縫製位置
20cm
左
（正面）

1 參考右圖加上縫份後裁剪（內側標記合印記號）。

縫份的分量

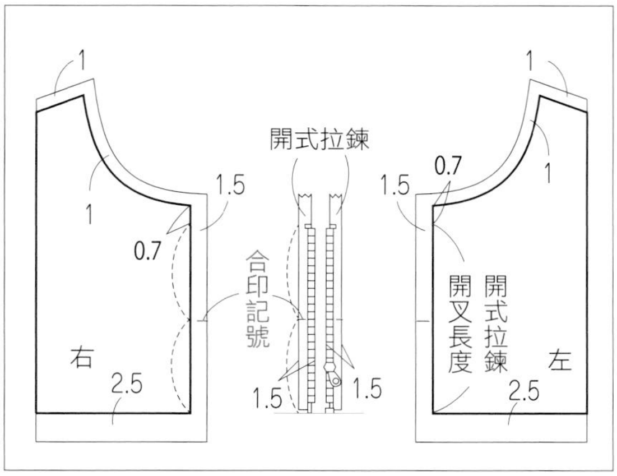
1
1
開式拉鍊
1.5
0.7
1.5
1
1
0.7
合印記號
開叉長度
開式拉鍊
右
2.5
1.5
1.5
左
2.5

※拉鍊不拉開時左右對齊的合印記號

右
（背面）
①貼上黏著襯。
②拷克。

2 縫份貼上黏著襯，進行拷克。

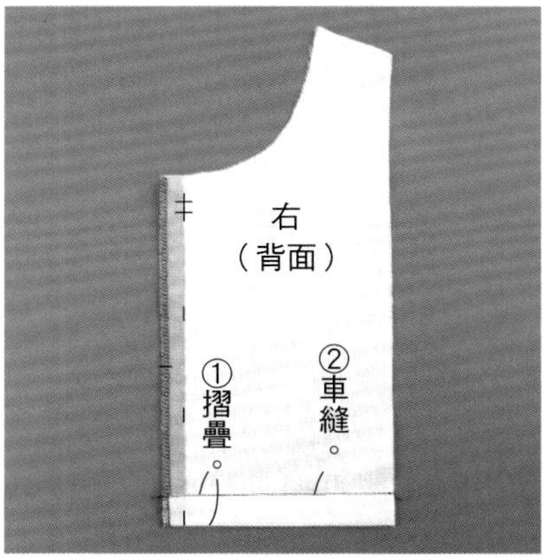
右
（背面）
①摺疊。
②車縫。

3 下襬線三摺邊車縫。

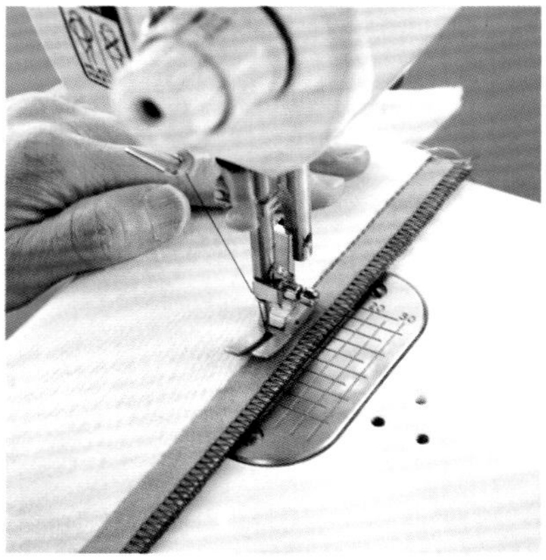

4 正面相對疊合，以粗針目車縫中心線。

※為製作出筆直的壓線，必須從表面畫上直線，請先使用碎布試試，看布料是否會留下筆痕、損傷之後，再開始製作。

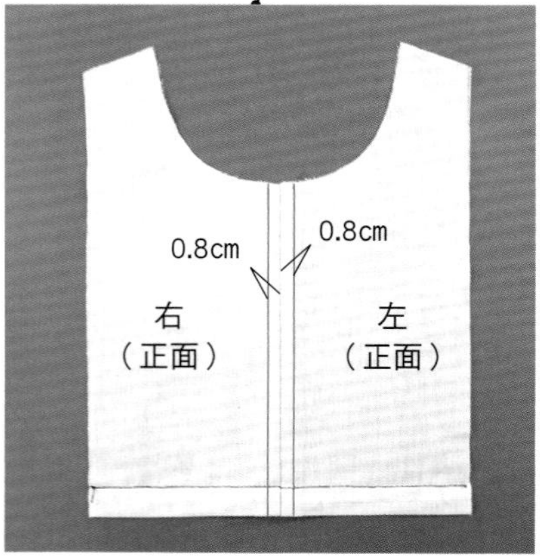
0.8cm
0.8cm
右
（正面）
左
（正面）

5 燙開縫份，使用消失筆在表面描繪壓縫線。

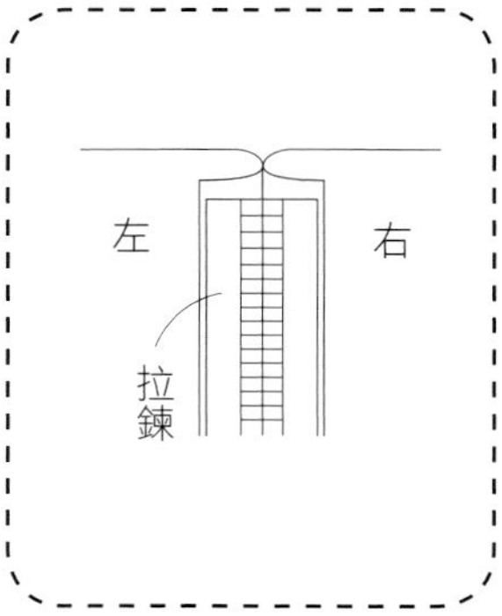
左
右
拉鍊

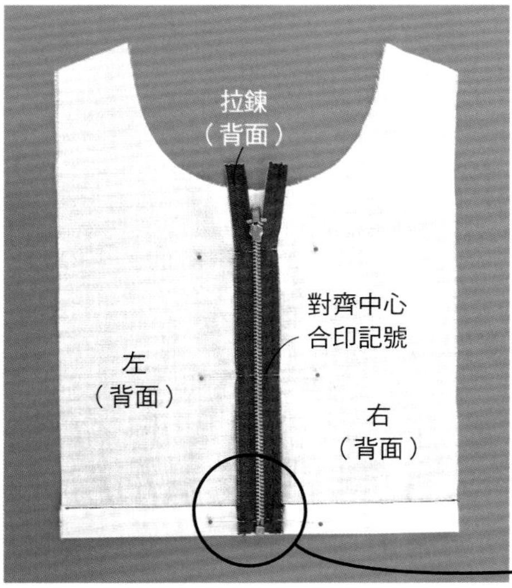
拉鍊
（背面）
對齊中心
合印記號
左
（背面）
右
（背面）

（背面）

6 中心線和拉鍊齒中心對齊合印記號，以珠針固定表布和拉鍊處。

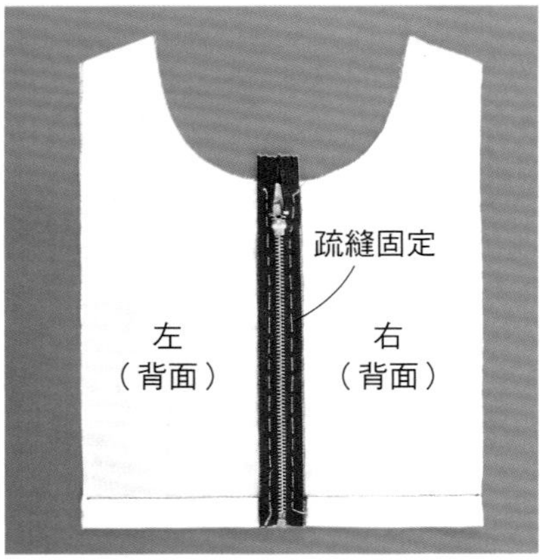
疏縫固定
左
（背面）
右
（背面）

❼ 連表側一起疏縫固定，（注意不要重疊步驟❺的合印記號）。

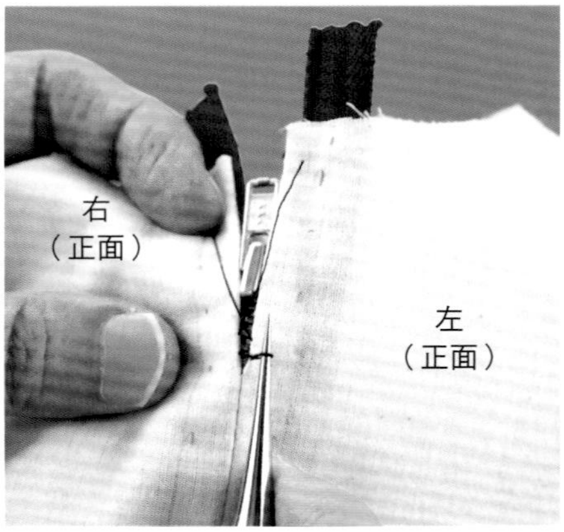
右
（正面）
左
（正面）

❽ 拆開所有粗針目車縫線。

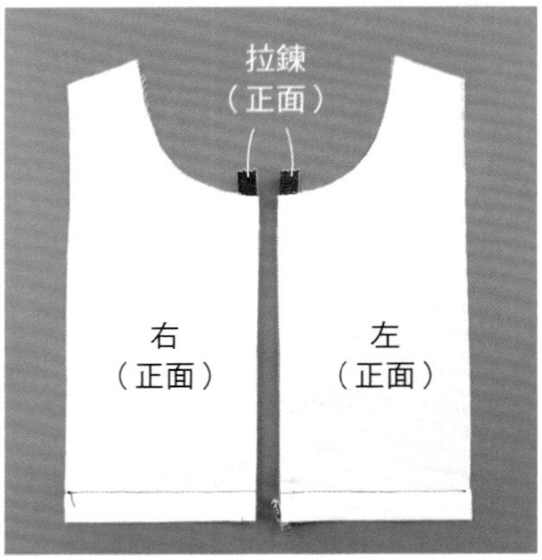
拉鍊
（正面）
右
（正面）
左
（正面）

❾ 拉鍊拉至上方。

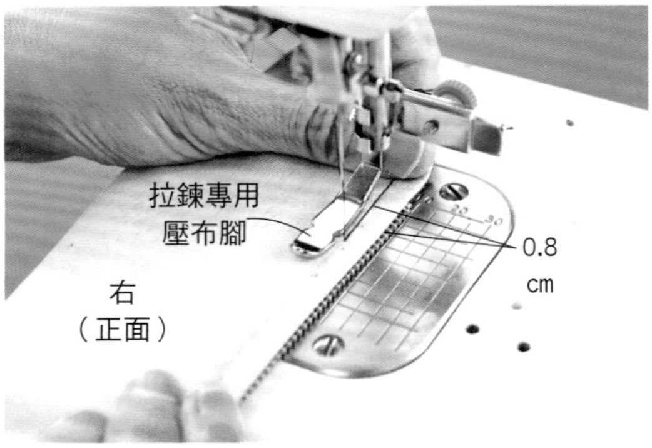
拉鍊專用
壓布腳
0.8
cm
右
（正面）

❿ 改成拉鍊專用壓布腳，沿著步驟❺記號車縫至下側。

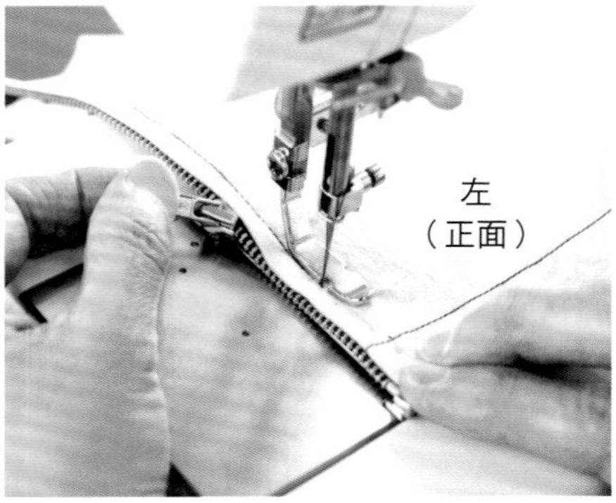
左
（正面）

⓫ 移動拉鍊頭至中間處後車縫至下側。

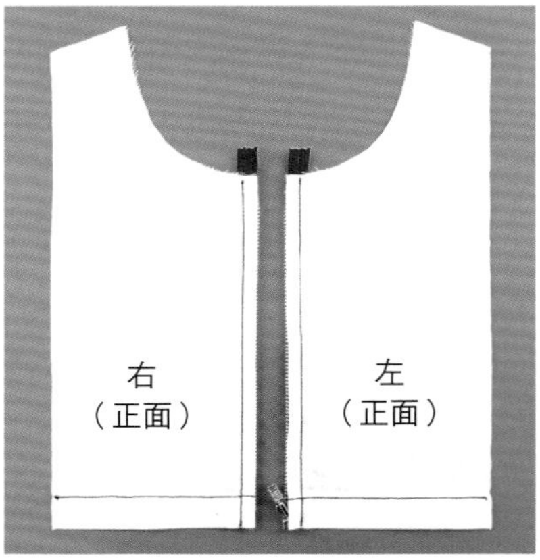
右
（正面）
左
（正面）

⓬ 拆開疏縫線。

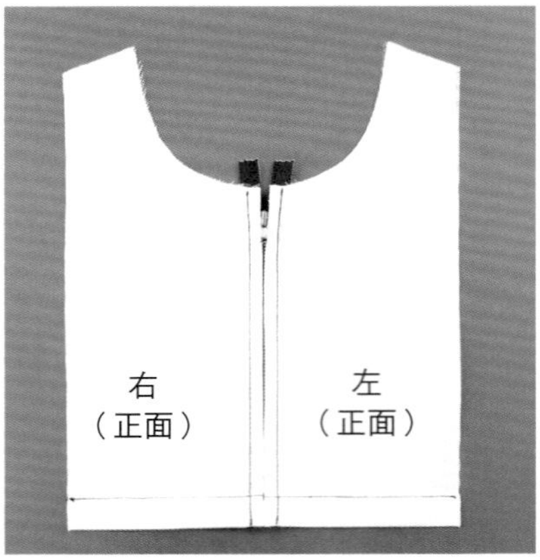
右
（正面）
左
（正面）

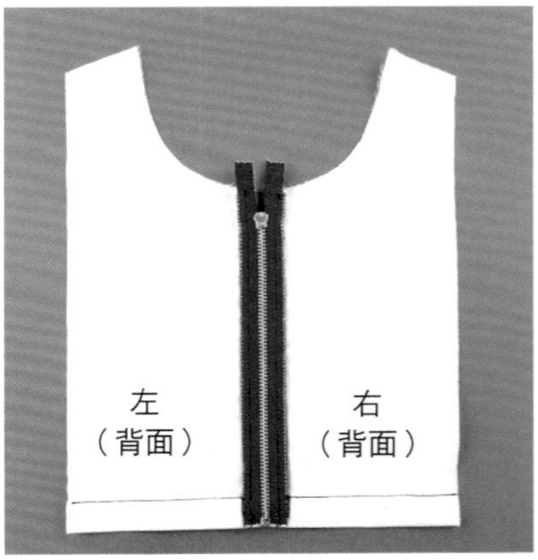
左
（背面）
右
（背面）

完成

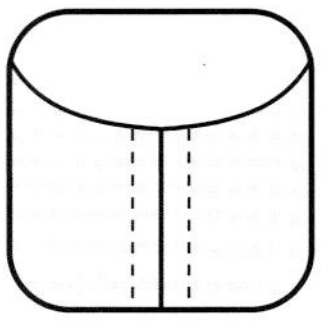

隱藏拉鍊齒的接縫方法（貼邊接縫）

貼邊接縫方法。善用身片和貼邊前端縫份段差，可以製作出美麗的作品。

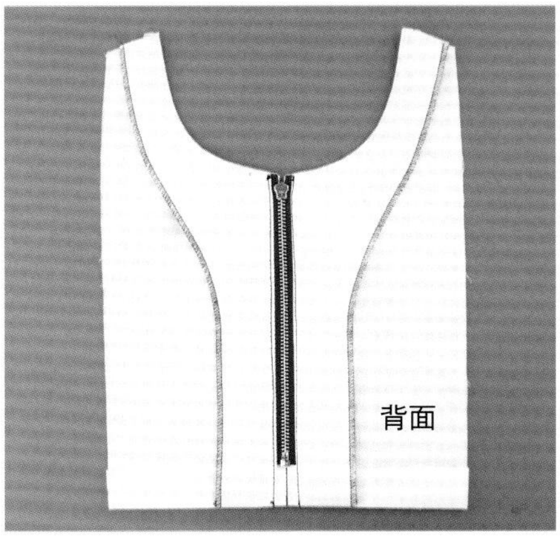
背面

正面

縫份的尺寸

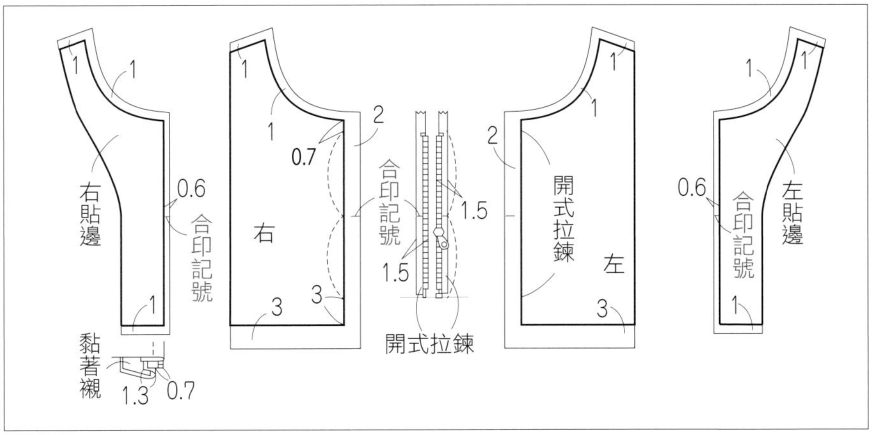
右貼邊
合印記號
黏著襯
1.3
0.7
0.6
1
右
0.7
2
3
合印記號
1.5
開式拉鍊
左
開式拉鍊
左貼邊
0.6

拉鍊位置

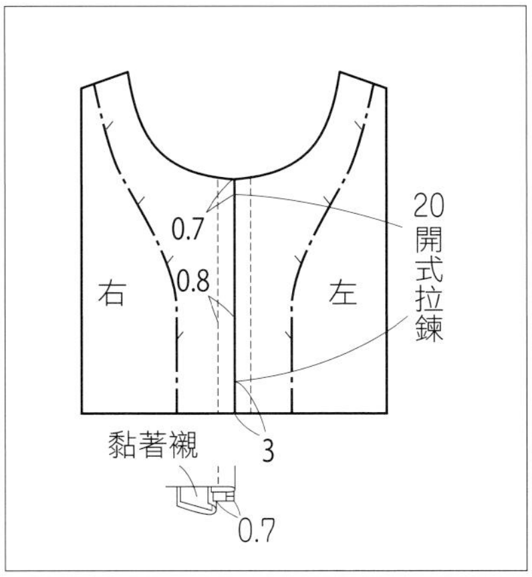
右
左
0.7
0.8
20
開式拉鍊
黏著襯
3
0.7

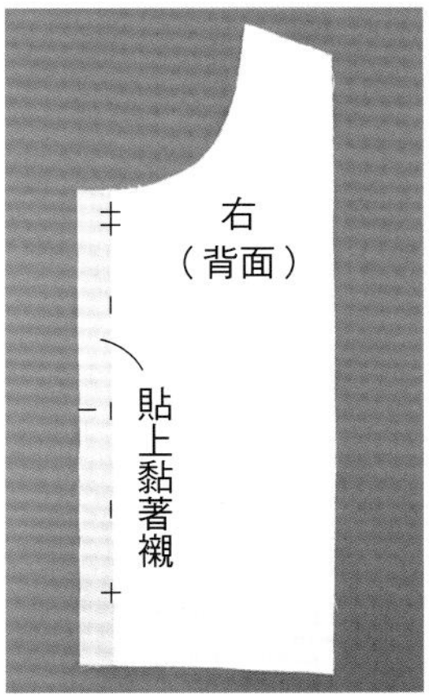
右
（背面）
貼上黏著襯

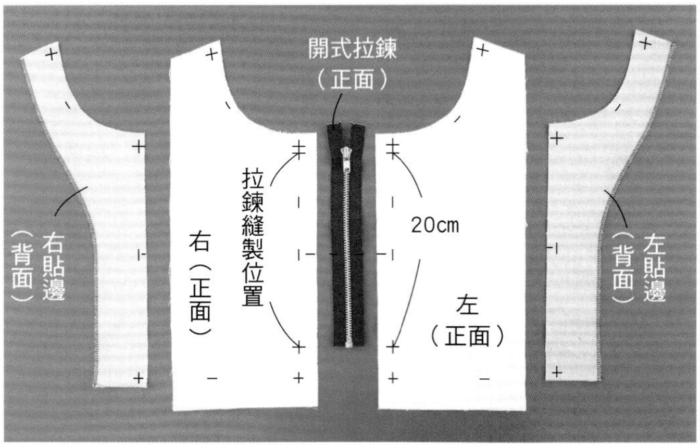
開式拉鍊
（正面）
右貼邊
（背面）
右
（正面）
拉鍊縫製位置
20cm
左
（正面）
左貼邊
（背面）

2 身片縫份貼上黏著襯。

1 依照上圖縫份尺寸加上縫份後裁剪。貼邊貼上黏著襯後拷克。（內側作上合印記號）

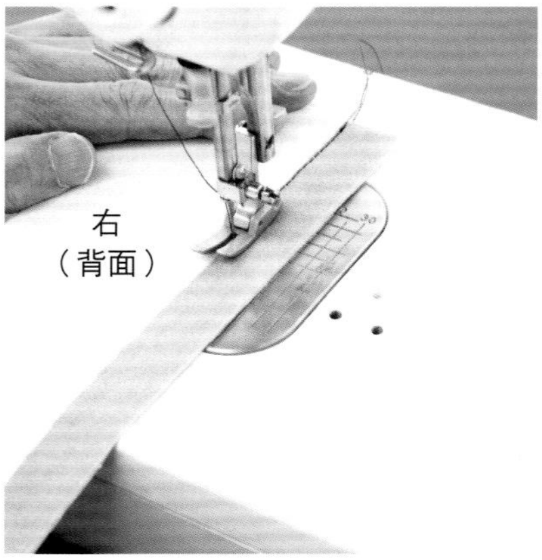
右
（背面）

3 左右身片正面相對疊合，粗針目沿完成線車縫。

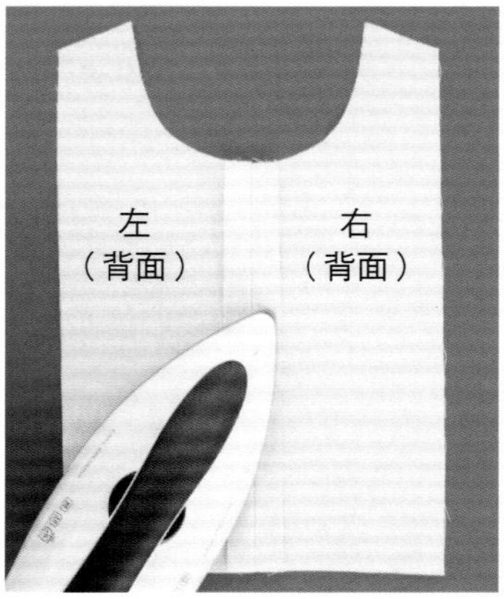
左
（背面）
右
（背面）

4 燙開縫份。

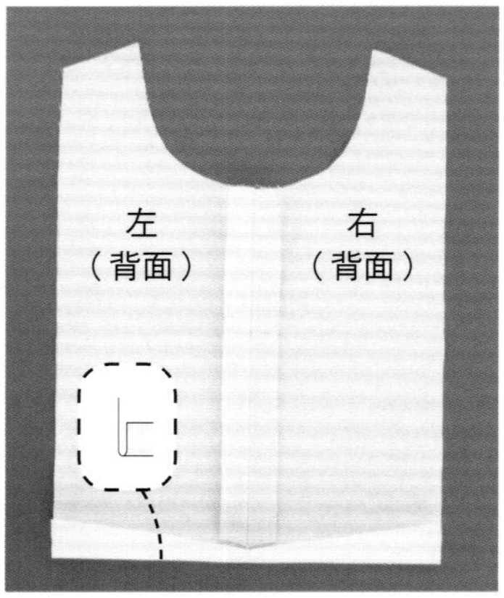
左
（背面）
右
（背面）

5 下襬線沿完成線摺疊。

※為製作出筆直的壓線，必須從表面畫上直線，請先使用碎布試試，看布料是否會留下筆痕、損傷之後，再開始製作。

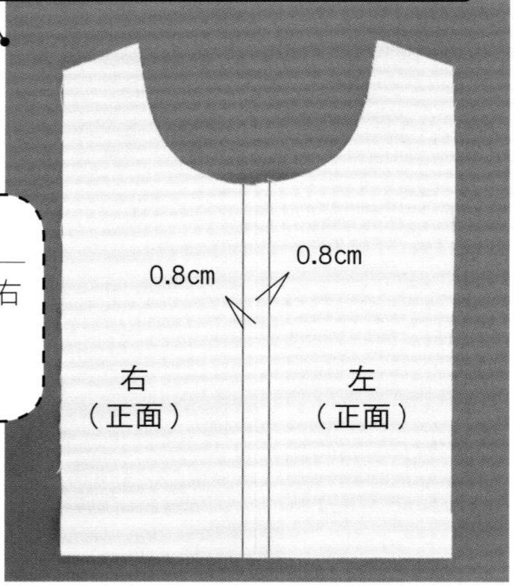
0.8cm
0.8cm
右
（正面）
左
（正面）

6 使用消失筆在表面描繪壓縫線。

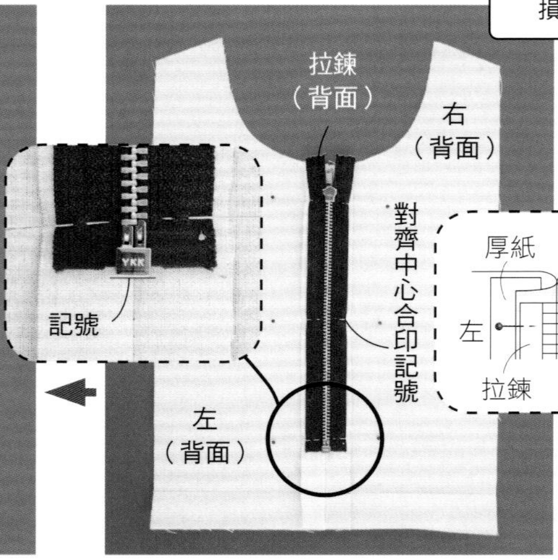
拉鍊
（背面）
右
（背面）
對齊中心合印記號
記號
厚紙
右
左
拉鍊
左
（背面）

7 中心線和拉鍊齒中心對齊合印記號，珠針固定表布和拉鍊處。

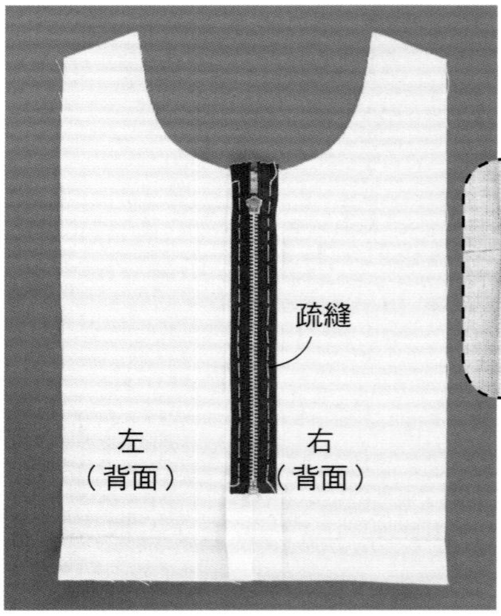
疏縫
左
（背面）
右
（背面）

縫份和身片之間包夾厚紙，表布縫份對齊拉鍊疏縫固定。

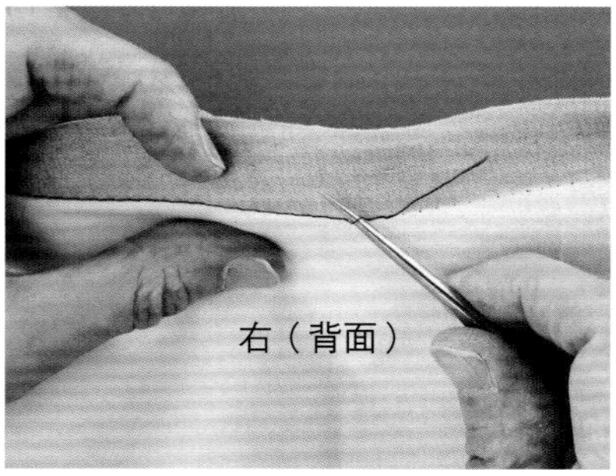
右（背面）

8 拆開粗針目車縫線。

9 表布和貼邊正面相對疊合，對齊邊端固定。

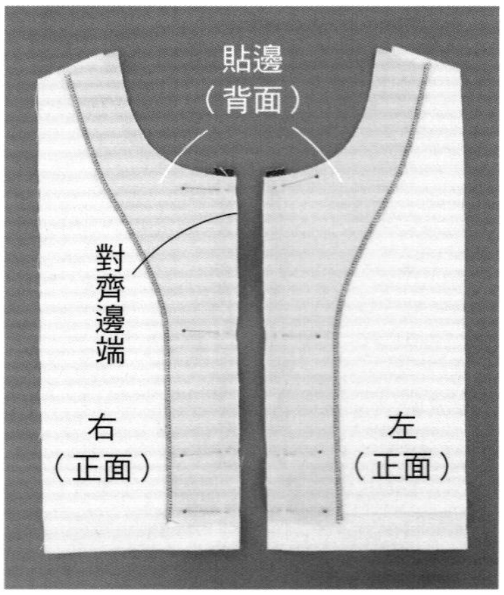
貼邊
（背面）
對齊邊端
右
（正面）
左
（正面）

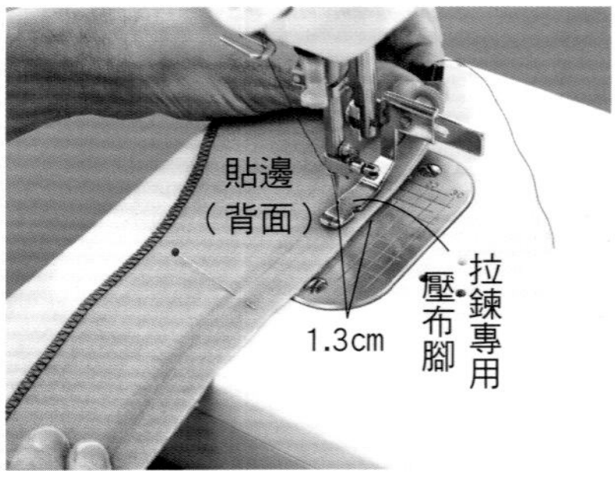
貼邊
（背面）
1.3cm
壓布腳
拉鍊專用

10 改成拉鍊專用壓布腳，於邊端1.3cm車縫。

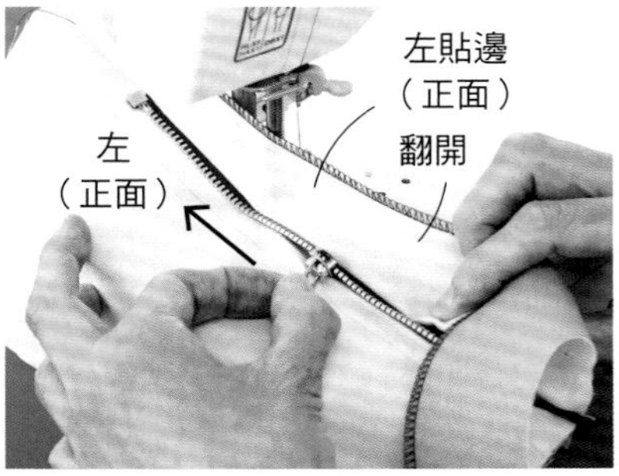
左貼邊
（正面）
左
（正面）
翻開

11 移動拉鍊頭至中間處後車縫至下側。

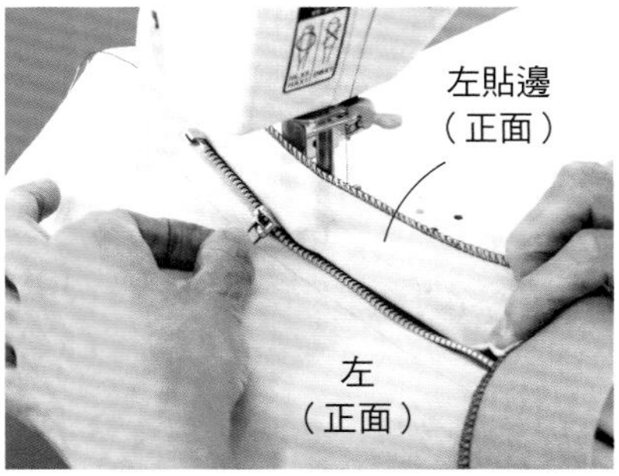
左貼邊
（正面）
左
（正面）

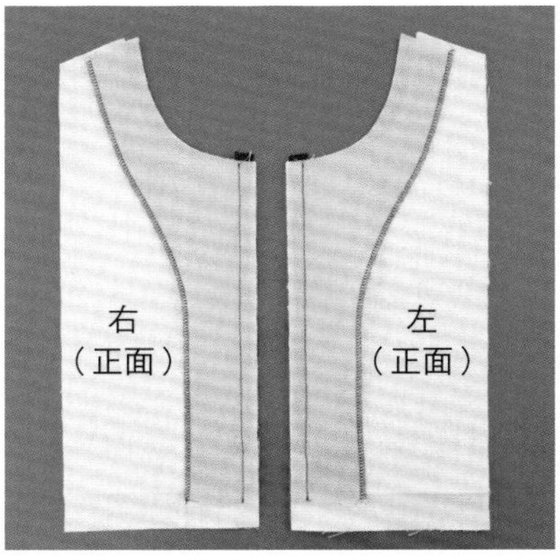
右
（正面）
左
（正面）

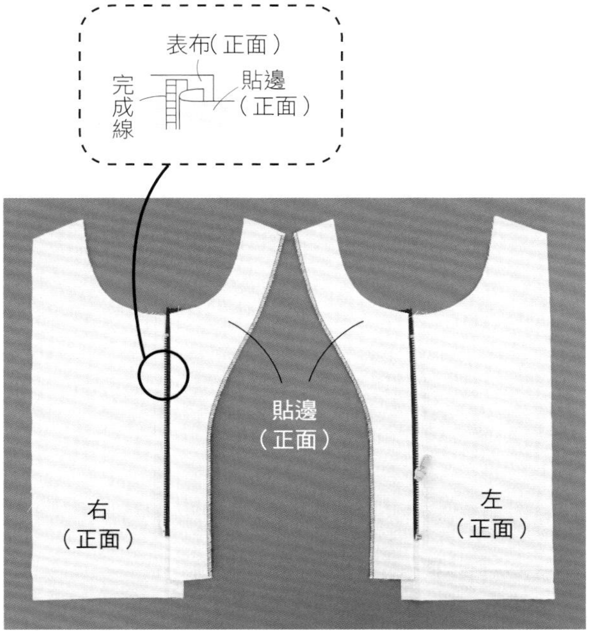
表布（正面）
完成線
貼邊
（正面）
右
（正面）
貼邊
（正面）
左
（正面）

12 熨燙縫份倒向貼邊側。

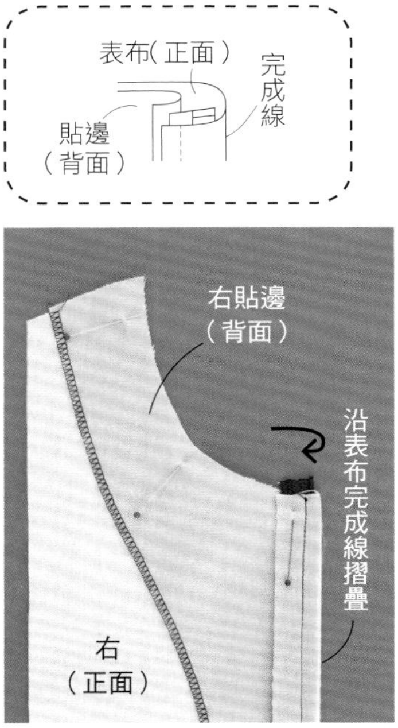
表布（正面）
完成線
貼邊
（背面）
右貼邊
（背面）
沿表布完成線摺疊
右
（正面）

13 表布正面相對疊合，沿完成線摺疊，以珠針固定。

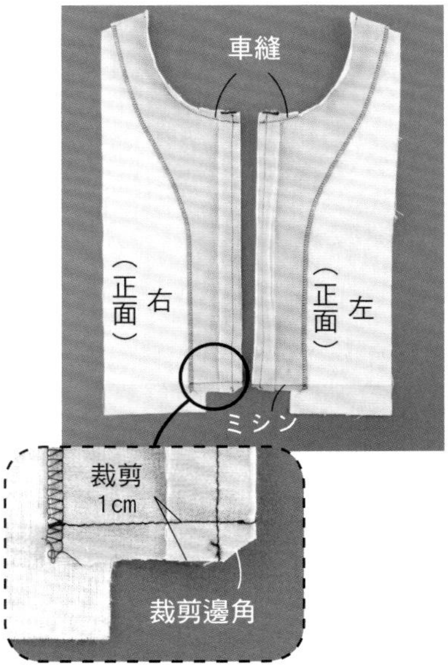
車縫
右
（正面）
左
（正面）
ミシン
裁剪
1cm
裁剪邊角

14 車縫領圍線、下襬線。縫份沿完成線摺疊。

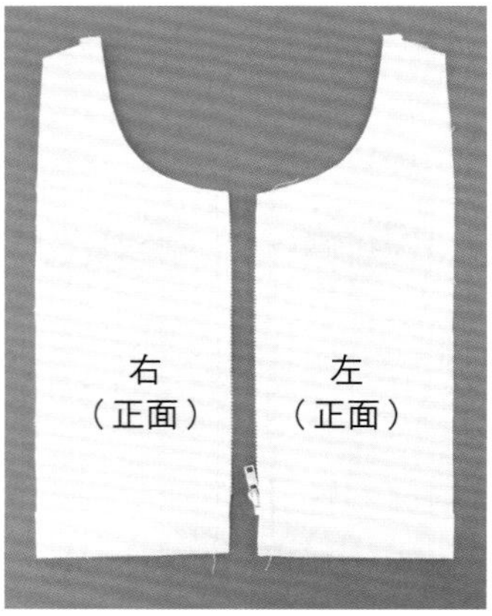
右
（正面）
左
（正面）

15 翻至正面，注意不要重疊到步驟6的記號，約離0.1cm處開始疏縫。

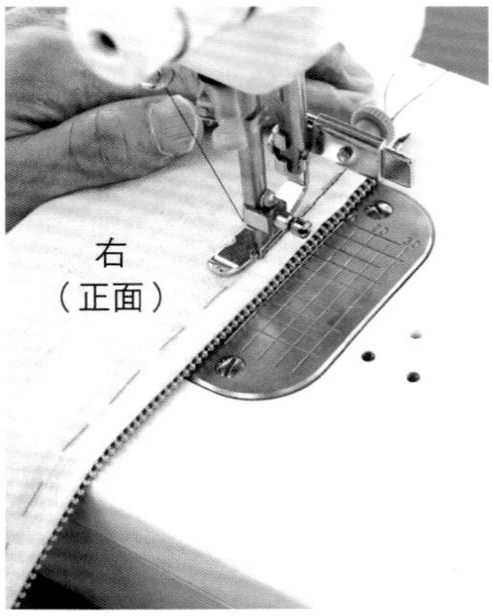
右
（正面）

16 對齊步驟6記號線，車縫至下側，拆開疏縫線。

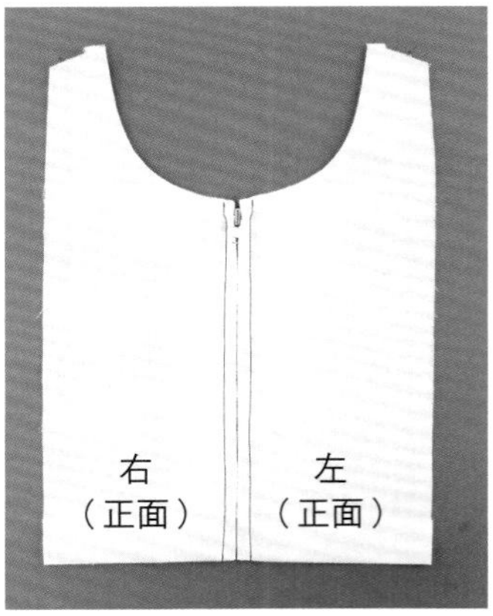
右
（正面）
左
（正面）

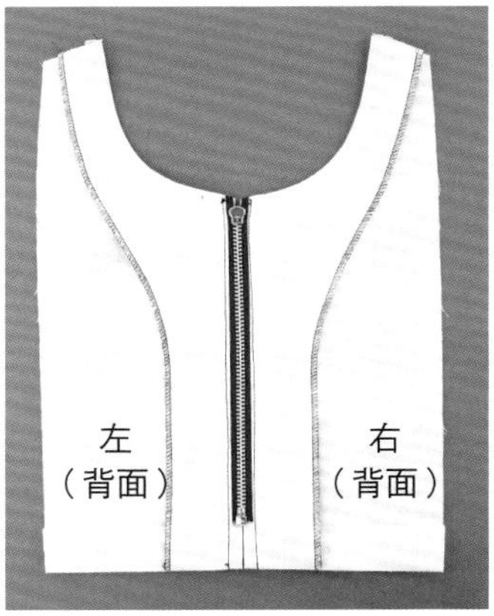
左
（背面）
右
（背面）

完成

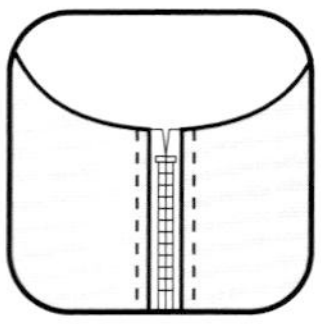

露出拉鍊齒的接縫方法

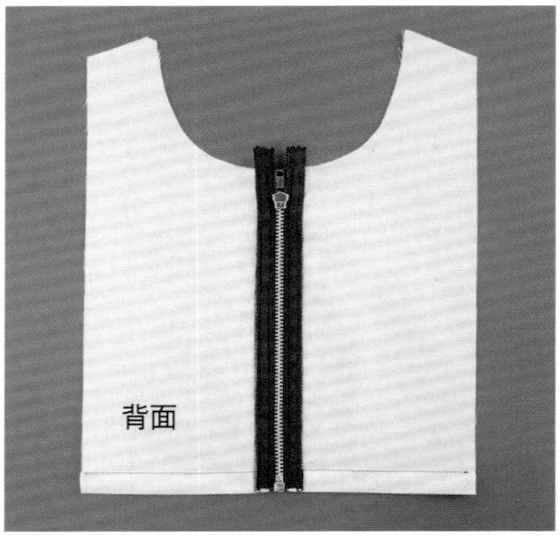
背面

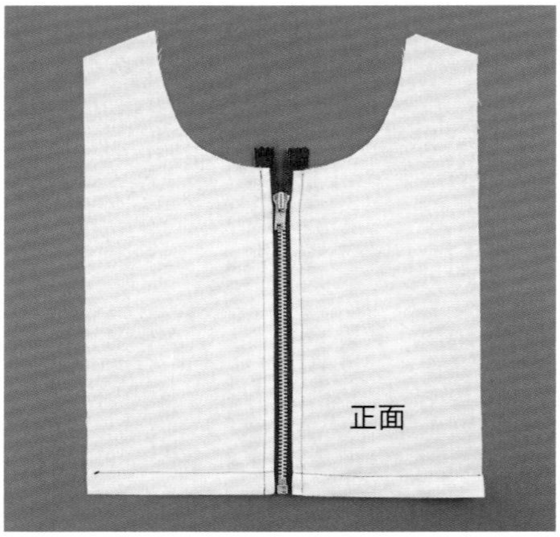
正面

縫份進行拷克就可以的簡單製作方法。常見於夾克或厚連帽外套等，也可以使用滾邊包縫縫份的方法。

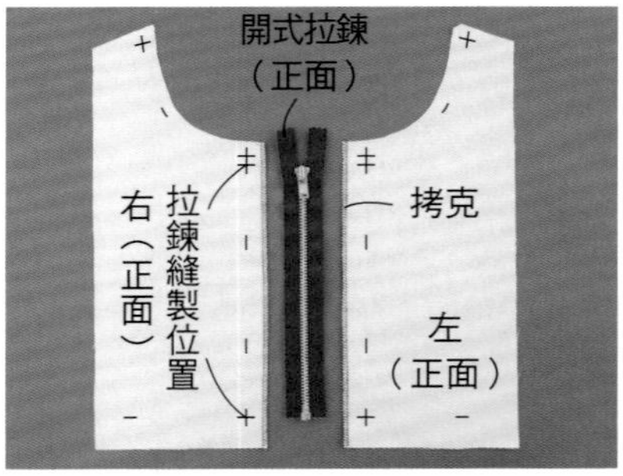
開式拉鍊
（正面）
右
（正面）
拉鍊縫製位置
拷克
左
（正面）

1 參考右圖加上縫份後裁剪。前端縫份拷克。

縫份畫法

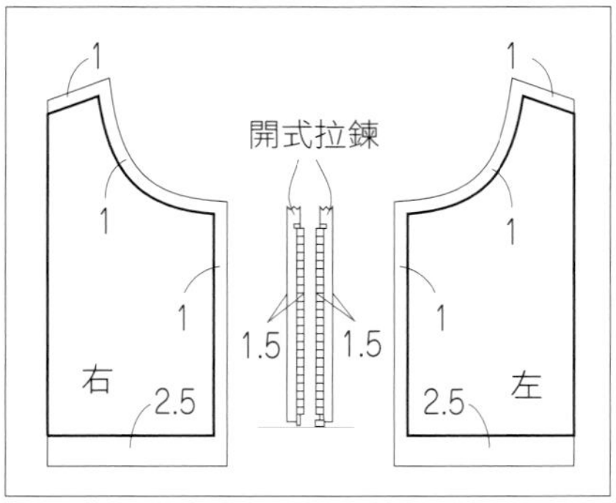
開式拉鍊
1
1
1
1
1
1
1.5
1.5
右
左
2.5
2.5

拉鍊縫製位置

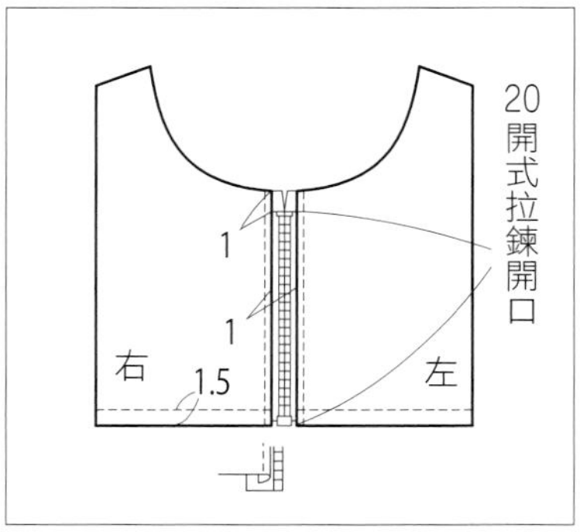
20
開式拉鍊開口
1
1
右
左
1.5

右
（背面）
摺疊

2 下襬線三摺邊。

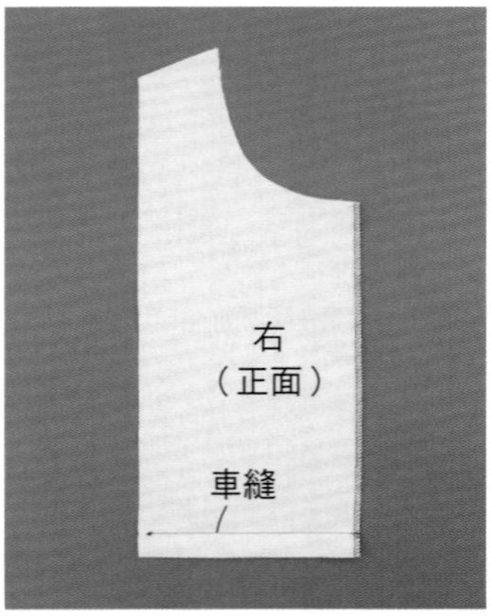
右
（正面）
車縫

3 車縫下襬線。

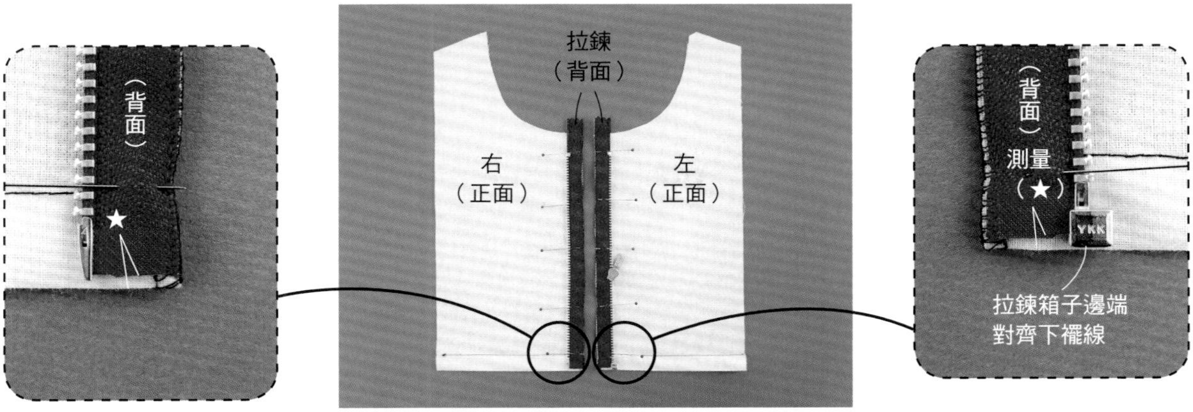
（背面）
★
拉鍊
（背面）
右
（正面）
左
（正面）
（背面）
測量
（★）
YKK
拉鍊箱子邊端
對齊下襬線

4 對齊拉鍊縫製位置，以珠針固定。

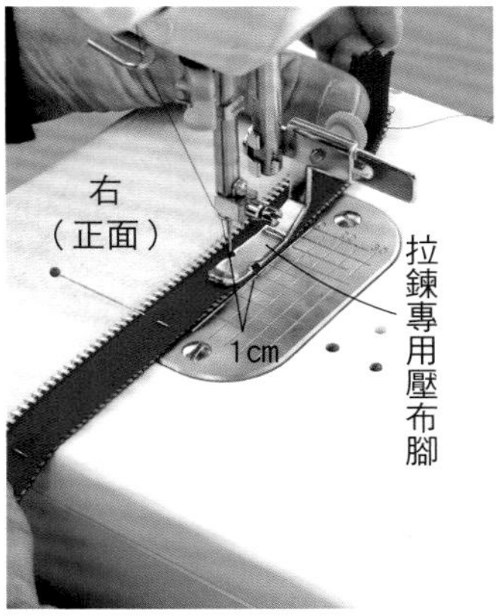
右
（正面）
拉鍊專用壓布腳
1cm

5 改成拉鍊專用壓布腳，沿著完成線車縫。

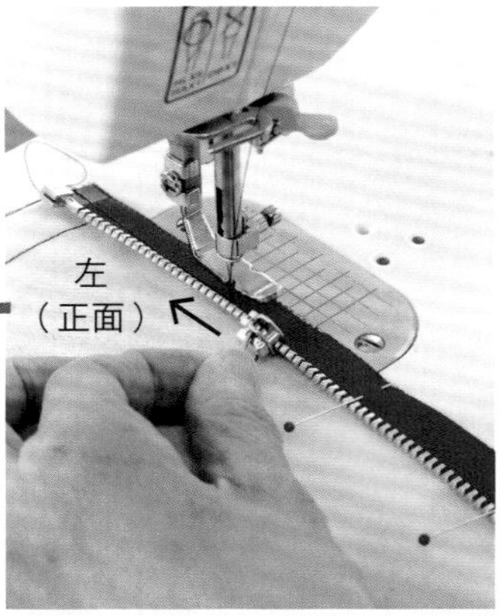
左
（正面）

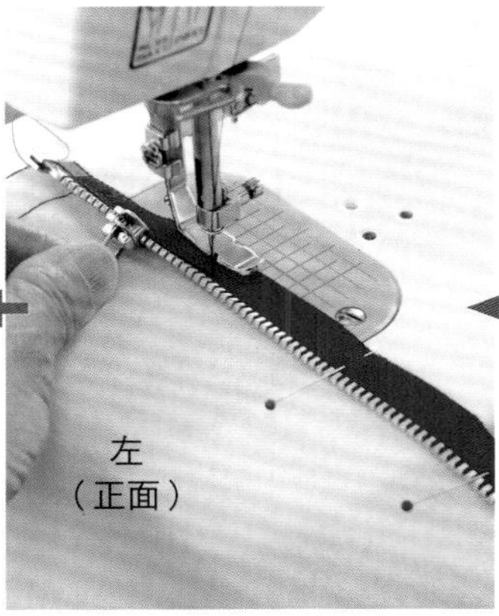
左
（正面）

6 車縫針不要拔起，移動拉鍊頭至中間處後車縫至下側。

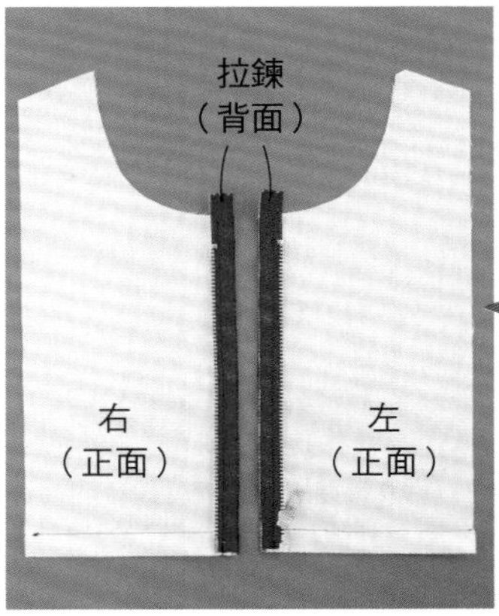
拉鍊
（背面）
右
（正面）
左
（正面）

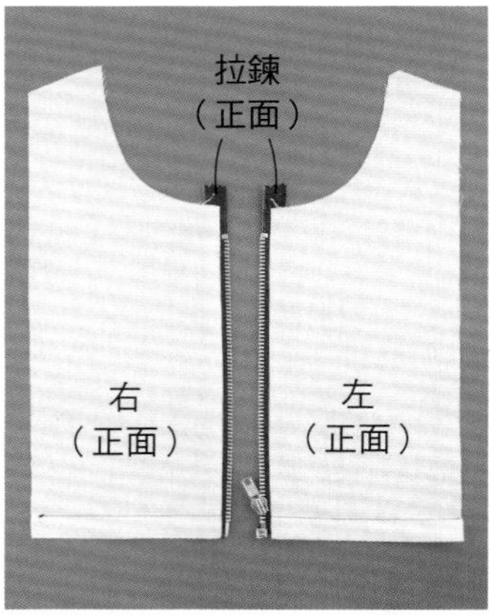
拉鍊
（正面）
右
（正面）
左
（正面）

7 拉鍊翻至正面，熨燙整理。

※壓線寬度如果太窄不易車縫。
可以更換拉鍊專用壓布腳車縫。

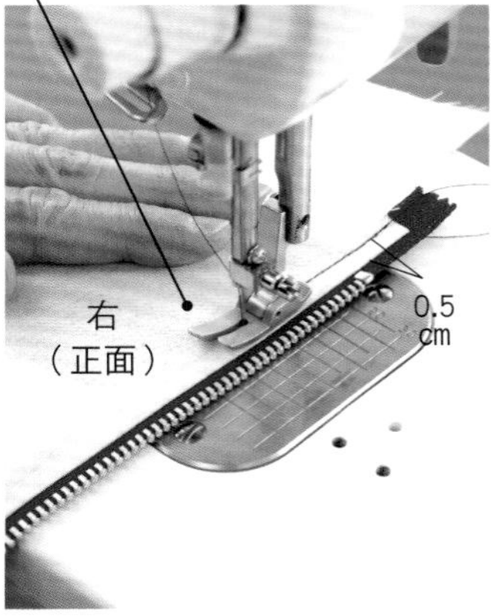
右
（正面）
0.5
cm

8 換成一般壓布腳，表側壓線。

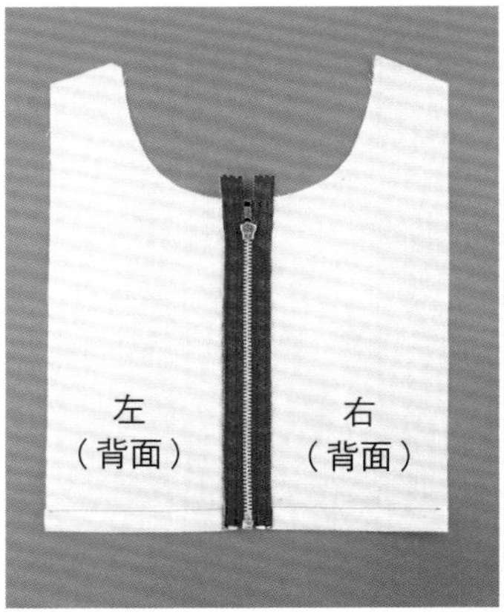
左
（背面）
右
（背面）

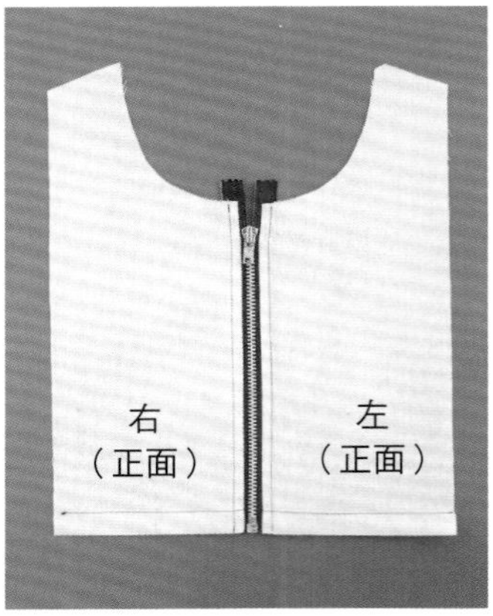
右
（正面）
左
（正面）

完成

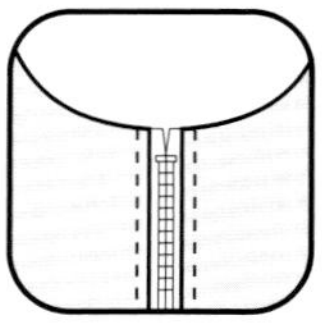

露出拉鍊齒的接縫方法（貼邊接縫）

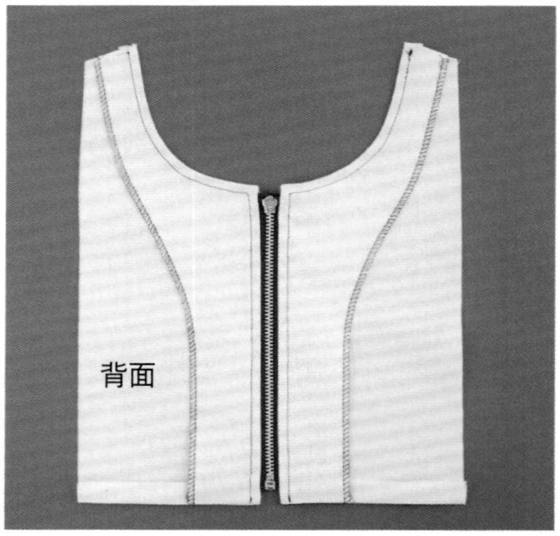
背面

正面

貼邊設計的拉鍊接縫方法，通常會搭配裡布使用。

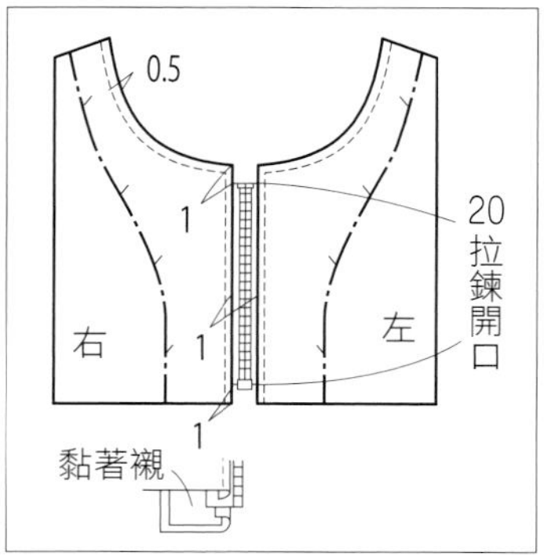
0.5
1
1
1
20
拉鍊開口
右
左
黏著襯

拉鍊縫製位置

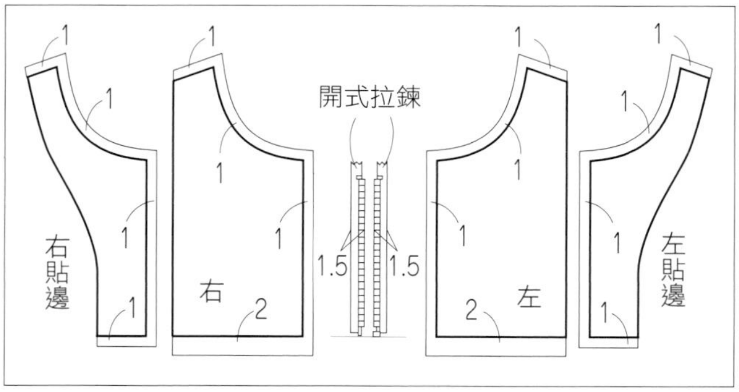
1
1
1
1
開式拉鍊
1
1
1
1
1
1
1
1
1.5
1.5
右貼邊
右
左
左貼邊
2
2
1
1

縫份寬度

1

參考右圖加上縫份後裁剪。貼邊貼上黏著襯拷克。

2

下襬沿完成線摺疊。

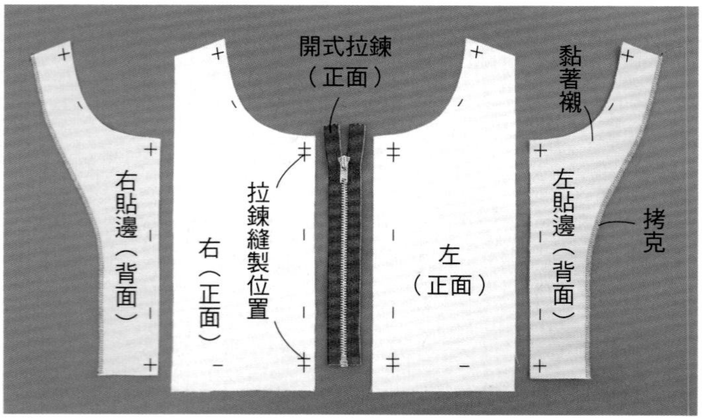
開式拉鍊
（正面）
黏著襯
拉鍊縫製位置
右貼邊（背面）
右（正面）
左（正面）
左貼邊（背面）
拷克

3

拉鍊縫製位置放置拉鍊，以珠針固定。摺疊邊端。

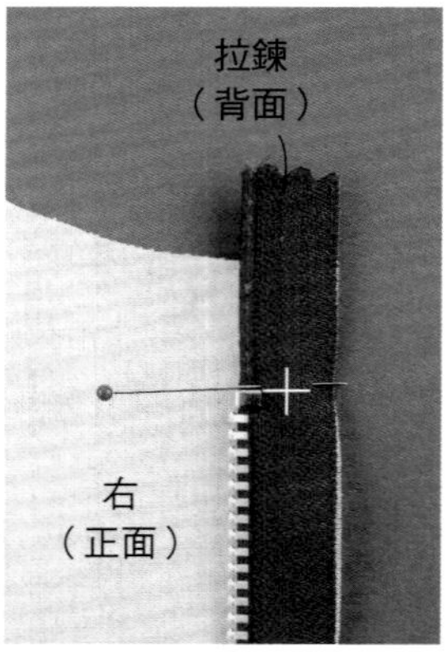
拉鍊
（背面）
右
（正面）

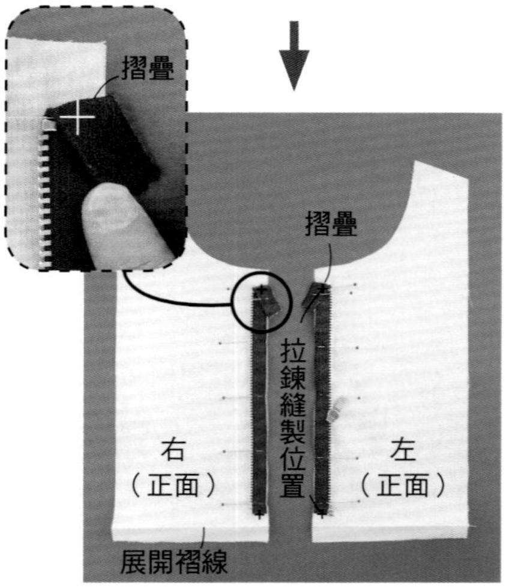
摺疊
摺疊
拉鍊縫製位置
右
（正面）
左
（正面）
展開褶線

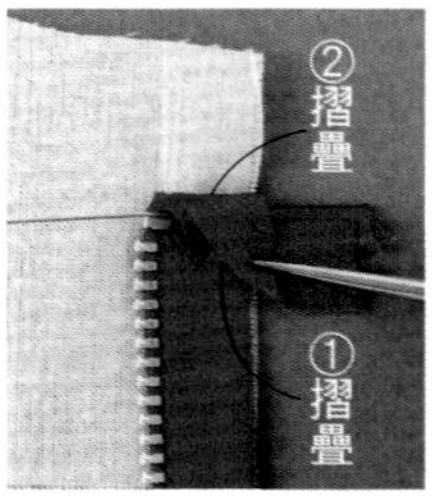
②摺疊
①摺疊

※為避免拉鍊布條縫份太過明顯，也可採二摺邊作法。

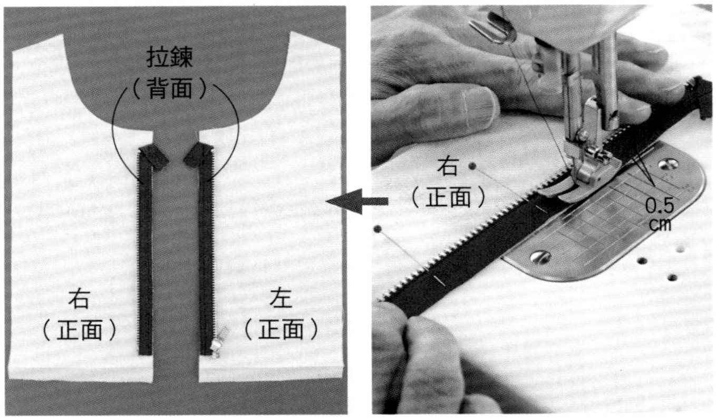
拉鍊
（背面）
右
（正面）
左
（正面）
右
（正面）
0.5
cm

4 縫份以粗針目車縫暫時固定。（拉鍊把手側的車縫針不要拔起，抬起壓布腳，移動拉鍊把手位置，車縫至下側）

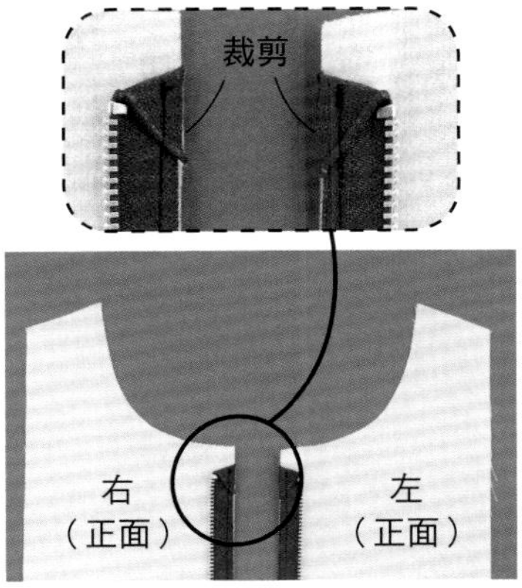
裁剪
右
（正面）
左
（正面）

5 裁剪布條邊端。

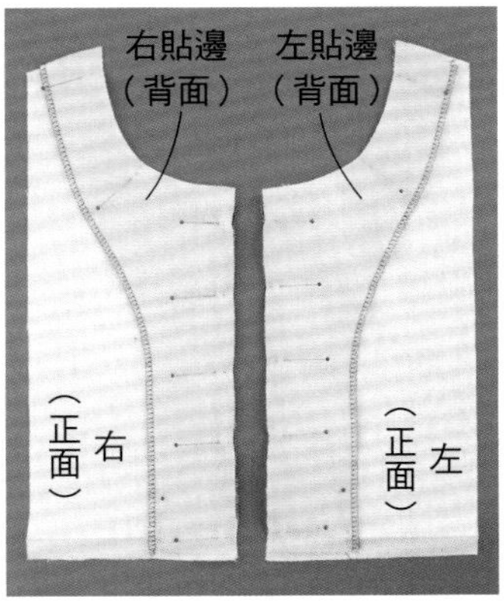
右貼邊
（背面）
左貼邊
（背面）
右
（正面）
左
（正面）

6 貼邊以珠針固定。

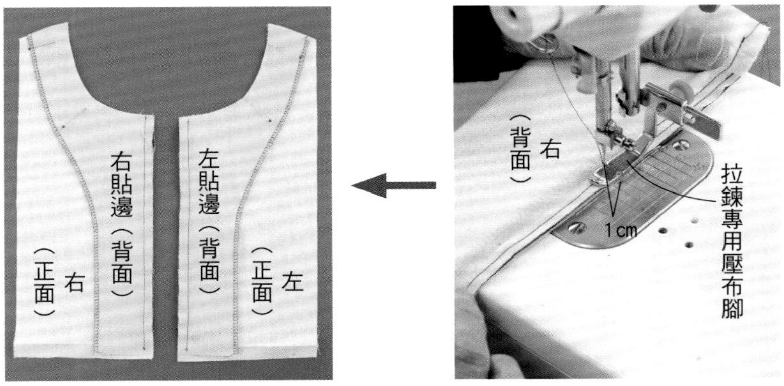
右
（正面）
右貼邊（背面）
左貼邊（背面）
左
（正面）
右
（背面）
1cm
拉鍊專用壓布腳

7 更換拉鍊專用壓布腳，表布朝上沿完成線車縫。（一邊拆下貼邊側的珠針一邊車縫）

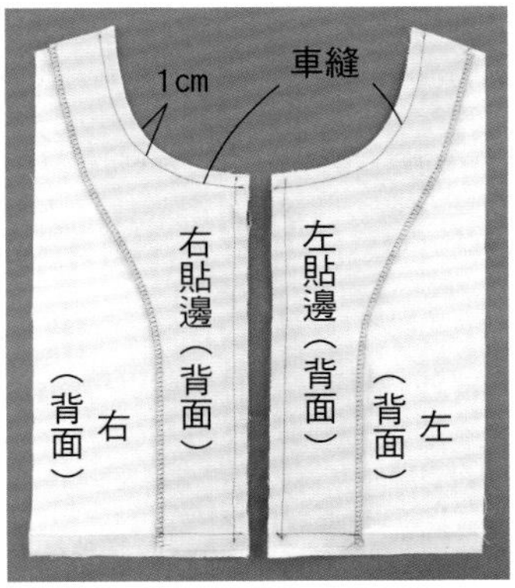
1cm
車縫
右貼邊（背面）
左貼邊（背面）
右
（背面）
左
（背面）

8 改成一般拉鍊壓布腳，車縫領圍、下襬線。

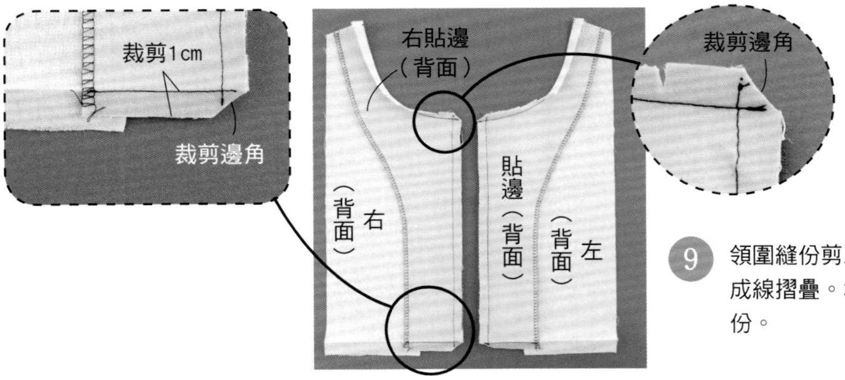
裁剪1cm
裁剪邊角
右貼邊
（背面）
裁剪邊角
貼邊（背面）
右
（背面）
左
（背面）

9 領圍縫份剪牙口後沿完成線摺疊。裁剪邊角縫份。

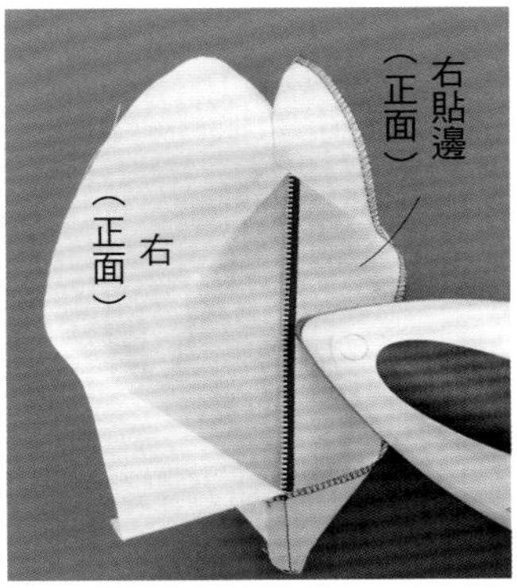
右貼邊
（正面）
右
（正面）

10 熨燙摺疊貼邊側完成線。

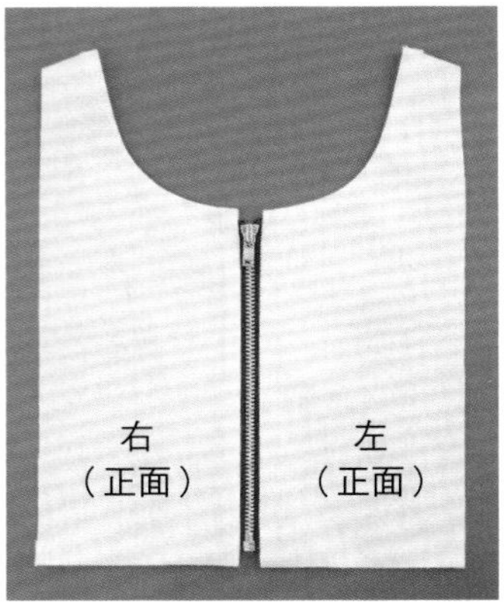
右
（正面）
左
（正面）

11 翻至正面。

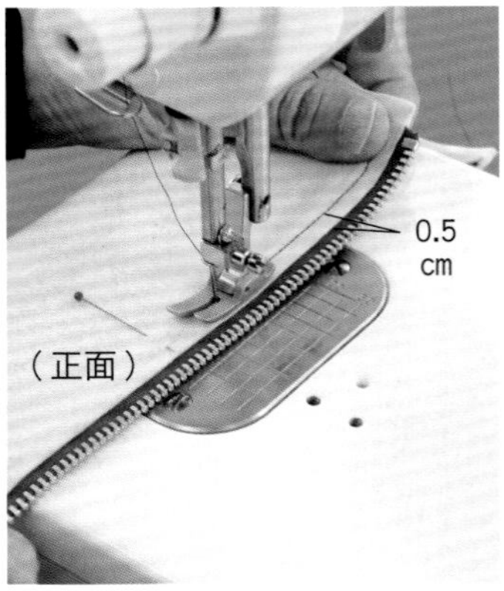
0.5
cm
（正面）

12 從表面壓線。

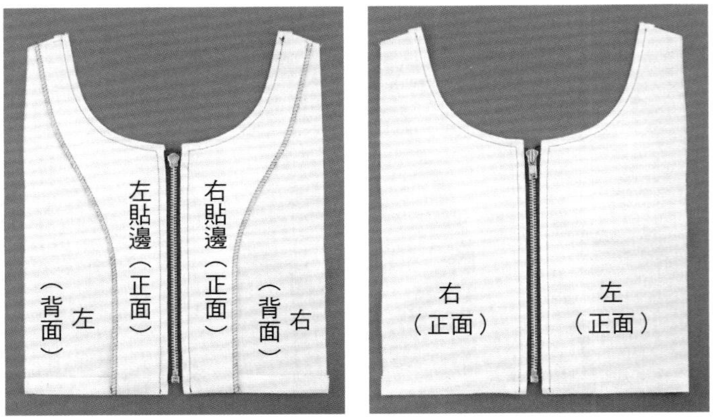
左貼邊（正面）
右貼邊（正面）
左
（背面）
右
（背面）
右
（正面）
左
（正面）

完成

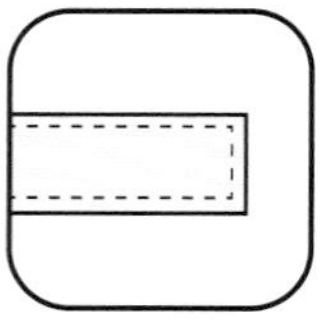

繩帶的縫製方法

依照繩帶粗細和用途，縫份、車縫方法也會有不同。這次介紹寬度較窄，直接壓線的方法。寬度較寬則採對摺縫、翻至正面的縫製方法。

寬度較窄繩帶

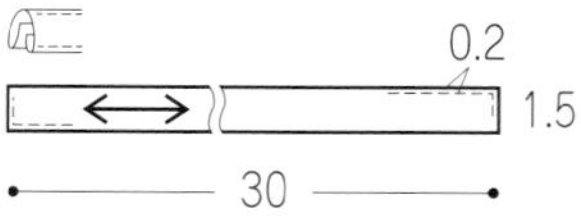

0.2
1.5
30

寬度較寬繩帶

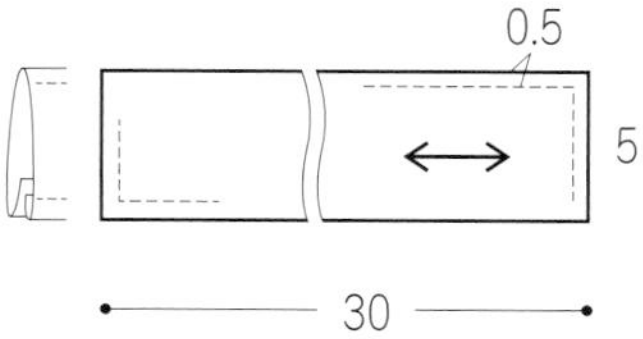

0.5
5
30

沿完成線摺疊（適合寬度窄繩帶）

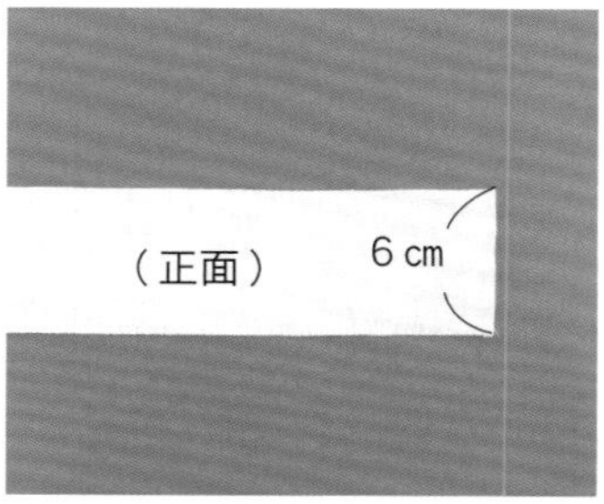

（正面）
6 cm

1 加上縫份後裁剪。（完成尺寸x4＝6cm）

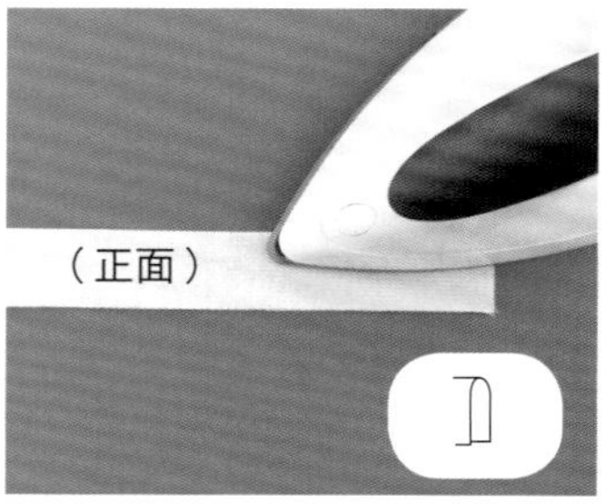

（正面）

2 對摺。

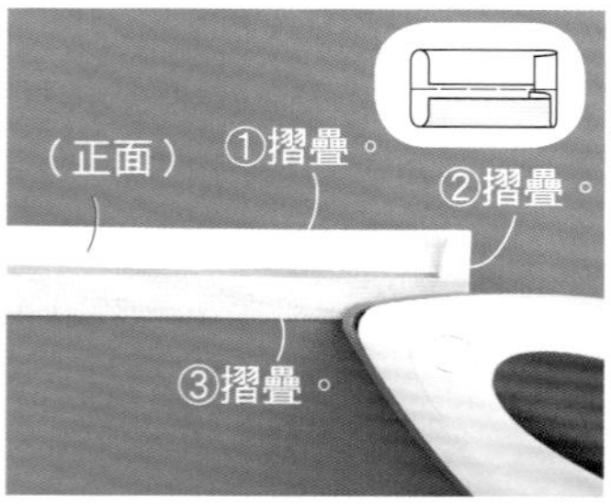

（正面）
①摺疊。
②摺疊。
③摺疊。

3 展開布料，上下端離0.1至0.2cm（厚度）左右摺疊。兩端沿完成線摺疊。

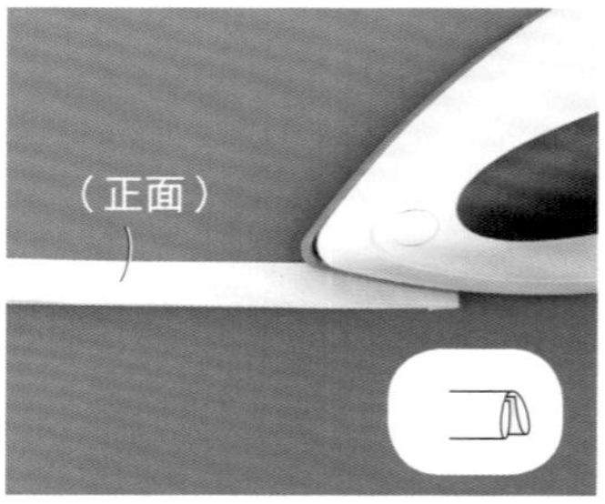

（正面）

4 沿步驟❷摺疊熨燙整理。

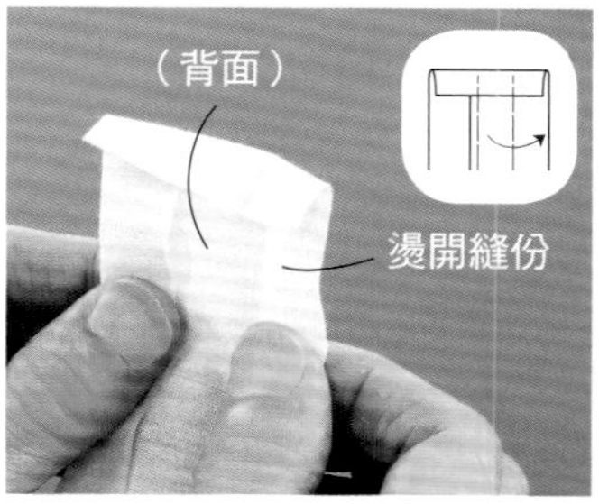

（背面）
燙開縫份

5 打開步驟❸摺疊的縫份。

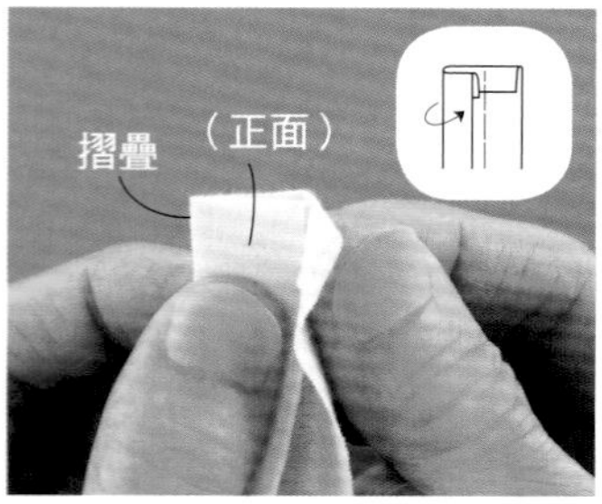

摺疊
（正面）

6 回復對摺。

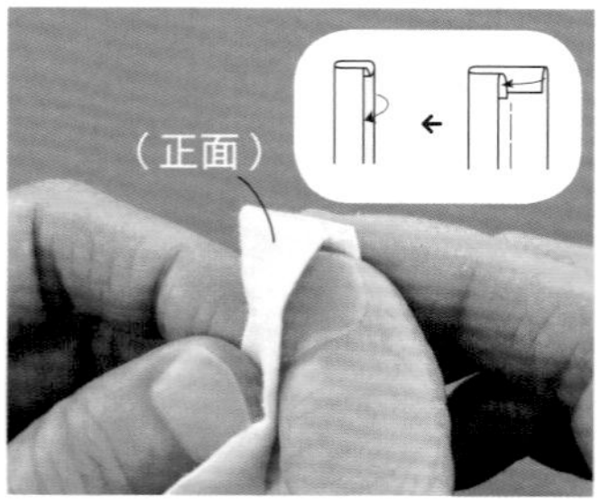

（正面）

7 摺疊進邊端的縫份之間。

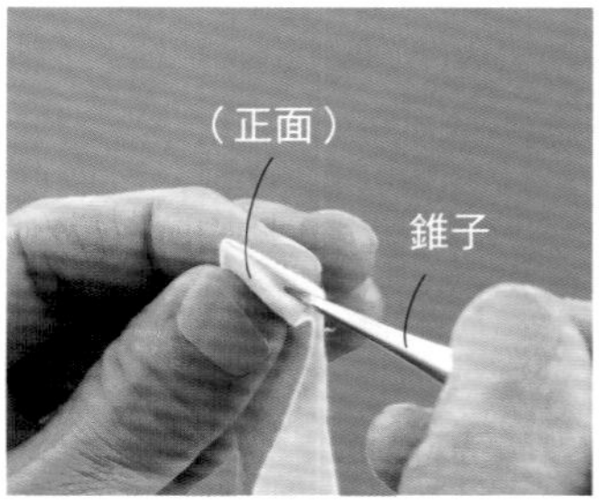

（正面）
錐子

8 以錐子整理。

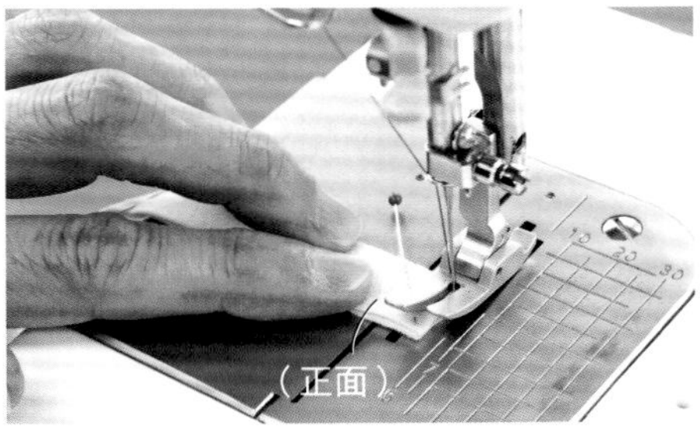
（正面）

9 壓線時始縫處無需回針縫。

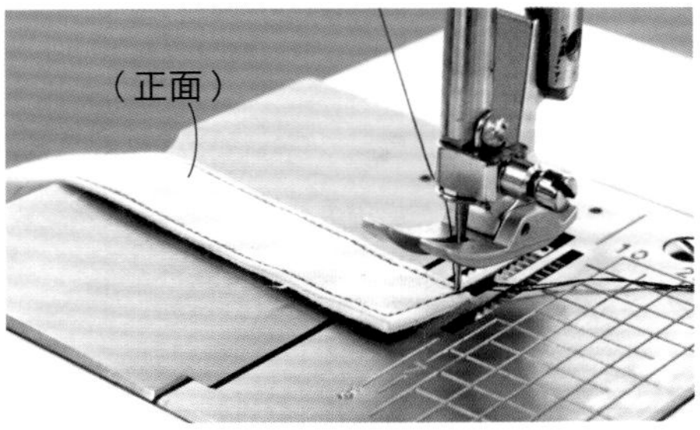
（正面）

10 止縫點和始縫處重疊3針左右，進行回針縫。

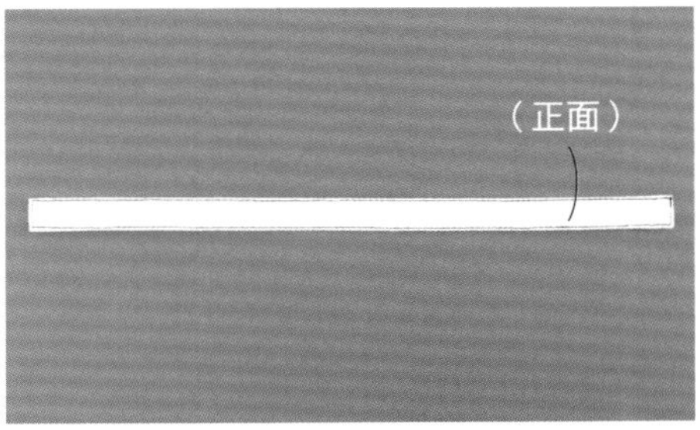
（正面）

完成

對摺縫、翻至正面（適合寬度寬繩帶）

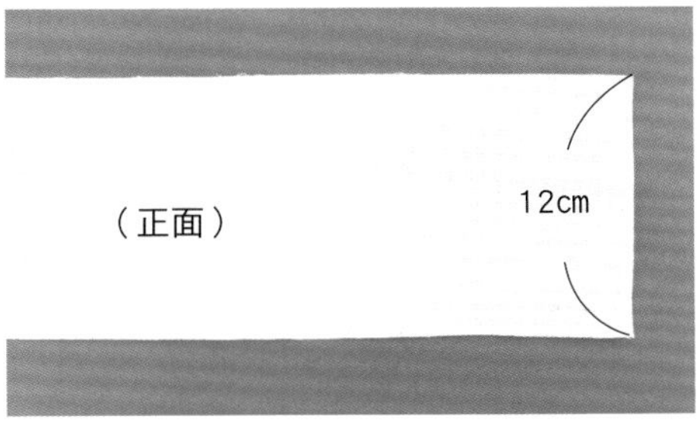
12cm
（正面）

1 加上縫份後裁剪。（完成尺寸×2+縫份2cm＝12cm）

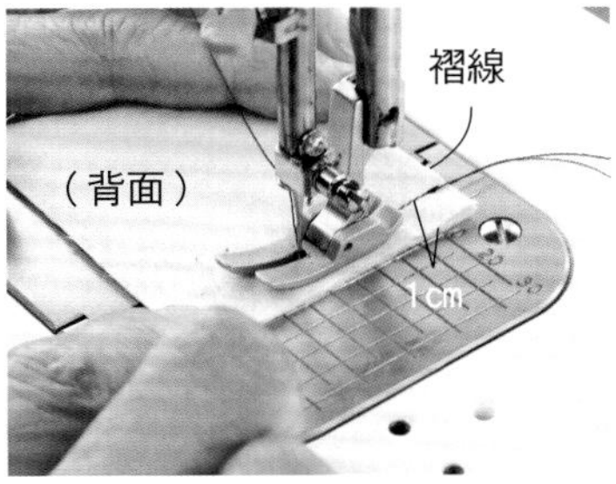
褶線
（背面）
1cm

2 正面相對疊合車縫。

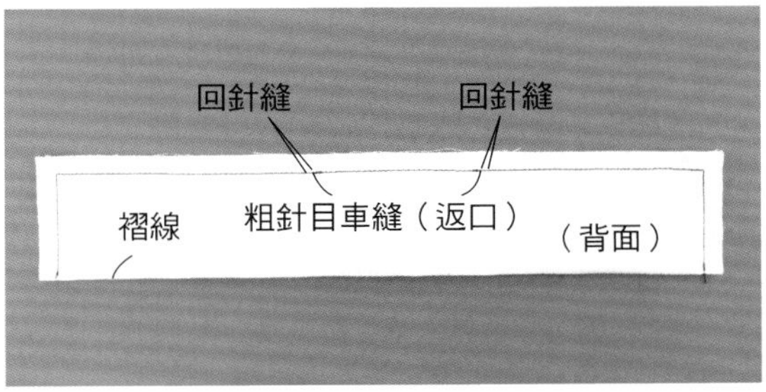
回針縫
回針縫
褶線
粗針目車縫（返口）
（背面）

返口粗針目車縫8cm。

（背面）

3 兩端熨燙。

（背面）

4 沿縫線摺疊縫份（邊角尤其要摺疊整齊）。

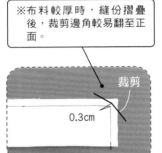

※布料較厚時，縫份摺疊後，裁剪邊角較易翻至正面。

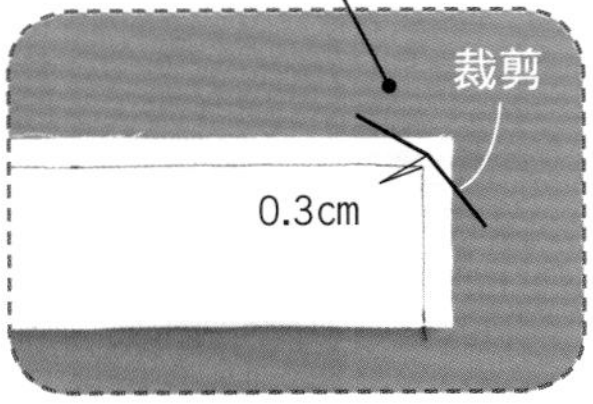
裁剪
0.3cm

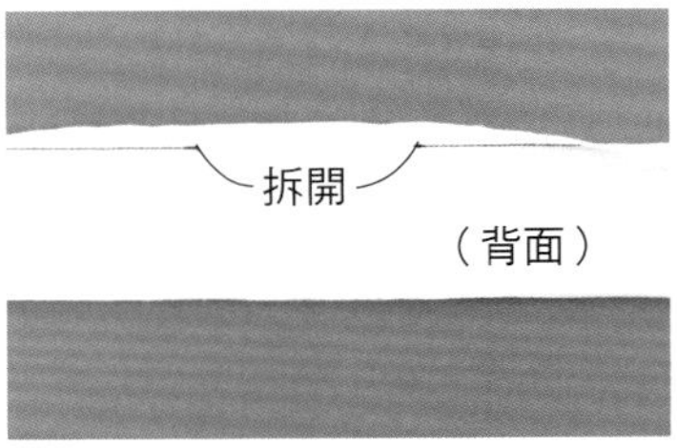
拆開
（背面）

5 粗針目車縫（返口部分拆除）。

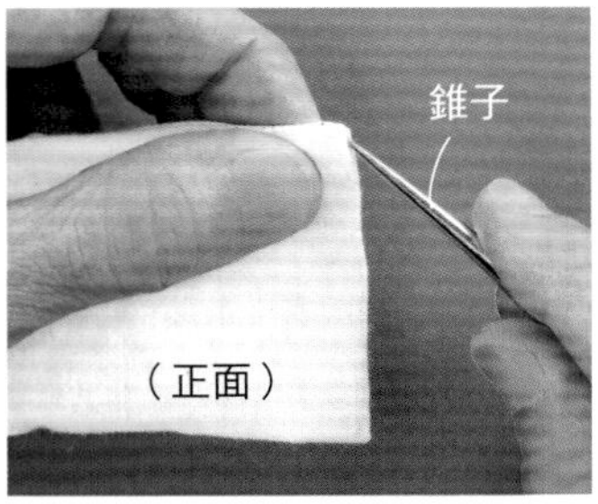
錐子
（正面）

6 從返口翻至正面整理邊角。（注意不要拉扯到織線）

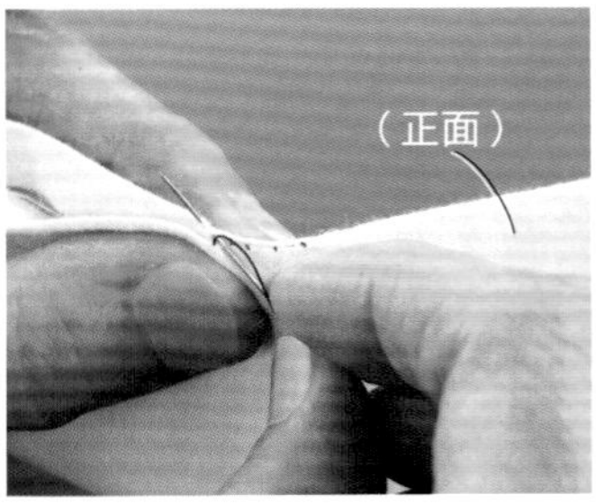
（正面）

7 返口藏針縫。

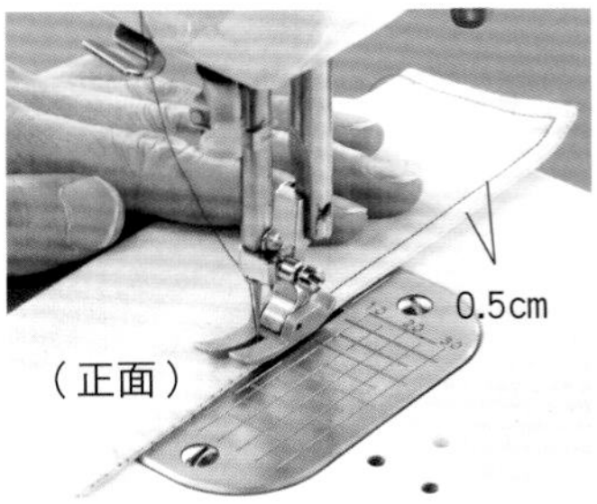
0.5cm
（正面）

8 止縫點和始縫處重疊3針左右，進行回針縫。

（正面）

完成

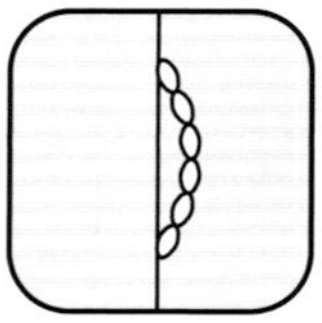

縺環的縫製方法

用在腰圍的吊環或是裙子下襬內裡布的固定時，使用的縺環縫製方法。使用手縫線（20號至30號）。本篇介紹直接編織法、蕊芯編織法兩種。

直接編織法

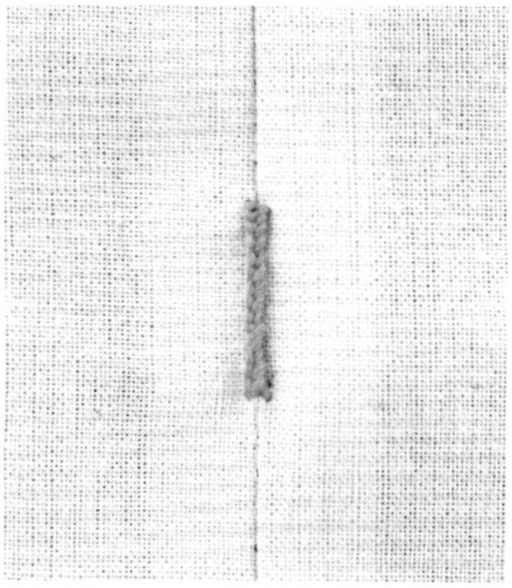

蕊芯編織法

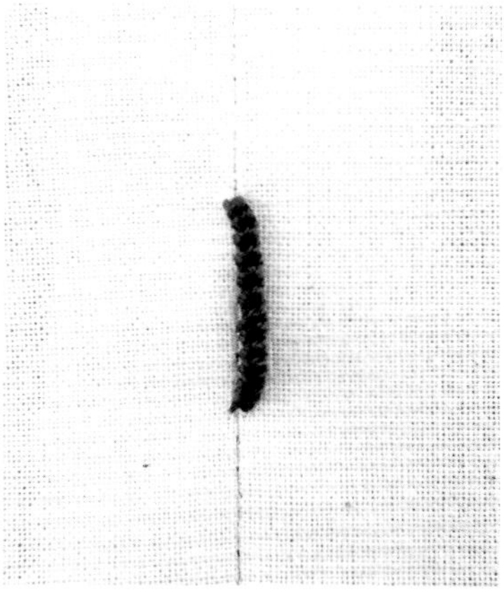

直接編織

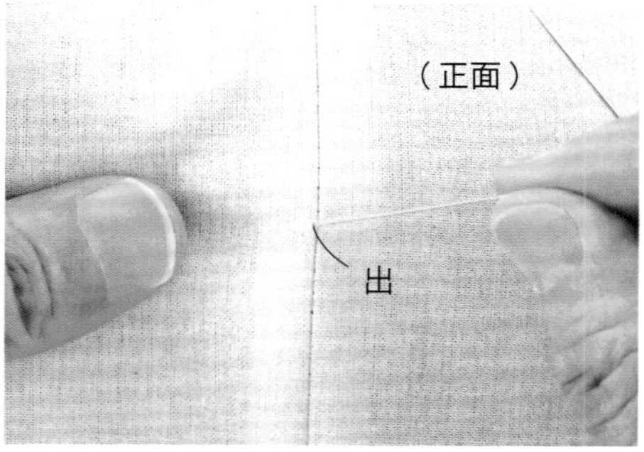
（正面）
出

1 打結後從縺環縫製位置下側出針。

※回針縫固定根部。

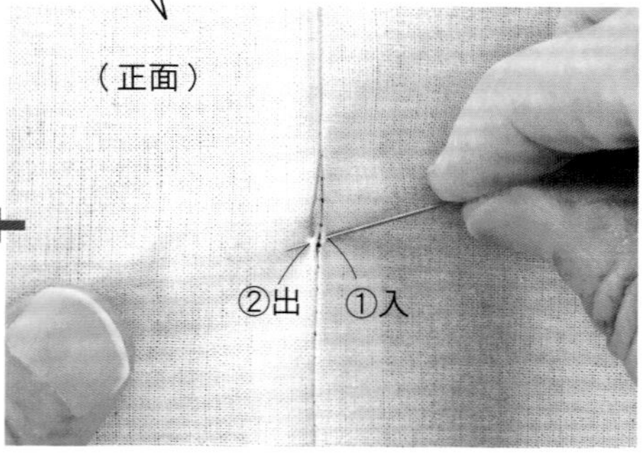
（正面）
②出
①入

2 從①內側出針，挑起布料，從②表側出針。

※連布料內側都要挑起。

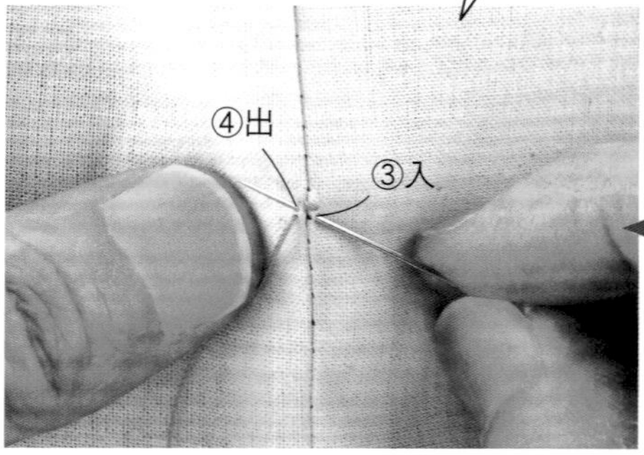
④出
③入

※不要回針縫時，請省略①和②步驟，直接進行③④步驟。

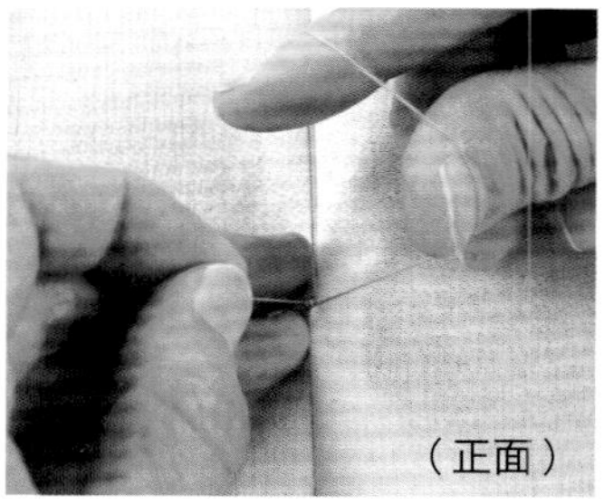
（正面）

3 縫線不要全部拉起，從製作的線圈外側伸入拇指和食指。左手緊壓住縺環根部，握住針線。

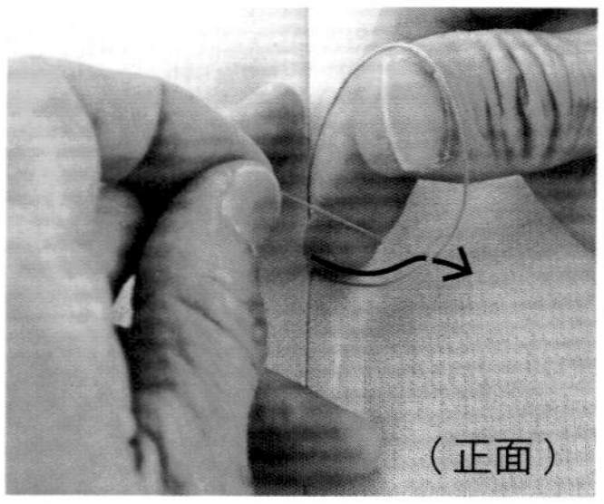
（正面）

4 右手食指鉤住左手的縫線，拉進線環內側。記住左手要緊緊壓住布料和縫線。

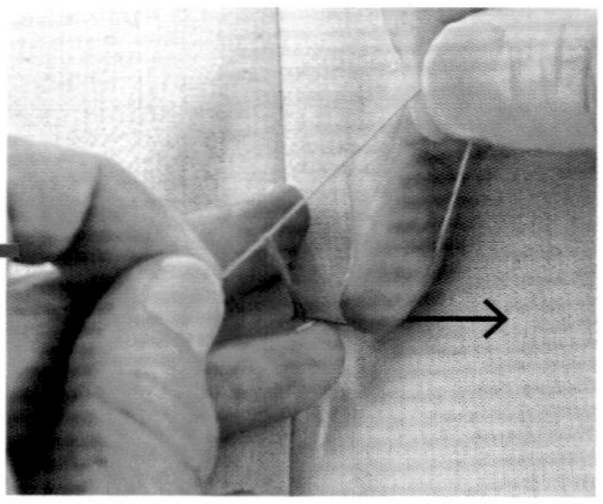

5 中指拉環下側縫線。將線環拉緊。

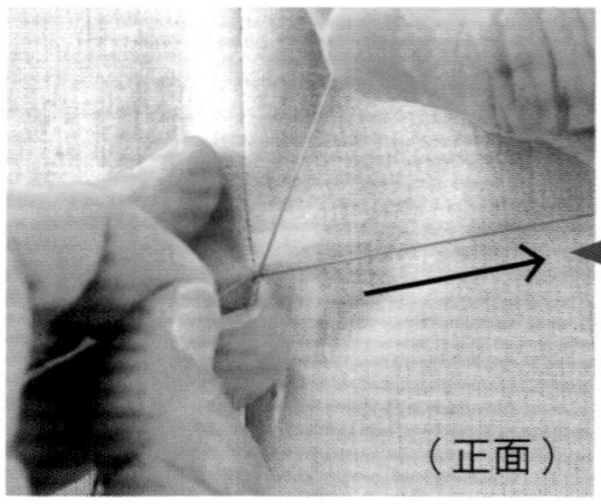
（正面）

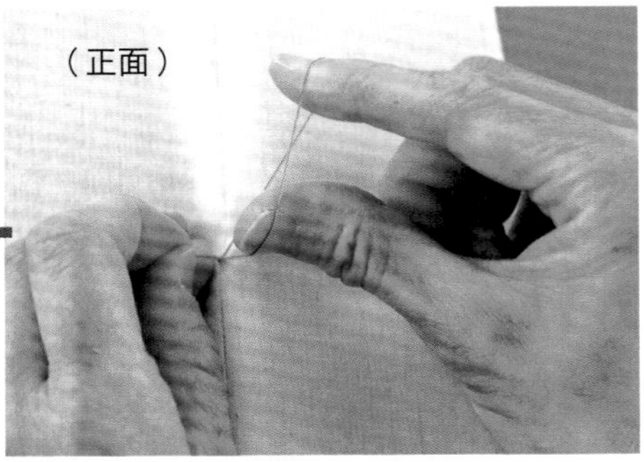
（正面）

6 手指穿過線環。

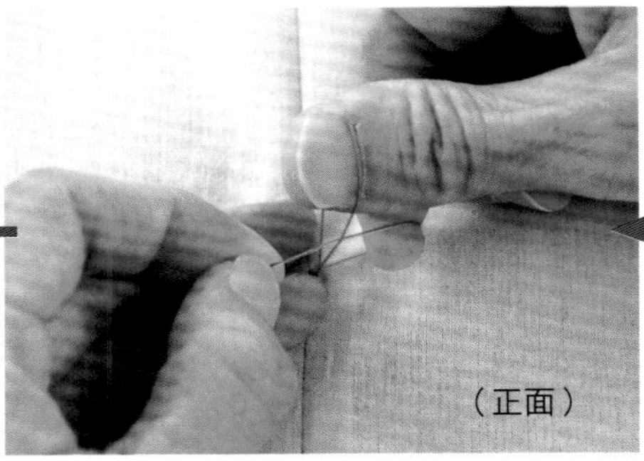
（正面）

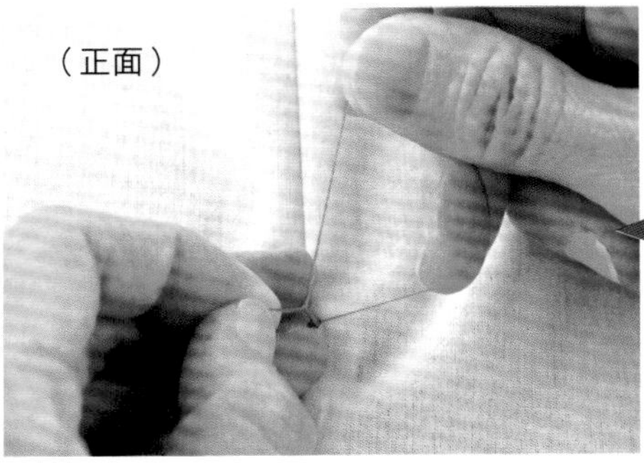
（正面）

7 重複步驟❶至❻預留需要的長度往上編織。

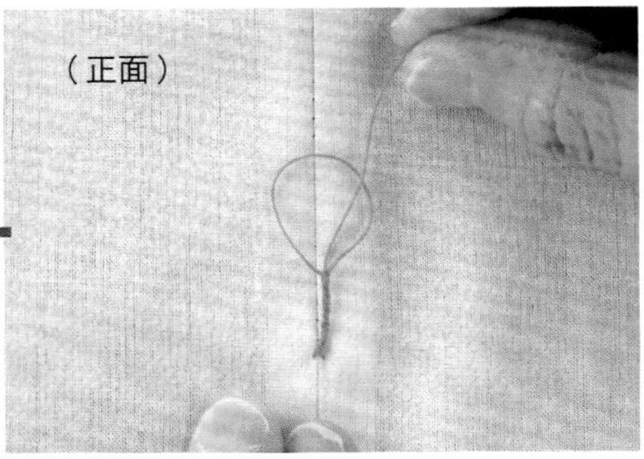
（正面）

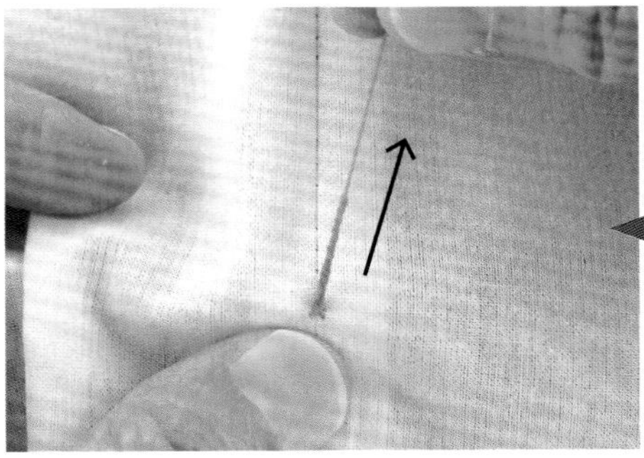

8 編完後從縫線圈中穿過。

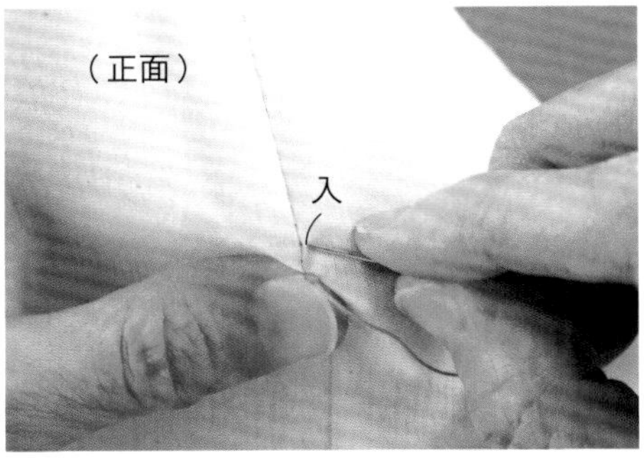
（正面）
入

9 從繩環縫製位置上側穿針。

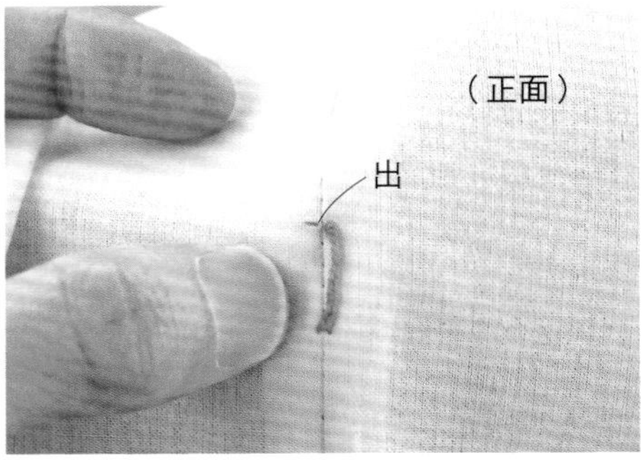
（正面）
出

10 從表面出針。

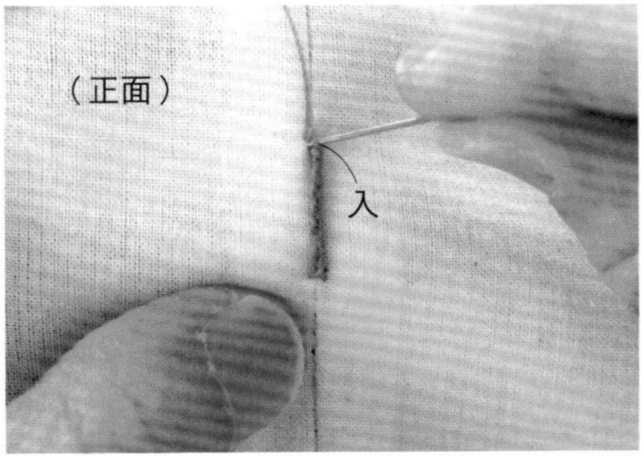
（正面）
入

11 縫針穿過最後編織目後從內側出針。

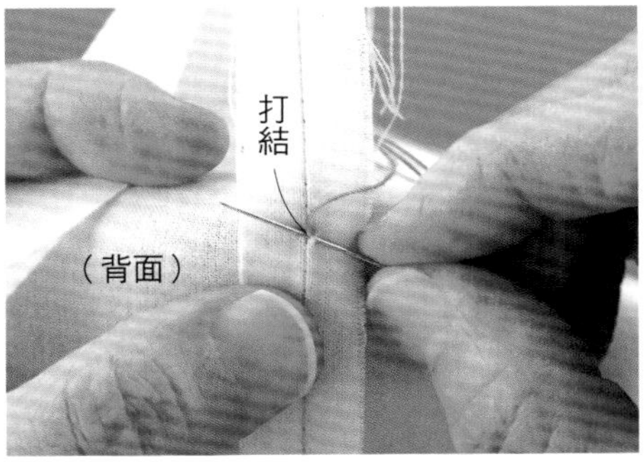
打結
（背面）

12 打結後，縫份回針縫後裁剪縫線。

直接編織法可以作出較細的繩環，如果使用較粗的縫線，更可以製作出牢固的繩環。

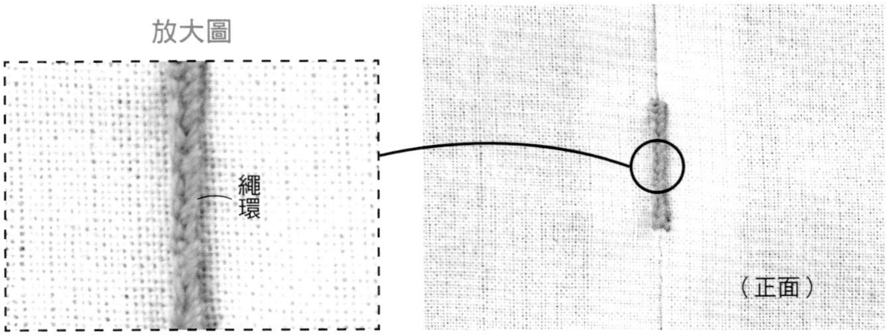
放大圖
繩環
（正面）

完成

蕊芯編織法

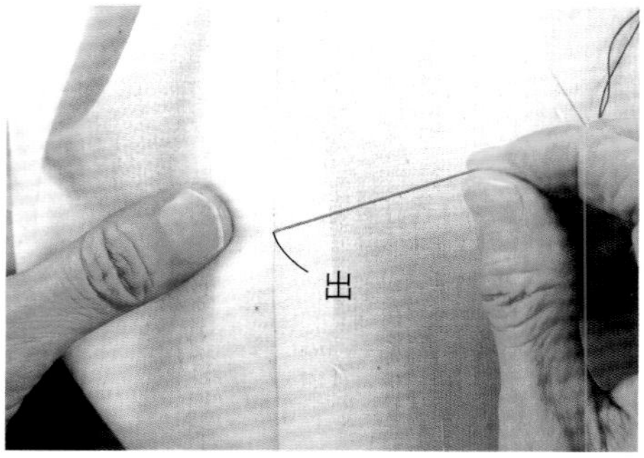
出

1 打結後從繩環縫製位置下側出針。

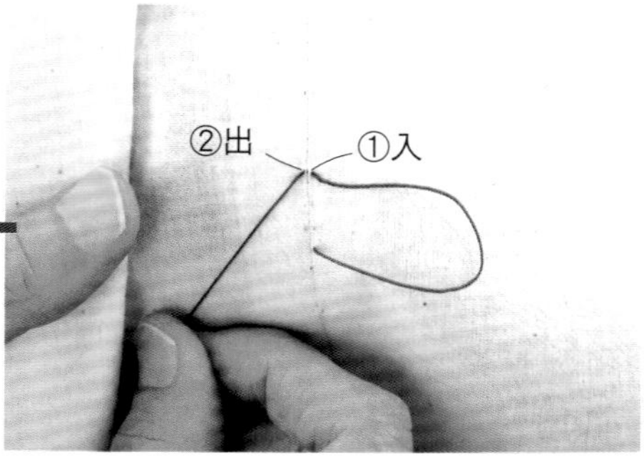
②出
①入

2 從繩環縫製位置穿針。

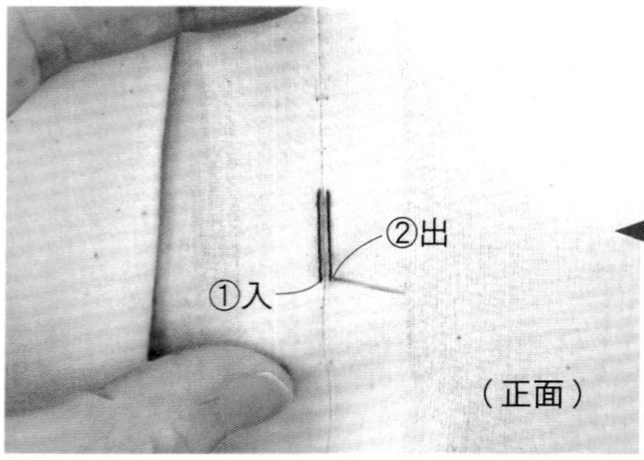
②出
①入
（正面）

穿過蕊芯2至4條。

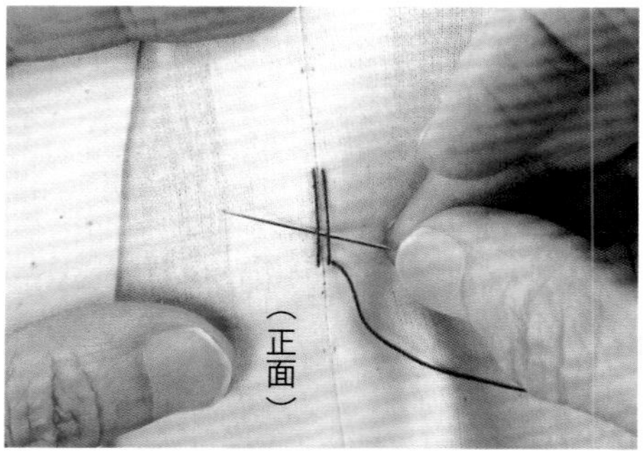
（正面）

3 縫針穿過縫線和布料之間。

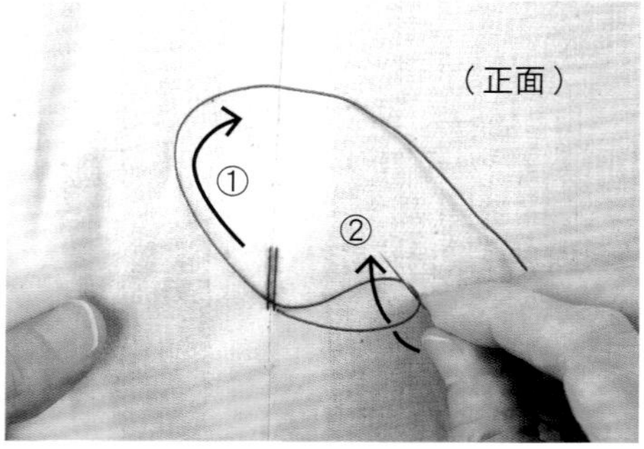
（正面）
①
②

4 縫線不要全部拉起，從製作的線圈穿過縫針。

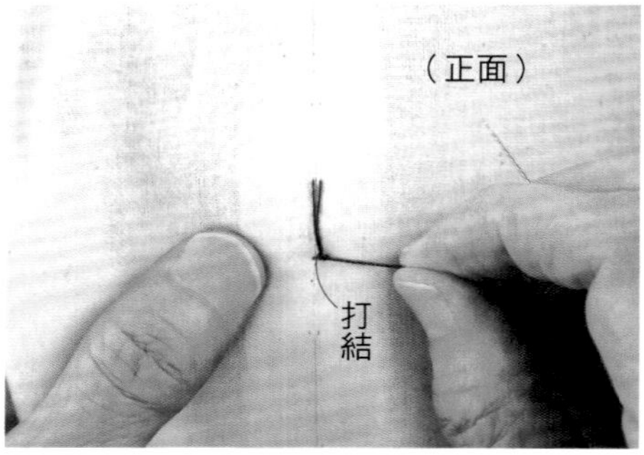
（正面）
打結

5 水平拉緊縫線，製作打結。

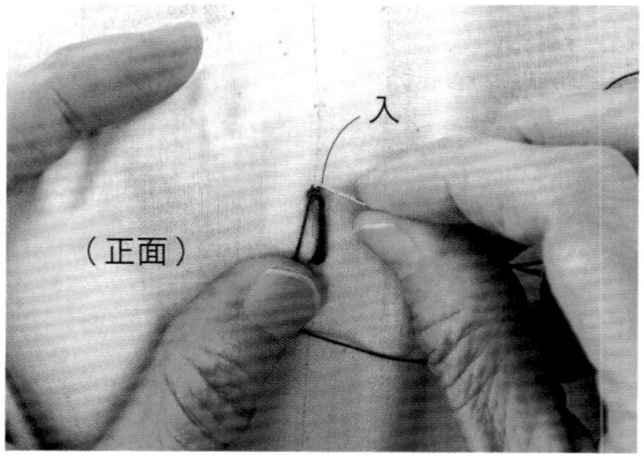
入
（正面）

6 重複步驟❸至❺編織至上側後打結。繞過步驟❷縫線下側出針，內側打結。縫份處回針縫後裁剪縫線。

放大圖

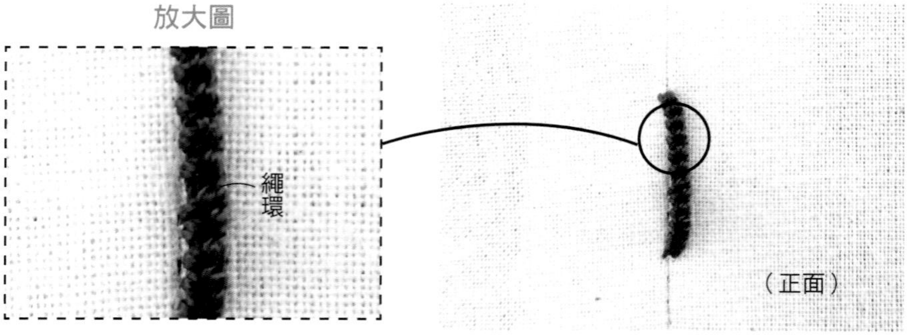
繩環
（正面）

完成

就像釦環般的編織目，繩環即完成。

必須了解的縫紉術語

正面相對………… 布料正面相對疊合，表面重疊表面。
背面相對………… 布料背面相對疊合，背面重疊背面。
包縫縫份段差…… 依設計決定縫份倒向的分量。通常不會對齊完成線，會錯開縫線。讓縫份稍有段差。
燙痕………………… 因為熨燙按壓時，導致布料手感改變或損傷，縫份太厚影響表面產生皺褶，纖維長的布料也會受到影響。
縫份………………… 接縫時所需的布料多餘分，完成線旁邊的部分。
紙型………………… 裁剪時需要的紙型。

索引

太田順子

出身東京。於文化服裝學院畢業之後擔任同學院副主任，後任職於服裝公司。
曾任男裝企劃助理、淑女服飾服裝企劃，目前於BOUTIQUE社負責Sample服裝製作。

Sewing 縫紉家 50

縫紉技術升級書

解決車縫手作的疑難雜症

作　　者／太田順子
譯　　者／洪鈺惠
發 行 人／詹慶和
執行編輯／劉蕙寧
編　　輯／黃璟安・陳姿伶・詹凱雲
封面設計／韓欣恬
美術編輯／陳麗娜・周盈汝
內頁排版／造極
出 版 者／雅書堂文化事業有限公司
發 行 者／雅書堂文化事業有限公司
郵撥帳號／18225950
戶　　名／雅書堂文化事業有限公司
地　　址／新北市板橋區板新路206號3樓
電　　話／(02)8952-4078
傳　　真／(02)8952-4084
網　　址／www.elegantbooks.com.tw
電子郵件／elegant.books@msa.hinet.net

2023年09月初版一刷　定價 480 元

國家圖書館出版品預行編目(CIP)資料

縫紉技術升級書：解決車縫手作的疑難雜症 / 太田順子著; 洪鈺惠譯.
-- 初版. – 新北市：雅書堂文化, 2023.09
　面；　公分. -- (Sewing縫紉家; 50)
ISBN 978-986-302-685-3 (平裝)

1.縫紉 2.手工藝

426.3　　112014061

Staff

編輯／酒井美由紀
校閱／LADY BOUTIQUE編輯部
封面設計／牧陽子
攝影／腰塚良彥・島田佳奈・藤田律子

本書原本刊載於LADY BOUTIQUE 2012年1月號至2月號，經過重新編輯再進行出版發行。

經銷／易可數位行銷股份有限公司
地址／新北市新店區寶橋路235巷6弄3號5樓
電話／(02)8911-0825　傳真／(02)8911-0801